Haltungen von Sechstklässlern im Umgang mit Vermutungen in mathematisch-forschenden Kontexten

Carolin Danzer

Haltungen von Sechstklässlern im Umgang mit Vermutungen in mathematisch-forschenden Kontexten

Theoriebildung und Unterrichtsentwicklung

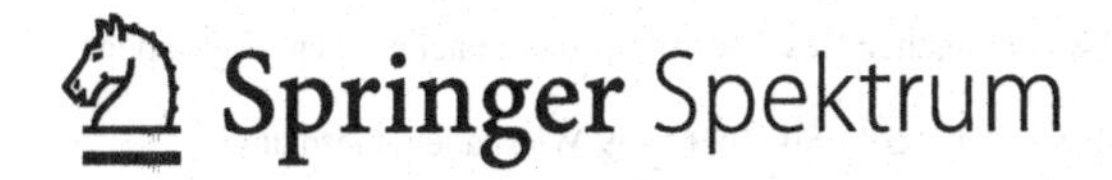

Carolin Danzer
Institut für Mathematik
Carl von Ossietzky Universität
Oldenburg
Oldenburg, Deutschland

Von der Fakultät für Mathematik und Naturwissenschaften der Universität Oldenburg angenommene Dissertation
Disputation am: 25.03.2022
Erstprüferin: Prof. Dr. Astrid Fischer
Zweitprüfer: Prof. Dr. Ralph Schwarzkopf, Beisitz: Prof. Dr. Angelika May

ISBN 978-3-658-39793-7 ISBN 978-3-658-39794-4 (eBook)
https://doi.org/10.1007/978-3-658-39794-4

Die Deutsche Nationalbibliothek verzeichnet diese Publikation in der Deutschen Nationalbibliografie; detaillierte bibliografische Daten sind im Internet über http://dnb.d-nb.de abrufbar.

Planung/Lektorat: Marija Kojic
Springer Spektrum ist ein Imprint der eingetragenen Gesellschaft Springer Fachmedien Wiesbaden GmbH und ist ein Teil von Springer Nature.
Die Anschrift der Gesellschaft ist: Abraham-Lincoln-Str. 46, 65189 Wiesbaden, Germany

Danksagung

Der Antritt meiner Promotionsstelle war für mich mit vielen Erwartungen verbunden – sei es hinsichtlich des wissenschaftlichen Austauschs mit Kolleginnen und Kollegen im In- und Ausland, des Besuchs von Tagungen und Konferenzen oder des Sammelns verschiedener Erfahrungen in der universitären Lehre. Für den Großteil meiner Promotionszeit kam es dann allerdings anders als gedacht, denn der Alltag war plötzlich bestimmt von der Arbeit im Home-Office, der Konzeption und Durchführung digitaler Lehre, zahlreichen Online-Meetings und wechselnden Szenarien und Regelungen an Schulen und Universitäten. Somit war diese Zeit zusätzlich zur Promotion an sich auf eine ganz andere Art und Weise herausfordernd. Rückblickend kann ich festhalten, dass ich dennoch – oder gerade deswegen – eine Menge lernen und mich insbesondere persönlich in dieser Zeit weiterentwickeln konnte.

Dazu haben besonders die nachfolgend genannten Personen beigetragen, die mich auf dem Weg zur Entstehung dieser Arbeit begleitet, gestärkt und unterstützt haben – sei es in persönlichen Gesprächen, Telefonaten oder über diverse Online-Meeting-Plattformen – und auf die ich mich zu jedem Zeitpunkt verlassen konnte.

Zuerst möchte ich meiner Doktormutter Prof. Dr. Astrid Fischer für die ausgezeichnete Betreuung, Beratung und Unterstützung während meiner Promotionszeit danken. Liebe Astrid, durch deine gezielten Nachfragen und Anmerkungen, die fruchtbaren Diskussionen und gemeinsamen Analysen sowie deine Fähigkeit, Feinheiten in der Begriffsfindung Beachtung zu schenken, hast du wesentlich zum Gelingen dieser Arbeit beigetragen. Du hattest jederzeit ein offenes Ohr für meine Anliegen und hast mein Promotionsprojekt von Beginn an mit viel Engagement und hilfreichen Ratschlägen und Hinweisen unterstützt. Vielen Dank!

Ich danke außerdem Prof. Dr. Ralph Schwarzkopf für seine unentwegte Hilfsbereitschaft, die konstruktiven Rückmeldungen sowie die Übernahme des Zweitgutachtens meiner Arbeit.

Der gesamten Arbeitsgruppe möchte ich für die gemeinsamen (Online-) Kaffeepausen, den beruflichen und privaten Austausch, die hilfreichen Anregungen und Diskussionen sowie die vielen Denkanstöße danken. Speziell danke ich hierbei Anna Edamus, Maximilian Hesse und Dr. Birte Specht für ihre freundschaftliche Unterstützung.

Ein besonderer Dank gilt meinem Kollegen und Freund Dr. Paul Gudladt, der für meine Sorgen stets ein offenes Ohr hatte und mich in den geeigneten Momenten durch seine liebenswerte Art dazu gebracht hat, einen Gang herunterzuschalten und durchzuatmen. Ich schätze sehr, dass du dich nicht scheust, offen und ehrlich konstruktive Kritik an meinen Ideen und Überlegungen zu äußern.

Ich möchte außerdem meinem (ehemaligen) Kollegen Dr. Simeon Schwob für seine Unterstützung bei der Fokussierung der Arbeit, bei der Fehlersuche und bei den kleinen und größeren Auseinandersetzungen mit der Formatierung danken – du bist immer da gewesen, wenn ich Hilfe benötigt habe.

Darüber hinaus gilt mein Dank allen Lehrkräften, die es mir ermöglicht haben, mein Promotionsprojekt bei ihnen an der Schule trotz zusätzlicher Belastungen aufgrund der Maßnahmen im Zuge der COVID-19-Pandemie durchzuführen. Besonders möchte ich mich beim damaligen Schulleiter Jürgen Steffens sowie den Lehrkräften Hendrik van Duijn, Jan Füller und Markus Bantel-Tönjes bedanken, die mir die Möglichkeit zur Erprobung meines Unterrichtskonzepts geboten und mein Projekt in vielerlei Hinsicht unterstützt haben. Auch dem restlichen Kollegium danke ich für die organisatorische Unterstützung und das Verständnis, wenn die Lernenden aufgrund der Teilnahme an meiner Interviewstudie hin und wieder nicht dem regulären Unterrichtsgeschehen beiwohnen konnten. Ein großer Dank gilt außerdem den Schülerinnen und Schülern, die durch ihre Teilnahme am im Rahmen dieser Arbeit entwickelten Unterrichtskonzept und der Interviewstudie so engagiert mein Projekt unterstützt und mir Einblicke in ihre Denkprozesse gewährt haben.

Für die kleinen und großen kreativen Auszeiten von der Bildschirmarbeit und die zahlreichen geplanten und mehr oder weniger angetretenen Reisen danke ich Anna-Lea Fischer, die es mir immer wieder ermöglicht hat, den Kopf freizubekommen und abzuschalten.

Rebecca Sanders möchte ich für unsere mittlerweile langjährige Freundschaft danken, die mich über mein gesamtes Studium hinweg bis heute begleitet. Liebe Rebecca, es ist ein großes Glück, eine Freundin wie dich zu haben! Ich danke dir für stundenlange Gespräche, dein stets offenes Ohr und dass du immer zur Stelle gewesen bist, wenn ich Hilfe oder eine Schulter zum Anlehnen benötigt habe.

Ich danke außerdem meinen Eltern Heike und Peter Danzer für ihre Unterstützung auf meinem bisherigen Lebensweg. Egal was kommt, ihr haltet mir immer den Rücken frei und unterstützt mich bedingungslos in allen meinen Entscheidungen und Vorhaben. Ohne euch wäre das alles nicht möglich gewesen.

Den größten Dank möchte ich meiner Schwester aussprechen. Liebe Nathalie, du bist ein wundervoller Mensch und ich kann mich glücklich schätzen, auf deine Unterstützung zählen zu können. Du warst für mich da, als ich es am meisten gebraucht habe – ich kann nicht mit Worten ausdrücken, wie dankbar ich dafür bin!

Zum Schluss möchte ich meinen Dank all denjenigen äußern, die mich in der Endphase der Arbeit begleitet haben. Es ist keine Übertreibung zu sagen, dass ich es in dieser privat sehr herausfordernden Zeit ohne eure Unterstützung, egal in welcher Art und Weise sie mir entgegengebracht wurde, nicht geschafft hätte, diese Arbeit zu beenden.

Ich bin glücklich und dankbar, solche wunderbaren Menschen an meiner Seite haben zu dürfen. Vielen Dank!

Oldenburg
im Sommersemester 2022

Carolin Danzer

Zusammenfassung

Ausgehend von einer konstruktivistischen Sichtweise auf das Lehren und Lernen von Mathematik werden in der vorliegenden Arbeit mathematische Erkenntnisprozesse von Sechstklässlern in den Blick genommen. Der Fokus liegt damit auf Tätigkeiten, welche die Mathematik als Wissenschaft kennzeichnen und charakteristische Prozesse des Erkenntnisgewinns darstellen. Hierbei ist besonders der Übergang von der Entwicklung und Formulierung einer Vermutung zur Überprüfung und Begründung oder Widerlegung dieser einerseits zentral für mathematischen Erkenntnisgewinn und andererseits für Lernende mit großen Schwierigkeiten verbunden. In diesem Zusammenhang beschäftigt sich die vorliegende Arbeit im Rahmen einer empirischen Untersuchung mit dem Konzept der *Haltung*. Indem diese aus mathematikdidaktischer Perspektive verstanden wird als Konstrukt, das wiederkehrenden Verhaltensweisen zugrunde liegt, wird ein Erklärungsansatz für das Verhalten von Lernenden im Umgang mit Vermutungen entwickelt und es können Schlussfolgerungen für die Konzeption von Mathematikunterricht gezogen werden.

Im Sinne eines *Design Research*-Ansatzes werden dabei zwei Forschungsperspektiven eingenommen, die sich gegenseitig bedingen. Aus konstruktiver Perspektive findet die Entwicklung und Erprobung einer Unterrichtsreihe statt, die Kontexte der Graphentheorie nutzt, um Lernumgebungen zu entwickeln, die Lernenden Erfahrungen in eigenständigen mathematischen Erkenntnisprozessen ermöglichen. Gleichzeitig wird dabei durch die Einführung eines Unterstützungsmittels die Ausbildung einer mathematisch-forschenden Haltung angeregt. Im Rahmen der rekonstruktiven Forschungsperspektive werden tatsächlich auftretende Haltungen von Sechstklässlern im Umgang mit Vermutungen analysiert und charakterisiert. Mittels einer qualitativen Interviewstudie, die sich an die

Durchführung des entwickelten Unterrichtskonzepts anschließt, können die Denkprozesse und Verhaltensweisen der Schüler interpretiert und beschrieben werden. Das Datenmaterial wird hierbei anhand eines Zusammenspiels aus interpretativem Forschungsansatz und qualitativer Inhaltsanalyse ausgewertet, sodass als Ergebnis vier idealtypische Haltungen im Umgang mit Vermutungen charakterisiert werden können, deren Auswirkungen auf das Verhalten und den Erkenntnisprozess im Zuge von Einzelfallanalysen dargestellt werden. Darüber hinaus wird die Interaktion verschiedener Haltungen in den Blick genommen. Aus den dargestellten Ergebnissen werden wiederum Schlussfolgerungen für die (Weiter-) Entwicklung von Mathematikunterricht gezogen sowie Aspekte für eine tragfähige Grundhaltung im Umgang mit Vermutungen abgeleitet, die sich aus den vier rekonstruierten Haltungsausprägungen zusammensetzt. Damit leistet die vorliegende Arbeit sowohl einen Beitrag zur Konzeption von Mathematikunterricht als auch zur mathematikdidaktischen Theoriebildung.

Abstract

Based on a constructivist view of the teaching and learning of mathematics, the present study deals with mathematical discovery processes of sixth graders. The focus is on activities that characterize mathematics as a science and which represent characteristic processes of gaining knowledge. In particular, the transition from the development of conjectures to their verification or refutation is on the one hand central for gaining mathematical knowledge and on the other hand associated with great difficulties for learners. In this context, the present work deals with the concept of *attitude* in the course of an empirical study. By understanding *attitude* from a mathematics educational perspective as a construct underlying recurrent behaviors, an explanatory approach for learners' behavior in dealing with conjectures is developed and conclusions can be drawn for the design of learning environments and mathematics class in general.

By using a *design research* approach, two research perspectives are adopted that are mutually dependent. From a constructive research perspective, a teaching concept that uses contexts of graph theory to develop learning environments that enable learners to experience independent mathematical discovery processes is developed and tested. At the same time, the introduction of a supporting tool stimulates the development of a mathematical research attitude. Within the reconstructive research perspective, actual attitudes of sixth graders in dealing with conjectures are analyzed and characterized. By means of a qualitative interview study, which follows the implementation of the developed teaching concept, the thinking processes and behaviors of the students can be interpreted and described. The data material is evaluated by using an interplay of an interpretative research approach and a qualitative content analysis, so that as a result four ideal-typical attitudes in dealing with conjectures can be characterized, whose effects on the behavior and the mathematical discovery process are presented in the course of individual case studies. Furthermore, the interaction of different attitudes is taken into account. From the results presented, conclusions for the (further) development of mathematics classes are drawn and aspects for a sustainable basic attitude in dealing with conjectures are derived, which is composed of the four presented attitude characteristics. Thus, the present work contributes to the conception of mathematics teaching as well as to theory development in mathematics education.

Inhaltsverzeichnis

Abbildungsverzeichnis

Tabellenverzeichnis

Einleitung

1

> *Ein Kind lernt Fahrrad fahren, indem es Fahrrad fähr es lernt lesen, indem es liest, und es lernt Mathematik, indem es Mathematik betreibt. (Hirt & Wälti, 2016, S. 16)*

Für das Lehren und Lernen von Mathematik kommt der eigenständigen Auseinandersetzung mit mathematischen Inhalten und dem Erleben mathematischer Tätigkeiten eine besondere Bedeutung zu, wie es das obige Zitat verdeutlicht. Die vorliegende Arbeit nimmt hierbei im Sinne einer konstruktivistischen Sichtweise auf Lernen eine prozessorientierte Perspektive auf Mathematik ein, indem diese – mit den Worten von Freudenthal (1963) ausgedrückt – nicht als ein Fertigprodukt verstanden und gelehrt wird, sondern die für die Mathematik als Wissenschaft charakteristischen Tätigkeiten erfahrbar gemacht werden. Damit stehen die Prozesse der mathematischen Erkenntnisentwicklung im Zentrum eines authentischen Mathematikunterrichts, der Antworten auf die Fragen: „Was ist Mathematik?", „Wie entsteht Mathematik?" und „Was kann man mit Mathematik anfangen?" liefern soll (Vollrath & Roth, 2012, S. 25). Auf Grundlage problemhaltiger Fragestellungen kann eine aktive Auseinandersetzung der Lernenden mit fachlichen Inhalten stattfinden und die für die Mathematik – in Abgrenzung zu anderen Wissenschaften – charakteristischen Erkenntnisentwicklungsprozesse können erlebt werden. Ausgehend von der Beobachtung eines Phänomens über die Entwicklung und Formulierung einer Vermutung ist besonders der Übergang zur Überprüfung und Begründung von Vermutungen einerseits eine Schlüsselstelle für den Erkenntnisgewinn und andererseits vonseiten der Lernenden oftmals mit Schwierigkeiten verbunden. Neben

Ergänzende Information Die elektronische Version dieses Kapitels enthält Zusatzmaterial, auf das über folgenden Link zugegriffen werden kann https://doi.org/10.1007/978-3-658-39794-4_1.

C. Danzer, *Haltungen von Sechstklässlern im Umgang mit Vermutungen in mathematisch-forschenden Kontexten*,
https://doi.org/10.1007/978-3-658-39794-4_1

den individuellen kognitiven Voraussetzungen sind es darüber hinaus affektive Faktoren, die einen wesentlichen Einfluss auf das Verhalten in ebendiesem Umgang mit Vermutungen haben (Hannula, 200). In diesem Zuge ist in der mathematikdidaktischen Literatur oftmals von der Entwicklung einer gewissen „Grundhaltung" (Krauthausen, 2001, S. 104) oder einer „typische[n] Haltung" (Meyer & Prediger, 2009, S. 1) die Rede, deren Erwerb ein Ziel von Mathematikunterricht sein soll, ohne dass diese Begriffe in diesem Zusammenhang weiter spezifiziert werden. Ziel der vorliegenden Arbeit ist es aus diesem Grund, das Konzept einer solchen *Haltung* aus mathematikdidaktischer Perspektive in den Blick zu nehmen, um ausgehend davon einen Erklärungsansatz für das Verhalten von Lernenden in mathematischen Erkenntnisprozessen zu liefern und eine tragfähige Grundhaltung zu charakterisieren. Hierbei liegt der Fokus auf dem in einer Vielzahl an Studien (u. a. Koedinger, 1998; Koleza et al., 2017; Reid & Knipping, 2010) aufgezeigten kritischen Übergang von der Entwicklung und Formulierung einer Vermutung zu Prozessen des Überprüfens und Begründens dieser. Im Zuge der Entwicklung eines Begründungsbedürfnisses sind dabei zwei Aspekte für die vorliegende Arbeit zentral. Zum einen sind es Tätigkeiten des Hinterfragens, also die Äußerung von Zweifeln oder das Infragestellen von Vermutungen. Auf der anderen Seite ist dies der Umgang mit Konflikten. Hierbei ist für den weiteren Verlauf eines Erkenntnisprozesses entscheidend, welche Auswirkungen ein zu der Vermutung im Widerspruch stehender Sachverhalt auf die Weiterentwicklung dieser hat.

Dazu werden im folgenden Kapitel zunächst die theoretischen Grundlagen dargestellt. Hierbei werden ausgehend von der Darlegung der Sichtweise auf Mathematik als einen Prozess charakteristische Tätigkeiten im Rahmen mathematischer Erkenntnisentwicklung in den Blick genommen und daraus Anforderungen an einen authentischen Mathematikunterricht abgeleitet. Im Anschluss werden die für den mathematischen Erkenntnisgewinn relevanten Prozesse des Argumentierens fokussiert. Dazu findet zunächst eine Begriffsklärung und -abgrenzung der vielfach in der Literatur verwendeten Begriffe *Argumentieren*, *Begründen* und *Beweisen* und deren Verwendung in der vorliegenden Arbeit statt. Argumentationsprozesse werden hierbei verstanden als Reaktionen auf Vermutungen, die sich einerseits durch das Hinterfragen dieser und andererseits durch anschließende Überprüfungs- und Begründungsprozesse kennzeichnen. Mit dem Fokus dieser Arbeit auf ebendiesen Umgang mit Vermutungen werden der Übergang von Entdeckungs- zu Rechtfertigungsprozessen in den Blick genommen und ausgewählte Forschungsergebnisse dargestellt. Insbesondere wird dazu der Umgang mit Konflikten näher thematisiert, da dieser hinsichtlich der Auswirkungen auf zugrundeliegende Vermutungen ausschlaggebend für Prozesse des mathematischen Erkenntnisgewinns sind. Im Anschluss wird ausgehend von der Darlegung des Begründungsbedürfnisses als entscheidende Komponente zur Initiierung von Argumentationsprozessen das dieser Arbeit zugrundeliegende Konzept der Haltung dargestellt. Dieses wird auf Grundlage verschiedener Ansätze für die mathematikdidaktische Forschungsperspektive der vorliegenden Arbeit beleuchtet und das hierfür verwendete Begriffsverständnis von Haltungen als ein Konstrukt, welches Verhaltensweisen zugrunde liegt und zur Erklärung dieser genutzt werden kann, dargelegt. Zuletzt wird aus den theoretischen Darstellungen das Forschungsanliegen dieser Arbeit entwickelt, welches zwei zentrale Schwerpunkte verfolgt. Zum einen steht dabei die Entwicklung und Erprobung eines Unterrichtskonzepts zur Ausbildung einer mathematisch-forschenden Haltung im Fokus. Zum anderen wird der Übergang von der Entwicklung und Formulierung einer Vermutung hin zur Überprüfung und Begründung dieser mit dem Anliegen, tatsächlich diesbezüglich auftretende Haltungen von Sechstklässlern[1] zu rekonstruieren, im Rahmen einer qualitativen Interviewstudie in den Blick genommen.

Im dritten Kapitel wird hierzu ein Überblick über die methodologische Verortung dieser Arbeit und methodische Grundentscheidungen gegeben. Die Studie lässt sich dem Ansatz des *Design Research* zuordnen, da einerseits ein Unterrichtskonzept entwickelt und erprobt und andererseits mathematikdidaktische Theoriebildung mit Fokus auf das Konzept der Haltungen betrieben wird. Als Zusammenspiel beider Forschungsperspektiven finden die Ergebnisse der empirischen Studie mit dem Ziel der Theorieentwicklung Eingang in die Weiterentwicklung des Unterrichtskonzepts, welches wiederum die Durchführung der qualitativen Interviewstudie vorbereitete. Das Kapitel gibt dabei Orientierung über den Gesamtablauf der Studie und die einzelnen konzeptionellen und rekonstruktiven Untersuchungsphasen sowie das Zusammenspiel dieser.

Hieran schließt in Kapitel 4 zunächst die Darstellung der konstruktiven Perspektive mit dem Ziel der Konzeption einer Unterrichtseinheit an. Dazu werden die theoretischen Grundlagen der Unterrichts- und Aufgabenkonzeption sowie die zugrundeliegenden didaktischen Prinzipien erläutert. Im Anschluss findet die Konzeption der Aufgaben statt, die der Unterrichtseinheit zugrunde liegen. Inhaltlich wird dafür der Kontext graphentheoretischer Problemstellungen verwendet. Die Entscheidung hierfür wird aus didaktischer Sicht begründet und die entwickelten Aufgaben werden analysiert. Die Schlussfolgerungen aus der Erprobung dieser Aufgaben werden im Anschluss dargestellt, bevor die Einbettung in ein Unterrichtskonzept erfolgt. Als Ergebnis des konstruktiven Teils wird damit ein erprobtes Unterrichtskonzept bestehend aus zwei Doppelstunden präsentiert, welches Lernenden die Möglich-

[1] Aus Gründen der besseren Lesbarkeit wird in dieser Arbeit die männliche Sprachform verwendet. Sämtliche Personenbezeichnungen gelten gleichwohl für alle Geschlechter und Geschlechtsidentitäten.

keit bietet, im Rahmen mathematischer Erkenntnisprozesse eigenständig tätig zu werden und dabei eine mathematisch-forschende Haltung auszubilden.

In Kapitel 5 steht die rekonstruktive Forschungsperspektive mit der Durchführung und Auswertung einer qualitativen Interviewstudie im Fokus. Zunächst werden die genutzten Methoden erläutert und die Konzeption der Interviewaufgaben und des verwendeten Interviewleitfadens dargestellt. Im Anschluss an die Betrachtung der Datenaufbereitungs- und Analyseverfahren findet die Darstellung der Ergebnisse statt. Hierbei werden zunächst die aus einem Zusammenspiel aus qualitativer Inhaltsanalyse und interpretativer Forschung entwickelten Kategoriensysteme zum Hinterfragen von Vermutungen und zum Umgang mit Konflikten hinsichtlich der Auswirkungen auf zuvor entwickelte Vermutungen präsentiert. Im Anschluss werden vier aus dem Datenmaterial rekonstruierte idealtypische Haltungen beschrieben und anhand von ausgewählten Fallbeispielen ausgeführt. Ausgehend davon wird die Kombination von Schülern verschiedener Haltungen mit dem Ziel, die Auswirkungen der Interaktion von Haltungen auf mathematische Erkenntnisprozesse zu untersuchen, in den Blick genommen. Letztendlich kann damit auf Grundlage der Ergebnisse der Interviewstudie eine tragfähige Grundhaltung im Umgang mit Vermutungen charakterisiert werden. Zuletzt werden aus den Ergebnissen Konsequenzen für die Gestaltung von Mathematikunterricht zur Förderung einer solchen Haltung gezogen.

Das letzte Kapitel fasst sowohl die Ergebnisse aus konstruktiver als auch aus rekonstruktiver Perspektive zur Beantwortung der Forschungsfragen und zur Klärung des Forschungsanliegens zusammen und diskutiert die Ergebnisse im Hinblick auf den aktuellen Forschungsstand. Zuletzt wird ein Ausblick auf mögliche Anschlussforschungen gegeben.

Theoretischer Rahmen und ausgewählter Forschungsstand

2

2.1 Mathematische Erkenntnisentwicklung

Die folgenden Abschnitte stellen zunächst das dieser Arbeit zugrundeliegende Verständnis von Mathematik dar (siehe Abschnitt 2.1.1). Ausgehend von der Sichtweise auf Mathematik als einen Prozess werden im Anschluss Tätigkeiten des „Mathematiktreibens" in den Blick genommen und ein idealisierter Ablauf eines mathematischen Erkenntnisprozesses beschrieben (siehe Abschnitt 2.1.2). Mit Blick auf den Schulkontext werden hieraus anschließend in Abschnitt 2.1.3 erste Folgerungen für einen authentischen Mathematikunterricht abgeleitet.

2.1.1 Mathematik als Prozess

Die Sichtweise auf Mathematik sowohl als Wissenschaft wie auch als Unterrichtsfach ist geprägt von zwei Leitvorstellungen, die Törner & Grigutsch (1994) als *statisch* und *dynamisch* bezeichnen. Obwohl mit beiden Sichtweisen unterschiedliche Grundüberzeugungen der Mathematik einhergehen, so sind sie nicht vollständig voneinander zu trennen, denn beide sind für den Aufbau eines tragfähigen Bildes von Mathematik von Bedeutung.

Im Zuge jahrzehntelanger Lehr- und Lerntradition ist das Bild von Mathematik sowohl in der Gesellschaft als auch im Mathematikunterricht geprägt von einer *statischen* Sichtweise (Philipp, 2013). Diese fasst Mathematik in idealtypischer Weise als ein abstraktes System oder eine Struktur auf, welche aus einem deduktiv geordneten Gefüge an Axiomen, Begriffen und Sätzen besteht (Törner & Grigutsch, 1994). Damit wird Mathematik verstanden als ein Produkt, welches es im Mathematikunterricht zu vermitteln gilt, indem Definitionen und Verfahren im Stile eines

C. Danzer, *Haltungen von Sechstklässlern im Umgang mit Vermutungen in mathematisch-forschenden Kontexten*,
https://doi.org/10.1007/978-3-658-39794-4_2

„Rezeptcharakters“ (Törner & Grigutsch, 1994, S. 216) erlernt und angewendet werden. Dieser Sichtweise gegenüber steht ein *dynamischer* Blick auf Mathematik. Mathematik wird hierbei verstanden als eine Tätigkeit oder vielmehr ein Prozess, der durch Fragen und Probleme ausgelöst wird und zu Erkenntnisgewinn und Theorieentwicklung führt (R. Fischer & Malle 2004; Törner & Grigutsch, 1994). Im Hinblick auf das Lehren und Lernen von Mathematik steht dabei das „Mathematiktreiben“ im Mittelpunkt, sodass Lernende die Mathematik nicht allein als ein fertiges Produkt, sondern als einen Entwicklungsprozess erleben (Beutelspacher et al., 2011; Schoenfeld, 1992). Dabei soll die Mathematik als eine Wissenschaft mit ihren charakteristischen Denk- und Arbeitsweisen erfahren werden:

> Stoff allein genügt nicht. Es muss der dem Fach eigentümliche Denkprozess erlebt und praktiziert werden. Ja, er selbst soll zum Gegenstand des Nachdenkens werden. (Wagenschein, 1970, S. 126)

Dem Erleben mathematischer Prozesse kommt damit eine bedeutsame Rolle zu. Indem Lernende eigene Erfahrungen in ausgewählten Themenbereichen der Mathematik sammeln, diese strukturieren, Aussagen formulieren und diese hinterfragen und begründen, werden sie selbst mathematisch tätig. Durch die Reflexion dieser Erfahrungen können sie die Prinzipien mathematischer Arbeitsweisen kennenlernen (A. Fischer, 2013). Dabei wird die Mathematik nicht von vornherein als deduktiv geordnetes System vermittelt, sondern die Entstehung und kontinuierliche Weiterentwicklung dieses Systems erfahrbar gemacht. Durch das Erleben einer solchen *dynamischen* Sichtweise wird damit letztendlich die Entstehung einer *statischen* Sichtweise nachvollziehbar gemacht, indem neue Erkenntnisse in ein bereits bestehendes System aus gesicherten Erkenntnissen eingegliedert werden (Vollrath & Laugwitz, 1969).

Die *dynamische* Perspektive von Mathematik wurde im Hinblick auf das Lehren und Lernen von Mathematik besonders durch den Mathematiker und Mathematikdidaktiker Hans Freudenthal geprägt, der Mathematik stets als Tätigkeit und nicht als „Fertigprodukt“ (Freudenthal, 1963, S. 12) betrachtete. Damit formte er die Methode der sogenannten *geführten Nacherfindung*, die es Lernenden ermöglichen soll, sich aktiv mit mathematischen Inhalten auseinanderzusetzen und dabei geeignete Vorgehensweisen zu entwickeln sowie Erkenntnisse zu gewinnen (Freudenthal, 1973). Der Ausdruck ***Nach****erfindung* bezieht sich dabei auf die Tatsache, dass Lernende zwar keine objektiv neuen Entdeckungen machen, diese aus der Perspektive der Lernenden allerdings als subjektiv neu erlebt werden. Der Methode liegt dabei das konstruktivistische Lernverständnis zugrunde, dass eigenständig entdeckte und aktiv erworbene Kenntnisse und Fähigkeiten erfolgreicher gelernt werden als solche, die lediglich von einer Lehrperson präsentiert und anschließend rezipiert werden (Freudenthal, 1973). Den Lernenden soll es somit ermöglicht werden, ausgehend von problemhaltigen Fragestellungen Mathematik aktiv zu erfinden und zu entdecken statt lediglich mit den Resultaten dieser Entdeckungsprozesse konfrontiert zu werden.

Freudenthal (1973) beschreibt dabei die Entwicklung mathematischer Erkenntnis anhand eines Stufenmodells, welches das Mathematiktreiben als einen Prozess des (Um-)Ordnens auf zunehmend höherer Stufe auffasst. Ausgehend von intuitiv gemachten Erfahrungen werden diese reflektiert, sodass das Handeln oder die Tätigkeiten auf einer niedrigeren Stufe anschließend zum Gegenstand der Analyse der nächsten Stufe werden. Dadurch werden die Erfahrungen zunehmend geordnet und strukturiert. Beginnend bei der *prämathematischen* Stufe werden praktische Erfahrungen gesammelt, die auf der folgenden Stufe reflektiert und geordnet werden, sodass erstes theoretisches Wissen entsteht. Indem dieses Wissen auf den folgenden Stufen weiter reflektiert wird, findet ein lokales Ordnen und eine Systematisierung des Wissens bis hin zu einer globalen Ordnung statt, indem Eigenschaften und Zusammenhänge entdeckt und in ein logisches System angeordnet werden. Dabei finden Tätigkeiten wie das Konstruieren und Analysieren von Beispielen, das Aufstellen und Begründen von Vermutungen, Problemlösen, Begriffsbilden oder das Entwickeln von Darstellungen und neuen Objekten statt, wobei mit zunehmender Ordnungsstufe der Abstraktionsgrad steigt. Ausgehend von einem solchen Erkenntnisprozess kritisiert Freudenthal (1973) Mathematikunterricht, welcher mit dem deduktiven Aufbau, der als Resultat der letzten Ordnungsstufe entsteht, beginnt: „Man nimmt dem Schüler die schönste Gelegenheit, einen nichtmathematischen Stoff selber zu *mathematisieren*, und man verschließt ihm einen wichtigen Zusammenhang zwischen reiner und angewandter Mathematik“ (Freudenthal, 1963, S. 19 f.). Dabei nimmt Freudenthal ebenso Bezug auf die historische Entstehung von Mathematik, die sich aus jahrtausendelanger Auseinandersetzung mit Fragestellungen und Problemen (weiter-)entwickelt. Eine solche Auseinandersetzung ausgehend von konkreten Fragestellungen soll ein Mathematikunterricht im Sinne der *geführten Nacherfindung* ermöglichen.

Hinsichtlich den Prozessen und letztendlich der Fähigkeit des *Mathematisierens* unterscheidet Freudenthal (1991) zwei, ursprünglich von Treffers (1987) formulierte, Arten. Einerseits beschreibt er mittels der *horizontalen Mathematisierung* die Verwendung von Mathematik zur Beantwortung lebensweltlicher Fragestellungen, indem aus Realsituationen entstammende Probleme mathematisch abstrahiert und bearbeitet werden. Andererseits nennt Freudenthal die *vertikale Mathematisierung*, die sich auf Prozesse des (Um-)Ordnens innerhalb der Mathematik als System bezieht und auf abstrakter Ebene stattfindet. Auch wenn beide Arten der

Mathematisierung eng miteinander verknüpft sein können, so kommt im Rahmen des mathematischen Erkenntnisgewinns besonders der *vertikalen Mathematisierung* eine besondere Bedeutung zu, indem Begriffe, Sätze und Verfahren auf innermathematischer Ebene (weiter-)entwickelt werden: „Vertical mathematization refers to mathematizing one's own mathematical activity. Through vertical mathematization, the student reaches a higher level of mathematics." (Gravemeijer & Doorman, 1999, S. 117).

Ausgehend von den Überlegungen Freudenthals, Mathematik nicht als Fertigprodukt, sondern als Tätigkeit zu lehren und zu lernen, entstand in den 70er Jahren in den Niederlanden der didaktische Ansatz der *Realistic Mathematics Education*, der bis heute Bestand hat (Grötschel & Lutz-Westphal, 2009). Der Ausdruck *realistic* bezieht sich dabei weniger auf die Bearbeitung realistischer Sachkontexte, sondern auf die mathematische Auseinandersetzung ausgehend von reichhaltigen Situationen, die als Anlass zur Entwicklung von mathematischen Begriffen, Konzepten und Verfahren dienen (Lerman, 2020). Der *Realistic Mathematics Education* liegen dabei sechs charakteristische Prinzipien zugrunde, die ebenfalls auf Treffers (1978) zurückgehen (Lerman, 2020):

- *Prinzip der Aktivität (activity principle)*: Im Sinne des Verständnisses von Mathematik als Tätigkeit setzen sich die Lernenden aktiv mit den Lerninhalten auseinander, indem sie Begriffe entwickeln, Zusammenhänge entdecken oder Vermutungen formulieren und begründen.
- *Prinzip der Vorstellbarkeit (reality principle)*: Das Prinzip wird auf zwei Weisen verstanden. Einerseits sollen die Lernenden befähigt werden, Mathematik für die Lösung lebensweltlicher Probleme zu nutzen und dafür als nützlich zu erleben. Andererseits werden reichhaltige Situationen, die nicht zwangsläufig der Realität entstammen, aber dennoch vorstellbar sind, als Ausgangspunkt für die Auseinandersetzung mit Mathematik genutzt. Der Mathematikunterricht setzt damit an solchen Situationen an, um daraus Mathematik zu entwickeln und beginnt nicht mit der Vermittlung von Definitionen oder abstrakten Konzepten.
- *Prinzip der Ebenen (level principle)*: Das Prinzip geht von dem Verständnis aus, dass Lernende verschiedene Stufen des Verständnisses durchlaufen. Dabei findet Verstehen zunächst auf einer informellen und kontextbezogenen Ebene statt und erreicht über ein semiformales und modellgestütztes Niveau die formale Ebene und die Einsicht, wie Konzepte zusammenhängen.
- *Prinzip der Vernetzung (intertwinement principle)*: Das Prinzip beschreibt die enge Verknüpfung verschiedener mathematischer Inhaltsbereiche, die zum Lösen von Problem notwendig sind. Die Probleme sind dabei so konzipiert, dass ver-

schiedene Kenntnisse und Fähigkeiten miteinander verknüpft werden müssen, um die Aufgaben zu bearbeiten.
- *Prinzip der Interaktion (interactivity principle)*: Das Prinzip legt den Fokus auf Mathematiklernen als soziale Aktivität. Durch Gruppenarbeiten und Klassendiskussionen sollen die Lernenden die Möglichkeit erhalten, ihre Entdeckungen mit anderen zu teilen, zu vergleichen und Vorschläge zur Weiterentwicklung zu erhalten.
- *Prinzip der Lernbegleitung (guidance principle)*: Das Prinzip bezieht sich auf Freudenthals Idee der *geführten Nacherfindung*. Die Lehrperson konzipiert hierbei Lernumgebungen, die reichhaltige mathematische Tätigkeiten ermöglichen und gibt Impulse, um die Lernenden in ihrer Eigenaktivität zu unterstützen.

Der Ansatz der *Realistic Mathematics Education* bietet damit einen Rahmen, in dem Mathematik auch für Lernende als Prozess und nicht allein als fertiges System erlebt werden kann. Auf der Grundlage der damit einhergehenden Sichtweise sowohl von Mathematik als Wissenschaft als auch auf das Lehren und Lernen von Mathematik beruht die vorliegende Arbeit. Bevor nun allerdings weitere Folgerungen für einen Mathematikunterricht ausgehend von dieser Perspektive vorgestellt werden, werden im folgenden Kapitel zunächst die Tätigkeiten des „Mathematiktreibens" genauer in den Blick genommen.

2.1.2 Mathematik betreiben

> Nach Euklid dargestellt, erscheint die Mathematik als eine systematische deduktive Wissenschaft; aber die Mathematik im Entstehen erscheint als experimentelle induktive Wissenschaft. (Pólya, 1949, S. 9)

Mit diesem Zitat vereint der Mathematiker George Pólya die beiden im vorangegangenen Abschnitt dargestellten Sichtweisen auf Mathematik. Während sich die Sichtweise von Mathematik als deduktiv geordnetes System besonders in wissenschaftlichen Publikationen widerspiegelt, so stellt sie dennoch nur einen Teil der Mathematik als Wissenschaft dar, die den Entstehungsprozess der aufbereiteten Resultate außer Acht lässt. Doch gerade die Prozesse der Erkenntnisentwicklung sind es, die die Mathematik von anderen Wissenschaften, wie beispielsweise den Naturwissenschaften, abgrenzen. Dazu kommt, dass die Prozesse mathematischen Erkenntnisgewinns anders als die zumeist linearen Darstellungen in veröffentlichten Publikationen unberechenbar und zu Beginn zumeist in nicht-deduktiver Weise verlaufen (Heintz, 2000). Indem also der „Mathematik im Entstehen", wie

Pólya (1949, S. 9) es bezeichnet, im Rahmen des Mathematikunterrichts Raum gegeben wird und sie als ein Prozess erlebt werden kann, können ebenso charakteristische Merkmale der Mathematik als Wissenschaft erfahren und als nützlich erachtet werden. Aus wissenschaftstheoretischer Sicht sind dabei die drei Grundformen des Schließens nach Peirce zentral für den mathematischen Erkenntnisgewinn: die Abduktion, die Induktion sowie die Deduktion (siehe u. a. Meyer, 2007; Peirce et al., 1960; Peirce und Walther, 1967). Jede der drei Schlussformen erfüllt dabei eine relevante Funktion im Erkenntnisprozess, die im Folgenden überblicksartig dargestellt werden soll.[1]

Abduktion: Die Abduktion beschreibt die Tätigkeit, von einem beobachteten Phänomen ausgehend eine Vermutung zu entwickeln, die das Auftreten des Phänomens möglicherweise erklären kann. Dabei ist die Vermutung (noch) nicht gesichert, sondern stellt lediglich eine Möglichkeit der Erklärung des Phänomens dar. Für den mathematischen Erkenntnisprozess spielt die Abduktion eine bedeutsame Rolle, denn sie ist die einzige der drei Schlussformen, die durch die Entwicklung von Vermutungen neues Wissen generieren kann. Die Schlussform findet sich auch bei Pólya (1962, S. 9) unter dem Begriff des *plausiblen Schließens* ausgehend von sogenannten „suggestiven Beobachtungen“ (suggestive cases) (ebd., S. 22), die ausschlaggebend für die Formulierung einer Vermutung sind.

Induktion: Die Induktion dient der Überprüfung der abduktiv gebildeten Vermutung, um diese zu bestätigen oder zu widerlegen. Sie findet in Form einer empirischen Prüfung an Einzelfällen statt, die Pólya (1962) auch als „stützende Beobachtungen“ (supporting cases) bezeichnet. Dabei wird durch die Schlussform der Induktion kein neues Wissen generiert, sondern Vermutungen auf ihre Plausibilität hin überprüft.

Deduktion: Die Deduktion dient der endgültigen Absicherung einer Vermutung. Anhand streng logischer Schlussfolgerungen wird die Vermutung bewiesen. Damit werden durch deduktive Schlüsse keine neuen Erkenntnisse gewonnen, sondern Wissen gesichert.

Häufig wird allein die Deduktion als charakteristische Schlussform der Mathematik in Abgrenzung zu natur- oder sozialwissenschaftlichen Erkenntnisprozessen bezeichnet, da die Absicherung von Vermutungen durch logische Schlüsse ausgehend von einer gegebenen Argumentationsbasis ein spezifisches Merkmal mathematischen Erkenntnisgewinns darstellt (Leuders & Philipp, 2013). Für den gesamten mathematischen Erkenntnisprozess sind allerdings alle drei dargestellten Schlussformen gleichermaßen relevant, denn sie erfüllen jeweils zentrale Funktionen: Die

[1] Für eine vertiefte Auseinandersetzung siehe beispielsweise Meyer (2007) oder Meyer (2018).

Abduktion als Schlussform zur Generierung von neuem Wissen, die Induktion zur Überprüfung einer Vermutung als erste Absicherung sowie die Deduktion als endgültige Absicherung anhand logischer Schlussfolgerungen.

Mit besonderem Fokus auf die ersten beiden Schlussformen im Rahmen mathematischer Erkenntnisprozesse wurde der Begriff des *innermathematischen Experimentierens* in Anlehnung an natur- oder sozialwissenschaftliches Experimentieren geprägt (Leuders et al., 2011). Hierbei wird Mathematik verstanden als eine experimentelle Wissenschaft, die sich – anders als die Natur- und Sozialwissenschaften – mit **abstrakten** Objekten auseinandersetzt (Leuders & Philipp, 2013), wie es auch der Mathematiker Norbert Wiener formuliert:

> Mathematics is an experimental science. The formulation and testing of hypothesis play in mathematics a part not other than in chemistry, physics, astronomy, or botany. [...] It matters little [...] that the mathematician experiments with pencil and paper while the chemist uses test-tube and retort, or the biologist stains and the microscope. (Wiener, 1923, S. 237)

Der Umgang mit mathematischen Inhalten wird hierbei häufig in Anlehnung an Euler (1761) als „quasi-empirisch" bezeichnet, um der Tatsache Rechnung zu tragen, dass es sich nicht um die Auseinandersetzung mit tatsächlichem Material handelt, sondern mit Objekten, die zwar der realen Anschauung entstammen können, aber letztendlich abstrakter Natur sind (u. a. Heintz, 2000). Im Hinblick auf das *innermathematische Experimentieren* übernimmt dabei die quasi-empirische, also induktive Überprüfung von Beispielen eine wichtige Funktion, indem Vermutungen plausibilisiert werden, solange eine vollständige Begründung ausstehend ist (Heintz, 2000). Geht die Auseinandersetzung über eine solche quasi-empirische Prüfung hinaus, unterscheiden sich aus Wieners (1923) Sicht der naturwissenschaftliche und mathematische Erkenntnisgewinn lediglich hinsichtlich der Quellen, aus welchen die Antworten auf die untersuchten Fragestellungen entstammen. Während in der Naturwissenschaft Erfahrungen ausschlaggebend sind, beruht die Mathematik auf logischen Schlüssen. Damit geht die Mathematik über experimentelle Wissenschaften hinaus, indem durch die Schlussform der Deduktion ein Mittel zur endgültigen Absicherung von Vermutungen zur Verfügung steht.

Bis zu diesem Punkt des Erkenntnisgewinns besteht allerdings eine gewisse Analogie zwischen den Prozessen des naturwissenschaftlich-empirischen und mathematisch-quasi-empirischen Erkenntnisgewinns, wie Leuders et al. (2011) in ihrem Artikel ausführlich darstellen. Während in beiden Disziplinen Phänomene untersucht werden, fokussiert sich die Naturwissenschaft auf die Identifizierung ausschlaggebender Variablen, die Mathematik hingegen auf die Beschreibung und

Identifizierung relevanter Strukturen. Beide Disziplinen stellen Vermutungen über Zusammenhänge auf und überprüfen diese mithilfe eines Experiments. Im mathematischen Sinne gestaltet sich dies als die Untersuchung von Beispielen und die Suche nach Gegenbeispielen. Durch Rückbezug der Ergebnisse dieser Untersuchungen kann die Vermutung anschließend bestätigt oder widerlegt und gegebenenfalls ein weiterer Untersuchungszyklus anschließen. Ausgehend von dieser Analogie hat K. Philipp (2013) ein idealisiertes Modell zum innermathematischen Experimentieren entwickelt, welches aus vier zentralen Vorgehensweisen besteht:

- Die *Generierung von Beispielen* entweder als Anlass, um eine Vermutung zu entwickeln oder um eine Vermutung zu überprüfen.
- Die *Strukturierung* dieser Beispiele als Ordnung nach bestimmten Kriterien.
- Die *Entwicklung von Vermutungen* ausgehend von der vorgenommenen Strukturierung.
- Die *Überprüfung von Vermutungen* anhand von geeigneten Beispielen.

Will man allerdings einen mathematischen Erkenntnisprozess in idealer Weise vollständig beschreiben, so kann das Modell des *innermathematischen Experimentierens* dies nicht leisten, da es lediglich die abduktiven und induktiven Erkenntnisgewinnungsprozesse fokussiert. Um der Mathematik als Wissenschaft gerecht zu werden, sind die im Anschluss an die induktive Überprüfung stattfindenden Überlegungen zur Entwicklung einer deduktiven Schlusskette zur endgültigen Absicherung der Vermutung zentral. Auf der Grundlage dieser Überlegungen ordnete Pólya (1962) die mit dem *innermathematischen Experimentieren* einhergehenden Prozesse daher als Teil eines größeren, mehr Tätigkeiten umfassenden, Prozesses ein, den Heintz (2000) im Rahmen ihrer mathematiksoziologischen Forschung anhand dreier Kontexte des mathematischen Erkenntnisgewinns beschreibt: den *Entdeckungskontext*, den *Rechtfertigungskontext* sowie den *Überzeugungskontext*.

Im Rahmen des *Entdeckungskontexts (context of discovery)* finden dabei die soeben beschriebenen Prozesse des *innermathematischen Experimentierens* statt. Ausgehend von einem beobachteten Phänomen werden Vermutungen formuliert, die zunächst auf quasi-empirische Weise auf ihre Plausibilität hin überprüft werden. Die Phase zeichnet sich durch eine heuristische und experimentelle Arbeitsweise aus, die anschließend in ein geordneteres und systematischeres Vorgehen im Zuge des *Rechtfertigungskontexts (context of justification)* übergehen kann. Hierbei werden die Vermutungen argumentativ gerechtfertigt, sodass eine schlüssige Begründung die Korrektheit der Vermutung garantiert. Während in der Wissenschaftsphilosophie anfänglich lediglich die beiden beschriebenen Kontexte Erwähnung finden (u. a. Reichenbach, 1938), werden diese mittlerweile um einen dritten Kontext ergänzt, der besonders den Blickwinkel auf Mathematik als eine soziale Wissenschaft miteinbezieht. Der *Überzeugungskontext (context of persuasion)* beschreibt die Tatsache, dass erst durch die Akzeptanz einer Vermutung und ihrer Begründung innerhalb der mathematischen Gemeinschaft das neue Wissen als solches anerkannt und zur wissenschaftlichen Tatsache wird. Die Erkenntnisse müssen dabei durch eine geeignete Kommunikationsform die jeweilige Fachgemeinschaft überzeugen: „Ein mathematischer Satz ist wahr, wenn er von der mathematischen Gemeinschaft als wahr akzeptiert wurde." (Heintz, 2000, S. 178).

Im Verlauf eines Erkenntnisprozesses sind damit verschiedene Stufen der Überzeugung zu erreichen. Mason et al. (2010, S. 87) bezeichnen diese als *convince yourself*, *convince a friend* und *convince a sceptic/enemy*. Die erste Stufe beschreibt dabei die starke subjektive Überzeugung von der Korrektheit einer Vermutung, selbst wenn diese noch nicht endgültig bewiesen wurde. Für die folgende Stufe ist es anschließend nötig, intuitive Ideen zu artikulieren und Gründe für die Korrektheit der Vermutung anzugeben. Um die Vermutung plausibel zu machen, geht die Spanne hierbei von der Angabe geeigneter Beispiele bis hin zu Ansätzen struktureller Argumente, die einen wohlgesonnenen Gegenüber (*friend*) überzeugen können. Die letzte Stufe geht insofern über die vorangegangenen Stufen hinaus, als dass intutive Überzeugungen und einzelne Beispiele als nicht mehr ausreichend angesehen werden. Es muss Rechenschaft über die Korrektheit und Vollständigkeit der Argumentationskette abgelegt werden, sodass jeder Begründungsschritt – selbst für einen *sceptical enemy* – logisch nachvollziehbar und nicht anzufechten ist. Dabei ist es das Ziel eines mathematischen Erkenntnisprozesses, diesen Überzeugungsgrad zu erreichen und damit ebenfalls die mathematische Gemeinschaft von den Erkenntnissen überzeugen zu können.

Die soziale Interaktion spielt damit in der mathematischen Erkenntnisentwicklung eine zentrale Rolle. Dies bezieht sich einerseits auf den Austausch innerhalb der mathematischen Gemeinschaft im Rahmen des oben dargestellten Überzeugungskontextes und andererseits auf die Tätigkeiten hinsichtlich der Entstehung von Mathematik. Im Sinne einer konstruktivistischen Sichtweise entsteht Mathematik als Produkt sozialer Interaktion, indem Bedeutungen von Begriffen ausgehandelt und im Diskurs mathematische Theorien entwickelt werden (Leuders, 2018). Der sprachliche Austausch ist damit die Grundlage für den individuellen Wissensaufbau und trägt zur Entstehung von Einsicht bei (Heckmann et al., 2012). Im Rahmen des epistemologischen Ansatzes von Steinbring (2000) sind die sozialen Prozesse und die dadurch entstehenden Deutungen zwischen den am Erkenntnisprozess Beteiligten ausschlaggebend für die Konstruktion neuen Wissens.

Bezieht man alle Überlegung dieses Kapitels nun auf den Ablauf mathematischer Erkenntnisprozesse, so kann in Anlehnung an Bauer et al. (2020) insgesamt folgendes idealisiertes Prozessschema entwickelt werden:

- Auf der Grundlage eines beobachteten Phänomens – wie eine Gesetzmäßigkeit, die sich durch die Strukturierung einer Reihe von Beispielen zeigt – wird eine plausibel erscheinende Vermutung zur Erklärung des Phänomens entwickelt. Dieser abduktive Schluss ist zunächst nicht gesichert, sondern stellt eine mögliche Erklärung für das Phänomen dar.
- Um die Vermutung zu überprüfen und damit ihre Plausibilität rechtfertigen zu können, findet eine quasi-empirische, induktive Prüfung der Vermutung an Beispielen statt. Sofern sich die Vermutung nicht bestätigen lässt, schließt ein erneuter abduktiver Prozess zur (Weiter-)Entwicklung der Vermutung an.
- Nachdem die Vermutung anhand der induktiven Überprüfung gefestigt werden konnte, wird diese mithilfe deduktiver Schlussfolgerungen abgesichert. Zu diesem Zeitpunkt findet ein Wechsel der Kontexte statt: während bisherige Tätigkeiten im *Entdeckungskontext* zu verorten sind, wird nun im Sinne des *Rechtfertigungskontexts* agiert.
- Um die Vermutung in der mathematischen Gemeinschaft rechtfertigen zu können, müssen die logischen Schlüsse so aufbereitet und dargestellt werden, dass die neue Erkenntnis als gültig anerkannt wird. Indem diese innerhalb der mathematischen Gemeinschaft entsprechend kommuniziert und diskutiert wird, findet der Übergang in den *Überzeugungskontext* statt.

Im Verlauf dieser Prozesse kann eine Vielzahl an Tätigkeiten stattfinden, die charakteristisch für die Entstehung von Mathematik sind. Durch die Konstruktion und Auswahl geeigneter Beispiele, die zielgerichtete und systematische Analyse dieser, das Aufstellen und Begründen von Vermutungen bis hin zur Begriffsbildung und der Entwicklung von Darstellungen und Werkzeugen kann letztendlich mathematische Erkenntnis gewonnen werden (A. Fischer, 2013; Freudenthal, 1973). Mit der eingangs dargelegten Intention, im Schulunterricht die Mathematik nicht allein als Produkt, sondern ebenso ihren Entstehungsprozess zu vermitteln und damit die Mathematik als Wissenschaft erfahrbar zu machen, geht die Forderung nach einem sogenannten „authentischen Mathematikunterricht“ einher. Dieser macht es sich zu Aufgabe, ebendiese Tätigkeiten den Lernenden zugänglich zu machen, indem ihnen die Möglichkeit gegeben wird, eigene Erfahrungen im „Mathematiktreiben“ zu sammeln, zu reflektieren und damit letztendlich Mathematik als einen Prozess zu erleben. Der folgende Abschnitt soll dazu einen kurzen Überblick geben.

2.1.3 Authentischer Mathematikunterricht

Ebenso wie der aus der Niederlande stammende Ansatz der *Realistic Mathematics Education*, bezieht sich auch die Theorie eines authentischen Mathematikunterrichts auf die Art der Auseinandersetzung mit den mathematischen Inhalten. Der Mathematiker und Mathematikdidaktiker Wittenberg (1963) formulierte in diesem Zuge bereits in den 60er Jahren das Ziel einer *gültigen Begegnung* mit Mathematik für den Mathematikunterricht:

> Im Unterricht muß sich für den Schüler eine gültige Begegnung mit der Mathematik, mit deren Tragweite, mit deren Beziehungsreichtum, vollziehen; es muß ihm am Elementaren ein echtes Erlebnis dieser Wissenschaft erschlossen werden. Der Unterricht muß dem gerecht werden, was Mathematik wirklich ist. Diese Zielrichtung muss die Auseinandersetzung mit der konkreten Gestaltung des Unterrichts leiten. (Wittenberg, 1963, S. 50 f.)

Aus dieser Zielsetzung leitet Wittenberg zwei Prinzipien ab, die grundlegend für den Mathematikunterricht[2] sind: Einerseits das *Prinzip der gültigen Begegnung* in dem Sinne, dass Schülern eine möglichst echte Erfahrung mit den charakteristischen mathematischen Tätigkeiten ermöglicht werden soll und andererseits das *Prinzip der Kindgemäßheit*, welches diese Tätigkeiten an elementaren und für die jeweilige Klassenstufe geeigneten Inhalten anregt. Auch heute besteht weitestgehend Konsens darüber, Mathematik mit den Lernenden so zu entwickeln, dass sie Mathematik aus subjektiver Perspektive neu entdecken und dabei mathematische Erkenntnisprozesse unmittelbar erleben können, wie es auch die Idee von Freudenthals (1973) *geführter Nacherfindung* ist.

Im deutschsprachigen Raum ist hierbei der Begriff des authentischen Mathematikunterrichts maßgebend, der ebenjene Erfahrung mit Mathematik ermöglichen und Antwort auf die folgenden drei grundlegenden Fragen liefern soll (Vollrath & Roth, 2012):

- Was ist Mathematik?
- Wie entsteht Mathematik?
- Was kann man mit Mathematik anfangen?

Der Begriff authentisch kann hierbei in verschiedener Hinsicht interpretiert werden (Grötschel & Lutz-Westphal, 2009, S. 7). Einerseits umfasst er eine „persön-

[2] Wittenberg (1963) bezieht sich hierbei auf den gymnasialen Mathematikunterricht. Dennoch können die Prinzipien ebenso auf den Unterricht anderer Schulformen übertragen werden.

lich ansprechende und herausforderne, echte mathematische Erfahrungen ermöglichende Begegnung und Auseinandersetzung der Schüler mit dem Stoff" sowie eine „fachliche Angemessenheit der im Laufe der unterrichtlichen Erarbeitung verwendeten mathematischen Methoden" und andererseits „ein zeitgemäßes Bild von Mathematik vermittelnden Inhalte in realen oder realistischen Kontexten". Im Hinblick auf authentische mathematische Tätigkeiten unterscheiden Büchter und Leuders (2016) hierbei verschiedene Prozesse: authentisches Modellieren, authentisches Problemlösen, authentisches Argumentieren sowie authentisches Begriffsbilden. Mit Fokus auf die innermathematische Erkenntnisentwicklung sind für die vorliegende Arbeit dabei besonders die letzten drei Prozesse von Bedeutung. Allen Prozessen ist gemein, dass es sich im Sinne einer authentischen Erfahrung von Mathematik nicht um lineare Abläufe handelt, die zwangsläufig mit einer Lösung oder einer Erkenntnis enden, sondern dass Irrwege, Fehler und zyklische Verläufe typische Bestandteile dieser sind (Büchter & Leuders, 2016).

Authentisches Problemlösen meint hierbei das Erkunden von eigenen oder vorgegebenen Problemstellungen, sodass Entscheidungen über die verwendeten Ansätze und Strategien getroffen werden, anhand derer das Problem bearbeitet wird. Im Anschluss können weitere Fragen aufgeworfen und untersucht werden. Das authentische Argumentieren fokussiert sich auf die Formulierung und Begründung von Vermutungen. Im Laufe der Auseinandersetzung können Vermutungen dabei präzisiert, modifiziert oder auch verworfen werden. Ebenso kann hierbei eine authentische Begriffsbildung stattfinden, indem Lernende ausgehend von ihren gesammelten Erfahrungen Strukturierungen vornehmen und Begriffe entwickeln, diese in Definitionen präzisieren und anwenden (Büchter & Leuders, 2016). Aktivitäten aus allen drei Tätigkeitsbereichen können je nach Ausrichtung im Rahmen mathematischer Erkenntnisprozesse stattfinden. Dabei sollte es stets das Ziel eines authentischen Mathematikunterrichts sein, charakteristische mathematische Denk- und Arbeitsweisen zu erleben und kennenzulernen. Dadurch kann einerseits das individuelle Repertoire an mathematischen Handlungsmöglichkeiten erweitert und andererseits die Mathematik als eine Wissenschaft mit ihren dynamischen Prozessen kennengelernt werden (Grötschel & Lutz-Westphal, 2009).

2.2 Argumentationsprozesse

Die vorliegende Arbeit beschäftigt sich im Rahmen mathematischer Erkenntnisprozesse von Schülern insbesondere mit Prozessen, die im Anschluss an die Formulierung von Vermutungen stattfinden und zielt damit auf das im vorigen Abschnitt beschriebene *authentische Argumentieren* ab. Dazu wird im Folgenden zunächst eine Begriffsklärung der in diesem Zusammenhang in der mathematikdidaktischen Literatur häufig genutzten Begriffe *Argumentieren*, *Begründen* und *Beweisen* vorgenommen (siehe Abschnitt 2.2.1), bevor im Anschluss sowohl der Umgang mit Vermutungen (siehe Abschnitt 2.2.2) als auch der Umgang mit hierbei auftretenden Konflikten während eines mathematischen Erkenntnisprozesses (siehe Abschnitt 2.2.3) in den Blick genommen wird.

2.2.1 Argumentieren, Begründen und Beweisen

Über die Verwendung der Begriffe *Argumentieren*, *Begründen* und *Beweisen* besteht in der mathematikdidaktischen Literatur bisweilen kein Konsens, sodass sie entweder teils synonym genutzt und als gebündelte Aufzählung verwendet werden, ohne dass diese explizit voneinander abgegrenzt werden, oder es werden Klassifizierungen bezüglich verschiedener Oberbegriffe vorgenommen (u. a. Brunner, 2014, Fetzer, 2011). Aus diesem Grund soll an dieser Stelle nun ein Überblick über gängige Einordnungen dieser Begriffe gegeben und anschließend die Verwendung der Begrifflichkeiten im Rahmen dieser Arbeit dargelegt werden. Abbildung 2.1 zeigt dabei eine Zusammenfassung der folgenden Ausführungen.

In der internationalen Literatur werden die Begriffe *Argumentieren*, *Begründen* und *Beweisen* zumeist mit den Ausdrücken *argumentation*, *reasoning* und *proof* übersetzt. Dabei ist Letzterer der Begriff, der am engsten gefasst ist. Hanna (1983) versteht einen mathematischen Beweis als einen formalen Nachweis, der zwei Bedingungen erfüllt. Zum einen sind alle für den Beweis verwendeten Definitionen und Schlussregeln explizit angegeben oder könnten angegeben werden und zum anderen erfolgt jeder Schluss in der Beweiskette durch eine anerkannte mathematische Festlegung, d. h. eine deduktive Schlussfolgerung. Die deduktive Herleitung einer mathematischen Aussage aus bereits als wahr anerkannten Aussagen ist hierbei das Charakteristikum, welches einen Beweis ausmacht und wird auch in einer Vielzahl anderer Publikationen als fundamentale Eigenschaft für das mathematische Beweisen angesehen (Jahnke & Ufer, 2015; Prechtl & Burkard, 2008). Induktive Schlüsse hingegen stellen keine gültigen mathematischen Schlussfolgerungen dar, indem von Einzelfällen auf eine allgemeine Aussage geschlossen wird, sodass diese nur als wahrscheinlich sicher eingestuft werden kann (Brunner, 2014). Allein anhand deduktiver Schlüsse erfüllt ein Beweis die Funktion eines Nachweises über die Korrektheit der zu beweisenden Aussage, indem aufgezeigt wird, dass die formulierte Vermutung notwendigerweise aus den gegebenen Voraussetzungen folgt (Hefendehl-Hebeker & Hußmann, 2018). Dabei wird ein idealer Beweis als vollkommen strenge Kette logischer Schlussfolgerungen ausgehend von den Vorausssetzungen bis hin zur Behauptung angesehen, wobei eine solche Idealvorstellung kaum realisierbar ist (Jahnke & Ufer, 2015). Abhängig von den Kenntnissen und Fähigkeiten von Zielgruppe und Verfasser sind somit „Beweislücken" zulässig (Jahnke & Ufer, 2015, S. 332). Innerhalb des Verständnisses eines Beweises als deduktive Herleitung eines mathematischen Satzes aus Axiomen und zuvor bewiesenen Aussagen unterscheiden sich allerdings die Auffassungen im Hinblick auf den einzuhaltenden Formalismus. Während einige Autoren die formale Strenge hinsichtlich der Anordnung der Argumente und der Nutzung von symbolischer Sprache als explizites Charakteristikum des Beweisens sehen (u. a. Boero, 1999; Brunner, 2014), schließt sich die Autorin der vorliegenden Arbeit der Auffassung von Wittmann & Müller (1988) an, dass nicht der Grad der Formalität und Symbolverwendung ausschlaggebend ist, sondern die zugrundeliegenden Argumente und genutzten Strukturen, unabhängig davon, in welcher Form sie präsentiert werden. Sofern also die Schlusskette immanent vorliegt, kann von einem *Beweis* gesprochen werden, selbst wenn dieser formal und symbolisch nicht als solcher ausgeführt ist.

Der Begriff des *Begründens* wird im Gegensatz zum Beweisen häufig weiter gefasst (Heintz, 2000). Grundsätzlich verfolgen Tätigkeiten des Begründens das Ziel, durch Ausräumen von Zweifeln von einem Sachverhalt zu überzeugen (Ehlich, 2009). Ebenso wie beim Beweisen wird durch eine Begründung der Nachweis für die Richtigkeit einer Aussage erbracht (Prechtl & Burkard, 2008). Die Spanne, auf der ein solcher Nachweis stattfinden kann, ist hierbei allerdings breiter und nicht so eng gefasst wie es beim mathematischen Beweisen der Fall ist, welches sich allein durch deduktive Schlussfolgerungen kennzeichnet (Meyer & Prediger, 2009). Aus diesem Grund grenzen auch die amerikanischen Bildungsstandards (2000) das Begründen vom Beweisen ab und benennen beides als zwei unterschiedliche Tätigkeiten (reasoning and proof). Auch die deutschen Bildungsstandards benennen Begründen und Beweisen als verschiedene Tätigkeiten, wobei sich das Beweisen durch seinen formalen Charakter vom Begründen unterscheidet (Kultusministerkonferenz, 2004). Da sich das Verständnis vom Beweisen in der vorliegenden Arbeit nicht an das Kriterium des Formalismus knüpft, wird hier eine solche Unterscheidung der Begriffe des Begründen und Beweisens nicht vorgenommen. Vielmehr wird Begründen ähnlich zu der Einordnung von Brunner (2014) als ein übergeordneter Begriff verwendet, der eine Vielzahl an rechtfertigenden Tätigkeiten auf verschiedenen Niveaus umfasst. Brunner (2014) folgt hierbei der ursprünglich von Duval (1991) vorgenommenen Unterscheidung, welche Begründen als einen Oberbegriff für die Begrifflichkeiten Argumentieren und Beweisen umfasst. Während Begründen damit auf einer Spanne von alltagsbezogenem Argumentieren bis hin zu formal-deduktivem Beweisen stattfindet, soll es in dieser Arbeit ausgehend von einer philosophischen Begriffsbestimmung verstanden werden als jegliche Art der

Rechtfertigung umfassende Tätigkeit (Prechtl & Burkard, 2008). In Anlehnung an Hanna (2020) kann Begründen damit auf einer Spanne von *everyday reasoning* bis hin zu *mathematical reasoning* stattfinden. *Everyday reasoning* findet auf der Grundlage einer subjektiven Überzeugung statt, die sich auf intuitive Einschätzungen, die Aussagen von Autoritäten oder individuelle Einstellungen beruft. Damit handelt es sich um Argumente, die zwar einen rechtfertigenden Charakter besitzen, allerdings nicht zwangsläufig logisch nachvollziehbar oder sozial akzeptiert sein müssen, sondern schließen jede Art an Formulierungen der Art „weil, ..." ein. Der Begriff *mathematical reasoning* bzw. *mathematisches Begründen* bezieht sich hingegen auf objektive Begründungen, die auf rationale Weise eine Vermutung rechtfertigen. Damit bezeichnen das **mathematische** Begründen und das Beweisen in der vorliegenden Arbeit dieselbe Tätigkeit. Als Spezialfall einer mathematischen Begründung bzw. eines Beweises kann der Begriff der Erklärung angesehen werden. Während eine Begründung sich auch auf den Nachweis beschränken kann, **dass** eine Aussage gilt, liefert sie nicht notwendigerweise eine Erklärung, **warum** eine Vermutung zutreffend ist, was die Intention einer Erklärung ist. Damit ist eine Erklärung gleichzeitig eine Begründung, eine Begründung erfüllt allerdings nicht per se eine Erklärfunktion (Ehlich, 2009).

Hinsichtlich der Tätigkeit des Begründens können verschiedene Begründungsformen unterschieden werden. Mit der weiten Auffassung des Begründungsbegriffs in dieser Arbeit reichen diese von subjektiven Begründungen (*everyday reasoning*) bis hin zu objektiven, mathematischen Begründungen (*mathematical reasoning*). Harel und Sowder (1998) unterscheiden hierbei drei Klassen von Beweisschemata, die beeinflussen, was eine Person als überzeugend ansieht:

- *External conviction*: Externe Überzeugungen sind ausschlaggebend für die Akzeptanz einer Vermutung bzw. ihrer Begründung. Dies kann durch das Vertrauen in eine Autoritätsperson oder in eine formal-symbolische Notation gegeben sein. Bei Letzterem sind dafür die äußeren Merkmale einer Vermutung und ihrer Begründung entscheidend, unabhängig vom mathematischen Inhalt.
- *Empirical conviction*: Empirische Nachweise anhand induktiver Argumente wie die Überprüfung anhand von Beispielen, Nachrechnen, Nachmessen oder der optische Eindruck sind entscheidend.
- *Analytical conviction*: Allein deduktive Schlüsse im Rahmen einer logischen Schlusskette werden als überzeugend angesehen.

Dabei ist ausschließlich das letzte Beweisschema kompatibel mit dem einer tatsächlichen mathematischen Begründung. Während eine Berufung auf externe Überzeugungen keine rationale Begründung einer Vermutung darstellen kann, können empirische Nachweise zumindest eine erste induktive Überprüfung einer Vermutung, allerdings keine allgemeingültige Bestätigung liefern. Wittmann und Müller (1988) bezeichnen dies auch als einen *experimentellen „Beweis“*, der an konkrete Handlungen und eine endliche Zahl an Beispielen gebunden ist und keine Verallgemeinerung zulässt. In dem Fall, dass es sich allerdings um ein prototypisches Beispiel handelt, an welchem die Allgemeingültigkeit einer Aussage aufgezeigt werden kann, spricht man hingegen von einem *generischen Beweis*. Hierbei wird anhand eines Beispiels eine verallgemeinerbare Struktur dargelegt, die auf alle weiteren Fälle, die unter die zu begründende Aussage fallen, übertragbar ist, sodass es sich nicht mehr um eine Einzelfallbetrachtung handelt. In diesem Fall kann von einer vollständigen mathematischen Begründung gesprochen werden. Abseits davon sind die Beweisformen des inhaltlich-anschaulichen und des formal-deduktiven Begründens zu nennen, wie Wittmann und Müller (1988) diese bezeichnen. Auch hierbei handelt es sich um mathematische Begründungen, wenn auch unterschiedlichen Abstraktionsgrads. Da in der vorliegenden Arbeit allerdings nicht der Grad an Formalismus oder die Nutzung mathematischer Symbole ausschlaggebend für mathematisches Begründen ist, sind allein die jeweils verwendeten Argumente entscheidend. Sofern diese aus der Einsicht in strukturelle Zusammenhänge entstehen und erkennen lassen, **dass** oder gar **warum** eine Vermutung zutreffend ist, kann von einer mathematischen Begründung gesprochen werden. Während diese bei der formal-deduktiven Begründung auf formal-symbolischer Ebene formuliert wird, nutzt das inhaltlich-anschauliche Begründen Handlungen oder Operationen, die einen strukturellen Zusammenhang erkennen lassen und deutlich machen, dass oder warum eine Aussage zutrifft. Insgesamt sind daher strukturelle Argumente als Gegensatz zu empirischen Argumenten ausschlaggebend, sodass im Rahmen dieser Arbeit ebenfalls der Begriff *strukturelle Begründung* synonym zu einer *mathematischen Begründung* genutzt wird, um die

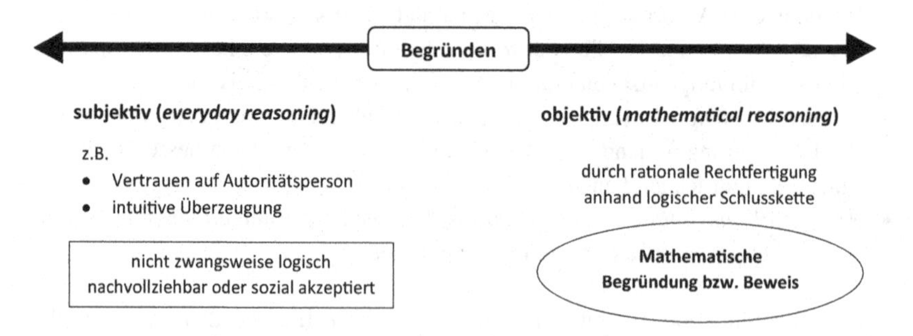

Abbildung 2.1 Begründen als eine Tätigkeit von subjektiven bis hin zu objektiven Rechtfertigungen (eigene Darstellung)

Art des Arguments in Abgrenzung zu empirischen Nachweisen deutlicher hervorzuheben.

Während Brunner (2014) den Begriff des Argumentierens als eine Ausprägung des Begründens in der Hinsicht auffasst, als das Argumentieren alle Begründungsformen bis auf das formal-deduktive Beweisen umfasst, so soll in der vorliegenden Arbeit durch den Begriff des Argumentierens eine besondere Phase eines mathematischen Erkenntnisprozesses in den Mittelpunkt gestellt werden. Die Argumentationstheorie formuliert dazu folgende Definition:

> Argumentation is a verbal and social activity of reason aimed at increasing (or decreasing) the acceptability of a controversial standpoint for the listener or reader [...]. (van Eemeren et al., 1996, S. 5)

Damit sind für das Stattfinden einer Argumentation einerseits die soziale Aktivität und andererseits das Auftreten einer strittigen Situation ausschlaggebend, woraufhin das Bemühen folgt, sich von der Korrektheit eines Standpunkts durch das Anführen geeigneter Argumente zu überzeugen. Im Bereich der Mathematikdidaktik bezeichnet Schwarzkopf (2000, S. 240) eine Argumentation daher als „[d]e[n] im Unterricht stattfindende[n] soziale[n] Prozeß, bestehend aus dem Anzeigen eines Begründungsbedarfs und dem Versuch, diesen Begründungsbedarf zu befriedigen". Damit muss nicht notwendigerweise eine Strittigkeit vorliegen, aber das Bedürfnis nach einer Begründung vorhanden sein. Argumentieren bezeichnet damit nicht allein den Prozess, eine Begründung zu entwickeln, sondern bezieht auch das Infragestellen von Vermutungen mit ein, welches mit dem Begründungsbedürfnis einhergeht. Während andere Autoren zusätzlich die Tätigkeiten des Entdecken und Beschreibens von Phänomenen, also das Aufstellen von Vermutungen, unter den Begriff des Argumentierens fassen (u. a. Bezold, 2010; Büchter & Leuders, 2016), wird er in der vorliegenden Arbeit in Anlehnung an Schwarzkopf (2000) als ein Prozess aufgefasst, der sich aus den folgenden beiden Komponenten zusammensetzt:

- Das *Hinterfragen* von zuvor entwickelten Vermutungen als Folge einer erkannten Begründungsnotwendigkeit oder eines Begründungsbedürfnisses. Das Infragestellen von Vermutungen kann damit einerseits durch einen inhaltlichen Konflikt entweder im Rahmen eines sozialen Diskurses oder in der individuellen Auseinandersetzung oder andererseits ebenso durch das individuelle Bedürfnis nach einer Begründung entstehen. Auf das Begründungsbedürfnis wird in Abschnitt 2.3 noch näher eingegangen.
- *Überprüfungs- und Begründungsprozesse* als das Bemühen, eine Vermutung einerseits auf ihre Korrektheit hin zu prüfen und andererseits der Versuch, die

Vermutung zu begründen oder zu widerlegen. Dies kann sowohl zu Begründungsansätzen als auch zu vollständigen mathematischen Begründungen führen.

Damit beschreibt der Begriff des *Argumentierens* Prozesse des Umgangs mit Vermutungen, welche für den Bereich der mathematischen Erkenntnisentwicklung einen hohen Stellenwert haben. Mit der dargestellten Auffassung können Argumentationsprozesse hierbei sowohl als soziale Tätigkeiten, aber auch als intraindividuelle Aktivitäten stattfinden, indem eigene Vermutungen hinterfragt, überprüft und begründet oder widerlegt werden, ohne dass eine Auseinandersetzung im sozialen Diskurs stattfindet. Unabhängig davon wird mit dem Argumentieren letztendlich das Ziel verfolgt, entweder sich oder andere von der Korrektheit einer Vermutung zu überzeugen.

2.2.2 Der Umgang mit Vermutungen

Der angemessene Umgang mit Vermutungen im Rahmen von Argumentationsprozessen ist zentral für die mathematische Erkenntnisentwicklung. Da eine mathematische Vermutung zunächst „eine Aussage [ist], deren Wahrheit innerhalb der mathematischen Community nicht letztgültig durch einen Beweis bzw. ein Gegenbeispiel geklärt ist" (Ufer & Lorenz, 2009, S. 1), können durch das Stattfinden argumentativer Prozesse subjektive und idealerweise letztendlich auch objektive Gewissheit erlangt und damit neue Erkenntnisse gesichert werden. Im Umgang mit Vermutungen ist es damit das Ziel, entweder für oder gegen eine Vermutung argumentieren zu können (Koedinger, 1998). Dies kann sowohl ausgehend von induktiven Überprüfungsprozessen anhand von Beispielen stattfinden oder aber durch die gezielte Suche nach Gegenbeispielen, d. h. nach Beispielen, die der Vermutung widersprechen. Um letztlich Gewissheit über die entwickelte Vermutung zu erlangen, ist allerdings ein Übergang von solchen empirischen Plausibilitätsargumenten hin zu strukturellen Begründungen nötig.

Wie Koedinger (1998, S. 319) anmerkt, sind die Fähigkeiten zum angemessenen Umgang mit Vermutungen und zum Argumentieren keine festgelegten Eigenschaften, sondern können von Lernenden entwickelt werden: „[. . .] successful conjecturing and argumentation performances are the consequence of particular skills and knowledge. In an appropriately structured learning environment, such skills can be acquired by anyone." Dennoch stellen die beschriebenen Prozesse Lernende vor große Herausforderungen, wie folgende Studienergebnisse zeigen.

In einer von Koedinger (1998) durchgeführten qualitativen Interviewstudie mit 60 Schülern zeigt sich eine Vielzahl an Schwierigkeiten im Umgang mit Vermutungen. Der Studie lag eine geometrische Aufgabenstellung zugrunde, die die Schüler dazu aufforderte, Drachenfiguren zu zeichnen, zu untersuchen und Aussagen über gemeinsame Eigenschaften zu treffen. Aus der Auswertung der Interviews ergaben sich folgende Resultate:

- Nahezu alle Schüler schienen allein mit der Formulierung einer oder weniger Vermutungen zufrieden, sodass diese nicht weiter hinterfragt oder überprüft wurden. Ohne Aufforderung durch den Interviewer hätten keine Argumentationsprozesse stattgefunden. Nur wenige Schüler zeigten Hinweise darauf, ohne Aufforderung durch den Interviewer eine Begründung oder weitere Untersuchungen für notwendig zu erachten. Lediglich in einem Fall verfolgte ein Schüler das Ziel, eine Begründung zu finden, wobei dies in der Auswertung nicht auf die Eigenmotivation des Schülers, sondern auf eine von der Lehrperson im Unterricht etablierte Gewohnheit zurückgeführt wurde.
- Die Vermutungen der Schüler wurden zumeist als endgültige Tatsachen formuliert und nicht als zu überprüfende Hypothesen, die einer weiteren Betrachtung bedürfen. Hierbei zeigte sich auch, dass es den Schülern Schwierigkeiten bereitete, zwischen Vermutungen und Begründungen für diese Vermutungen zu unterscheiden, sodass Behauptungen als geltende Voraussetzungen verwendet wurden.
- Auf Nachfrage des Interviewers, wie man eine fremde Person von den entwickelten Vermutungen überzeugen könne, führten die meisten Schüler eines oder mehrere Beispiele als Beleg an. Eine empirische Bestätigung schien damit ausreichend für die Akzeptanz einer Vermutung zu sein.

Diese Beobachtungen bestätigen die Ergebnisse der Studien von Chazan (1993) sowie Klahr und Kotovsky (1998). Während sich Chazan (1993) ebenfalls mit Argumentationsprozessen von Schülern im Bereich der Geometrie beschäftigt, untersuchten Klahr & Kotovsky (1998) Erkenntnisprozesse und speziell den Umgang mit Vermutungen im naturwissenschaftlichen Kontext. Letztere konnten beobachten, dass Schüler den Erkenntnisprozess beendeten, sofern eine als angemessen eingeschätzte Anzahl bestätigender Beispiele gesammelt werden konnte. Ab diesem Zeitpunkt wurde eine Vermutung als erwiesene Tatsache behandelt und keine weiteren Untersuchungen vorgenommen. Die Interviewstudie von Chazan (1993) macht ebenfalls die Präferenz von Schülern weg von deduktiven Schlussfolgerungen hin zu empirischen Argumenten deutlich. Es zeigt sich, dass empirische Evidenz eher als ein Beweis akzeptiert wurde als eine logische Schlusskette. Barkai et al. (2003) zeigten in einer Studie mit Grundschullehrkräften, dass auch hier etwa die Hälfte der untersuchten Lehrpersonen Beispiele für die Begründung von Vermutungen nutzte. Auch in einer quantitativen Erhebung von Ufer und Lorenz (2009) mit 150 Schülern nutzten diese vorwiegend einzelne Beispiele als Argumente zur Begründung von Vermutungen und nur vereinzelt konnten Ansätze zu deduktiven Argumentationen beobachtet werden.

Die Herausforderungen im Umgang mit Vermutungen sind damit vielfältig. Durch den Schluss von einzelnen Bestätigungsbeispielen auf eine allgemeine Aussage kann keine gesicherte Erkenntnis gewonnen werden, allerdings ist dies ein häufig anzutreffendes Vorgehen und wird von Schülern oftmals im Gegensatz zu deduktiven Begründungen als mathematischer Beweis akzeptiert (Reid & Knipping, 2010; Reiss et al., 2006). Dazu zählt auch die Beobachtung, dass Vermutungen stellenweise direkt als Tatsachen genutzt oder zirkulär begründet werden, sodass die Behauptung als Voraussetzung verwendet wird (Reiss et al., 2006).

Im Kontext von Erkenntnisprozessen sind dabei die Ausführungen von Kuhn et al. (1992) bedeutsam, die neben einer ähnlichen Charakterisierung die Trennung von Theorie und empirisch gewonnener Evidenz als ein weiteres zentrales Merkmal aufführen. Dabei ist für Lernende insbesondere das Zusammenspiel beider Aspekte eine der größten Schwierigkeiten in Erkenntnisprozessen, wie beispielsweise die Revision der Theorie, wenn die empirische Evidenz dieser widerspricht. Aus den Studien von Kuhn et al. (1992) ergeben sich folgende zentrale Erkenntnisse:

- Lernende neigen eher dazu, Evidenz zu ignorieren, die nicht mit ihren Theorie übereinstimmt. Dabei geben sie sich häufig damit zufrieden, dass ihre Theorie nur einen Teil der Daten erklärt.
- Lernende haben Schwierigkeiten einzuschätzen, was nötig ist, um eine Vermutung zu widerlegen. Einzelne Gegenbeispiele werden häufig nicht als dafür ausreichend angesehen und nicht als Beweis zur Widerlegung einer Aussage akzeptiert (Reid & Knipping, 2010).
- Die Überprüfung von Vermutungen findet meist mit der Intention statt, die Theorie zu bestätigen.
- Einzelne Beispiele, die der Vermutung widersprechen, werden zuweilen nicht beachtet. Dunbar und Klahr (2013) ergänzen, dass Lernende bei auftretenden Gegenbeispielen zu ihren Vermutungen nach Beispielen suchen, die die Vermutung bestätigen.
- Aus einzelnen Beispielen werden Theorien generiert, die jedoch nicht mit vorherigen Beispielen abgeglichen werden.
- Auftretende Widersprüche zwischen Evidenz und Theorie führen eher zur Uminterpretierung der Evidenz und nicht zur Modifikation der Theorie.
- Lernende halten Vermutungen trotz widersprechender Beispiele aufrecht (Dunbar & Klahr, 2013).

Die Ergebnisse von Linn und Burbules (1993), dass Lösungsideen für Probleme von Lernendem mit höherem sozialen Status innerhalb einer Gruppe ohne Prüfung bevorzugt angenommen wurden, zeigen außerdem, dass auch die soziale Komponente eine maßgebliche Rolle in Erkenntnisprozessen spielt, die im Rahmen eines Interaktionsprozesses stattfinden.

2.2.3 Der Umgang mit Konflikten

Wie auch die im vorangegangenen Abschnitt dargestellten Forschungsergebnisse gezeigt haben, kommt konfliktreichen Situationen, die im Widerspruch zur entwickelten Vermutung stehen, eine besondere Bedeutung zu, da der Umgang mit ihnen zentral für den Fortgang des Erkenntnisprozesses ist. In dieser Arbeit wird für solche Situationen im Rahmen eines mathematischen Erkenntnisprozesses der Begriff des *Konflikts* in Anlehnung an den Begriff des *kognitiven Konflikts* genutzt, der besonders durch den Entwicklungspsychologen Jean Piaget geprägt wurde.

Der Begriff entsteht auf Grundlage von Piagets Äquilibrationstheorie, welcher Lernprozesse durch die kognitiven Prozesse der *Assimilation* und *Akkommodation* beschreibt. Ziel von Lernprozessen ist es dabei, ein Gleichgewicht zwischen Person und Umwelt herzustellen (Piaget, 1976). Sofern eine Störung dieses Gleichgewichts auftritt, beispielsweise durch den Fall, dass sich eine geäußerte Vermutung und ein aufgetretenes Gegenbeispiel widersprechen, so wird dieser Zustand des Zweifelns und der Unsicherheit sowie die fehlende Gewissheit in Bezug auf den zugrundeliegenden Sachverhalt als *kognitiver Konflikt* bezeichnet (Piaget, 2000). Die wahrgenomme Situation stimmt in diesem Fall nicht mit der bisherigen Erfahrung oder den Erwartungen überein (Kircher et al., 2001). Der Psychologe Berlyne unterscheidet hierbei drei Möglichkeiten von Konfliktsituationen (Seiler, 1980):

- Neu wahrgenommene Informationen sind mit der im System vorliegenden Information nicht vereinbar,
- dem System werden einander widersprechende Informationen gleichzeitig oder zeitversetzt zugeführt,
- im System bereits vorliegende, untereinander inkompatible Informationen werden abgerufen und verarbeitet.

Die Konflikte können dabei zwischen inneren und äußeren Situationsgegebenheiten bestehen oder aber allein im Innern vorliegen. Ebenso können die Quellen des Konflikts sowohl im Individuum entstehen als auch von außerhalb wahrgenommen werden (Seiler, 1980). Sofern eine neu wahrgenommene Information in bestehende kognitive Schemata integriert werden kann, spricht Piaget von *Assimilation*. Tritt allerdings eine Situation auf, die dies verhindert, so spricht Piaget von einer Störung, die in einem Konflikt resultiert: „Eine Störung ist [...] ein Hindernis, das eine Assimilation in Schach hält, zum Beispiel ein Faktum, das einer Meinung widerspricht, oder eine Situation, die verhindert, ans Ziel zu kommen" (Piaget, 1976, S. 172). Die Überwindung eines solchen Konflikts durch Anpassung oder Veränderung der bestehenden kognitiven Schemata bezeichnet Piaget (1972) als *Akkommodation*. Die dadurch erfolgte Auflösung kognitiver Widersprüche stellt den eigentlichen Lernprozess dar. Auf diese Weise sind Konflikte im Verlauf eines mathematischen Erkenntnisprozesses als Anlässe für den Erkenntnisgewinn zentral, denn sie können als Auslöser für vertiefende Auseinandersetzungen mit dem zugrundeliegenden Sachverhalt dienen, um den Konflikt aufzulösen.

Auch wenn Piaget (1976, S. 19) solche Konflikte als einen „motivierende[n] Faktor" bezeichnet, der zur Klärung der krisenhaften Situation anregt, so ist allein das Auftreten eines kognitiven Konflikts kein Garant für einen anschließenden Erkenntnisgewinn. Zunächst muss sich der Lernende des Konflikts überhaupt bewusst werden, um ihn als solchen zu empfinden (Piaget, 1976). Im Anschluss wird die produktive Nutzung des Konflikts nicht allein durch kognitive Faktoren, sondern ebenso durch emotionale und motivationale Aspekte bedingt (Heiß & Sander, 2010). Abhängig davon, ob Gefühle der Unsicherheit oder Gefühle der Vorfreude im Hinblick auf die Überwindung des Konflikts überwiegen (emotional), eine Verknüpfung zwischen Vorwissen und den Anforderungen der Konfliktauflösung hergestellt werden kann (kognitiv) oder ob der Konflikt an sich überhaupt als Anreiz wahrgenommen wird (motivational), findet entweder keine konfliktlösende Reaktion statt oder der Konflikt kann für den Erkenntnisprozess genutzt werden (Heiß & Sander, 2010). In letztem Fall spricht Schwarzkopf (2019) im Rahmen von sozialen Interaktionen auch von *produktiven Irritationen*. Indem die Differenz zwischen den Erwartungen und einer eingetroffenen Situation wahrgenommen und dies als klärungsbedürftig angesprochen wird, kann die Notwendigkeit entstehen, strukturelle Argumente zu finden und auszuhandeln (Nührenbörger & Schwarzkopf, 2013).

Der Mathematiker und Wissenschaftstheoretiker Lakatos (1979) unterscheidet grundsätzlich fünf Arten, wie auf einen Konflikt reagiert werden kann. Er bezieht sich in seinen Ausführungen konkret auf den Umgang mit Gegenbeispielen, wobei er das Auftreten *lokaler* und *globaler* Gegenbeispiele unterscheidet. Während lokale Gegenbeispiele lediglich die Lückenhaftigkeit einer Begründung aufzeigen, zweifeln globale Gegenbeispiele die Aussage der Vermutung selbst an. Zum Umgang mit Letzteren formuliert er folgende fünf Methoden:

- *Kapitulation*: Die Vermutung wird als Reaktion auf das Gegenbeispiel verworfen.
- *Monstersperre*: Lakatos (1979, S. 9) bezeichnet das globale Gegenbeispiel als „Monster", dem es zu begegnen gilt. In diesem Fall wird das Gegenbeispiel durch nachträgliche Änderung von Definitionen ausgeschlossen.
- *Ausnahmesperre*: Das Gegenbeispiel wird als solches akzeptiert und die Vermutung angepasst, indem der Gültigkeitsbereich eingeschränkt oder Ausnahmen aufgelistet werden.
- *Monsteranpassung*: Das Gegenbeispiel wird umgedeutet, sodass es nicht länger als Gegenbeispiel, sondern als Beispiel genutzt werden kann.
- *Hilfssatz-Einverleibung*: Das Gegenbeispiel wird akzeptiert und die Vermutung durch Erweiterung der Voraussetzungen spezifiziert.

Alle fünf Arten des Umgangs mit Gegenbeispielen sind Möglichkeiten, auf einen während des mathematischen Erkenntnisprozesses auftretenden Konflikt zu reagieren. Gleichzeitig ist die Reaktion abhängig von den oben genannten kognitiven, motivationalen und emotionalen Faktoren des Lernenden in der entsprechenden Situation. In Abschnitt 2.4 wird das dieser Arbeit zugrundeliegende Konzept der *Haltungen* vorgestellt, welche einen entscheidenden Einfluss auf ebendieses Verhalten während eines mathematischen Erkenntnisprozesses haben kann. Zunächst soll nun aber das Begründungsbedürfnis als entscheidender Faktor für den Übergang von Tätigkeiten des *Entdeckungskontexts* zu Tätigkeiten des *Rechtfertigungskontexts* in den Blick genommen werden.

2.3 Begründungsbedürfnis als Lernziel

Der Umgang mit Vermutungen im Rahmen mathematischer Erkenntnisprozesse ist nicht allein geprägt durch kognitive Denkprozesse. Besonders der Übergang von Prozessen des *Entdeckungskontexts* zu Prozessen des *Rechtfertigungskontexts* ist bestimmt durch das vielschichtige Konstrukt des *Beweisbedürfnisses*, welches entscheidenden Einfluss auf den Fortgang eines Erkenntnisprozesses hat. Der Bedarf, sich vertieft mit Vermutungen über ihre Entwicklung und Formulierung hinaus auseinanderzusetzen, ist ein entscheidender Faktor, der zur Entdeckung relevanter Strukturen und neuen Erkenntnissen führen, allerdings nicht als selbstverständlich angesehen werden kann, wie im vorigen Kapitel dargestellt wurde. Die Ausbildung eines solchen Bedürfnisses, Vermutungen zunächst in Frage zu stellen und anschließend ein Begründung finden zu wollen, ist damit ein ausschlaggebender Punkt für den Prozess der mathematischen Erkenntnisentwicklung. In dieser Arbeit wird ausgehend von der Klärung der Begriffe *Begründen* und *Beweisen* in Abschnitt 2.2.1 hauptsächlich der Begriff *Begründungsbedürfnis* anstelle des in der Literatur gebräuchlicheren Begriffs des *Beweisbedürfnisses* genutzt, um damit alle Intentionen von Lernenden, eine Vermutung zu rechtfertigen, miteinzubeziehen. Damit sollen nicht nur diejenigen Aktivitäten fokussiert werden, die eine lückenlose logische Schlusskette anstreben, sondern auch solche, die eine Vermutung zunächst hinterfragen und anschließend eine Begründung beabsichtigen, unabhängig von der Allgemeingültigkeit dieser.

Die Lernzieltaxonomie nach Bloom (1972) unterscheidet grundsätzlich drei Lernbereiche, wobei besonders die ersten beiden für die Ausbildung eines Begründungsbedürfnisses relevant sind:

- *Kognitiver Lernbereich*: Dieser Bereich umfasst Lernziele mit Fokus auf das Denken, Wissen sowie Problemlösen und die dafür nötigen Kenntnisse und Fähigkeiten.
- *Affektiver Lernbereich*: Als affektive Lernziele werden die Entwicklung oder Veränderung von Interessen und der Bereitschaft, auf eine bestimmte Art zu denken oder zu handeln sowie die (Weiter-)Entwicklung dauerhafter Werthaltungen bezeichnet.
- *Psychomotorischer Lernbereich*: Dieser Bereich bezieht sich auf die motorischen Fertigkeiten von Lernenden.

Ein Bedürfnis stellt aus psychologischer Perspektive ein Motiv zur Behebung eines Mangelzustands dar (Tewes, 1999). Ein solcher Mangelzustand kann im Kontext mathematischer Erkenntnisprozesse beispielsweise durch das Unwissen über einen Sachverhalt oder aber das Auftreten eines kognitiven Konflikts (siehe Abschnitt 2.2.3) entstehen. Um diesen Zustand zu beheben, spielt neben der Ausführung kognitiver Prozesse ebenso die Bereitschaft, sich überhaupt mit den zugrundeliegenden Sachverhalten auseinandersetzen zu wollen, eine Rolle. Letztgenannter Aspekt gewann etwa seit Mitte der 70er Jahre im Bereich des Lehren und Lernens von Mathematik an Bedeutung (Wittmann, 1981). Während man sich zuvor ausgehend von der Sichtweise auf Mathematik als objektive und deduktive Wissenschaft lediglich dem kognitiven Lernen gewidmet hat, wurde besonders durch die Arbeiten von Schoenfeld (1985) sowie McLeod und Adams (1989) deutlich, dass affektive Faktoren einen wesentlichen Einfluss auf das Lehren und Lernen von Mathematik haben (Hannula, 2020). Schoenfeld (1985) zeigte im Bereich des Problemlösens auf, dass es Lernenden, die zwar über die benötigten kognitiven Fähigkeiten zur Lösung einer Aufgabe verfügten, dennoch nicht gelang, diese zu lösen und machte damit deutlich, dass über die kognitiven Ressourcen hinaus weitere Faktoren vorliegen, die den Problemlöseprozess beeinflussen. McLeod und Adams (1989) bezogen in ihrer Forschung ebenfalls zum Problemlösen emotionale Aspekte in die Interpretation des Schülerverhaltens mit ein, was einen Wendepunkt in der mathematikdidaktischen Forschung darstellte. Fortan wurde der affektive Lernbereich nicht länger als isolierte Komponente für den Lernprozess betrachtet, sondern als mit dem kognitiven Lernen verknüpft gesehen, denn „die Fähigkeit, zu mathematisieren, sich forschend-entdeckend zu betätigen oder zu argumentieren muß ergänzt werden durch die Bereitschaft, es zu tun“ (Wittmann, 1981, S. 56).

Der Bereich affektiver mathematikdidaktischer Forschung ist umfassend und vereint eine Vielzahl an Konstrukten und Theorien, aus welchen im Folgenden lediglich die für diese Arbeit relevanten dargestellt werden. Zumeist wird der affektive Bereich in Anlehnung an McLeods (1992) Ausführungen als Sammlung von Veranlagungen oder Tendenzen hinsichtlich eines Objekts gesehen, die die Konzepte *Belief* (*beliefs*), *Emotionen* (*emotions*) und *Einstellungen* (*attitudes*) unterscheiden. R. Philipp (2007) legt darauf aufbauend folgende Unterscheidung dieser affektiven Konzepte fest:

- *Beliefs* als stabile Überzeugungen über die Welt, die für wahr gehalten werden (vgl. *Weltbilder* in Törner und Grigutsch, 1994). McLeod (1992) beschreibt diese als tiefer kognitiv verankert als *attitudes* und *emotions* und als mühevoller zu verändern.
- *Emotions* als Gefühle oder Bewusstseinszustände, die sich schnell ändern und sowohl positiv als auch negativ sein können. Sie beziehen sich zumeist lokal auf einen bestimmten erlebten Kontext.
- *Attitudes* als Denk- oder Handlungsweisen, die sich langsamer als *emotions*, aber schneller als *beliefs* ändern können und somit eine gewisse Wandelbarkeit beinhalten.

Die drei Konzepte sind allerdings nicht als isoliert voneinander zu betrachten, sondern beeinflussen sich gegenseitig. So kann beispielsweise ein wiederholt erlebtes Gefühl in der Auseinandersetzung mit spezifischen mathematischen Aufgaben oder Inhalten in einer konstanten Haltung gegenüber ebendieser Art von Problemen oder Themen resultieren und gleichzeitig beeinflussen die Überzeugungen eines Lernenden die Auslösung bestimmter Emotionen (McLeod, 1992). Goldin (2002, S. 61) ergänzte die Unterscheidung um ein viertes Konzept, welches er als *values, ethics, and morals* bezeichnete und tief verwurzelte persönliche Präferenzen meint. Aktuellere Forschungsarbeiten beziehen darüber hinaus weitere Faktoren wie soziale Normen, Identität oder Motivation mit ein (Hannula, 2012). Insgesamt können die verschiedenen Konzepte hinsichtlich ihrer Stabilität eingeordnet werden. Während

Emotionen hochgradig situationsabhängig sind und sich schnell ändern können, sind andere Aspekte wie Einstellungen oder Werte zeitlich überdauernder, sodass eine Verhaltenstendenz über verschiedene Situationen hinweg beobachtet werden kann (Hannula, 2012). Hinsichtlich der Ausbildung beständiger und stabiler affektiver Konzepte im Mathematikunterricht ist eine entsprechende Unterrichtsatmosphäre nötig, die sich kontinuierlich um ihre (Weiter-)Entwicklung bemüht, diese thematisiert und dabei den Lernenden den Raum gibt, entsprechende Überzeugungen, Einstellungen, Werte usw. überhaupt ausbilden zu können (Wittmann, 1981).

Auch im Hinblick auf das Begründungsbedürfnis kann eine Unterscheidung hinsichtlich der Stabilität getroffen werden. Prägend ist hierbei die auf Winter (1983) zurückgehende Unterscheidung des *objektiven* und des *subjektiven* Beweisbedürfnisses. Das objektive Beweisbedürfnis beschreibt hierbei die Einsicht von Lernenden in die Notwendigkeit, dass eine Vermutung einer mathematischen Begründung bedarf und stellt damit ein beständiges Bedürfnis unabhängig des jeweiligen Kontexts dar. Das Bedürfnis geht damit von dem erkenntnistheoretischen Verständnis aus, dass eine mathematische Aussage „als Gültigkeitsnachweis eine allgemeine Betrachtung [verlangt], die nicht durch Einzelfallüberprüfung leistbar ist" (Kempen, 2019, S. 43). Sobald ein solcher Nachweis erbracht wurde, kann die Aussage der Vermutung als gesicherte Erkenntnis weiter genutzt werden. Im Kontext von Mathematikunterricht kann allerdings häufig beobachtet werden, dass ein objektives Beweisbedürfnis, wie es hier beschrieben ist, nicht als die Folge einer solchen Einsicht, sondern durch extrinsische Faktoren motiviert wird (Mayer, 2019). Indem durch die Ausführung eines bestimmten Verhaltens eine Belohnung (beispielsweise in Form guter Noten) erhofft wird, liegt der Auslöser für das Begründungsbedürfnis nicht in der Sache selbst, sondern in der zu erwartenden Konsequenz (Schlag, 2013).

Das subjektive Beweisbedürfnis hingegen entsteht als persönliches Interesse oder aus Neugier des Lernenden (Winter, 1983). Es ist somit intrinsisch motiviert durch das Verlangen, Gewissheit bezüglich einer Vermutung erlangen zu wollen und kann sowohl durch die spezifische zugrundeliegende Situation als auch durch ein generelles thematisches Interesse entstehen (Harel, 2013; Hunger, 2019). Damit sind in mathematischen Erkenntnisprozessen auftretende Situationen fehlender Gewissheit ein geeigneter Ausgangspunkt für die Entwicklung eines solchen Begründungsbedürfnisses. Durch das Auftreten kognitiver Konflikte, wie in Abschnitt 2.2.3 dargestellt, werden Zweifel an einer aufgestellten Vermutung geweckt, denen es zu begegnen gilt (Brunner, 2014). Das Verlangen, eine Vermutung zu hinterfragen oder einen entstandenen Konflikt aufzuklären, ist intrinsisch motiviert mit dem Ziel, die Situation in die bestehende kognitive Struktur einordnen zu können (Winter, 1983). Harel (2013) beschreibt in diesem Zusammenhang das Konzept des *intellectual need*, welches er anhand von fünf Kategorien spezifiziert, die ein sinnhafter Mathematikunterricht bei den Lernenden idealerweise auslöst:

- *Need for certainty (Bedürfnis nach Gewissheit)*: Die Kategorie beschreibt das Bedürfnis, sich von der Korrektheit einer Aussage zu überzeugen, sodass Zweifel ausgeräumt werden können. Diese Gewissheit kann erlangt werden, sobald ein Lernender mit Mitteln, die er für angemessen hält, feststellen kann, dass eine Vermutung zutreffend ist.
- *Need for causality (Bedürfnis nach Erklärung)*: Die Kategorie geht über die zuvor genannte hinaus, indem es nicht allein um die Intention geht, sich zu überzeugen, **dass** eine Aussage zutreffend ist, sondern darum, die Ursache des Phänomens zu ermitteln und zu verstehen, **warum** ein beobachtetes Phänomen auf diese Art zustande kommt.
- *Need for computation (Bedürfnis nach Aufbereitung zur Verarbeitung)*: Die Kategorie beschreibt den Bedarf, die Objekte des beobachteten Phänomens und ihre Beziehung zueinander mithilfe symbolischer Algebra auszudrücken, um sie handhabbarer für den Umgang zu machen. Dazu zählt auch die Optimierung der Aussage, um eine effiziente Anwendung zu ermöglichen.
- *Need for communication (Bedürfnis nach Kommunikation)*: Die Kategorie zielt auf das Bedürfnis ab, entdeckte Aussagen so zu formulieren, dass sie nach außen kommuniziert werden können und ein Austausch innerhalb der mathematischen Community stattfinden kann. In Harels (2013) Darstellungen sind dafür insbesondere die Nutzung von algebraischer Sprache sowie eine Formalisierung der Aussagen notwendig.
- *Need for structure (Bedürfnis nach Struktur)*: Die Kategorie beschreibt das Bedürfnis, das neu erworbene Wissen in eine logische Struktur zu bringen und diese in das vorhandene Wissen geeignet zu integrieren.

Besonders die ersten beiden dieser Kategorien sind für die Ausbildung eines subjektiven Beweisbedürfnisses ausschlaggebend, denn sie vereinen den Bedarf nach Überprüfungs- und Begründungsprozessen, die wesentlich für den Umgang mit Vermutungen sind (Kempen, 2019). Dadurch wird einerseits das Hinterfragen von Vermutungen durch das *Bedürfnis nach Gewissheit* angeregt („Ist das wirklich immer so?"), um Zweifel auszuräumen und Gewissheit über die getätigte Aussage zu erlangen und andererseits versucht, im Rahmen des *Bedürfnisses nach Erklärung* eine Erklärung für den aufgetretenen Sachverhalt zu finden („Warum ist das so?").

Wie Villiers (1990, S. 17) feststellt, kann das Vorhandensein solcher Bedürfnisse allerdings nicht als selbstverständlich angesehen werden:

> The problems that pupils have with perceiving a need for proof is well-known to all high school teachers and is identified without exception in all educational research as a major problem in the teaching of proof.

Auch Winter (1983) stellte fest, dass Schüler der Sekundarstufe I häufig kein Bedürfnis verspüren, eine mathematische Aussage zu beweisen, sondern dass Nachmessen oder die Anfertigung einer Zeichnung als ausreichend für den Nachweis der Allgemeingültigkeit einer Aussage angesehen werden. Diese Schlussfolgerungen zeigen sich ebenfalls in den Arbeiten von Koleza et al. (2017), Steinweg (2001) und Schwarzkopf (2000) im Hinblick auf Argumentationsprozesse von Grundschulkindern. So lässt sich nur selten ein von den Schülern selbst ausgehendes Bedürfnis nach Begründungen feststellen, sondern es bedarf der Initiierung durch eine Lehrperson. Hinsichtlich eines Begründungsbedarfs, der über das Bedürfnis hinausgeht, zu zeigen, **dass** eine Aussage gilt, und eine Erklärung anstrebt, zeigt sich, dass Situationen, in welchen Lernenden eine Vielzahl an Beispielen konstruieren können (bspw. durch die Nutzung Dynamischer Geometriesoftware), kein solches Bedürfnis hervorrufen (Buchbinder & Zaslavsky, 2008). Eine Vielzahl an untersuchten Beispielen mindert hier den Bedarf nach einer strukturellen Erklärung für das beobachtete Phänomen, sodass die Lernenden von dem Sachverhalt so überzeugt sind, dass kein weiteres Begründungsbedürfnis verspürt wird (Vollrath & Roth, 2012).

Trotz der Relevanz des Begründungsbedürfnisses für mathematische Erkenntnisprozesse und das „Mathematiktreiben“ im Allgemeinen sowie der Feststellung, dass ein solches Bedürfnis den Lernenden häufig fehlt, ist das Konstrukt vergleichsweise wenig erforscht (u. a. Brunner, 2014). Dennoch gibt es Hinweise darauf, wie ein Mathematikunterricht gestaltet werden kann, der möglichst förderlich für die Ausbildung eines Begründungsbedürfnisses ist. In einer Studie von Senk (1985) zeigte sich, dass Lernende eher dazu geneigt waren, eine Aussage über einen Sachverhalt zu begründen, die sie im Vorfeld selbst entdeckt und formuliert haben. Den Lernenden fertig präsentierte Vermutungen ohne eine vorangegangene eigenständige Entdeckungsphase riefen ein solches Bedürfnis weniger hervor. So betont auch Boero (1999) die Notwendigkeit einer Explorationsphase für die Entstehung eines Begründungsbedürfnisses. Durch die Erkundung von Phänomenen und die Formulierung eigener Vermutungen kann Raum für Unsicherheiten, Zweifel und kognitive Konflikte entstehen. Kempen (2019) misst einer auf solche Weise entstandenen Unsicherheit mehr Potential für Erkenntnisprozesse bei als Aufgaben im „Beweise oder widerlege“-Stil, die eher auf extrinsischer Motivation beruhen. Im Zuge eigener Entdeckungen kann das Begründungsbedürfnis aus den Lernenden heraus als Notwendigkeit entstehen, um sich selbst oder aber andere Schüler von den gewonnenen Erkenntnissen zu überzeugen, sodass Begründungen im Sinne ihrer Überzeugungsfunktion genutzt und nicht als Erfüllung einer externen Erwartung geliefert werden. Auf diese Weise können Schüler ein Begründungsbedürfnis aus der Prozesshaftigkeit der Mathematik entwickeln und „das Positive daran erleb[en]“ (Grieser, 2015, S. 89). Eine Voraussetzung für die Entwicklung eines Begründungsbedürfnisses ist damit das Erleben von Mathematik als einen Entstehungsprozess in einer möglichst eigenständigen Auseinandersetzung mit mathematischen Inhalten (Wittmann, 1981).

Auch wenn oben genannte Studien ein mangelndes intrinsisches Begründungsbedürfnis besonders bei jüngeren Schülern feststellen, so kann festgehalten werden, dass dies nicht grundsätzlich bedeutet, dass diese kein Begründungsbedürfnis empfinden (Bezold, 2012). Vielmehr verfügen sie „in der Regel vor Schuleintritt über ein natürliches Begründungsbedürfnis“ (Bezold, 2012, S. 78), welches es zu fördern gilt. Darauf weist auch eine Studie von Buchbinder und Zaslavsky (2011) hin, die anhand geometrischer Beispiele ein Phänomen darstellte und untersuchte, inwiefern die Frage „Ist das ein Zufall?“ ein Begründungsbedürfnis bei den Schülern ausgelöst hat. Die Schüler arbeiteten im Rahmen eines Interviews paarweise an verschiedenen Aufgaben. Die Aufgaben waren so angelegt, dass anhand des spezifischen Beispiels eine implizite Vermutung über die Allgemeinheit des Phänomens bereits intendiert war, sodass die Ergebnisse von Buchbinder und Zaslavsky (2011) besonders im Hinblick auf den Umgang mit Vermutungen interessant sind. Die anschließende Auswertung ergab, dass das Datenmaterial zwei grundsätzlich verschiedene Arten aufwies, wie die Schüler mit den gestellten Aufgaben umgingen. Die erste beobachtete Verhaltensweise kennzeichnet sich durch starke Zweifel an der Allgemeingültigkeit der dargestellten Phänomene und durch das Bedürfnis, die Vermutung entweder zu beweisen oder zu widerlegen, indem sowohl empirische als auch strukturelle Argumente angeführt werden. Die zweite Verhaltensweise hingegen zeichnet sich durch eine starke Überzeugung hinsichtlich der Korrektheit der Vermutung aus, selbst wenn diese nicht zutraf. In einem im Rahmen der Studie untersuchten Fall führte dies dazu, dass von den Schülern unbewusst inkorrekte Argumente herangezogen wurden, um die Vermutung zu begründen.

Die Ergebnisse von Buchbinder und Zaslavsky (2011) machen deutlich, dass im Rahmen mathematischer Erkenntnisprozesse verschiedene Herangehensweisen im Umgang mit Vermutungen möglich sind. Für das Lehren und Lernen von Mathematik ist es dabei wünschenswert, „dass die Lernenden (zunehmend) einen impliziten Begründungsansporn verinnerlichen und aus der Sache heraus eine Selbstverständlichkeit empfinden, gewonnene Einsichten sich selbst oder Anderen gegenüber zu begründen [...]“, wie es Krauthausen (2001, S. 104) aus normativer Perspektive formuliert. In diesem Zusammenhang spricht er außerdem von dem Erwerb einer hinterfragenden *Grundhaltung* als bedeutsames und fortwährendes Ziel des

Mathematikunterrichts. Eine solche Haltung soll durch die Lehrperson als Vorbild geprägt werden, indem diese vermittelt, „dass und wie man sich selbst Fragen stellt: 'Warum ist das so?' oder 'Ist das immer so?'" (Krauthausen, 2001, S. 104). Durch die Anregung von hinterfragenden und begründenden Tätigkeiten sowie das Erleben der Nützlichkeit eines solchen Verhaltens im Rahmen eines prozessorientierten Mathematikunterrichts kann langfristig ein entsprechendes Begründungsbedürfnis hervorgerufen werden (Tietze et al., 2000). Da der Begriff der *Haltung* in diesem Kontext vielfach in der Literatur genannt wird, soll dieser im folgenden Kapitel näher beleuchtet und seine Bedeutung für das Lehren und Lernen von Mathematik herausgestellt werden.

2.4 Haltung als mathematikdidaktisches Konzept

> Einerseits soll „Warum?" die wichtigste Frage des Mathematikunterrichts sein, die auch eine typische Haltung repräsentiert, andererseits verspüren Lernende oft von sich aus kein Beweisbedürfnis. (Meyer & Prediger, 2009, S. 1)

Wie auch in diesem Zitat begegnet einem der Begriff der *Haltung*[3] nicht nur in der mathematikdidaktischen Literatur, sondern auch im alltagssprachlichen Gebrauch wiederkehrend, jedoch bleiben die Nutzer des Ausdrucks zumeist einer Begriffsklärung oder näheren Erläuterung schuldig, was denn genau *Haltung* oder gar eine *typische Haltung* in den entsprechenden Kontexten meint. Was obiges Zitat dennoch verdeutlicht, ist die grundlegende Bedeutsamkeit des Begriffs der *Haltung* für den Mathematikunterricht, insbesondere im Kontext des Begründens und einem damit einhergehenden Begründungsbedürfnis. Da der Begriff für die vorliegende Arbeit zentral ist, soll im Folgenden eine Annäherung an das Konzept *Haltung* aus verschiedenen Perspektiven stattfinden, um dann davon ausgehend sowohl eine Begriffsdefinition als auch Abgrenzungen zu ähnlich verwendeten Begriffen vorzunehmen.

Etymologisch kann der Begriff *Haltung* auf drei Bedeutungsebenen charakterisiert werden. Ausgehend von einer physiologischen Perspektive wird der Begriff körpernah interpretiert und meint die Körperhaltung, sprich das äußere Erscheinungsbild einer Person, welches geprägt ist durch das Zusammenspiel aus Skelett und Muskeln (Wermke et al., 2010). Alternativ dazu kann *Haltung* auch besitztümlich im Sinne von Tierhaltung oder der Haltung eines Fahrzeugs verstanden werden

[3] Im Folgenden wird die *kursiv* gesetzte Schreibweise verwendet, um das Konstrukt *Haltung* zu bezeichnen, während die reguläre Schreibweise die tatsächlich auftretenden Haltungen von Personen meint.

(Wermke et al., 2010). Ausgehend jedoch von der physiologischen Bedeutung kann der Begriff der *äußeren Haltung* aus dem Körperlichen entnommen und auf einen damit in Wechselbeziehung stehenden Bedeutungskontext übertragen werden: die *innere Haltung* (oder auch Geisteshaltung) als Begriff der Psychologie und Soziologie (Lerch et al., 2018). Anders als in den beiden erstgenannten Kontexten wird der Begriff *Haltung* innerhalb dieses Kontexts nicht eindeutig verwendet und überschneidet sich vielfach mit weiteren Begriffen, die häufig ähnlich oder gar synonym verwendet werden (Dorsch et al., 2004). Aus diesem Grund wird zunächst der dieser Arbeit zugrundeliegende Begriff der *(inneren) Haltung* näher betrachtet.

Auch wenn es keine durchgängige Überlieferung des Begriffes *Haltung* gibt, können Vorläuferbegriffe wie das griechische *hexeis* oder lateinisch *habitus* Aufschluss über die Bedeutung geben (Kurbacher & Wüschner, 2016). *Hexeis* beschreibt in der aristotelischen Ethik die Vorstellungen von tief verankerten Charakter- und Verstandestugenden, die sich durch Erziehung und Erfahrungen entwickeln (Schwer et al., 2014). Der *habitus* erfährt besonders in der Soziologie des 20. Jahrhunderts unter Pierre Bourdieu (1974, 1989) große Beachtung und meint einen typischen, individuellen Stil, der sich aus gesellschaftlich geprägten Erfahrungen entwickelt und eine strukturierende Wirkung auf das Denken, Handeln und Verhalten von Personen hat. Somit ist der *habitus* Denk- und Verhaltensweisen zugrundeliegend, aber auch gleichzeitig Ergebnis dieser. Aus diesem Verständnis des *habitus* lassen sich auch heutige Begriffsdefinitionen von *Haltung* ableiten, die diese grundsätzlich als Verhaltensstil charakterisieren, der sich in bestimmtem Verhalten oder Auftreten äußert (Bibliographisches Institut GmbH, 2021; Simonis, 1998).

Aus neurobiologischer Sicht sind Haltungen „strukturelle Verankerungen von Erfahrungen in neuronalen Netzwerken des präfrontalen Cortex im Gehirn [...], die aufgrund gleichzeitiger Aktivierung kognitiver und emotionaler Netzwerke entstehen“ (Theobald & Hüther, 2018, S. 88) und legen damit fest „was von einer Person wie wahrgenommen und interpretiert wird und worauf auf welche Art und Weise von ihr reagiert wird oder nicht“ (Theobald & Hüther, 2018, S. 88). Aus diesem Grund wird Haltung häufig als Tendenz (oder engl. *response tendency* u. a. in Reber (1985)) bezeichnet, auf Personen, Objekte oder Situationen in bestimmter Weise konstant zu reagieren (u. a. Hoffmann und Hofmann (2012) und Seiffge-Krenke 1974)), was das Konzept der *Haltung* zu einem vergleichsweise stabilen und zeitlich überdauernden Konstrukt macht. Evolutionsbiologisch gesehen wirken Haltungen auf zwei Weisen, indem sie einerseits die Reizvielfalt der Umwelt durch selektive Aufmerksamkeit reduzieren und andererseits die Reaktion auf eine Situation schematisch festlegen. Dies ermöglicht einem Individuum schlussendlich, sich in verschiedenen (neuen) Situationen entsprechend bewährter Art und Weisen zu verhalten und damit die Gedächtnisleistung zu entlasten (Seiffge-Krenke, 1974).

Dabei muss eine Haltung nicht zwangsweise bewusst sein, sondern kann ebenso unbewusst diese Prozesse beeinflussen. Ähnlich wie es die Feststellung von Watzlawick et al. (1969, S. 53) „man kann nicht nicht kommunizieren" ausdrückt, äußert sich auch die Haltung einer Person in der Auseinandersetzung mit der Umwelt und insbesondere in der Kommunikation mit anderen Menschen unabhängig davon, ob sie sich dieser bewusst ist. Dabei treten Haltungen stets kontextabhängig auf und zeigen sich je nach situativem Kontext stark bzw. weniger stark (Kuhl et al., 2014; Lerch et al., 2018). Ein weiterer für das Forschungsanliegen relevanter Aspekt ist die Veränderbarkeit von Haltungen. Genauso wie Haltungen durch Erfahrungen entstehen, können sie durch neue oder andersartige Erfahrungen ebenso modifiziert oder weiterentwickelt werden (Theobald & Hüther, 2018).

Aus psychologischer Perspektive setzt sich *Haltung* aus drei Komponenten zusammen, die sich gegenseitig beeinflussen und deren Gewichtung je nach konkretem situativen Kontext unterschiedlich ausfallen kann (Seiffge-Krenke, 1974):

- Die *kognitive Komponente* beschreibt die Erfahrungen, Wahrnehmungen, Vorstellungen oder auch das Wissen, das die Informationsbasis der Haltung bilden.
- Die *affektive Komponente* meint die emotionalen Empfindungen oder Beziehungen, die in der jeweiligen Situation auftreten oder relevant sind.
- Die *behaviorale Komponente* ist das Verhalten, das letztendlich beobachtet werden kann sowie die Verhaltensbereitschaften, die dazu führen.

In Abgrenzung zu anderen Begriffen, die oft ähnlich oder synonym verwendet werden, beinhaltet eine Haltung per se keine Wertung oder Beurteilung gegenüber Objekten, Personen oder Situationen. Insbesondere der Begriff *Einstellung*, der häufig undifferenziert zur Erläuterung von Haltung herangezogen wird, beinhaltet eine positive bzw. negative Reaktion auf das Umfeld (u. a. Dorsch et al., 2004; Fuchs-Heinritz, 2011). Dazu kommt die nicht unerhebliche Problematik der Bedeutungsänderung im Zuge von Übersetzungen von Begrifflichkeiten in andere Sprachen. Wie Kurbacher und Wüschner (2016, S. 14) bereits festgestellt haben, „[...] bilden die verwandten Begriffe in anderen europäischen Sprachen immer nur annähernd Äquivalente zur ‚Haltung'" und somit lasse sich der Begriff nicht adäquat in andere Sprachen übertragen. In der internationalen Literatur wird *Haltung* zumeist mit *attitude* übersetzt. Bei genauerer Betrachtung stellt man jedoch fest, dass die Bedeutung des Begriffs *attitude* größtenteils dem deutschen Begriff der *Einstellung* entspricht und weniger auf das hier beschriebene Konzept der *Haltung* abzielt.[4]

[4] Siehe u. a. Aiken (1970), Di Martino und Zan (2015), Haladyna et al. (1983) und Neale (1969).

Für das Forschungsanliegen dieser Arbeit wird der Begriff *Haltung* in Anlehnung an obige Darstellungen deshalb in Abgrenzung zu *Einstellungen* grundsätzlich verstanden als ein individueller Stil, der dem Denken, Handeln und Verhalten von Personen zugrunde liegt und

- nicht per se im Individuum vorhanden, sondern durch Erfahrungen zu erwerben,
- zeitlich überdauernd,
- nicht notwendig bewusst,
- veränderbar sowie
- kontextabhängig ist und
- *keine* Art von Wertung oder Urteil gegenüber einem Objekt beinhaltet.

Ein entsprechender Haltungsbegriff findet sich in der mathematikdidaktischen Literatur und Diskussion kaum. Vielmehr geht es um Einstellungen *zu* einem sogenannten Einstellungsgegenstand (zum Fach Mathematik, zum Problemlösen etc.) und weniger um Haltungen als bestimmten Verhaltensweisen zugrundeliegendes Konstrukt. Im Kontext der weiter gefassten naturwissenschaftsdidaktischen Forschung findet eine solche Differenzierung jedoch statt, indem die Konzepte *attitude to(wards) science* und *scientific attitude* begrifflich unterschieden werden (Gardner, 1975). Während *attitude to(wards) science* sich stets auf ein Objekt[5] bezieht, auf das in negativer oder positiver Weise reagiert wird und somit dem hier dargestellten Begriff der *Einstellung* entspricht, meint *scientific attitude* bestimmte Denkstile und Verhaltenseigenschaften, die naturwissenschaftlich-forschendes Verhalten idealiter kennzeichnen. In letzterem Sinne kann der englische Begriff *attitude* als geeignete Übersetzung des hier dargestellten Konzepts der Haltung dienen, wie es auch eine ursprüngliche Definition von Allport (1935, S. 810) anlegt:

> An attitude is a mental and neural state of readiness [...] exerting a directive and dynamic influence upon the individual's response to all objects and situations with which it is related.

Ausgehend von der Unterscheidung Gardners (1975) für den englischsprachigen Raum machen Langlet und Schaefer (2008) einen Vorschlag für den deutschen Sprachgebrauch, dem sich die vorliegende Arbeit anschließt. Dabei entspricht *attitude to(wards)* dem deutschen *Einstellungen zu ...* und kann damit Zusätze wie *positiv/negativ* beinhalten, während die bestimmte Art einer *Haltung* mittels eines

[5] Objekt meint hier sowohl tatsächliche Gegenstände, aber auch Personen, Ideen, Situationen etc.

vorangestellten Adjektivs (*adjective + attitude*, wie beispielsweise in *scientific attitude*) spezifiziert wird. Sie bezeichnen Einstellungen zudem als *horizontale Ausrichtung* unserer Handlungen, die auf ein Spektrum an Objekten reagieren, indem diese subjektiv bewertet werden und Haltung als *vertikale Ausrichtung*, die im Sinne einer konstanten „charakterlichen Reaktionsbasis“ (S. 23) wirken und damit von größerer Stabilität sind. Ein Beispiel für eine solche Haltung im Alltag wäre eine *vorsichtige* Haltung, die sich in verschiedenen Verhaltensweisen äußern kann: die Kontrolle von Sicherheitsmaßnahmen, zögerliches Verhalten im Straßenverkehr oder das Anlegen in weniger risikoreiche Aktien. Hierbei geht es nicht um eine *Einstellung zu* einem bestimmten Objekt, sondern um eine generelle Verhaltenstendenz, die sich in bestimmten Situationen, je nach umgebendem Kontext, zeigen kann.

Trotz der vielfach auftretenden begrifflichen Unschärfe des *attitude*-Konzepts wird das Konstrukt vielfach von Sozialpsychologen und seit Mitte des 20. Jahrhunderts auch von der Mathematikdidaktik beforscht, wobei Letztere eher auf den deutschen Begriff der *Einstellungen*[6] abzielen (Di Martino & Zan, 2015). Dabei ging es gerade zu Beginn in erster Linie darum, das Konstrukt messbar zu machen, was dazu führte, dass der Begriff zumeist a posteriori anhand der Messinstrumente bzw. -ergebnisse definiert wurde, die ihn überhaupt erst messen sollten (Daskalogianni & Simpson, 2000). Klassischerweise wurden *attitudes* demnach mittels Fragebögen[7] erhoben und quantitativ anhand von Likert-Skalen gemessen, wobei vor allem der Zusammenhang zur (mathematischen) Leistung im Vordergrund stand (R. Philipp, 2007).[8]

Auch wenn sich die Literatur einig ist, dass es keine „universally accepted definition“ (Walsh, 1991, S. 6) des Begriffs *Haltung* gibt, sondern verschiedene Haltungsbegriffe abhängig von spezifischen Inhalten und Tätigkeiten existieren, so gibt es dennoch grundlegende Gemeinsamkeiten, die sich in den meisten Begriffsklärungen wiederfinden. Abgesehen davon schlagen Daskalogianni und Simpson (2000) vor, *Haltung* abhängig von dem jeweiligen Forschungsanliegen als Arbeitsbegriff („working definition“, S. 217) zu verwenden, der an den Forschungsrahmen angepasst ist.

Aktuell wird *attitude* zumeist mit weiteren Konzepten wie *beliefs* oder *emotions* in den affektiven Forschungsbereich der Mathematikdidaktik eingeordnet. Ausschlaggebend dafür war die Einteilung von McLeod (1992), der die drei Begriffe

[6] Diese werden jedoch häufig ebenso als *Haltungen* bezeichnet.

[7] Zum Beispiel mittels des weit verbreiteten *Mathematics Attitude Scales*-Fragebogen von Fennema und Sherman (1976).

[8] Einen Überblick über ebenjenen Forschungsstand bietet R. Philipp (2007).

hinsichtlich des Grads ihrer Stabilität und Intensität[9] strukturiert (siehe Abschnitt 2.3). Dabei bilden *beliefs* als die Stabilsten und *emotions* als die Intensivsten der drei Konstrukte die beiden Pole, zwischen welchen sich *attitudes* als „feelings of moderate intensity and reasonable stability" (McLeod, 1992, S. 581) einordnen lassen. Obwohl die Ausführungen von McLeod zum Konzept *attitude* eher der Bedeutung des Begriffs *Einstellungen* entsprechen, kann seine Charakterisierung aufgrund der grundsätzlichen Ähnlichkeit beider Konzepte auch für den Begriff der *Haltung* übernommen werden.

Mit diesem Verständnis von *attitude* bzw. *Haltung* kann an dieser Stelle der Begriff der *scientific attitude* erneut aufgegriffen werden, der im naturwissenschaftsdidaktischen Bereich genau diese charakteristischen Denk- und Handlungsweisen beschreibt. Der Begriff der *scientific attitude* wird dabei normativ genutzt und versucht, Eigenschaften zu identifizieren, die naturwissenschaftlich-forschendes Verhalten idealerweise kennzeichnen. Mit der Sichtweise auf mathematische Erkenntnisprozesse als eine Art experimentelle Wissenschaft ähnlich den Naturwissenschaften (siehe Abschnitt 2.1.2) können diese Ergebnisse aus der naturwissenschaftsdidaktischen Forschung Aufschluss geben über eine Haltung, die auch für den mathematikdidaktischen Kontext gewinnbringend sein kann.

Ausschlaggebend für den Forschungszweig der *scientific attitude* ist die Annahme, dass eine wissenschaftliche Haltung positive Auswirkungen auf das naturwissenschaftliche Lernen und die Qualität wissenschaftlicher Tätigkeiten von Lernenden hat. Gokul und Malliga (2015) schätzen die Entwicklung einer wissenschaftlichen Haltung sogar als das zentrale Ziel naturwissenschaftlichen Unterrichts ein und stellen es auf eine Ebene mit dem Erwerb fachspezifischen Wissens, wie es auch Krauthausen (2001) aus mathematikdidaktischer Perpektive formuliert. Ein großer Stellenwert innerhalb der *scientific attitude* kommt dabei dem kritischen Denken zu, da daraus resultierendes Verhalten wie die Überprüfung von Vermutungen, die Bewertung von Ergebnissen oder die Überarbeitung von Annahmen als zentrale Tätigkeiten des Erkenntnisprozesses von Naturwissenschaftlern angesehen werden (Myers & Hoppe-Graff, 2014). Davon ausgehend charakterisiert die American Association for the Advancement of Science (1993) wissenschaftliche Haltung im Allgemeinen anhand folgender Merkmale:

- *Neugier* als das Bestreben, neue Erkenntnisse zu erlangen,
- *Aufrichtigkeit* vor allem im Umgang mit Daten oder Ergebnissen,

[9] *Intensität* wird hier als wörtliche Übersetzung des englischen *intensity* verwendet. Im deutschen Sprachraum beschreibt der Begriff *Impulsivität* vermutlich treffender, was McLeod ursprünglich beschreibt.

- *Offenheit* gegenüber neuen Perspektiven und Ideen, die möglicherweise den eigenen Vorstellungen widersprechen,
- *Skepsis* als kritisches Denken und Hinterfragen.

Diese Auflistung kann durch eine Vielzahl weiterer Eigenschaften ergänzt werden. Als die relevantesten für das Anliegen der vorliegenden Arbeit kann obige Liste durch die folgenden Aspekte erweitert werden (u. a. Anderson & Bourke, 2013; Harlen, 1996; Myers & Hoppe-Graff, 2014):

- *Vernunft* bzw. die Fähigkeit, rational zu argumentieren,
- *Objektivität* bei der Interpretation von Daten,
- *Demut* als das Bewusstsein für die eigene Anfälligkeit, sich zu irren,
- *Sorgfalt* sowie Präzision bei der Dokumentation,
- *Kooperation* und die Wertschätzung der Meinung anderer,
- *Selbstvertrauen* in die eigenen Fähigkeiten.

Daraus ergibt sich ein Bündel an Anforderungen, die zusammengenommen einen Eindruck davon geben, wie eine wissenschaftliche Haltung idealerweise zustande kommt und gleichzeitig verdeutlichen, wie komplex das Konstrukt der *wissenschaftlichen Haltung* ist. Aufgrund der Ähnlichkeit von naturwissenschaftlichen und mathematischen Erkenntnisprozessen sind vorangegangene Überlegungen ein geeigneter Ausgangspunkt für die Auseinandersetzung mit dem Konzept *Haltung* aus mathematikdidaktischer Perspektive. So kann analog zur wissenschaftlichen Haltung auch eine mathematisch-forschende Haltung im normativen Sinne charakterisiert werden, die ebenso oben genannte Merkmale umfasst, wobei ein besonderes Augenmerk auf die Eigenschaft der *Skepsis* bzw. des *kritischen Denkens* gelegt wird, welche zentral für den mathematischen Erkenntnisgewinn und besonders für den Übergang von Tätigkeiten des *Entdeckungskontexts* zu Tätigkeiten des *Rechtfertigungskontexts* ist.

Mit zunehmender Aufmerksamkeit der Forschung weg von quantitativ-statistischen Messinstrumenten hin zu qualitativen Methoden, die auftretende Phänomene verstehen wollen, wird *Haltung* aktuell aufgefasst als ein multidimensionales Konstrukt, das dabei helfen kann, Verhalten oder Interaktionsprozesse zu interpretieren, zu verstehen oder auch zu erklären (Di Martino & Zan, 2015). Für die mathematikdidaktiksche Forschung ist das Konzept der *Haltung* deshalb grundlegend, da die Haltung der Lernenden maßgeblich beeinflusst, wie mathematische Aufgaben oder Probleme bearbeitet und im Allgemeinen Mathematik gelernt wird (Törner & Grigutsch, 1994). Insbesondere, da aktuellere mathematikdidaktische Forschungsergebnisse zeigen, dass Haltungen zwar vergleichsweise stabil, aber dennoch durch Lernumgebungen, die Lehrqualität oder die Art zu lehren modifizierbar sind, ist es lohnenswert, sich mit dem Konstrukt vertieft auseinanderzusetzen (u. a. Liljedahl, 2013). Aufgrund dessen, dass Haltungen nicht notwendigerweise bewusst das Verhalten beeinflussen und nicht direkt beobachtbar sind, ist es dabei allerdings nötig, sich dem Konzept mithilfe interpretativer Methoden zu nähern, um anhand des sichtbaren Verhaltens die zugrundeliegenden Haltungen sichtbar zu machen und charakterisieren zu können.

Somit ergeben sich zwei Ansätze, sich dem Konzept der Haltung aus mathematikdidaktischer Sicht zu nähern. Einerseits aus konstruktiver Perspektive, indem Lernumgebungen entwickelt werden, die die Entwicklung einer normativ intendierten mathematisch-forschenden Haltung begünstigen und andererseits aus rekonstruktiver Perspektive, indem die tatsächlich eingenommenen Haltungen der Schüler während eines mathematischen Erkenntnisprozesses analysiert werden.

2.5 Forschungsanliegen

Wie in den bisherigen Ausführungen aufgezeigt, ist das Verständnis von Mathematik als Prozess die maßgebende Sichtweise der vorliegenden Arbeit. Für das schulische Lehren und Lernen kommt damit den Prozessen mathematischer Erkenntnisentwicklung eine bedeutsame Rolle zu, die sich auch in Ansätzen wie der *Realistic Mathematics Education*, Freudenthals (1973) *geführter Nacherfindung* oder der Forderung nach einem authentischen Mathematikunterricht widerspiegeln. Das Eigenerleben mathematischer Tätigkeiten anhand ausgewählter Inhalte steht hierbei im Fokus, sodass die Lernenden aktiv an der (Nach-)Entwicklung von Mathematik beteiligt sind und Entstehungsprozesse von Sätzen, Begriffen und Theorien erfahren. Zur Beschreibung dieser Tätigkeiten nutzt die Soziologin Heintz (2000) die drei in Abschnitt 2.1.2 ausgeführten Prozesskontexte der *Entdeckung*, *Rechtfertigung* und *Überzeugung*, die im Verlauf eines mathematischen Erkenntnisprozesses durchlaufen werden. Anders als in den Natur- oder Sozialwissenschaften sind die Erkenntnisprozesse der Mathematik als Wissenschaft insbesondere gekennzeichnet durch die deduktiven Schlussfolgerungen, die im Zuge des Rechtfertigungskontexts angestrebt werden und zur gesicherten Begründung einer Vermutung notwendig sind.

Wie unter anderem die Studien von Koleza et al. (2017), Steinweg (2001) oder Winter (1983) zeigen, ist im Verlauf eines mathematischen Erkenntnisprozesses für Lernende besonders der Umgang mit Vermutungen, also der Übergang von Tätigkeiten des *Entdeckungskontexts* zu Tätigkeiten des *Rechtfertigungskontexts* eine Schlüsselstelle, denn Lernende empfinden vielfach kein Bedürfnis, Vermutungen zu überprüfen oder zu begründen. Für den mathematischen Erkenntnisprozess sind es allerdings insbesondere diese Prozesse, die entscheidend für den Erkenntnisgewinn sind: „Aber nur dann, wenn auch der Schritt der Überprüfung einer Hypothese gelingt, kann Wissen entstehen." (K. Philipp, 2013, S. 73). Im Umgang mit Vermutungen spielen aus diesem Grund die stattfindenden Argumentationsprozesse, wie in Abschnitt 2.2.1 dargestellt, eine zentrale Rolle im Hinblick auf das Hinterfragen von Vermutungen und das Bedürfnis, diese zu überprüfen und zu begründen oder zu widerlegen.

Hinsichtlich des Umgangs mit Vermutungen konnten bisherige Forschungen charakteristische Verhaltensweisen von Lernenden identifizieren. Hierbei zeigte sich, dass Vermutungen häufig kaum hinterfragt oder diese unmittelbar als eine erwiesene Tatsache aufgefasst werden (Koedinger, 1998). Zudem wird dem Stellenwert empirischer Evidenz oder einzelner bestätigender Beispiele oftmals ein höherer Stellenwert für die Begründung einer Vermutung zugemessen als einer deduktiven Schlusskette (u. a. Chazan, 1993; Reid & Knipping, 2010). Dass allerdings nicht alle Schüler diese Tendenz aufweisen, machen die Ergebnisse von Buchbinder und Zaslavsky (2011) deutlich, die zwei grundsätzliche Verhaltensweisen im Umgang mit Vermutungen aufzeigen: einerseits eine durch starke Zweifel geprägte Vorgehensweise und andererseits eine durch starke Überzeugung geprägte Herangehensweise. Um solche Unterschiede im Umgang mit Vermutungen erklären zu können, soll in der vorliegenden Arbeit das in Abschnitt 2.4 vorgestellte Konzept der *Haltung* genutzt werden. Indem *Haltung* als ein dem Verhalten zugrundeliegendes Konstrukt verstanden wird, welches sich in wiederkehrenden Verhaltenstendenzen äußert, können die Ergebnisse von Buchbinder und Zaslavsky (2011) angereichert und grundlegende Haltungen von Schülern im Umgang mit Vermutungen identifiziert und beschrieben, aber auch Schlussfolgerungen zur Ausbildung und Förderung einer geeigneten Haltung gezogen werden. Dabei wird die Interaktion zwischen Schülern einerseits genutzt, um Verhaltensweisen und Denkprozesse sichtbar zu machen und andererseits um die Auswirkungen der Kombination von Schülern verschiedener Haltungen in den Blick zu nehmen. Hierbei sollen sowohl die Tätigkeit des Hinterfragens als Folge eines Begründungsbedürfnisses (siehe Abschnitt 2.3) und ausschlaggebende kognitive Aktivität zur Initiation des Übergangs des *Entdeckungskontexts* hin zu Aktivitäten des *Rechtfertigungskontexts* als auch der Umgang mit Konflikten als zentraler Anlass zur Erkenntnisentwicklung (siehe Abschnitt 2.2.3) im Fokus stehen. Hinsichtlich Letzterem beschreibt Lakatos (1979) verschiedene Verhaltensweisen aus einer theoretischen Perspektive (siehe Abschnitt 2.2.3), die in der vorliegenden Arbeit empirisch untersucht werden sollen.

Die vorliegende Arbeit verfolgt damit grundlegend zwei Forschungsschwerpunkte, die sich wechselseitig bedingen. Einerseits steht die Entwicklung und Erprobung von Mathematikunterricht im Fokus. Hierfür wird eine Unterrichtsreihe konzipiert, die eine in Abschnitt 2.4 beschriebene mathematisch-forschende Haltung im Rahmen mathematischer Erkenntnisprozesse anregt und fördert. Damit wird sich dem Forschungsthema des Haltungskonzepts aus konstruktiver Perspektive genähert. Andererseits soll das Konzept der *Haltung* aus rekonstruktiver Perspektive in den Blick genommen werden, indem im Rahmen von qualitativen Interviews mit Sechstklässlern stattfindende Erkenntnisprozesse ausgewertet und auf die tatsächlich eingenommenen Haltungen der Lernenden im Umgang mit Vermutungen hin untersucht werden. Diese Forschungsvorhaben lassen sich folgendermaßen präzisieren:

Forschungsanliegen aus konstruktiver Perspektive

Entwicklung und Erprobung eines Unterrichtskonzepts zur Anregung und (Weiter-)Entwicklung einer mathematisch-forschenden Haltung im Umgang mit Vermutungen

Zur Umsetzung dieses Anliegens sollen Lernanlässe geschaffen werden, die folgende Tätigkeiten ermöglichen:

- die selbstständige Konstruktion von Beispielen sowie die eigenständige Entwicklung von Vermutungen,
- die Erzeugung eines Bewusstseins, Vermutungen zu hinterfragen und diese zu begründen oder zu widerlegen und damit letztendlich die Entwicklung eines Begründungsbedürfnisses,
- das Erleben von Mathematik als sozialen Prozess, in dessen Verlauf Vermutungen formuliert, hinterfragt und diskutiert werden.

Die Eigenaktivität der Lernenden steht damit im Sinne eines authentischen Mathematikunterrichts und des Erlebens von Mathematik als Tätigkeit im Fokus. Anhand geeigneter Lernumgebungen soll es den Schülern ermöglicht werden, einen mathematischen Erkenntnisprozess eigenständig zu erleben und dabei eine mathematisch-forschende Haltung auszubilden. Durch die Erprobung des Unterrichtskonzepts und der Verknüpfung mit den Ergebnissen des nachfolgend vorgestellten rekonstruktiven Forschungsanliegens kann damit ein Vorschlag für Mathematikunterricht entwickelt werden, der den Lernenden entsprechende Erfahrungen ermöglichen und gleichzeitig eine mathematisch-forschende Haltung anregen kann.

Forschungsfragen aus rekonstruktiver Perspektive

Wie gehen Sechstklässler mit Vermutungen um, d. h. inwiefern gestaltet sich der Übergang von der Entwicklung und Formulierung einer Vermutung (*Entdeckungskontext*) hin zur Überprüfung und Begründung dieser (*Rechtfertigungskontext*)?

Zur Beantwortung dieser Frage werden die folgenden drei Aspekte in den Blick genommen:

1. Welche Haltungen stehen hinter dem Umgang mit Vermutungen?

Hierbei sollen zunächst aus deskriptiver Perspektive die tatsächlich auftretenden Haltungen der Lernenden im Umgang mit Vermutungen rekonstruiert werden. Um Rückschlüsse auf solche Haltungen zu ziehen, werden sichtbare Verhaltensweisen ausgewertet und auf dieser Basis Haltungen charakterisiert. Hierbei stellt sich einerseits die Frage, ob bzw. inwiefern aufgestellte Vermutungen hinterfragt werden und andererseits, wie die Lernenden mit auftretenden Konflikten im Hinblick auf diese Vermutung umgehen. Hinsichtlich des entwickelten Unterrichtskonzepts aus der konstruktiven Forschungsperspektive stellt sich außerdem die Frage, inwiefern die durch das Unterrichtskonzept intendierten Fragen (Ist das wirklich immer so? Warum ist das so?) aufgegriffen werden und ihre Klärung in den Erkenntnisprozess integriert wird.

2. Welche Auswirkungen haben die rekonstruierten Haltungen auf den mathematischen Erkenntnisprozess der Lernenden?

Hinsichtlich dieses Aspekts stehen besonders die Wirkungen der beschriebenen Haltungen auf die jeweils zugrundeliegende Vermutung und gegebenenfalls ausgelöste Argumentationsprozesse im Fokus. Dabei stellt sich einerseits die Frage nach der Art der auftretenden Argumentationen und andererseits die Frage nach dem Gelingen der Argumentationsprozesse im Hinblick auf mathematisches Begründen. Davon ausgehend soll ein Zusammenhang zu den rekonstruierten Haltungen hergestellt und damit die Tragfähigkeit dieser für den Umgang mit Vermutungen in mathematischen Erkenntnisprozessen eingeschätzt werden. Zusätzlich wird die Kombination von Schülern verschiedener Haltungen und die dabei entstehende Interaktion in den Blick genommen.

3. Welche Schlussfolgerungen können für die Konzeption von Mathematikunterricht gezogen werden?

Aus den Ergebnissen der beiden vorangegangen Forschungsfragen können Schlussfolgerungen für die Gestaltung von Mathematikunterricht gezogen werden, sodass das Haltungskonzept für die Gestaltung von Unterricht genutzt werden kann. Außerdem stellt sich die Frage, inwiefern die (Weiter-)Entwicklung einer tragfähigen Haltung im Umgang mit Vermutungen im Mathematikunterricht entsprechend gefördert werden kann.

3 Methodologischer und methodischer Rahmen

Das folgende Kapitel bildet die methodologische und methodische Grundlage dieser Arbeit. Im Folgenden werden dazu die relevanten Ansätze und Überlegungen dargestellt.

Mit dem soeben ausgeführten Forschungsinteresse werden zwei zentrale Anliegen verfolgt. Einerseits steht dabei die Entwicklung von Mathematikunterricht im Fokus und andererseits sollen Haltungen von Lernenden hinsichtlich des Umgangs mit Vermutungen untersucht werden. Um beide Forschungsabsichten miteinander zu vereinen, wird nachfolgend der Ansatz des *Design Research* vorgestellt, der die theorie- und anwendungsorientierten Perspektiven miteinander geeignet verknüpft. Der Ansatz bietet somit die Möglichkeit, gleichzeitig Unterricht (weiter-)zu entwickeln und Theorien zu generieren (siehe Abschnitt 3.1). Für die Erforschung der Haltung der Lernenden wurde eine qualitative Interviewstudie (siehe Abschnitt 3.2) durchgeführt, die einen mathematischen Erkenntnisprozess ermöglicht und Aufschluss sowohl über die individuellen als auch die interaktiven Vorgänge speziell im Umgang mit Vermutungen gibt, sodass zugrundeliegende Haltungen rekonstruiert werden können.

3.1 Design Research

Für das Ziel, mit dieser Arbeit einen Beitrag sowohl zur Theoriebildung als auch zu Konzeption von Mathematikunterricht zu leisten, bietet sich eine Einbettung in den methodologischen Rahmen des *Design Research* an. Indem hierbei einerseits Theorien zu Lernprozessen (weiter-)entwickelt und andererseits Mittel konzipiert werden, die ebendiese Prozesse unterstützen sollen, schlägt der Ansatz des *Design Research* eine Brücke zwischen Theorie und Praxis, die dem Forschungsanliegen dieser Arbeit angemessen begegnet (Gravemeijer & Cobb, 2013). Mit ebenjener

C. Danzer, *Haltungen von Sechstklässlern im Umgang mit Vermutungen in mathematisch-forschenden Kontexten*,
https://doi.org/10.1007/978-3-658-39794-4_3

Verbindung kann das *Design Research* der Kritik an fehlender Umsetzbarkeit oder Relevanz theoretischer Erkenntnisse von Bildungsforschung für den Unterrichtsalltag begegnen (The Design-Based Research Collective, 2003). Wie Wittmann (1998) dazu bemerkte, geht es dabei jedoch nicht darum, den Fokus nur auf die unmittelbare Anwendbarkeit zu legen, sondern die empirische Untersuchung von Unterrichtskonzepten mit der Bildung von begleitenden Theoriegerüsten zu verbinden. Barab und Squire (2004, S. 2) fassen diese Intention folgendermaßen zusammen:

> [...] producing new theories, artifacts, and practices that account for and potentially impact learning and teaching in naturalistic settings.

Die beiden Hauptmotive des *Design Research* verfolgen somit einerseits das Ziel, wissenschaftliche Erkenntnisse dazu zu nutzen, um praktische Probleme („real world problems", vgl. McKenney und Reeves, 2014, S. 131) besser verstehen sowie Lösungsansätze formulieren zu können und somit nutzenorientiertes Wissen zu generieren und andererseits Methoden zu entwickeln, mit deren Hilfe sich neue empirische Erkenntnisse und Theorien gewinnen oder weiterentwickeln lassen (McKenney & Reeves, 2014). Im Gegensatz zu anderen Forschungsansätzen steht dabei nicht die Untersuchung einzelner Variablen im Vordergrund, sondern die Analyse von spezifischen Phänomenen in den jeweiligen Lehr-Lern-Kontexten (van den Akker, 2006).

Der Begriff *Design Research* beschreibt dabei jedoch nicht die *eine* Methode des *Design Research*, sondern umfasst vielmehr eine Gruppe von ähnlichen Forschungsansätzen, die sich in der Literatur unter vielfältigen Bezeichnungen wie beispielsweise *Design-based Research* (u. a. Barab & Squire, 2004), *Design Experiments* (u. a. Cobb et al., 2003) oder *Developmental Research* (u. a. van den Akker, 1999) finden. Häufig wird der Zusatz ***Educational*** *Design Research* verwendet, um den Begriff von anderen Wissenschaften wie der Ingenieurstechnik abzugrenzen (van den Akker et al., 2006). Hierauf wird in der vorliegenden Arbeit jedoch aufgrund der Eindeutigkeit des Forschungsfeldes verzichtet.

Auch wenn die genannten Ansätze hinsichtlich spezifischer, hier nicht näher ausgeführter, Charakteristika variieren, lassen sich fünf grundlegende Eigenschaften festhalten. Nach van den Akker et al. (2006) kann *Design Research* somit übergreifend charakterisiert werden als:

- *interventionistisch:* Die Konzeption von Interventionen (bspw. Aufgaben, Material, Unterrichtseinheiten) für den Unterrichtsalltag ist ein Forschungsanliegen.
- *iterativ:* Die Forschung findet zyklisch in einem Ablauf aus Konzeption, Auswertung und Überarbeitung statt.

- *prozessorientiert:* Der Fokus liegt auf dem Verstehen und Verbessern der Interventionen.
- *anwendungsorientiert:* Der Nutzen einer Intervention im Hinblick auf die praktische Anwendbarkeit ist zentral.
- *theorieorientiert:* Der Forschungsprozess ist in zweierlei Hinsicht theorieorientiert. Einerseits basiert die Konzeption des Designs bzw. der Intervention auf wissenschaftlichen Annahmen und andererseits tragen sie zur (Weiter-)Entwicklung wissenschaftlicher Erkenntnisse bei.

Plomp (2013) schlägt unter Bezugnahme auf weitere Autoren vor, zusätzlich den Aspekt *Einbindung von Praktikern* mitaufzunehmen, um die notwendige Zusammenarbeit mit Praxispartnern (bspw. Lehrkräften) zu betonen, die die Wahrscheinlichkeit einer erfolgreichen Implementierung des entwickelten Designs in den Unterrichtsalltag erhöht.

Die beschriebenen Eigenschaften werden in den Phasen einer Untersuchung im Sinne des *Design Research* deutlich. Gravemeijer und Cobb (2013) unterscheiden dabei die folgenden drei Hauptphasen, die typischerweise zyklisch durchlaufen werden:

- **Vorbereitung:** Das Forschungsanliegen wird festgelegt und anschließend die entsprechenden theoretischen Kernideen spezifiziert, um auf dieser Basis eine Lehr-Lern-Theorie zu formulieren. Diese Theorie kann bei der anschließenden Durchführung des Designs weiter ausgearbeitet und verfeinert werden. Dabei werden im Vorfeld mögliche Denk- und Verstehensprozesse der Zielgruppe antizipiert sowie die spezifischen Klassensituationen miteinbezogen.
- **Durchführung:** Die Durchführung des Designs dient nicht zur Bestätigung bzw. Widerlegung der zugrundeliegenden Theorie, sondern zielt darauf ab, die zuvor angenommene Theorie weiterzuentwickeln. Der Fokus liegt somit auf dem *Verstehen* von Lehr-Lernprozessen. Diese Phase erfordert eine fortwährende Analyse der Aktivitäten der Zielgruppe, sowohl auf individueller Ebene als auch im Klassenkontext, um in einer Abfolge aus Mikro-Zyklen von Antizipation, Retrospektion und Revision das Design und die zugrundeliegende Theorie zu validieren und zu überarbeiten.
- **Retrospektive Analyse:** Ziel der Forschung ist es, einen Beitrag zur wissenschaftlichen Theorieentwicklung zu leisten. Dabei beinhaltet diese Phase einen iterativen Prozess der Analyse des vollständigen Datenmaterials. Anhand dieser Daten kann die Konzeption des Designs sowie die (ggf. sich verändernden) Denk- und Verstehensprozesse der Zielgruppe nachverfolgt und reflektiert werden, um letztendlich durch eine systematische (Meta-)Analyse eine umfassende Theorie liefern zu können.

Aus methodologischer Sicht ist hierbei die nachvollziehbare Dokumentation dieser Prozesse bedeutend, um nicht nur das entstandene Design oder die entwickelte Theorie darzustellen, sondern ebenso den Entstehungs- und Überarbeitungsprozess, der zu diesen geführt hat (Barab & Squire, 2004).

Im deutschsprachigen Raum spiegeln sich die Ideen des *Design Research* in der *Fachdidaktischen Entwicklungsforschung* wider, die insbesondere durch das Dortmunder FUNKEN[1]-Modell geprägt ist (Prediger et al., 2012). Grundlegende Zielsetzung ist hier ebenfalls sowohl die Weiterentwicklung der Unterrichtspraxis mittels wissenschaftlicher Vorgehensweisen sowie die gleichzeitige fachdidaktische Theorieentwicklung, um letztendlich „[...] theoriebasiert und gegenstandsorientiert zu einer angemessenen Gestaltung von Lehr-Lernprozessen zu gelangen." (Prediger et al., 2012, S. 8) Spezifiziert wird der Forschungsprozess der *Fachdidaktischen Ent-*

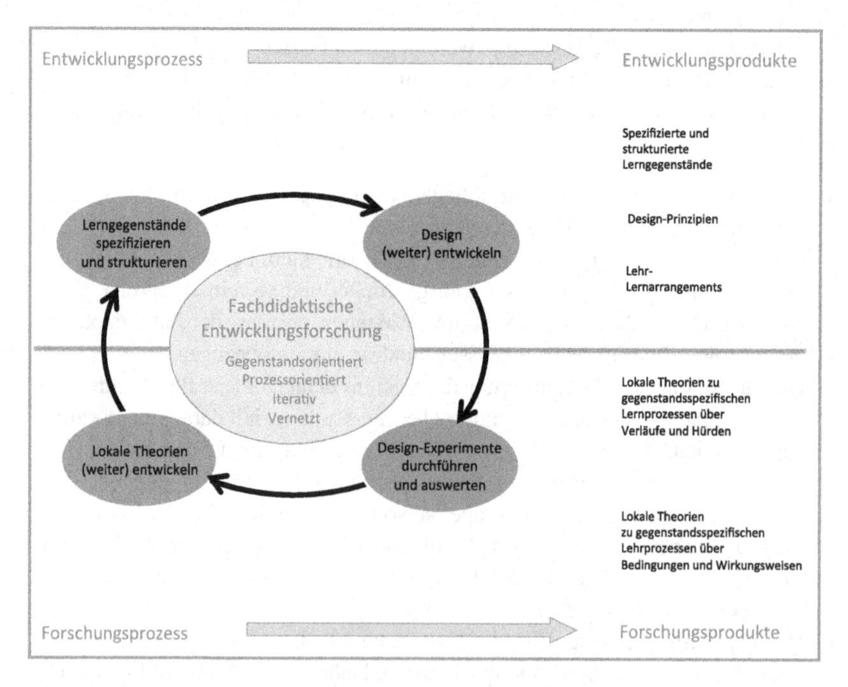

Abbildung 3.1 Zyklus der *Fachdidaktischen Entwicklungsforschung* im Dortmunder FUNKEN-Modell (aus: Prediger et al., 2012, S. 453)

[1] Forschungs- und Nachwuchskolleg Fachdidaktische Entwicklungsforschung zu diagnosegeleiteten Lehr-Lernprozessen.

wicklungsforschung in einem vierschrittigen, mehrfach zu durchlaufenden Zyklus (siehe Abbildung 3.1).

Das Modell zeigt dabei insbesondere die enge Verknüpfung von Entwicklungsprozessen auf der einen und Forschungsprozessen auf der anderen Seite auf, die in entsprechenden Produkten resultieren. Die Phasen der *Vorbereitung*, *Durchführung* und *retrospektiven Analyse*, wie sie im Prozessmodell von Gravemeijer und Cobb (2013) benannt sind, lassen sich auch an dieser Stelle entsprechend wiederfinden, wobei die Phase der *Vorbereitung* in die zwei Phasen *Lerngegenstände spezifizieren und strukturieren* sowie *Design (weiter-)entwickeln* überführt wird, was den Prozess der Designentwicklung selbst stärker in den Mittelpunkt rückt.

Als ein möglicher Ausgangspunkt der Forschung kann auf der Entwicklungsebene die Phase *Lerngegenstände spezifizieren und strukturieren* dienen, die sich im Sinne der *Gegenstandsorientierung* (vgl. Wittmann, 1995) mit dem Lerngegenstand aus epistemologischer und fachdidaktischer Perspektive auseinandersetzt und relevante Kontexte und mögliche Lernanlässe identifiziert. Dabei geschieht die Strukturierung des Inhalts im Hinblick auf die Phase *Design (weiter-)entwickeln* im Sinne der didaktischen Reduktion (vgl. Lehner, 2009) aus Sicht der Lernenden und somit nicht zwangsläufig aus fachsystematischer Perspektive. Die anschließende Entwicklung des Designs baut auf diese Überlegungen auf und verknüpft sie mit konkreten (Unterrichts-)Aktivitäten, Lehr- und Lernmitteln und geeigneten Unterstützungsmethoden.

Den Übergang zur Forschungsebene bildet die Phase der *Durchführung* mit anschließender *Auswertung des Design-Experiments*. Während hierbei im ersten Zyklus besonders die Erprobung der Tragfähigkeit der vorangegangenen Strukturierungen und intendierten (Unterrichts-)Aktivitäten und Lernprozesse im Zentrum stehen, werden in darauffolgenden Zyklen tiefergehende Untersuchungen hinsichtlich der tatsächlich auftretenden Denk- und Verstehensprozesse fokussiert. Die empirischen Erkenntnisse führen zur *(Weiter-)Entwicklung lokaler Theorien*, die mit jedem Zyklus weiter spezifiziert und ausdifferenziert werden. *Lokal* sind die schlussendlich entwickelten Theorien insofern, als dass die verallgemeinerbaren Anteile der Falluntersuchungen stets kontextgebunden und gegenstandsspezifisch bleiben.

Ausgehend vom Ansatz des *Design Research* bzw. der *Fachdidaktischen Entwicklungsforschung* wird in Abschnitt 3.3 zunächst der Aufbau der dieser Arbeit zugrundeliegenden Studie dargestellt, bevor in den Kapiteln 4 und 5 die Ergebnisse sowohl auf konstruktiver Entwicklungsebene als auch auf rekonstruktiver Forschungsebene dargelegt werden.

3.2 Qualitatives Forschungsdesign

Um Rückschlüsse auf Denkprozesse von Lernenden ziehen und damit dem zweiten Teil des Forschungsanliegens angemessen begegnen zu können, werden Methoden der qualitativen Forschung genutzt. Diese sind darauf ausgelegt, Sinneszusammenhänge, Deutungs- und Wahrnehmungsmuster oder Handlungsabsichten zu erschließen (Hron, 1982). Indem verbale Daten als Grundlage für eine interpretative Auswertung dienen, sollen die kognitiven Prozesse der Probanden bestmöglich zur Geltung kommen (Bortz & Döring, 2006). Ziel ist hierbei eine empirisch begründete Theoriebildung durch die Rekonstruktion von subjektiven Sichtweisen (Helfferich, 2011). Ausgangspunkt dafür ist die Annahme, dass durch (eine Vielzahl an) Äußerungen der zugrundeliegende Sinn, also Muster oder Konzepte rekonstruiert werden können, wobei für das Verständnis jeder Äußerung der jeweilige Entstehungskontext und die Interaktionssituation relevant sind (Helfferich, 2011). Entsprechend des interpretativen Paradigmas wird dieser Sinn als etwas verstanden, das erst durch die Interaktion der Beteiligten entsteht, sich im Verlauf der Interaktion ändern kann und somit nicht objektiv a priori gegeben ist (Helfferich, 2011). Durch Interaktionsprozesse entsteht somit eine geteilte soziale Wirklichkeit, deren Rekonstruktion im Mittelpunkt der qualitativen Forschung steht.

In der qualitativen Forschung werden offene Verfahren wie Beobachtungen oder Interviews zur Datenerhebung genutzt. Gerade qualitative Interviews bieten dabei die Möglichkeit, durch einen flexiblen Grad an Offenheit den kognitiven Prozessen der Probanden Raum zu geben. Dabei gibt es nicht *das* qualitative Interview, sondern verschiedene Varianten, die je nach Forschungsanliegen zu wählen sind.[2] Nichtsdestotrotz beruhen alle Varianten auf denselben Grundprinzipien (vgl. Flick et al., 2017, Helfferich, 2011, Lamnek & Krell, 2016):

- *Offenheit:* Qualitative Forschungsmethoden begegnen den Untersuchungspersonen und -situationen in einem offenen Äußerungsraum, der der Komplexität des untersuchten Gegenstands möglichst gerecht wird.
- *Kommunikation:* Der Zugang zu den Denk- und Verstehensprozessen der Probanden ergibt sich durch eine Kommunikationssituation, die sowohl in der Interaktion zwischen dem Forscher und den Probanden und je nach Untersuchungsdesign auch zwischen den Probanden entsteht.
- *Explikation:* Die einzelnen Untersuchungsschritte werden so dargelegt, dass sie verständlich nachzuvollziehen sind.

[2] Siehe Bortz und Döring (2006, S. 315) für einen Überblick.

- *Reflexivität:* Die Subjektivität des Forschers ist Teil des Forschungsprozesses und die Reflexion dieser sind als Daten relevant für die Interpretation.
- *Flexibilität:* Durch die Möglichkeit der Adaption des Untersuchungsdesigns kann flexibel auf die Untersuchungssituation und -personen sowie entstehende Interaktionen reagiert werden.

Kriterium für oder gegen eine Forschungsmethode ist nach Flick et al. (2017) stets die *Gegenstandsangemessenheit*. Der Forschungsgegenstand wird hierbei nicht anhand einzelner Variablen untersucht, sondern ganzheitlich und unter Einbezug des Kontextes, um seiner Komplexität gerecht zu werden und die Erfahrungswirklichkeit der Probanden abzubilden.

Für das Forschungsvorhaben der vorliegenden Arbeit, den Umgang mit Vermutungen und daraus resultierende Begründungsprozesse innerhalb eines mathematischen Erkenntnisprozesses zu untersuchen, eignet sich im Besonderen das halbstandardisierte Interview. Ein Interviewleitfaden bildet dabei das Gerüst für die Datenerhebung und ermöglicht durch eine Kombination aus Systematik und Flexibilität sowohl die Strukturierung des Erhebungsprozesses als auch Spielraum und Offenheit für spontane Vertiefungen spezifischer Aspekte, sodass die individuellen Denkstrukturen der Probanden erfasst und anschließend interpretativ erschlossen werden können (Niebert & Gropengießer, 2014).

Darüber hinaus bietet eine Fallstudie die Möglichkeit der umfassenden Analyse aller für das Forschungsanliegen relevanter Aspekte (Petri, 2014). Auf Basis von Einzelfallanalysen können anschließend wiederkehrende typische Handlungsmuster oder Denkstrukturen beschrieben und eine zugrundeliegende Theorie entwickelt werden (Petri, 2014). Die Validität solcher Erkenntnisse ergibt sich aus dem bereits erwähnten Prinzip der *Explikation*: Durch die vollständige Dokumentation der Bedingungen und Verfahren bei der Datenerhebung, -aufbereitung und -auswertung soll eine eindeutige und nachvollziehbare Interpretation gewährleistet werden (Mayring, 2015). Statt über statistische Auswertungen werden über abduktive Schlüsse Ergebnisse formuliert, die typische Handlungsmuster oder allgemeinere Strukturen beschreiben (Petri, 2014). Nach Peirce (1878) ist das Ziel der Abduktion, von Beobachtungen auf allgemeine Prinzipien zu schließen, die das beobachtete Phänomen erklären können und damit letztendlich eine plausible Interpretation der Beobachtungen zu liefern.

Das Forschungsdesign der vorliegenden Arbeit bewegt sich in ebendiesem Rahmen qualitativer Forschung. Die dargestellte Theorie findet besonders bei der Konzeption und Auswertung der Interviewstudie (siehe Kapitel 5) Beachtung, aber fließt auch in die Überlegungen zur Entwicklung der damit verknüpften Unterrichtseinheit (siehe Kapitel 4) ein. In den entsprechenden Abschnitten wird dies im Hinblick auf die spezifischen verwendeten Methoden weiter ausgeführt.

3.3 Aufbau der Studie

Auf Grundlage des Forschungsinteresses und der vorangegangenen methodologischen Überlegungen gibt dieses Kapitel einen Überblick über den Aufbau der durchgeführten Studie. Dabei werden sowohl die einzelnen Projektphasen als auch die Verknüpfung beider dabei eingenommenen Perspektiven näher dargestellt und die Entstehungskontexte des Datenmaterials genauer beschrieben. Die spezifischen konzeptionellen Überlegungen der jeweiligen Untersuchungsphasen werden in den Kapiteln 4 und 5 ausgeführt.

3.3.1 Überblick über die Untersuchungsphasen

Das Forschungsanliegen dieser Arbeit besteht aus zwei Schwerpunkten, die im Rahmen eines *Design Research* Ansatzes ineinandergreifen. Somit prägen den Aufbau der Studie zwei Gesichtspunkte, die einander gleichzeitig ergänzen und bedingen: Auf der einen Seite die *konstruktive Perspektive*[3] mit der Konzeption einer Unterrichtseinheit, die die (Weiter-)Entwicklung einer mathematisch-forschenden Haltung in Erkenntnisprozessen von Lernenden unterstützen soll und auf der anderen Seite die *rekonstruktive Perspektive*[4] mit der Analyse von Denk- und Verhaltensweisen von Schülern im Rahmen einer an die Unterrichtseinheit angegliederten qualitativen Interviewstudie. Der konkrete Forschungsablauf ist in Abbildung 3.2 skizziert und orientiert sich am Zyklus der *Fachdidaktischen Entwicklungsforschung* des Dortmunder FUNKEN-Modells.[5]

Das Studiendesign setzt sich aus vier aufeinanderfolgenden Zyklen zusammen, wobei der erste Zyklus im Rahmen einer Pilotierung die Konzeption und Erprobung der Aufgaben umfasst, die dem weiteren Studiendesign zugrunde liegen. Der tatsächliche zeitliche Ablauf aller Zyklen findet sich in Tabelle 3.1.

Zyklus I: Ausgehend von der theoretischen Auseinandersetzung mit Aufgaben, die einen mathematischen Erkenntnisprozess ermöglichen, war das Ziel des ersten Zyklus die Konzeption und erste Erprobung von Aufgaben, die in den darauffol-

[3] Vgl. *Entwicklungsebene* bei Prediger et al., 2012.

[4] Vgl. *Forschungsebene* bei Prediger et al., 2012.

[5] Siehe dazu Abschnitt 3.1.

genden Untersuchungszyklen die Grundlage für die Entwicklung des Unterrichtsdesigns und der Interviewstudie bildeten. In diesem Sinne wurden drei Aufgaben entwickelt, die zunächst mit Studierenden des Lehramts für Mathematik an Grund-, Haupt- und Realschulen im Rahmen eines Seminars erprobt wurden. Analysiert wurden im Anschluss die Aktivitäten, die bei der Bearbeitung der Aufgaben initiiert wurden und diese mit den intendierten und antizipierten Lernprozessen verglichen. Darüber hinaus konnte durch die Auswertung der Seminarsitzungen das Forschungsanliegen weiter konkretisiert und damit der Fokus der Arbeit auf die in Abschnitt 2.5 dargestellten Fragestellungen spezifiziert werden. Davon ausgehend erwiesen sich zwei der drei Aufgaben als geeignet für das Forschungsanliegen und waren somit grundlegend für die Entwicklung des Unterrichtskonzepts samt Interviewstudie in Zyklus II.

Zyklus II: Im Mittelpunkt des zweiten Zyklus stand die Konzeption und Durchführung der Unterrichtseinheit zu mathematischen Erkenntnisprozessen sowie die angegliederte Interviewstudie, die im Zuge dieses Zyklus erprobt wurde. Als Unterrichtskonzept wurden zwei Doppelstunden (ä 90 Minuten) für die Klassenstufe 6 entwickelt, die von der Autorin selbst durchgeführt wurden. Während der Durchführung wurden partiell Gruppenarbeitsphasen aufgezeichnet, um im Nachhinein Rückschlüsse über die stattfindenden Prozesse und mathematischen Aktivitäten ziehen zu können. In Kombination mit den während des Unterrichts entstandenen Schülerdokumenten und der Rückmeldung der anwesenden Lehrkraft wurden die Doppelstunden für den dritten Zyklus weiter überarbeitet. Die Pilotierung der Interviewstudie ergab jedoch eine Diskrepanz zwischen intendierten und tatsächlich stattfindenden Prozessen, sodass die zugrundeliegende Aufgabe für die Haupterhebungen der Interviewstudie in Zyklus III und IV angepasst wurde.

Zyklus III: Der dritte Untersuchungszyklus stand im Fokus der Weiterentwicklung der in Zyklus II konzipierten Unterrichtseinheit und des Interviewleitfadens. Erkenntnisse aus Zyklus II flossen dabei in die Überarbeitung der Unterrichtskonzeption ein, die nun final erprobt wurde. Zusätzlich fand die erste Haupterhebung der Interviewstudie statt, indem anschließend an die Durchführung der Unterrichtseinheit neun Interviews mit jeweils zwei Schülern geführt wurden.

Zyklus IV: Im Fokus des vierten Zyklus stand die zweite Haupterhebung der qualitativen Interviewstudie. Nachdem in Zyklus III bereits neun Interviews geführt worden waren, wurde die zugrundeliegende Aufgabe des Interviews noch einmal verändert, um die Denk- und Verhaltensweisen in einem anderen Aufgabenkontext untersuchen und damit die Entwicklung der lokalen Theorie vertiefen zu können. Dazu wurden sechs weitere Interviews geführt und ausgewertet. Da durch eine erneute Erhebung der Daten keine neuen Erkenntnisse zu erwarten waren, wurde

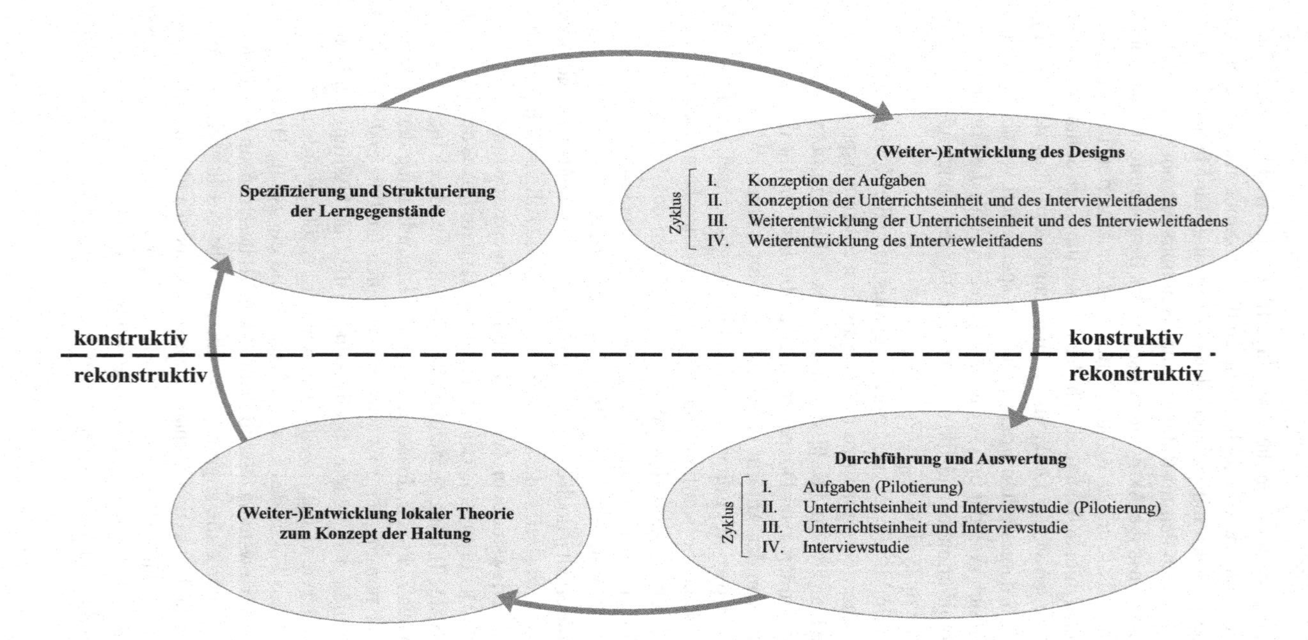

Abbildung 3.2 Zyklischer Aufbau der vorliegenden Studie nach dem Dortmunder FUNKEN-Modell (eigene Darstellung)

nach dem Prinzip der *theoretischen Sättigung* (vgl. Glaser & Strauss, 1967) anschließend kein weiterer Untersuchungszyklus durchgeführt.

Im Sinne des *Design Research* sind die Phasen der Entwicklung und der Forschung sowohl innerhalb eines Zyklus als auch zyklusübergreifend miteinander vernetzt, sodass mit dieser Arbeit ein Beitrag zur Weiterentwicklung der Unterrichtspraxis wie auch zur fachdidaktischen Theorieentwicklung geleistet wird. Das entwickelte Unterrichtskonzept stellt einerseits die Grundlage für die daran anknüpfende Interviewstudie dar und wird andererseits durch die Auswertung ebendieser weiterentwickelt. Als Resultat dieser Arbeit entsteht dabei einerseits das Produkt der konstruktiven bzw. *Entwicklungsebene* (Unterrichtseinheit) und andererseits das Produkt der rekonstruktiven bzw. *Forschungsebene* (lokale Theorie). Wenngleich die Entstehung beider Produkte miteinander vernetzt ist, werden sie in den folgenden Abschnitten der Arbeit in separaten Teilen (siehe Kapitel 4 bzw. 5) behandelt, um sie als gleichwertige Ergebnisse dieser Arbeit darzustellen. Vorhandene Verknüpfungen beider Teile werden an den entsprechenden Stellen aufgezeigt.

3.3.2 Datenmaterial

Die Hauptstudie wurde mit insgesamt 43 Schülern aus zwei verschiedenen Klassen der Jahrgangsstufe 6 eines Gymnasiums durchgeführt. Dabei nahmen alle Schüler an dem durchgeführten Unterricht teil. Mit 32 dieser Schüler wurden im Rahmen der Interviewstudie paarweise Interviews geführt. Die beiden Doppelstunden des Unterrichtskonzepts haben jeweils innerhalb einer Kalenderwoche stattgefunden, gefolgt von der Interviewstudie in der jeweils darauffolgenden Woche. Aus den Erhebungszyklen II, III, IV ergibt sich vielfältiges Datenmaterial, das zur Klärung des Forschungsanliegens zur Verfügung steht und entweder den Fragestellungen der konstruktiven oder rekonstruktiven Perspektive zugeordnet werden kann. Die Daten und Erkenntnisse aus dem Pilotierungsyzklus (Zyklus I) werden in Abschnitt 4.2.4 besprochen.

Die Datengrundlage der Hauptstudie ergibt sich auf zwei Weisen: Auf der einen Seite Daten, die im Rahmen der Durchführung des Unterrichtskonzeptes entstanden sind und auf der anderen Seite Daten, die im Zuge der Interviewstudie erhoben wurden. An dieser Stelle soll ein kurzer Überblick über die jeweiligen Entstehungskontexte gegeben werden.

Datenmaterial im Rahmen der Unterrichtseinheit: In den Untersuchungszyklen II und III wurden jeweils zwei Doppelstunden in zwei verschiedenen Klassen der Jahrgangsstufe 6 durchgeführt (siehe Tabelle 3.2). Jegliches Arbeitsmaterial, welches die Schüler während des Unterrichts angefertigt bzw. bearbeitet haben, wurde

Tabelle 3.1 Zeitlicher Ablauf der Untersuchungszyklen der Studie

Zyklus	Zeitraum	Konzeption	Durchführung	Auswertung
I	*Januar – März 2020*	Analyse Lerngegenstand und Konzeption der Aufgaben		
	April – Mai 2020		Pilotierung der Aufgaben mit Studierenden im Rahmen eines Seminars	
	Juni 2020			Aufzeichnungen der Seminarsitzungen
II	*Juli – August 2020*	Unterrichtseinheit und Interviewleitfaden		
	September 2020		Unterrichtseinheit (mit 20 Schülern) und sieben Interviews mit jeweils zwei Schülern der Klasse 6c (Gymnasium)	
	Oktober 2020			Aufzeichnungen der Gruppenarbeitsphasen und Arbeitsmaterialien sowie Interviewaufzeichnungen
III	*Oktober 2020*	Unterrichtseinheit und Interviewleitfaden		
	Oktober – November 2020		Unterrichtseinheit (mit 23 Schülern) und neun Interviews mit jeweils zwei Schülern der Klasse 6a (Gymnasium)	
	November 2020			Arbeitsmaterialien sowie Interviewaufzeichnungen
IV	*November 2020*	Interviewleitfaden		
	Dezember 2020		Sechs Interviews mit jeweils zwei Schülern der Klasse 6c (Gymnasium)	
	ab Januar 2021			Interviewaufzeichnungen und vollständiges Datenmaterial

von der Autorin eingesammelt und konnte somit für die Auswertung der Unterrichtsaktivitäten und die Überarbeitung des Unterrichtskonzepts genutzt werden. Dies umfasst pro Schüler jeweils zwei Forscherzettel zu offenen Entdeckungsaufgaben sowie die Bearbeitung einer weiteren Aufgabe (siehe Abschnitt 4.3.1) und Plakate als Präsentation der Ergebnisse einer Gruppenarbeit. Zusätzlich dazu wurde in Zyklus II die Gruppenarbeitsphase dreier Forschergruppen mithilfe von Videokameras aufgezeichnet und die Feedbackgespräche mit den entsprechenden Fachlehrkräften zur weiteren Überarbeitung des Unterrichtskonzepts genutzt.

Datenmaterial im Rahmen der Interviewstudie: Die Daten der Interviewhauptstudie wurden in den Zyklen III und IV erhoben. In Untersuchungszyklus III wurden die Interviews in der Woche durchgeführt, die auf die Woche der Unterrichtseinheit folgte. Die Interviews des Untersuchungszyklus IV knüpften hingegen nicht direkt an eine Unterrichtseinheit an, sondern erfolgten im Abstand von drei Monaten nach Durchführung des Untersuchungszyklus II. Die Interviews bewegen sich in einem Zeitumfang zwischen 45 und 75 Minuten, der sich als angemessen herausgestellt hat, um die Konzentrationsfähigkeit der Schüler über die gesamte Dauer des Interviews aufrechtzuerhalten (Sandmann, 2014). Durchgeführt wurden die Interviews in einem separaten Raum neben den Klassenzimmern während des regulären Schulunterrichts. Alle Interviews wurden mithilfe zweier Videokameras aufgezeichnet, wobei eine Kamera die Schüler selbst und die andere Kamera den Tisch, die Arbeitsmaterialien sowie die damit ausgeführten Handlungen dokumentierte. Die so ent-

Tabelle 3.2 Zeitliche Übersicht der Unterrichtseinheit in den Zyklen II und III

Zyklus II	Montag	Dienstag	Mittwoch	Donnerstag	Freitag
1./2. Stunde		Doppelstunde I (à 90 Minuten)			
3./4. Stunde					
5./6. Stunde				Doppelstunde II (à 90 Minuten)	

Zyklus III	Montag	Dienstag	Mittwoch	Donnerstag	Freitag
1./2. Stunde					
3./4. Stunde					
5./6. Stunde			Doppelstunde I (à 90 Minuten)	Doppelstunde II (à 90 Minuten)	

standenen Aufzeichnungen sind somit unabhängig von der interviewenden Person und ermöglichen im Nachhinein eine Auswertung sowohl der wörtlichen Äußerungen als auch relevanter nonverbaler Merkmale des Interviewverlaufs (Bortz & Döring, 2006, Flick et al., 2017). In die Ergebnisse in Kapitel 5 fließen die Daten von 16 Schülern aus acht der geführten Interviews der Hauptstudie ein. Im Zuge der *theoretischen Sättigung* wurden aus der Auswertung weiterer Interviews keine neuen Erkenntnisse mehr erwartet.

Konstruktive Perspektive – Konzeption einer Unterrichtseinheit

4

Das folgende Kapitel stellt das Resultat des konstruktiven Teils der vorliegenden Arbeit und damit die Entwicklung einer Unterrichtseinheit zur Unterstützung der Ausbildung einer mathematisch-forschenden Haltung von Lernenden im Rahmen mathematischer Erkenntnisprozesse dar. Zunächst werden dazu in Abschnitt 4.1 die relevanten theoretischen Grundlagen im Hinblick auf die Aufgabenkonzeption und Unterrichtsplanung ausgehend von den Ausführungen in Abschnitt 2.1 vorgestellt. Hierbei steht besonders die Gestaltung von Mathematikunterricht hinsichtlich der Prozessorientierung im Fokus. Davon ausgehend findet die Entwicklung und Analyse der dem Unterrichtskonzept zugrundeliegenden Aufgaben statt (siehe Abschnitt 4.2). Dabei wird sowohl der curriculare Rahmen als auch der inhaltliche Kontext der Graphentheorie in den Blick genommen. Daran schließt die Darstellung der konkreten Planung der Unterrichtsreihe sowie ihre Reflexion und Weiterentwicklung an (siehe Abschnitt 4.3), sodass als ein Ergebnis dieser Arbeit ein erprobtes Unterrichtskonzept vorliegt.

4.1 Theoretische Grundlagen der Unterrichts- und Aufgabenkonzeption

Das Kapitel umfasst die relevanten lehr-lerntheoretischen Grundlagen für die Gestaltung der Unterrichtseinheit. Zur Planung von Unterricht und Aufgaben werden allgemeine Konzepte wie die konstruktivistische Sichtweise auf Lernen oder der *lehr-lerntheoretische Ansatz* dargestellt. Unterrichtsprinzipien wie das *entdeckende Lernen* oder eine generelle Prozessorientierung sind anschließend präsentierte Möglichkeiten für einen Rahmen, in dem sich das entwickelte Unterrichtskonzept bewegt. Dabei ist zunächst das Ziel der Aufgaben, den Raum für mathematische Erkenntnisprozesse zu schaffen. Davon ausgehend sollen diese dann anschließend

C. Danzer, *Haltungen von Sechstklässlern im Umgang mit Vermutungen in mathematisch-forschenden Kontexten*,
https://doi.org/10.1007/978-3-658-39794-4_4

in ein Unterrichtskonzept eingebettet werden, welches die (Weiter-)Entwicklung von mathematisch-forschenden Haltungen im Rahmen dieser Prozesse fördert.

4.1.1 Allgemeine lehr-lerntheoretische Grundlagen

Grundlegendes Ziel von (Schul-)Unterricht ist es, durch Lehren das Lernen anzuregen und zu unterstützen und damit die Lernenden dazu zu befähigen, als eigenverantwortliches Mitglied der Gesellschaft auftreten zu können (Tulodziecki et al., 2017). Vollrath und Roth (2012, S. 10) leiten aus diesem Ziel vier grundlegende Aufgaben ab, die allgemeinbildender Unterricht erfüllen soll: *Entfaltung der Persönlichkeit* der Lernenden, *Umwelterschließung*, *Teilhabe an der Gesellschaft* sowie die *Vermittlung von Normen und Werten*. Klippert und Clemens (2007, S. 56) unterscheiden dabei vier Lernbereiche, die deutlich machen, dass Unterricht im Sinne der eben genannten Aufgaben mehr umfasst als die Beherrschung der Fachinhalte. Sie benennen *inhaltlich-fachliches*, *methodisch-strategisches*, *sozial-kommunikatives* sowie *affektives* Lernen als Bestandteile von ganzheitlichem Lernen, wie es das grundlegende Ziel von Unterricht verfolgt.

Das heutige Verständnis von gutem (Mathematik-)Unterricht und somit auch die Orientierungsgrundlage für die Unterrichtsplanung wurden in der Vergangenheit besonders durch zwei didaktische Modelle[1] geprägt: die *bildungstheoretische* bzw. in weiterentwickelter Form die *kritisch-konstruktive Didaktik* nach Klafki (2007) sowie die *lehr-lerntheoretische Didaktik* von Heimann et al. (1977). Ziel aller didaktischen Modelle ist die Verbesserung von tatsächlichem Unterricht, indem die zugrundeliegenden Merkmale und Strukturen allgemein analysiert und modelliert werden (Heckmann et al., 2012). Die *kritisch-konstruktive Didaktik* stellt hierbei die Ausbildung von Selbstbestimmungsfähigkeit, Mitbestimmungsfähigkeit und Solidaritätsfähigkeit in den Fokus von Unterricht. Der *lehr-lerntheoretische* Ansatz entwickelt ein Modell, welches sechs elementare Strukturen identifiziert, deren Zusammenspiel grundlegend für die Gestaltung von Unterricht ist. Innerhalb der vier Strukturen *Intentionen*, *Inhalte*, *Methoden* und *Medien* trifft die Lehrperson im Vorfeld des Unterricht Planungsentscheidungen, die sich an den *anthropogenen* und *sozial-kulturellen Voraussetzungen* von Lernenden, Lehrperson und Gesellschaft orientieren.

Neben den genannten didaktischen Modellen liegen dieser Arbeit und insbesondere der Konzeption der Unterrichtseinheit eine konstruktivistische Perspektive

[1] Eine Übersicht und ausführliche Darstellung dieser und weiterer didaktische Modelle bieten Jank und Meyer (2018).

auf Lernen zugrunde. Der Konstruktivismus[2] versteht Lernen als einen Prozess, indem „Wissen [...] vom Individuum aktiv und im Rahmen seiner gegebenen kognitiven Struktur konstruiert [wird]" (Leuders, 2018, S. 36). Wissen ist demnach keine objektive Erkenntnis der Wirklichkeit, sondern eine subjektive Konstruktion ebendieser (Tulodziecki et al., 2017). Im Lernprozess kommt somit der Selbstständigkeit, Selbsttätigkeit und Selbstregulation der Lernenden eine bedeutende Rolle zu (Heckmann et al., 2012). Unterricht muss in diesem Sinne also eine Umgebung bieten, die den Lernenden die Möglichkeit zur eigenständigen Konstruktion von Wissen bietet. Der Prozess der (sinnhaften) Wissenskonstruktion erfolgt dann durch die aktive Auseinandersetzung mit dem Lerngegenstand und wird durch kognitive Konflikte, die während dieser Auseinandersetzung entstehen, ausgelöst (Tobinski & Fritz, 2018). Durch die Reflexion und Kommunikation dieser Konflikte können neue kognitive Strukturen aufgebaut und miteinander sowie mit bereits vorhandenen Strukturen vernetzt werden (Henninger & Mandl, 2000). Wie in Abschnitt 2.2.3 bereits dargestellt, vertritt der Entwicklungspsychologe Piaget hierbei die Auffassung, dass Lernen zwischen *Assimilation* und *Akkommodation* stattfindet, wobei *Assimilation* die Integration neuer Erfahrungen in bereits bestehende kognitive Strukturen und *Akkommodation* die Erweiterung oder Anpassung der vorhandenen kognitiven Strukturen beschreibt, wenn diese so nicht (mehr) geeignet sind (Piaget et al., 2009).

Die Rolle der Lehrperson ist aus konstruktivistischer Sicht damit die einer Lernbegleitung. Da der Lernende mitverantwortlich für den eigenen Lernprozess ist, kommt der Lehrkraft die Aufgabe zu, individuelle Lernprozesse anzuregen, zu organisieren und Lernende in ihrer Selbsttätigkeit zu unterstützen (Heckmann et al., 2012). Um eine selbstständige Auseinandersetzung des Lernenden mit dem Lerngegenstand zu ermöglichen, sind sowohl Zurückhaltung und gleichzeitig geeignete Impulse nötig, sodass der Lernprozess nicht stagniert. Die Unterstützung sollte also getreu des Mottos „so viel wie nötig, aber so wenig wie möglich" (Heckmann et al., 2012, S. 16) stattfinden.

Im Sinne eines Unterrichts, der die Selbsttätigkeit und –ständigkeit der Lernenden fördert, kommt dem *entdeckenden Lernen* eine besondere Bedeutung zu, welches maßgeblich von Bruner (1981) geprägt wurde. *Entdeckendes Lernen* kennzeichnet sich durch folgende Eigenschaften (vgl. Reinmann & Mandl, 2006, S. 634):

[2] Es gibt natürlich nicht den *einen* Konstruktivismus. Vielmehr geht es hier um grundlegende Ansichten, die die Grundposition der konstruktivistischen Ansätze widerspiegeln. Verschiedene dieser Ansätze und ihre konkreten Standpunkte werden u. a. in Gerstenmaier und Mandl (1995) Jank und Meyer (2018) näher ausgeführt.

- Die Lernenden setzen sich aktiv mit Problemen auseinander.
- Die Lernenden sammeln selbstständig Erfahrungen.
- Die Lernenden führen bei passenden Gelegenheiten Experimente durch.
- Die Lernenden erlangen neue Einsichten in komplexe Sachverhalte und Prinzipien.

Entdeckendes Lernen findet also statt, wenn Lernende zu Problem- oder Fragestellungen eigene Vermutungen formulieren, diese überprüfen und begründen und damit letztendlich zu einer Lösung gelangen. Laut Bruner (1981, 17 ff.) sprechen vier Argumente für eine solche Art des Unterrichtens, denn es:

- führe zu einem „Zuwachs an intellektueller Potenz“, indem Wissen so geordnet und strukturiert wird, dass der Lernende auch zu einem späteren Zeitpunkt darauf zurückgreifen kann.
- fördere den „Übergang von extrinsischen zu intrinsischen Belohnungen“, indem eigene Entdeckungen als Ausdruck von Kompetenz erlebt werden.
- unterstütze das Erlernen von „heuristischen Methoden des Entdeckens“, indem diese eigenständig beim Lösen von Problemen erfahren werden.
- bedeute eine Hilfe für die „Verarbeitung im Gedächtnis“, indem neues Wissen im Verlauf von Entdeckungsprozessen so gespeichert wird, dass es zu späteren Zeitpunkten einfacher zugänglich und abrufbar ist.

Insbesondere für Mathematikunterricht kann *entdeckendes Lernen* gewinnbringend genutzt werden. Indem Lernende Erfahrungen in der eigenständigen Bearbeitung mathematischer Problemstellungen sammeln, können sie sich sowohl aktiv mit dem Lerngegenstand auseinandersetzen als auch Verständnis für mathematisches Arbeiten und mathematische Tätigkeiten entwickeln (Reiss et al., 2006). Hierauf geht der folgende Abschnitt im Rahmen des didaktischen Prinzips der Prozessorientierung weiter ein.

4.1.2 Prozessorientierung im Mathematikunterricht

Die allgemeinen Ziele von Mathematikunterricht werden in den Bildungsstandards (Kultusministerkonferenz, 2015) festgelegt. Richtungsweisend dafür sind drei Grunderfahrungen, die Mathematikunterricht laut Winter (1995) ermöglichen soll:

1. Erscheinungen der Welt um uns, die uns alle angehen oder angehen sollten, aus Natur, Gesellschaft und Kultur in einer spezifischen Art wahrzunehmen und zu verstehen,
2. mathematische Gegenstände und Sachverhalte, repräsentiert in Sprache, Symbolen, Bildern und Formeln, als geistige Schöpfungen, als eine deduktiv geordnete Welt eigener Art kennenzulernen und zu begreifen,
3. in der Auseinandersetzung mit Aufgaben Problemlösefähigkeiten, die über die Mathematik hinausgehen, (heuristische) Fähigkeiten zu erwerben. (Winter, 1995, S. 37)

Mit der Bezeichnung Grund*erfahrungen* macht Winter deutlich, dass die Lernenden die Mathematik tatsächlich erleben sollen, indem sie selbst mathematisch tätig werden. Zu dieser Forderung passt auch das in Abschnitt 2.1.1 dargestellte Plädoyer von Freudenthal (1972), der die Eigentätigkeit in mathematischen Erkenntnisprozessen in seiner Methode der *geführten Nacherfindung* in den Mittelpunkt stellt. Der grundlegende Gedanke, dass mathematisches Verständnis erst im Selbsterleben und -erschaffen entsteht und zu tieferen Erkenntnissen als ein reines Konsumieren führt, entspricht der Kernidee des *entdeckenden Lernens* (siehe Abschnitt 4.1.1). Leuders (2018, S. 67) fasst dies treffend mit den Worten „Damit Mathematik nicht zum Zeichendenken verkommt, muss sie aktiv erfunden oder zumindest nachempfunden werden" zusammen und legt den Fokus damit auf eines der didaktischen Leitprinzipien eines Mathematikunterrichts, der sich an die Vorstellungen von Freudenthal und Winter anlehnt: die Prozessorientierung.

Im Allgemeinen dienen didaktische Prinzipien als Grundlage für die Gestaltung von Unterricht und können so bei der Planung, Analyse und Reflexion von Unterricht als Orientierungspunkt dienen. Ein prozessorientierter Mathematikunterricht legt den Fokus weniger auf die zu lernenden stofflichen Inhalte, sondern auf die mathematischen Prozesse, die beim Erlernen ebendieser ablaufen (Leuders, 2018). Festgelegt ist diese Prozessorientierung mittlerweile auch in Bildungsstandards und Lehrplänen sowohl auf internationaler als auch auf nationaler Ebene. So werden in den Standards für Mathematikunterricht des NCTM (2000) die mathematischen Prozesse *Problemlösen*, *Begründen und Beweisen*, *Kommunizieren*, *Vernetzen* und *Darstellen* neben mathematischen Inhalten wie beispielsweise Algebra, Geometrie oder Stochastik aufgeführt. Ähnlich formulieren es auch die deutschen Bildungsstandards, die als Ausgangspunkt für die Entwicklung der länderspezifischen Kerncurricula dienen (siehe Abbildung 4.1).

Allgemeine mathematische Kompetenzen	Leitideen
■ Mathematisch argumentieren (K1)	■ Algorithmus und Zahl (L1)
■ Probleme mathematisch lösen (K2)	■ Messen (L2)
■ Mathematisch modellieren (K3)	■ Raum und Form (L3)
■ Mathematische Darstellungen verwenden (K4)	■ Funktionaler Zusammenhang (L4)
■ Mit symbolischen, formalen und technischen Elementen der Mathematik umgehen (K5)	■ Daten und Zufall (L5)
■ Mathematisch kommunizieren (K6)	

Abbildung 4.1 Kompetenzbereiche der Bildungsstandards im Fach Mathematik (Kultusministerkonferenz, 2015, S. 11)

Eine hilfreiche Orientierung für die Planung und Analyse eines prozessorientierten Mathematikunterrichts bieten hierbei die vier Prozesskontexte, die Leuders (2018, S. 267 ff.) konkret hinsichtlich des Mathematikunterrichts formuliert. Diese basieren auf den in Abschnitt 2.1.2 dargestellten Kontexten (*Entdeckungs-*, *Rechtfertigungs-* und *Überzeugungskontext*) als Ergebnis wissenschaftstheoretischer Analysen des mathematischen Erkenntnisprozesses und mathematischer Arbeitsweisen (Heintz, 2000).

Erfinden und Entdecken (context of discovery): Unterrichtsphasen des Erfinden und Entdeckens sind geprägt durch eine offene Gestaltung, die es den Lernenden ermöglicht, auszuprobieren, Zusammenhänge zu erkunden, Beispiele zu sammeln und Vermutungen zu formulieren. Die Tätigkeiten dieses Kontextes können daher als vorwiegend induktiv, intuitiv und divergent charakterisiert werden. Insbesondere Fehler können im Sinne einer positiven Fehlerkultur als Lernchance erlebt und als Teil des mathematischen Arbeitens wahrgenommen werden. Ein angstfreier Umgang mit Fehlern wirkt sich zudem positiv auf die Erkenntnisprozesse von Schülern aus, sodass sie eher dazu bereit sind, Vermutungen zu formulieren, zu verwerfen oder zu modifizieren (Krauthausen, 2018).

Prüfen und Beweisen (context of validation): Im Gegensatz zu Kontexten des Erfinden und Entdeckens steht in Unterrichtsphasen des Prüfen und Beweisens ein zielgerichtetes, konvergentes und deduktives Vorgehen im Fokus. Entdeckungen werden auf ihre Richtigkeit geprüft, entstandene Probleme werden gelöst, es werden gezielt Beispiele konstruiert oder Vermutungen begründet. Auch die Bewertung dabei entstandener Resultate ist Teil dieses Prozesskontextes. Besonders in der Arbeitsweise mathematischer Experten sind diese Prozesse und die Prozesse des

Erfinden und Entdeckens eng miteinander verknüpft, für Lernende kann es jedoch hilfreich sein, die Trennung beider Prozesse deutlich zu machen.

Überzeugen und Darstellen (context of persuasion): Während Unterrichtsphasen des Prüfen und Beweisens eher der individuellen Absicherung dienen, steht in diesem Prozesskontext das Überzeugen von anderen im Mittelpunkt, indem Argumentationen geeignet verbalisiert und anschaulich präsentiert werden.

Vernetzen und Anwenden (context of application): Kontexte des Vernetzen und Anwendens nehmen explizit die außermathematische Ebene mit in den Blick. Es werden Anwendungsbeispiele konstruiert, geeignete mathematische Modelle zur Beschreibung von Realmodellen entwickelt oder Modelle an der Wirklichkeit validiert.

Die vorgestellten Prozesskontexte können als Rahmen für die Unterrichtsgestaltung dienen, sind aber nicht als starres Phasenschema zu verstehen. So kann der Fokus einzelner Unterrichtsstunden auf verschiedene Prozesskontexte gelegt oder diese miteinander (auch über mehrere Unterrichtsstunden hinweg) verknüpft und somit den Lernenden ein authentisches Bild von mathematischen Arbeitsweisen und Erkenntnisprozessen vermittelt werden.

4.1.3 Substantielle Lernumgebungen

Mit der Forderung, dass Unterricht eine Umgebung bereitstellen soll, die Lernenden die Möglichkeit zur eigenständigen Konstruktion von Wissen bei gleichzeitiger Prozessorientierung bietet, stellt sich für die Entwicklung von Mathematikunterricht die Frage nach geeigneten Lernumgebungen. Der Begriff der Lernumgebung wird im Rahmen dieser Arbeit in Anlehnung an Reinmann und Mandl (2006, S. 615) verstanden als ein „Arrangement von Unterrichtsmethoden, Unterrichtstechniken, Lernmaterialien und Medien" und stellt somit eine Unterrichtssituation mit bestimmten Zielen, Inhalten und Tätigkeiten der Schüler sowie der Lehrperson dar (Hirt & Wälti, 2016). Neben der pädagogischen Aufgabe, den Schülern eine geeignete Lernatmosphäre zu bieten, geht es im Fall eines prozessorientierten Mathematikunterrichts außerdem um die Gestaltung mathematisch-gehaltvoller Lernumgebungen, die nicht nur auf den Erwerb von stofflichen Inhalten, sondern auch auf mathematische Tätigkeiten abzielen (Krauthausen, 2018). Wittmann (1995, 1998) prägte in diesem Zusammenhang den Begriff der *substantiellen Lernumgebung*, die er anhand von vier Kriterien spezifiziert (Wittmann, 1995, S. 365 f.; Wittmann, 1998, 337 f.):

1. Sie repräsentieren zentrale Ziele, Inhalte und Prinzipien des Mathematiklernens auf einer bestimmten Stufe.[3]
2. Sie sind bezogen auf fundamentale Ideen, Inhalte, Prozesse und Prozeduren über diese Stufe hinaus[4] und bieten daher reichhaltige Möglichkeiten für mathematische Aktivitäten von Schülern.
3. Sie sind didaktisch flexibel und leicht an die speziellen Voraussetzungen[5] einer bestimmte Lerngruppe anpassbar.
4. Sie integrieren mathematische, psychologische und pädagogische Aspekte des Lehrens und des Lernens von Mathematik in einer ganzheitlichen Weise und bieten daher großes Potential für empirische Forschungen.

Neben den genannten Aspekten heben Hirt & Wälti (2016) die Eigentätigkeit der Lernenden, die Förderung individueller Denk- und Lernwege im Sinne eines differenzierenden Mathematikunterrichts sowie den sozialen Austausch hervor, die eine Lernumgebung ermöglichen soll. Gerade das Differenzierungspotential betonten auch Heckmann et al. (2012, S. 21): „[...] Fragestellungen auf unterschiedlichem Niveau mit verschiedenen Mitteln unterschiedlich bearbeiten".

Die Grundlage solcher *substantieller Lernumgebungen* bilden entsprechende Aufgaben, die als Anlässe für mathematische Aktivitäten dienen und um die herum weitere Entscheidungen des Unterrichtsarrangements getroffen werden können. Weit formuliert stellen (Mathematik-)Aufgaben „eine (mathematikhaltige) Situation [dar], die Lernende zur (mathematischen) Auseinandersetzung mit dieser Situation anregt." (Leuders, 2015, S. 435) Je nach Unterrichtsanliegen lassen sich diese Aufgaben hinsichtlich ihrer didaktischen Funktion, dem Grad der Offenheit oder dem Differenzierungspotential charakterisieren und entsprechend nutzen.[6]

Mit dem Ziel dieser Arbeit, Lernumgebungen zu entwickeln, die einen mathematischen Erkenntnisprozess anregen, ist besonders das Merkmal der Offenheit relevant. Auch wenn Wittmann (1998) *substantielle Lernumgebungen* als prinzipiell offen beschreibt, ist allein die Öffnung von Aufgaben keine Garantie für einen nachhaltigen Lernprozess. Geeignete offene Aufgaben ermöglichen es den Lernenden jedoch, eigene Entscheidungen bei der Bearbeitung der Aufgabe zu treffen, da je nach Art der Aufgabe Informationen über die Ausgangssituation, der Lösungsweg

[3] Auf Grundlage aktueller Mathematik-Curricula der jeweiligen Schulform und Jahrgangsstufe.

[4] Im Sinne des Spiralprinzips.

[5] Bspw. *anthropogene* und *sozial-kulturellen Voraussetzungen* im *lehr-lerntheoretischen Ansatz* (siehe Abschnitt 4.1.1).

[6] Für eine ausführliche Darstellung der didaktischen Merkmale von Aufgaben siehe Leuders (2015) sowie Büchter und Leuders (2016).

und/oder das Ergebnis nicht vorgegeben sind.[7] Problemlöseaufgaben bezeichnen beispielsweise offene Aufgaben, wobei der Lösungsweg kein bisher den Lernenden bekanntes Standardverfahren darstellt (Büchter & Leuders, 2016). Für die Initiierung mathematischer Erkenntnisprozesse eignen sich im Sinne des *entdeckenden Lernens* insbesondere authentische Aufgaben, die zu authentischen mathematischen Tätigkeiten, wie dem Finden von Fragestellungen, der Formulierung von Vermutungen und Begründungen oder der Bildung von Begriffen anregen. Aufgabenformate wie *produktive Aufgaben* (Wittmann & Müller, 2015), *intentionale Probleme* (Hußmann, 2006), *open ended problems* (Becker & Shimada, 2005) oder *rich learning tasks* (Flewelling & Higginson, 2003) zielen alle auf entsprechende (Teil-)Tätigkeiten des Erkundens, Entdeckens und Erfindens ab, für die Büchter & Leuders (2016) einen gemeinsamen Kriterienkatalog formulieren. Dabei ist es jedoch *nicht* das Ziel, in einer Aufgabe oder Aufgabensequenz jeden der folgenden Aspekte zu integrieren:

- *Zugänglichkeit:* Die Aufgabe setzt an die individuellen Lernvoraussetzungen der Schüler an.
- *Herausforderung:* Die Aufgabe hat einen Aufforderungscharakter, wie zum Beispiel durch innere Widersprüche.
- *Offenheit der Ausgangssituation, des Weges und/oder des Ergebnisses:* Es müssen geeignete Fragestellungen und/oder Ansätze gefunden werden. Zusätzlich können verschiedene Ergebnisse möglich sein.
- *Barriere:* Die Aufgabe lässt sich nicht durch bekannte Standardverfahren bearbeiten.
- *Variation:* Variationen der Aufgabe sind möglich, um auf verschiedenen Anforderungsniveaus arbeiten zu können.
- *Bedeutsamkeit:* Die Aufgabe beinhaltet ein allgemeines mathematisches Konzept.
- *Authentizität:* Die Aufgabe vermittelt ein authentische Bild von der Entwicklung und Anwendung von Mathematik.

Dabei ist das Ziel solcher Aufgaben insbesondere nicht, dass nur leistungsstarke Schüler sie sinnvoll bearbeiten, sondern dass alle Schüler in ihrem jeweiligen Lernprozess daran arbeiten und lernen können. Um einen effektiven Umgang mit heterogenen Lerngruppen zu ermöglichen, sind besonders Aufgaben geeignet, die verschiedene Zugänge auf unterschiedlichen Niveaus sowie eine Bearbeitung auf ver-

[7] Für eine Klassifikationsschema entsprechender Aufgaben siehe Büchter und Leuders (2016, S. 94).

schiedenen Wegen und mit unterschiedlichen Strategien bieten, sodass alle Schüler die Möglichkeit haben, aktiv-entdeckend tätig zu werden (Krauthausen, 2018).

4.2 Konzeption der Aufgaben

Auf Grundlage der dargestellten Lehr-Lern-Theorie, der Prozessorientierung im Mathematikunterricht sowie der Gestaltung von substantiellen Lernumgebungen umfasst der folgende Abschnitt die konkrete Konzeption der zentralen Aufgaben, die dem Unterrichtskonzept zugrunde liegen. Dabei werden zunächst die curriculare Einbettung (siehe Abschnitt 4.2.1) sowie die didaktische Analyse des gewählten Inhalts der Graphentheorie und der entwickelten Aufgaben (siehe Abschnitte 4.2.2 und 4.2.3) dargestellt und anschließend die Erkenntnisse und Schlussfolgerungen aus der durchgeführten Pilotierung der Aufgaben in den Blick genommen (siehe Abschnitt 4.2.4).

4.2.1 Curricularer Rahmen

Da es sich um die Konzeption von Aufgaben für die Nutzung in tatsächlichem Mathematikunterricht handelt, wird zunächst ein Überblick über die für das Anliegen der Arbeit relevanten Inhalte der aktuellen Curricula gegeben. Demnach orientiert sich die Gestaltung von Mathematikunterricht maßgeblich an den bundesweiten Bildungsstandards der Kultusministerkonferenz (2004, 2015) sowie am jeweiligen länderspezifischen Kerncurriculum. Diese Arbeit richtet sich dabei aufgrund der Durchführung des Promotionsprojekts in Kooperation mit einem niedersächsischen Gymnasium nach dem Kerncurriculum des Niedersächsischen Kultusministeriums (2015). Ausgehend von den drei *Grunderfahrungen*, die Mathematikunterricht ermöglichen soll (siehe Abschnitt 4.1.2), formulieren die Bildungsstandards allgemeine mathematische Kompetenzen sowie Leitideen (siehe Abbildung 4.1), die im Kerncurriculum unter den Begriffen *prozessbezogene* sowie *inhaltsbezogene Kompetenzen* aufgegriffen und für die verschiedenen Jahrgangsstufen aufgearbeitet werden. Die für das Anliegen dieser Arbeit besonders bedeutsamen Aspekte lassen sich dabei den prozessbezogenen Kompetenzen *Mathematisch argumentieren*, *Probleme mathematisch lösen* sowie der Kompetenz des *Kommunizierens* im Zuge der Grundannahme, dass Mathematik im sozialen Austausch entsteht (siehe Abschnitt 2.1.2), zuordnen. Dabei bilden diese Kompetenzen den Kern der Unterrichts- und somit auch der Aufgabengestaltung, was jedoch nicht bedeutet, dass diese isoliert von weiteren Kompetenzen wie *Mit symbolischen, formalen und technischen Elementen der Mathematik umgehen, Mathematische Darstellungen verwenden* oder *Mathematisch modellieren* gesehen werden (sollten).

Um den curricularen Rahmen, in dem sich die Konzeption der Aufgaben und Unterrichtsreihe bewegt, abzustecken, werden die relevantesten Kompetenzen kurz näher ausgeführt.

Mathematisch argumentieren: Die Kompetenz umfasst das eigenständige Entwickeln von situationsangemessenen Vermutungen und mathematischen Argumentationen. Dies soll Aktivitäten wie beispielsweise das Erkunden von Situationen, das Strukturieren von Informationen, die Formulierung von Vermutungen bis hin zu Plausibilitätsbetrachtungen und schlüssigen Begründungen beinhalten. Für den Doppeljahrgang 5/6 bedeutet das explizit: „Die Schülerinnen und Schüler:

- stellen Fragen und äußern begründete Vermutungen in eigener Sprache.
- [...] nutzen intuitive Arten des Begründen: Beschreiben von Beobachtungen, Plausibilitätsüberlegungen, Angeben von Beispielen oder Gegenbeispielen.
- begründen mit eigenen Worten Einzelschritte in Argumentationsketten.
- begründen durch Ausrechnen bzw. Konstruieren.
- beschreiben, begründen und beurteilen ihre Lösungsansätze und Lösungswege [...].“
(Niedersächsisches Kultusministerium, 2015, S. 17)

Probleme mathematisch lösen: Die Kompetenz zielt darauf ab, vorgegebene und selbst formulierte Probleme mittels geeigneter Lösungsstrategien zu bearbeiten sowie Lösungsideen und -ergebnisse zu reflektieren. Dabei sind unter anderem systematisches und logisches Denken sowie das kritische Urteilen und Durchhaltevermögen nötig. Für den Doppeljahrgang 5/6 bedeutet das wiederum: „Die Schülerinnen und Schüler:

- erfassen einfache vorgegebene inner- und außermathematische Problemstellungen [...].
- beschreiben und begründen Lösungswege.
- reflektieren und nutzen heuristische Strategien [...].
- [...] wenden elementare mathematische Regeln und Verfahren [...] und einfaches logisches Schlussfolgern zur Lösung von Problemen an.
- [...] identifizieren, beschreiben und korrigieren Fehler.“
(Niedersächsisches Kultusministerium, 2015, S. 18)

Kommunizieren: Die Kompetenz meint die Dokumentation und verständliche Darstellung von Überlegungen, Lösungswegen und Resultaten unter Verwendung einer angemessenen Fachsprache. Sie beinhaltet außerdem die Prüfung und Bewertung von Argumentationen, den konstruktiven Umgang mit Fehlern und Kritik sowie das kooperative Arbeiten in Gruppen. Für den Doppeljahrgang 5/6 bedeutet das: „Die Schülerinnen und Schüler:

- dokumentieren ihre Arbeit, ihre eigenen Lernwege [...] und Ergebnisse [...].
- teilen ihre Überlegungen anderen verständlich mit [...].
- präsentieren Ansätze und Ergebnisse in kurzen Beiträgen [...].
- verstehen Überlegungen von anderen zu mathematischen Inhalten, überprüfen diese auf Richtigkeit und gehen darauf ein.
- [...] äußern Kritik konstruktiv und gehen auf Fragen und Kritik sachlich und angemessen ein.
- bearbeiten im Team Aufgaben oder Problemstellungen.“
  (Niedersächsisches Kultusministerium, 2015, S. 22)

Mit dem Anliegen, Tätigkeiten im Rahmen eines mathematischen Erkenntnisprozesses anzuregen, stehen die aufgeführten prozessbezogenen Kompetenzen im Zentrum des Forschungsanliegens. Für die Konzeption von Unterricht samt Aufgaben ist es jedoch selbstverständlich, dass diese Prozesse nicht ohne entsprechende Inhalte auskommen. Hierbei ist es jedoch bedeutsam, dass die Inhalte, an welche sich die prozessbezogenen Kompetenzen koppeln sollen, keine unüberwindbare Hürde für die Lernenden darstellen und damit hinderlich für den Erkenntnisprozess wären. Es bietet sich daher an, ein Themengebiet zu wählen, in dem ohne besonderes mathematisches Vorwissen gearbeitet sowie Entdeckungen gemacht werden können und gleichzeitig eine reichhaltige Auseinandersetzung stattfinden kann. Da die zugrundeliegenden Curricula sich von der inhaltlichen Struktur am Spiralprinzip orientieren, wurde für die vorliegende Arbeit ein Themengebiet ausgewählt, dass in solcher Form keine explizite Erwähnung findet. Der Grund dafür ist, dass die Lernenden damit die Möglichkeit bekommen sollen, sich forschend und aktiv-entdeckend mit den Inhalten auseinanderzusetzen ohne festgelegte inhaltliche Ziele erreichen zu müssen, die für spätere Jahrgangsstufen relevant sind. Damit soll einerseits den Lernenden Raum für ihre Überlegungen und Entdeckungen gegeben werden und andererseits der Lehrperson Druck genommen werden, bestimmte Inhalte am Ende des Unterrichts gemeinsam erarbeitet haben zu müssen.

In diesem Sinne bauen die Aufgaben auf Themen der Graphentheorie auf, die im niedersächsischen Kerncurriculum für das Gymnasium keine Anwendung finden.[8] Im folgenden Kapitel werden die dafür relevanten didaktischen Überlegungen dargestellt.

4.2.2 Didaktisches Potential graphentheoretischer Kontexte

Der Ursprung der Graphentheorie geht auf den Mathematiker Leonhard Euler zurück, der im Jahr 1736 die erste graphentheoretische Abhandlung verfasste, die sich mit dem sogenannten Königsberger Brückenproblem befasste (Wynands, 1973). Es ging dabei um die Frage, ob in der Stadt Königsberg[9] ein Spaziergang möglich ist, der jede der damals vorhandenen sieben Brücken einmal überquert. Indem Euler die Situation abstrahiert als einen Graph mit Kanten und Ecken aufgefasst hast, bewies er, dass es keinen solchen Weg geben konnte. Verallgemeinert formuliert wurde diese Entdeckung im *Satz von Euler*:

> Ein nicht trivialer, zusammenhängender Graph ist genau dann eulersch, wenn der Grad jeder Ecke gerade ist.[10]

Im Fall des Königsberger Brückenproblems handelte es sich gerade nicht um einen eulerschen Graphen, da der Grad jeder Ecke (Anzahl der ein- bzw. abgehenden Kanten) ungerade ist. Somit war es nicht möglich, einen solchen Spaziergang zu finden. An dieser Stelle soll es jedoch nicht um die fachwissenschaftliche Darstellung der Graphentheorie[11] gehen, sondern der didaktische Blickwinkel auf die entsprechenden Kontexte eingenommen werden.

Wie bereits im vorherigen Abschnitt erwähnt, findet sich die Graphentheorie als Gebiet der diskreten Mathematik trotz der Relevanz für die Mathematik selbst, aber auch für Gebiete der Informatik, Chemie oder Biologie nicht in den Curricula deutscher Schulen wieder. Wie Winter (1971, S. 58) jedoch bereits feststellte, fördern graphentheoretische Problemstellungen „kreatives, kombinatorisches, argumentierendes Denken“ und sind somit besonders geeignet für Lernumgebungen im Sinne eines prozessorientierten Mathematikunterrichts. Daneben sprechen aus fachdidak-

[8] Bis auf die Darstellung von Zufallsexperimenten in Baumdiagrammen ab Doppeljahrgang 7/8 im inhaltsbezogenen Kompetenzbereich *Daten und Zufall*; jedoch hier lediglich auf eine implizite Art und Weise als mathematische Darstellungsform, denn die graphentheoretische Perspektive stellt hier nicht den Lerngegenstand dar.

[9] Heute das russische Kaliningrad.

[10] Siehe u. a. Aigner (2015).

[11] Diese lässt sich beispielsweise in Volkmann (1996), Aigner (2015) oder Noltemeier (1976) nachlesen.

tischer Perspektive zahlreiche weitere Gründe für die Nutzung graphentheoretischer Kontexte.

Graphentheoretische Probleme sind häufig Probleme, die den Schülern aus dem Alltag bekannt sind und bieten daher eine hohe Zugänglichkeit (Grötschel & Lutz-Westphal, 2009; Leuders et al., 2009). Ein Beispiel dafür sind die Kontexte der Strecken- oder Routenplanung (bspw. der Schulweg), aber auch das Nachzeichnen von Figuren in einem Zug (bspw. das *Haus vom Nikolaus*). Daneben ist für die Bearbeitung zumeist bis auf die Nutzung von Grundrechenarten kein unterrichtliches Vorwissen nötig und bietet damit den Schülern die Möglichkeit, sich in einem neuen Themengebiet unvoreingenommen auszuprobieren und Entdeckungen zu machen (Büsing & Hoever, 2012; Hussmann & Leuders, 2006). Dabei geht es im Sinne des *entdeckenden Lernens* nicht darum, den Schülern graphentheoretische Begriffe oder Resultate näherzubringen, sondern die Schüler selbst tätig werden zu lassen. So können mathematische Begriffe[12] und Definitionen im Umgang mit den Aufgaben entwickelt werden, sobald die Notwendigkeit dafür gegeben ist und intuitive Ansätze zur Entwicklung von Ergebnissen führen (Grötschel & Lutz-Westphal, 2009; Hussmann & Leuders, 2006). Dabei können anschaulich und handlungsorientiert Vermutungen geäußert, (Gegen-)Beispiele konstruiert und untersucht sowie Argumente entwickelt werden (Hußmann & Lutz-Westphal, 2007). Je nach Niveau kann dabei spielerisch, intuitiv, systematisch ausprobierend oder allgemein heuristisch bis hin zu einem stärkeren Abstraktionsgrad vorgegangen und die Aufgaben somit sowohl zu Binnendifferenzierung genutzt als auch über verschiedene Jahrgangsstufen hinweg bearbeitet werden. Gerade die hohe Anschaulichkeit kann sowohl zur Formulierung und Begründung einfacher Sätze über Wege oder Eckengrade führen, aber auch zur Darstellung von Zusammenhängen (bspw. in der Kombinatorik) genutzt werden (Bigalke, 1974).

Für den Unterricht lassen sich eine Vielzahl graphentheoretischer Kontexte entsprechend didaktisch aufbereiten. Werke wie die von Leuders et al. (2009) oder Hußmann und Lutz-Westphal (2007) geben einen Überblick und Inspirationen für den Mathematikunterricht. An dieser Stelle sei auf einige mögliche Kontexte kurz eingegangen.

Das Königsberger Brückenproblem als Ausgangspunkt der Graphentheorie bietet sich aufgrund der einfach verständlichen Fragestellung auch für den Schulkontext an. Ausgehend von einem Stadtplan kann die Darstellung weiter schematisiert und der Fokus auf die für die Beantwortung der Frage relevanten Aspekte der Stadt Königsberg gelegt werden, sodass letztendlich nur noch die zugrundeliegende Struktur untersucht wird. Diese Strukturen und daraus entstehende Resultate

[12] Wie beispielsweise Kanten, Ecken, Eigenschaften von Graphen oder der Eckengrad.

können verallgemeinert auch auf andere Sachverhalte übertragen werden. Dieser zunehmende Grad an Abstraktion, dass lediglich die Beziehungen zwischen Ecken und Kanten fokussiert werden, ähnelt dem Vorgehen bei der Nutzung mathematischer Symbole zur Beschreibung von Sachverhalten (Rinkens & Schrage, 1974). Von dieser Fragestellung ausgehend können weitere Probleme der Wegeplanung bearbeitet und zusätzliche Bedingungen oder Informationen ergänzt werden: statt eines Weges kann eine Rundtour entwickelt werden, alle oder einzelne Strecken dürfen nur in eine Richtung genutzt werden, die einzelnen Strecken können ein Gewicht erhalten (bspw. die Länge der Strecke) und somit Optimierungsfragen („Kürzeste-Wege-Probleme", Humann und Lutz-Westphal (2007, S. 1)) bearbeitet werden. Dabei können Sätze wie der *Satz von Euler* oder Algorithmen wie der *Algorithmus von Hierholzer* oder der *Algorithmus von Dijkstra* entwickelt werden.

Weitere Möglichkeiten sind Aufgaben rund um das *Problem des Handlungsreisenden*, in welchen es nicht wie bei dem gerade vorgestellten Kontext um die Konstruktion von Wegen anhand der Kanten des Graphen, sondern um das Besuchen der jeweiligen Graphenecken, die beispielsweise für verschiedene Städte stehen, dreht. Auch wenn dieser Kontext ähnlich zu dem vorherigen zu sein scheint, sind die Probleme hier wesentlich komplexer und bisher auch nicht vollständig gelöst (Heß & Heß, 1978). Dennoch können kombinatorische Überlegungen angestellt sowie Begriffe und Verfahren (bspw. der *Greedy-Algorithmus* oder die *Nächster-Nachbar-Heuristik*) entwickelt werden.

Abseits von Graphen, die sich mit Wegen oder Rundreisen beschäftigen, können kombinatorische Spiele wie das *Shannon-Switching-Game*, *Hex* oder *Bridg-it* untersucht und Spielstrategien entwickelt werden (Hußmann & Lutz-Westphal, 2007).

Ein weiteres grundlegendes Themenfeld der Graphentheorie sind die sogenannten *Färbeprobleme*, ausgehend von der historischen Vierfarbenvermutung, die der Londoner Professor Augustus de Morgan seinem Kollegen William Hamilton im Jahr 1852 mitteilte: „Ein Student fragte mich heute, ob es stimmt, dass die Länder jeder Landkarte stets mit höchstens 4 Farben gefärbt werden können, unter der Maßgabe, dass angrenzende Länder verschiedene Farben erhalten." (Aigner, 2015, S. 3). Da dieser Kontext für die Konzeption einer der des Unterrichtskonzepts zugrundeliegenden Aufgaben relevant ist, wird an dieser Stelle nicht näher darauf eingegangen, sondern auf Abschnitt 4.2.3 verwiesen. Der engagierte Leser darf sich an dieser Stelle aber gerne dazu aufgefordert fühlen, selbst tätig zu werden und über die Behauptung nachzudenken.

4.2.3 Didaktische Analyse der Aufgaben

Die Aufgaben, die später als Basis für die Konzeption der Unterrichtseinheit dienen, sollen gewissen Ansprüchen genügen, die sich aus den vorangegangenen Darstellungen ergeben. Im Sinne einer konstruktivistischen Sichtweise auf Lernen sollen sich die Lernenden aktiv mit dem Lerngegenstand auseinandersetzen und demnach einen mathematischen Entdeckungs- bzw. Erkenntnisprozess erleben.[13] Dazu wird die Methode des *entdeckenden Lernens* genutzt, sodass die Lernenden selbstständig Erfahrungen im Umgang mit dem jeweiligen Aufgabenkontext sammeln. Sie sind dabei selbst diejenigen, die Entdeckungen machen, Vermutungen formulieren sowie den Anstoß zur Überprüfung und Begründung dieser geben. Entsprechend der Forderung nach und Förderung der *Selbstbestimmungsfähigkeit* finden diese Prozesse an Stellen im Erkenntnisprozess statt, die die Lernenden selbst als geeignet ansehen und werden nicht durch die Lehrperson initiiert. Die Aufgabe der Lehrperson ist es demnach, nicht lenkend in den Prozess einzugreifen, sondern lediglich dann Impulse zu geben, wenn der Lernprozess zu stagnieren droht.

Zu diesen Zwecken wurden aus den oben vorgestellten Kontexten der Graphentheorie diejenigen ausgewählt und aufbereitet, die als besonders geeignet erscheinen, um den Lernenden einen Rahmen zur *Nacherfindung* von Mathematik zu bieten: das Königsberger Brückenproblem (siehe Abbildung 4.2) sowie ein Färbeproblem (siehe Abbildung 4.3). Ein dritter Kontext, die Entwicklung von Rundtouren (siehe Abbildung 4.4), erwies sich in der Erprobungsphase als nicht für das Forschungsanliegen geeignet und wird aus diesem Grund der Vollständigkeit halber nur verkürzt dargestellt. Im Folgenden soll nun zunächst die Grundstruktur der entwickelten Aufgaben vorgestellt werden, bevor auf entsprechende didaktische Überlegungen aufgabenspezifisch näher eingegangen wird.

Die Aufgaben bestehen aus jeweils drei Teilaufgaben, die auf verschiedene *Prozesskontexte* abzielen und demnach unterschiedliche mathematische Tätigkeiten eines Erkenntnisprozesses anregen sollen. Dabei führt zunächst ein Einleitungstext in den Aufgabenkontext und die anschließende Aufgabenstellung ein. Dieser sowie jeweils die erste der drei Teilaufgaben bilden die übergeordnete Fragestellung, die den inhaltlichen Rahmen und die Erwartungen an die Lernenden abstecken, wie Hirt und Wälti (2016) es für Lernumgebungen fordern. Hierbei werden Bedingungen der Problemkontexte angegeben (bspw. Länder mit gemeinsamer Grenze sollen verschieden gefärbt sein, siehe Abbildung 4.3) oder Vorerfahrungen der Lernenden aufgegriffen (bspw. das *Haus vom Nikolaus*, siehe Abbildung 4.2). Davon ausgehend werden jedoch keine weiteren Vorgaben getroffen, sodass die Lernenden frei

[13] *Erleben* meint hier natürlich ein aktives Gestalten und kein passives Konsumieren.

in der Wahl ihrer Ansätze, Darstellungen und Strategien sind. In diesem Sinne sind die Aufgaben *offen*, da den Lernenden (in der Regel) kein Standardweg zur Lösung bekannt ist und eigenständig Entscheidungen hinsichtlich der Bearbeitung getroffen werden müssen.

Die gewählte Sozialform für die Bearbeitung der Aufgaben ist eine Arbeit in Gruppen. Die Erfahrung von Mathematik als Wissenschaft, die im sozialen Austausch entsteht, soll damit ermöglicht werden, indem diskutiert und ausgehandelt wird, welches Vorgehen gewählt, welcher Ansatz verfolgt oder welche Aussagen begründet werden müssen. Dies bietet sich besonders aufgrund der *Offenheit* der Aufgabe an, da zwangsläufig in den Diskurs getreten werden muss, um die Vorgehensweise der Gruppe festzulegen (Barzel et al., 2018). Gleichzeitig schwingt in der Formulierung eine Art Wettbewerbscharakter mit, indem die Lernenden erfahren, dass sie eine von mehreren Gruppen bilden, die das Problem bearbeiten wird. Dieser Aspekt soll jedoch nicht übermäßig betont werden, da es nicht darum geht, am Ende einen „Sieger" zu küren, sondern um die Stärkung der Teamfähigkeit und des Forschergeistes (Barzel et al., 2018). Genauere methodische Gestaltungsentscheidungen zur Umsetzung der Aufgaben im Unterricht folgen in Abschnitt 4.3.

Die erste Teilaufgabe dient jeweils mit der Aufforderung „Findet heraus, ..." als direkter Impuls, um Prozesse des *Erfinden und Entdeckens* anzuregen. Auch wenn die Formulierung auf den ersten Blick als zu geschlossen erscheinen mag, als dass den Lernenden Handlungsspielraum bei der Bearbeitung der Aufgaben bleibt, bieten sie bei genauerer Analyse Raum für unterschiedliche Vorgehensweisen, Erkundungen und Entdeckungen, wie die aufgabenspezifischen didaktischen Analysen weiter unten zeigen. Dies liegt unter anderem an der inhaltlichen Ergiebigkeit der jeweiligen Kontexte sowie an dem flexiblen Bearbeitungsniveau der Aufgabenstellung. Die Entscheidung für eine solche Formulierung ist motivationspsychologisch begründet. Klare Zielvorgaben stellen demnach einen wesentlich Grundlage von Motivation dar (Elliot & Fryer, 2008). Alternative Formulierungen wie „Was kannst du alles über ... herausfinden?", wie sie stellenweise in der Literatur ähnlicher Forschungsschwerpunkte zu finden sind (z. B. in Leuders et al. (2011)), scheinen vermeintlich offener, aber können den Lernenden das Gefühl geben, „nie fertig zu sein" oder kein Ziel vor Augen zu haben bis auf die Erwartung, „möglichst viel herauszufinden". Hierbei werden dann vor allem die Schüler angesprochen, die die Aufgabe als eine *intellektuelle Herausforderung* (de Villiers, 1999) sehen, und diese wirkt somit kaum als Herausforderung für alle (oder zumindest die meisten) Lernenden. Klare Zielvorstellungen dienen der Strukturierung der Lernumgebung und bilden einen Rahmen, in welchem sich die Lernenden frei bewegen und Entscheidungen treffen können (Hirt & Wälti, 2016). Bei zielorientierten Aufgaben scheint es dabei naheliegender, die Erkenntnisse zu hinterfragen (bspw. „Ist das eine zufriedenstellende Antwort?").

Dabei müssen die Lernenden eigenständig entscheiden, ob das Anliegen der Aufgabe ausreichend beantwortet wurde. Erkenntnisse, die in diesem Zuge lediglich als Teilergebnisse bewertet werden, können anschließend weiter verfolgt werden und sind keine finalen Entdeckungen, wie es im Zuge der „Was kannst du alles über ... herausfinden?"-Formulierung gegebenenfalls der Fall sein kann.

Die erste Teilaufgabe leitet damit sowohl einerseits die Erkundungs- und Entdeckungsphase ein, aber auch Phasen des *Prüfen und Beweisens*, sobald Begründungsbedarfe aufkommen. In erstgenannten Phasen bietet sich den Lernenden der Raum, Beispiele zu konstruieren, zu sammeln und zu systematisieren sowie Klassifikationen vorzunehmen, Darstellungen zu entwickeln, Eigenschaften zu entdecken, Vermutungen zu formulieren und diesen nachzugehen. Auch hier ist die Aufgabengestaltung wiederum *offen*, denn es liegt im Ermessensspielraum der Gruppe, welche Ansätze verfolgt und welche Vermutungen weiter untersucht und gegebenenfalls begründet werden, wobei dies im sozialen Austausch auszuhandeln und festzulegen ist. Somit entscheiden die Lernenden eigenständig,[14] wann sie von einer Phase in eine andere übergehen oder wann welche dieser Phasen für die Beantwortung der Fragestellung sinnvoll sind, indem entsprechende Tätigkeiten als nützlich für den Erkenntnisprozess angesehen werden. Die Forderung nach *Eigentätigkeit* (Hirt & Wälti, 2016) findet sich somit einerseits in der aktiven Auseinandersetzung mit den Aufgabeninhalten, aber andererseits auch in der *Selbstbestimmung* über den Prozessverlauf. Hierbei werden zusätzlich Fähigkeiten der *Selbstorganisation* und *Selbstregulation* angesprochen, nicht zuletzt durch entsprechende Zeitvorgaben im Zuge der Unterrichtsstrukturierung.

Die zweite Teilaufgabe ist nicht als Folgeaufgabe im Sinne einer Aufgabensequenz zu verstehen. Ziel der Aufgabe ist es, die Aufmerksamkeit der Lernenden auf die Prozesse und Tätigkeiten zu lenken, die während der Aufgabenbearbeitung stattfinden und sich diesen damit bewusst zu werden. Es handelt sich somit nicht um eine Auseinandersetzung mit den inhaltlichen Themen der Aufgabe, sondern um die Auseinandersetzung mit den eigenen Denkprozessen. Die Aufgabe bewegt sich somit auf einer metakognitiven Ebene (Hasselhorn, 1992). Da die gleichzeitige Bearbeitung von kognitiver (inhaltliche Bearbeitung der ersten Teilaufgabe) sowie metakognitiver Aufgabe (Beobachtung des Bearbeitungsprozesses) anspruchsvoll ist (Hasselhorn & Gold, 2006), kann eine Lerngruppe je nach verfügbarer (kognitiver) Kapazität entscheiden, ob diese Prozesse gleichzeitig, zeitversetzt oder auch aufgabenteilig stattfinden. Die Verantwortung liegt wiederum im Zuge der *Selbstbestimmung* bei den Lernenden selbst. Die Aufgabe legt weiterhin den Fokus auf

[14] *Eigenständig* meint hier die eben angesprochene „gemeinsame" Eigenständigkeit innerhalb der Gruppe.

die Dokumentation der Überlegungen, indem die Lernenden dazu angehalten sind, diese zu sichern. Dies zielt einerseits auf die Fixierung von Gedankengängen und Ansätzen ab, um diese auch später noch nachvollziehen oder darauf zurückgreifen zu können (Büchter & Leuders, 2016). Andererseits fördert die schriftliche Dokumentation zusätzlich die Reflexion der Denkprozesse (Sjuts, 2018).

Während sich die ersten beiden Aufgaben in den Prozesskontexten des *Erfinden und Entdeckens* sowie des *Prüfen und Beweisens* verorten lassen, fordert die dritte Aufgabe das *Überzeugen und Darstellen*, indem mithilfe eines Plakats die Entdeckungen präsentiert werden sollen. Somit wird der Fokus von der eigenen Absicherung der Erkenntnisse zu der Aufgabe verschoben, andere von ebendiesen zu überzeugen (Leuders, 2018). Dafür sind geeignete Darstellungen zu wählen, aber auch nötige Argumentation vorzubereiten, denn die Formulierung „überzeugen" intendiert, dass die Darstellungen der Lernenden auch bei (kritischen) Nachfragen begründet verteidigt werden können sollen. Die Erstellung des Plakats gibt somit erneut Anlass, getätigte Überlegungen zu reflektieren, nicht allein aus der Perspektive der eigenen Überzeugung, sondern auch, um aus der Sichtweise von anderen zu bestehen. Je nach Reaktion der anderen Gruppen muss dabei von *convincing oneself* zu *convincing a friend* oder gar *convinving a critical enemy* ein anderer Überzeugungsgrad erreicht werden (Mason et al., 2010). Dabei findet eine Reflexion und Reorganisation der durchgeführten Überlegungen und Argumentationen während des Erkenntnisprozesses im Sinne einer *Rückschau* nach Pólya (1949) statt. Die Aufgabe intendiert somit einen sozialen Austausch auf einer weiteren Ebene, der in einer der Aufgabenbearbeitung anschließenden Phase folgt (siehe Abschnitt 4.3).

Insgesamt ist eine grundsätzliche antizipierte Schwierigkeit der Aufgaben als Ganzes die Anforderung der *Selbstregulation* einer Vielzahl gleichzeitig stattfindender Prozesse. Da diese sowohl auf kognitiver als auch auf metakognitiver Ebene stattfinden, wobei jede dieser Ebenen für sich genommen in der Auseinandersetzung mit der Aufgabe eine Herausforderung darstellt, sind verschiedene Auswirkungen auf den Lernprozess der Lernenden möglich. Im Extremfall führen die Anforderungen zu einer Überforderung. Dies soll einerseits durch die methodische Gestaltung als Gruppenarbeit verhindert werden, da somit für die Bearbeitung der Aufgaben mehr Ressourcen als in der individuellen Auseinandersetzung zur Verfügung stehen. Andererseits sind die Aufgabenkontexte so gewählt, dass sie ohne unterrichtliches Vorwissen zu bearbeiten sind und beispielsweise durch die Konstruktion und Untersuchung von Beispielen vergleichsweise zügig erste Entdeckungen liefern. Gleichzeitig kann die Vielzahl an simultan ablaufender Prozesse jedoch auch dazu führen, dass die Lernenden sowohl unbewusst als auch bewusst Einschränkungen vornehmen oder Festlegungen treffen, die kognitiv entlastend wirken. Dies kann beispielsweise durch die Formulierung zusätzlicher Bedingungen an die Aufgabe, die Fokussierung auf einen bestimmten Teilaspekt des Problems oder metakognitive Organisationsstrategien gelingen. Alle genannten Vorgehensweisen sind dabei nicht nur erlaubt, sondern ausdrücklich erwünscht, da sie einen wesentlichen Teil der Tätigkeiten ausmachen, wie sie auch von forschenden Mathematikern praktiziert werden und typisch für mathematische Erkenntnisprozesse sind. Im Sinne einer *Prozessorientierung* kann dies zu einem erheblichen Lernzuwachs führen. Mit dem Ziel, einen Erkenntnisprozess *anzuregen*, ist es dabei nicht das Anliegen der Aufgaben, dass jeder Lernende zu einem vollständigen „Ergebnis" gelangt, sondern dass mathematisch reichhaltige Tätigkeiten stattfinden. In diesem Sinne ist auch die Formulierung der dritten Aufgabe, die die Lernenden auffordert, ihre *Entdeckungen* (im Gegensatz zu *Lösungen*) zu präsentieren, gewählt.

Ausgehend von der Betrachtung der Grundstruktur der Aufgaben sollen diese nun jeweils spezifisch in den Blick genommen werden. Der Fokus liegt dabei auf den beiden Aufgaben „Auf Picassos Spuren" (siehe Abbildung 4.2) und „Kunterbunte Landkarten" (siehe Abbildung 4.3), da sie sich bei der Erprobung als am geeignetsten für das Forschungsanliegen herausgestellt haben (siehe Abschnitt 4.2.4). Da die Aufgabe „Jetzt geht's rund" (siehe Abbildung 4.4) aus didaktischer Sicht jedoch ebenfalls entsprechendes Potential bietet, wird diese im Anschluss kurz vorgestellt.

Auf Picassos Spuren

Das Museum BLICKFANG möchte eine neue Bilderausstellung entwickeln. Auf allen Bildern sollen Figuren zu sehen sein, die sich auf besondere Weise nachzeichnen lassen: in einem Zug und ohne Linien doppelt zu zeichnen. Leider fällt den Museumsbetreibern nur das *Haus vom Nikolaus* ein, weshalb sie verschiedene Teams um Hilfe gebeten hat. Eines dieser Teams ist eure Gruppe.

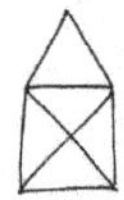

Eure Aufgabe:

- Findet heraus, wie Figuren aussehen müssen, die man – wie das *Haus vom Nikolaus* – in einem Zug und ohne Linien doppelt zu zeichnen, nachzeichnen kann.
- Beobachtet dabei genau, wie ihr vorgeht und haltet eure Überlegungen fest.
- Erstellt am Ende der Erarbeitungsphase ein Plakat, mit welchem ihr bei der Präsentation die anderen Gruppen von euren Entdeckungen überzeugt.

Abbildung 4.2 Aufgabe „Auf Picassos Spuren"

Aufgabe „Auf Picassos Spuren": Die Aufgabe basiert auf den Überlegungen zum Königsberger Brückenproblem (siehe Abschnitt 4.2.2), diese wurden hier jedoch in einen Kontext übertragen, der einem Großteil der Lernenden bereits bekannt sein sollte: das *Haus vom Nikolaus*. Was bei dem Königsberger Brückenproblem die

Frage nach einem Spaziergang ist, der jede der sieben Brücken nur einmal überquert, wird hier abgewandelt in das Nachzeichnen von Figuren. Dies soll somit in einem Zug und ohne Linien doppelt zu zeichnen geschehen. Beide Kriterien sind den Lernenden vom spielerischen Umgang mit dem *Haus des Nikolaus* bekannt und bieten damit einen hohen Grad an *Zugänglichkeit*. Gleichzeitig bildet das *Haus vom Nikolaus* einen möglichen Ausgangspunkt für Untersuchungen, die sich verschieden gestalten können.

Mögliche Überlegungen können einerseits das *Haus vom Nikolaus* direkt betreffen und sich mit seiner Struktur beschäftigen (Woran kann man erkennen, dass das *Haus vom Nikolaus* auf diese Weise nachzeichenbar ist?) oder Variationen des Hauses untersuchen (Kann ich das Haus immer noch auf diese Art nachzeichnen, wenn das Dach/eine Wand/mehrere Wände/der Boden/das Kreuz in der Mitte fehlt?). Ebenso können Erweiterungen der Figur betrachtet werden, indem ein zweites Haus („... und nebenan wohnt der Weihnachtsmann") oder mehrere Häuser im Sinne von Reihenhäusern aneinander gezeichnet werden. Dadurch kann ausgehend von der bekannten Grundfigur eine Vielzahl an Beispielen konstruiert und untersucht werden. Andererseits können Beispiele unabhängig vom *Haus des Nikolaus* entwickelt werden. Ausgehend von simpleren Figuren wie Kreisen oder Vierecken können die Figuren und zu untersuchende Strukturen komplexer werden. In beiden Fällen können Figuren unterschieden werden, die auf die angegebene Art nachzeichenbar sind oder eben Figuren, bei welchen dies nicht möglich ist. Nachfolgende Überlegungen können sich auf die Eigenschaften dieser Figuren beziehen (Woran kann man erkennen, ob man eine Figur in einem Zug und ohne Linien doppelt zu zeichnen nachzeichnen kann? Woran kann man Figuren erkennen, bei welchen es nicht klappt?) oder gezielt Beispiele sowie Gegenbeispiele dieser Art konstruieren. Dabei kann entdeckt werden, dass es Figuren gibt, bei welchen sich nicht jede Stelle der Figur als Startpunkt eignet oder dass es Figuren gibt, bei welchen die Wahl des Startpunkts keinen Einfluss auf die Nachzeichenbarkeit hat. Hierbei kann außerdem die Frage nach einer Art „Nachzeichen-Algorithmus" aufkommen (Wie zeichnet man die Figuren nach?). Es kann weiterhin entdeckt werden, dass nicht nachzeichenbare Figuren durch dass Ergänzen von einzelnen oder mehreren geeigneten Linien nachzeichenbar werden oder dass bestimmte Teilfiguren nicht nachzeichenbarer Figuren nachzeichenbar sind.

Auch wenn die Eigenschaft, nach der die Aufgabe ursprünglich fragt, aus graphentheoretischer Sicht verhältnismäßig simpel ist, denn:

> Eine zusammenhängende Figur ist in einem Zug und ohne Linien doppelt zu zeichnen nachzeichenbar, sofern sie maximal zwei Ecken ungeraden Grades beinhaltet,

bietet sie zahlreiche Möglichkeiten zur Exploration bei gleichzeitiger Anregung von vielfältigen mathematischen Tätigkeiten. Dabei werden Eigenschaften immer aus der Anschaulichkeit heraus entwickelt. Auch die gesuchte Eigenschaft kann auf diese Weise entdeckt und begründet werden, denn dass eine Ecke einen geraden Grad hat, meint anschaulich gesehen, dass eine Linie beim Nachzeichnen einerseits zu der Ecke hin- aber auch auf anderem Wege wieder davon weggezeichnet werden kann. Somit kann eine Figur, deren Ecken alle einen geraden Grad haben, unabhängig von der Wahl des Startpunkts auf diese Weise nachgezeichnet werden. Demnach sind auch Figuren, die eine oder maximal zwei Ecken ungeraden Grades aufweisen, nachzeichenbar, sofern diese Ecken als Start- bzw. Endpunkt gewählt werden. Bei der Bearbeitung der Lernenden geht es jedoch nicht um eine fachmathematische Formulierung mit Begriffen wie Ecken, Kanten oder Eckengraden. Den Lernenden ist es in ihrem Erkenntnisprozess selbst überlassen, welche Formulierungen sie nutzen oder welche Formulierungen nötig sind, um ihre Ideen zu kommunizieren. So kann eine Begriffsbildung aus der Natur der Sache entstehen, wenn die Lernenden dies innerhalb ihres Prozesses als notwendig ansehen.

Darüber hinaus wirkt die Aufgabe *natürlich differenzierend*, denn jeder Lernende kann auf seinem individuellen Niveau tätig werden. Indem mit dem *Haus vom Nikolaus* ein Beispiel einer Figur angegeben ist, kann dies als Grundlage für Erkundungen genutzt, aber auch eigenständig weitere, davon unabhängige Figuren konstruiert werden. Daneben kann die Aufgabe auf verschiedenen Abstraktionsgraden bearbeitet werden: auf der Ebene einzelner Beispiele, auf der Ebene verschiedener Gruppen von Beispielen im Sinne einer Klassifizierung oder indem die zugrundeliegende Struktur betrachtet wird. Die Untersuchungen können dabei zu verschiedenen (Teil-)Ergebnissen und Beobachtungen führen, die im Sinne der *Bedeutsamkeit* grundlegende Erkenntnisse der Graphentheorie darstellen.

Aufgabe „Kunterbunte Landkarten“: Die Aufgabe dreht sich um ein grundlegendes Problem der Graphentheorie, welches bisher lediglich computergestützt gelöst werden konnte:[15] das Vier-Farben-Problem oder die sogenannte Vier-Farben-Vermutung. Nichtsdestotrotz bietet der Kontext die Möglichkeit zu einer Vielzahl an Entdeckungen und mathematischen Auseinandersetzungen auf verschiedenen Niveaus. Im Vorfeld der Aufgabenbearbeitung gilt es jedoch zu klären, dass Grenz*punkte* nicht als gemeinsame Grenze angesehen werden. Sofern dies nicht ausgeschlossen wird, können bei der Konstruktion von Landkarten Schwierigkeiten in der Hinsicht auftreten, dass alle Länder – ähnlich wie bei einer Torte mit mehreren Stücken – in einem Punkt zusammentreffen und folglich jedes Land anders gefärbt werden

[15] Siehe dazu Gonthier (2008).

Kunterbunte Landkarten

Die Firma ATLAS stellt Landkarten her. In ihrer neuen Kollektion möchte sie gerne Landkarten mit bunt gefärbten Ländern anbieten, aber so wenig wie möglich verschiedene Farben benutzen. Die Landkarten sollen so gefärbt sein, dass Länder mit gemeinsamer Grenze immer verschiedene Farben haben. Um die bunten Landkarten herzustellen, möchte die Firma ATLAS nun wissen, wie viele verschiedene Farben ausreichen. Um diese Frage zu beantworten, hat sie verschiedene Teams um Hilfe gebeten. Eines dieser Teams ist eure Gruppe.

Eure Aufgabe:

- Findet heraus, mit vielen Farben man auskommt, um eine Landkarte immer so zu färben, dass Länder mit gemeinsamer Grenze immer verschiedene Farben haben.
- Beobachtet dabei genau, wie ihr vorgeht und haltet eure Überlegungen fest.
- Erstellt am Ende der Erarbeitungsphase ein Plakat, mit welchem ihr bei der Präsentation die anderen Gruppen von euren Entdeckungen überzeugt.

Abbildung 4.3 Aufgabe „Kunterbunte Landkarten“

müsste. Die Aufgabe beinhaltet keine Blankovorlage von Landkarten, da es Teil der Aufgabe für die Lernenden ist, für ihren Erkenntnisprozess geeignete Landkarten zu entwickeln. Dennoch dient eine Skizze mit bereits gefärbten Ländern als möglicher Ausgangspunkt für die Überlegungen der Lernenden.

Anknüpfend an diese Skizze kann beispielsweise festgestellt werden, dass es sich hierbei nicht um die minimal mögliche Anzahl an Farben handelt, sondern dass Färbungen mit weniger Farben gefunden werden können. Gleichzeitig kann entdeckt werden, dass Färbungen nicht zwangsläufig eindeutig sind. Auch wenn die gleiche Anzahl an Farben genutzt wurde, kann sich die Verteilung der Farben auf die Länder unterscheiden. Diese Entdeckung kann insbesondere durch die Arbeit in Gruppen entstehen, sobald unterschiedliche Färbungen vorgenommen werden. Bei der Konstruktion eigener Beispiele kann zunächst die Überlegung im Raum stehen, welche Informationen der Landkarten für die Aufgabe relevant sind und somit gegebenenfalls die Landkarten vereinfacht dargestellt werden. Dies kann auf verschiedenen Stufen passieren, indem Küstenabschnitte oder Ländergrenzen „geglättet“ werden, Länder als bestimmte Formen (Kreise, Vielecke oder verwandte Formen) abstrahiert gezeichnet oder gar die Eigenschaft eines Landes, der Nachbar eines anderen Landes zu sein, in eine graphentheoretische Struktur überführt wird. Anhand dieser Darstellungen können Färbungen entwickelt und untersucht werden. Mögliche Überlegungen können hier wiederum die Frage nach Eigenschaften (Woran kann man einer Landkarte ansehen, ob zwei/drei/vier/... Farben ausreichen? Woran kann man erkennen, wie viele Farben zur Färbung nötig sind?), die Klassifikation von Landkarten (Landkarten, die mit zwei/drei/vier/... Farben färbbar sind) oder auch den Vorgang der Färbung (Wie sollte man bei der Färbung am besten vorgehen?) betreffen, aber auch das Ziel haben, Landkarten mit bestimmten Eigenschaften zu konstruieren (Wie sehen Landkarten aus, bei denen eine/zwei/drei/vier/... Farben ausreichen?).

Letztendlich reichen für die geforderte Färbung in jedem Fall vier Farben aus. Interessant hierbei ist, dass aktuell kein analytischer Beweis für diese Vermutung existiert, sondern nur computerbasierte Rechenverfahren. Somit arbeiten die Lernenden an einem Problem, dass einerseits ohne Vorkenntnisse für sie *zugänglich* ist, aber andererseits ein aktuelles *authentisches* Forschungsthema darstellt und somit den prozesshaften Charakter der Mathematik betont. Fließen diese Informationen in die Unterrichtsgestaltung an geeigneten Stellen mit ein, können sie einen *herausfordernden Charakter* haben („Das kann doch nicht so schwer sein!"). Dabei wirkt diese ähnlich wie die vorangegangene Aufgabe *natürlich differenzierend*, indem Erkundungen und Entdeckungen auf individuellen Niveaus möglich sind. Denn auch wenn die gegebenenfalls vermutete Anzahl der vier benötigten Farben nicht endgültig erklärt werden kann, sind Begründungen anderer Entdeckungen auf anschauliche Weise möglich. Angefangen bei der Konstruktion von beliebig komplexen Beispielen über die Untersuchung von Spezialfällen (bspw. Landkarten, die mit einer/zwei/drei/... Farben gefärbt werden können) und die damit einhergehende Länderkonstellationen bis hin zu einem variablen Abstraktionsgrad kann die Differenzierung dabei auf verschiedenen Ebenen erfolgen.

Jetzt geht's rund!

In der Stadt Sonnental machen jedes Jahr unzählige Touristen Urlaub. Damit die Urlauber die Stadt noch besser kennenlernen können, haben sich die Bewohner der Stadt etwas Besonderes überlegt: Sie wollen für jeden Stadtteil einen möglichst guten Rundgang planen. Für die Planung benötigen die Bewohner jedoch Hilfe und haben verschiedene Teams um Rat gegeben. Eines dieser Teams ist eure Gruppe.

Eure Aufgabe:

- Findet heraus, wie ein möglichst guter Rundgang für den Stadtteil Lichtenberg aussehen kann.
- Beobachtet dabei genau, wie ihr vorgeht und haltet eure Überlegungen fest.
- Erstellt am Ende der Erarbeitungsphase ein Plakat, mit welchem ihr bei der Präsentation die anderen Gruppen von euren Entdeckungen überzeugt.

Abbildung 4.4 Aufgabe „Jetzt geht's rund"

Abbildung 4.5 Stadtplan zur Aufgabe „Jetzt geht's rund"

Aufgabe „Jetzt geht's rund!": Der letzte Aufgabenkontext basiert auf der Thematik der Tourenplanung. Da sich dieser jedoch letztendlich nicht für die Unterrichtseinheit als geeignet erwiesen hat, erfolgt nur eine kurze Darstellung der wesentlichen Aspekte.

Zur Bearbeitung der Aufgabe liegt ein konkreter Stadtplan vor (siehe Abbildung 4.5), der den Ausgangspunkt für die Entwicklung eines Rundgangs bildet. Der Stadplan beinhaltet verschiedene Stellen, die zu Überlegungen anregen können. Aus graphentheoretischer Perspektive sind besondere Teilstrukturen wie Sackgassen oder Teilgraphen, die nur durch einen Punkt mit dem restlichen Graphen verbunden sind sowie Ecken verschiedenen Grades identifizierbar. Dabei ist von den Lernenden zunächst zu klären, welche Anforderungen dieser Rundgang erfüllen soll, um als „möglichst gut" bewertet zu werden. Je nach Festlegung des oder der Kriterien kann anschließend ein solcher Rundgang konzipiert werden. Dabei stellen sich Fragen nach den Start- und Endpunkten des Rundgangs, der Gewichtung von Streckenabschnitten (hinsichtlich verschiedener Kriterien wie bspw. der Länge) oder auch nach einem allgemeinen Vorgehen (Wie findet man die beste Tour?). Auch in diesem Kontext sind verschiedene Entdeckungen möglich, die jedoch stark von den eingangs gewählten Bedingungen der Lernenden abhängen, welche Anforderungen ihr Rundgang erfüllen soll. Dieser sowie weitere Aspekte, weshalb die Aufgabe nach ihrer Erprobung nicht für die Konzeption der Unterrichtseinheit genutzt wurde, werden in Abschnitt 4.2.4 weiter ausgeführt.

Die beiden Kontexte „Auf Picassos Spuren" und „Kunterbunte Landkarten" stellen jedoch für das Forschungsanliegen geeignete *substantielle Lernumgebungen* für mathematische Tätigkeiten im Rahmen von Erkenntnisprozessen dar. Es werden *zentrale Kompetenzen* im Bereich *Mathematisch argumentieren*, *Probleme mathematisch lösen* und *Kommunizieren* angesprochen, die das Äußern von Vermutungen, das Begründen und das Darstellen ebendieser beinhalten. Dabei sind die gewählten graphentheoretischen Inhalte insofern *didaktisch flexibel*, als dass sie sowohl innerhalb der gewählten Lerngruppe des Doppeljahrgangs 5/6 differenziert bearbeitet werden, aber auch im Sinne des Spiralprinzips in höheren Jahrgangsstufen Möglichkeiten zur fachlichen Vertiefung bieten können. Dabei sind sowohl die mathematischen Aktivitäten bei der Bearbeitung als auch der fachliche Inhalt der diskreten Mathematik beispielhaft für das Vorgehen forschender Mathematiker innerhalb eines aktuellen, forschungsrelevanten Zweigs der Mathematik.

4.2.4 Erprobung und Schlussfolgerungen

Die im vorigen Abschnitt vorgestellten Aufgaben wurden im Sommersemester 2020 mit Studierenden im Rahmen eines Online-Seminars erprobt. Die Seminargruppe bestand dabei aus 17 Studierenden der Studiengänge Zwei-Fächer-Bachelor und Master of Education Elementarmathematik für das Lehramt an Grund-, Haupt- und Realschulen. Die Aufgabenstellungen wurden dazu im Vorfeld hinsichtlich der Verwendung der Höflichkeitsform und des Präsentationsformates an den Seminarkontext angepasst. Aufgrund der Durchführung des Seminars über ein Online-Meeting-Tool wurde jeweils die dritte Teilaufgabe so verändert, dass das Ziel die Erstellung eines ein- bis zweiseitigen Dokuments (im Sinne eines Plakats) war. Für die Erprobung arbeiteten die Studierenden in sechs Gruppen à zwei bis drei Personen zusammen, wobei jeweils zwei Gruppen die gleiche Aufgabe zugeteilt wurde. Das Seminarkonzept war so ausgelegt, dass die Studierenden jeweils eine Seminarsitzung à 90 Minuten für die Bearbeitung der Aufgabe zur Verfügung gestellt bekommen haben. Die Bearbeitung fand über das Online-Meeting-Tool statt, sodass die Studierenden die Möglichkeit hatten, ein interaktives Whiteboard für Überlegungen sowie die Chat- und Notizfunktion zur Sicherung von Entdeckungen zu nutzen. In einer der darauffolgenden Sitzungen wurden dann die Ergebnisse der jeweils anderen Gruppen, die an der gleichen Aufgabe gearbeitet haben, vorgestellt sowie Entdeckungen diskutiert und reflektiert. Die Arbeit in Gruppen wurde dabei aufgezeichnet und zusätzliche analog angefertigte Notizen der Studierenden gesichert.

Anhand der Beobachtung der Arbeitsprozesse sowie der nachträglichen Auswertung der Aufzeichnungen und angefertigten Notizen den Studierenden konnten Rückschlüsse über die Eignung der Aufgaben für das Forschungsanliegen gezogen werden. Die Daten wurden dabei jedoch im Rahmen dieser Pilotierung keiner vollständigen Analyse unterzogen, sodass an dieser Stelle lediglich die relevanten Erkenntnisse für die Entwicklung des Unterrichtskonzepts sowie der Weiterentwicklung der Aufgaben vorgestellt werden. Für die Frage nach der Eignung sind hierbei die tatsächlich stattfindenden Prozesse, die durch die Aufgaben angeregt wurden, grundlegend. Darüber hinaus konnten diese mit den antizipierten Überlegungen und Tätigkeiten verglichen und Schlussfolgerungen sowohl aufgabenspezifisch als auch -übergreifend gezogen werden.

Aufgabe „Auf Picassos Spuren": Wie in Abschnitt 4.2.3 vorgestellt, bietet der Kontext vielfältige Möglichkeiten für Überlegungen und Entdeckungen. Dabei fokussierten sich die Studierenden weniger auf das *Haus vom Nikolaus*, sondern konstruierten eigene Figuren, die sie auf Nachzeichenbarkeit untersuchten. Ausgehend von simpleren Figuren (bspw. Dreiecke, Vierecke oder Kreise) wurden komplexere Figuren untersucht. Eine vielfach genutzte Strategie war es dabei, Figuren zu untersuchen, die gerade nicht nachzeichenbar waren, und die Ursache(n) dafür zu analysieren. Dabei konnten verschiedene Tätigkeiten, wie die Untersuchung „kritischer Stellen", also Stellen, an welchen das Nachzeichnen scheiterte, die Untersuchung möglicher Startpunkte oder die Untersuchung von Figurenvariationen durch Hinzufügen oder Entfernen einzelner Linien, beobachtet werden. Dabei führten Erkenntnisse bei der Wahl des Startpunktes zu folgender Klassifikation: Figuren, bei welchen jeder Punkt ein Startpunkt sein kann und Figuren, bei welchen dies nicht möglich ist. Durch die Analyse dieser besonders zu wählenden Startpunkte konnte eine der beiden Gruppen das Kriterium der Eckengrade anschaulich herleiten, indem die Eigenschaft bezeichnet wurde als „von einem Punkt hin und weg zu kommen". Darüber hinaus wurden während des Entdeckungsprozesses verschiedene weitere (nicht zwangsläufig korrekte) Vermutungen formuliert, u. a.:

- Figuren, die sich in nachzeichenbare Teilfiguren (Dreiecke oder Quadrate) zerlegen lassen, sind nachzeichenbar.
- Achsensymmetrische Figuren sind nachzeichenbar.
- Figuren, die ein Schrägbild einer dreidimensionalen Figur darstellen, sind nicht nachzeichenbar; ebene Formen jedoch schon.

- Die Anzahl der Kanten, Ecken und Flächen oder die entsprechende Parität hängt mit der Nachzeichenbarkeit zusammen.

Diese wurden dabei in unterschiedlicher Art mehr oder weniger hinterfragt, begründet oder generell weiter verfolgt. Stellenweise konnte die Suche nach Gegenbeispielen zu aufgestellten Behauptungen beobachtet werden und somit also der Versuch, die Aussagen empirisch zu überprüfen bzw. zu widerlegen. Häufig wurden die Vermutungen jedoch nicht weiter begründet, sondern lediglich hingenommen und nicht weiter hinterfragt. Dies betrifft auch mathematische Begründungen oder Erklärungen, also die Frage nach deduktiven Argumenten, *warum* es beispielsweise nicht möglich ist, eine bestimmte Figur nachzuzeichnen. Der Übergang von empirischen zu strukturellen Argumenten war somit nur stellenweise erkennbar. Hiermit hängt auch das Vorgehen zusammen, die gesammelten Beispiele hinsichtlich der Oberflächenstruktur (Anzahl Kanten, Ecken oder Flächen) zu beschreiben und weniger die Bedeutung dieser Anzahlen in den Blick zu nehmen.

Die Aufgabe erweist sich dennoch als ergiebig für das Ziel, Tätigkeiten eines mathematischen Erkenntnisprozesses anzuregen, da vielfältige und reichhaltige Aktivitäten stattgefunden haben. Deutlich dabei wurde jedoch die Schwierigkeit des Übergangs von Prozessen des *Erfinden und Entdeckens* zu Prozessen des *Prüfen und Beweisens*, was für die Gestaltung von Unterricht eine besondere Herausforderung darstellt und entsprechende Unterstützungsmaßnahmen erfordert.

Aufgabe „Kunterbunte Landkarten“: Auch wenn es in der aktuellen mathematischen Forschung noch keinen analytischen Beweis für das dieser Aufgabe zugrundeliegende Problem gibt, regte die Aufgabe zu einer reichhaltigen Auseinandersetzung mit den Inhalten an. Die Studierenden nutzten verschiedene Strategien wie die Reduktion des Problems auf kleine Beispiele von zwei, drei oder vier Ländern, um davon ausgehend Strukturbetrachtungen vorzunehmen oder gingen entgegengesetzt vor, indem sie ein Land in mehrere Teile zerlegten und die Auswirkungen untersuchten. Dabei wurden Festlegungen diskutiert wie etwa die Frage, ob die Fläche um gezeichnete Länder auch als ein Land gilt. Die Studierenden untersuchten außerdem systematisch verschiedene Konstellationen von Ländern und nutzten dabei abstrahierte Darstellungen von Ländern als Drei- oder Vierecke. Relativ zügig gelangten die Gruppen zu der Vermutung, dass sechs Farben für die geforderte Färbung ausreichend sind, die sie im weiteren Verlauf jedoch auf fünf und weiter auf vier reduzieren konnten. In diesem Zuge war besonders die Umfärbung bereits gefärbter Landkarten, um die Anzahl an Farben zu verringern, sowie die Frage nach einem geeigneten Vorgehen bei der Färbung Gegenstand von Diskussionen. Anhand der Betrachtung kleiner Beispiele wurden dann Teilerkenntnisse wie beispielsweise, dass ab einer gewissen Anzahl und Konstellation der Ländern bereits genutzte Farben erneut nutzbar sind, formuliert. Andere Ansätze versuchten die Abhängigkeit der Anzahl an Ländern, Grenzen und Farben zu analysieren sowie Landkarten anhand bestimmter Kriterien zu konstruieren (bspw. Landkarten, die mit drei Farben färbbar sind).

Um ihre Vermutungen über die Anzahl benötigter Farben zu begründen, untersuchten die Studierenden auch hier „kritische Stellen", also Stellen, an welchen zwingend eine neue Farbe genutzt werden musste oder versuchten, Gegenbeispiele zu ihren Behauptungen zu konstruieren. Der Übergang von empirischen Begründungen anhand von Beispielen zu Begründungen aufgrund struktureller Argumentationen erwies sich jedoch auch in dieser Aufgabe als Herausforderung, sodass es stellenweise bei der Beschreibung der Situation blieb und nicht weiter nach Begründungen oder zugrundeliegenden Strukturen gesucht wurde. Bis zu diesen Stellen im Erkenntnisprozess hat sich die Aufgabe jedoch aufgrund der gehaltvollen Phase des *Erfinden und Entdeckens* als äußert ergiebig für das Forschungsanliegen erwiesen.

Aufgabe „Jetzt geht's rund!": Wie bereits im Abschnitt zuvor erwähnt, traten bei der Erprobung erhebliche Diskrepanzen zwischen antizipierten und tatsächlich angeregten Tätigkeit auf. Dies liegt in der Tatsache begründet, dass es sich bei der Aufgabe im weitesten Sinne um eine Modellierungsaufgabe handelt. Somit liegt der Fokus darauf, für eine außermathematische Situation, wie es in diesem Fall die Entwicklung eines Rundgangs ist, ein mathematisches Modell zu entwickeln, welches zu mathematischen Resultaten führt, die dann wiederum im Hinblick auf die Realsituation interpretiert werden können (Blum, 1985). Dazu ist zunächst der Schritt der Idealisierung und Mathematisierung zu vollziehen, um innermathematisch an der Aufgabe arbeiten zu können. Die Frage nach geeigneten Festlegungen oder Anforderungen an den Rundgang nahm dabei jedoch den Mittelpunkt des Prozesses ein, sodass darüber hinaus kaum Resultate erzielt werden konnten. Mit Hinblick auf die Kompetenz des *Modellierens* ist es wünschenswert, dass die Studierenden selbstständig Kriterien für ein geeignetes Modell entwickeln. In diesem Fall ging es dabei beispielsweise um die Länge des Rundgangs, aber auch um die geeignetsten Start- und Endpunkte (im Sinne der besten Verkehrsanbindung), besonders authentische Aspekte wie die Planung von Pausen an sehenswerten Punkten oder die Auswahl an Sehenswürdigkeiten, die der Rundgang beinhalten sollte. Stellenweise auftretende Überlegungen zur Konstruktion möglichst kurzer Wege mit minimalen Dopplungen wurden jedoch zugunsten eben genannter Überlegungen nicht weiter verfolgt. Stattfindende Diskussion zu ebendiesen Thematiken nahmen dann jedoch den Raum für innermathematische Überlegungen, sodass kaum eine Loslösung von der Realsituation stattfand oder zu weiteren Schritten, wie dem Formulieren von Vermutungen, übergegangen werden konnte. Da genannte Tätigkeiten für Modellierungsprozesse zwar äußerst relevant, im Rahmen dieser Arbeit jedoch nicht im Fokus stehen, findet diese Aufgabe bei der Konzeption der Unterrichtseinheit keine Anwendung. Dazu kommt weiterhin, dass die Aufgabe im Gegensatz zu den beiden ersten beschriebenen Aufgaben nicht den Raum bot, um eigene Beispiele für Erkundungsprozesse zu konstruieren. Es konnte somit lediglich anhand des gegebenen Materials agiert werden, was Prozesse des *Erfinden und Entdeckens* erheblich einschränkt.

Somit erwiesen sich insgesamt im Rahmen der Erprobung sowohl die Aufgabe „Auf Picassos Spuren“ als auch die Aufgabe „Kunterbunte Landkarten“ als grundlegend geeignet für das Forschungsanliegen, ein Unterrichtskonzept zu entwickeln, welches mathematische Erkenntnisprozesse anregt. Aus der Gesamtschau haben sich zudem weitere zentrale Erkenntnisse für das weitere Vorgehen ergeben, die für die Konzeption der Unterrichtseinheit relevant sind und bei der Planung berücksichtigt werden:

- Die Prozesse des *Erfinden und Entdeckens* nahmen viel Zeit in Anspruch. Im Hinblick auf die Zielgruppe der Unterrichtseinheit (Jahrgangsstufe 6) kann es sinnvoll sein, die Arbeitsaufträge zu reduzieren oder auf ein Teilproblem einzuschränken, um einerseits die Konzentration aufrechtzuerhalten und andererseits den zeitlichen Rahmen einer Unterrichtsdoppelstunde gewinnbringend nutzen zu können.
- Über alle Aufgaben hinweg konnte weiterhin beobachtet werden, dass die Zusammenarbeit in Gruppen neben der inhaltlichen und prozessbezogenen Auseinandersetzung mit den Aufgaben eine weitere Herausforderung darstellte. Dabei war insbesondere die Organisation des Erkenntnisprozesses bezüglich des Vorgehens, der Zielsetzungen einzelner Arbeitsschritte oder der Einbezug verschiedener Ideen und Ansätze eine Schwierigkeit. Auch wenn die Situation im Schulkontext möglicherweise eine andere ist, da die Schüler sich beispielsweise kennen und die Kommunikation nicht aufgrund der Durchführung über ein Online-Meeting-Tool erschwert wird, wird dies bei der Planung berücksichtigt.
- Als besonders gewinnbringend für den Erkenntnisprozess erwies sich die dritte Teilaufgabe, die zur Reflexion der bisherigen Tätigkeiten und Entdeckungen anregte. Indem die Studierenden diese rückblickend erneut in den Blick nahmen, konnten Erkenntnisse weiter strukturiert, Spezialfälle untersucht oder Ansätze, die auf dem Weg verloren gingen, erneut aufgegriffen werden. Auch wurden Argumentationen erneut nachvollzogen, überprüft („Warum haben wir das nochmal verworfen?“) und gegebenenfalls revidiert. Dies hat die Qualität der Erkenntnisprozesse enorm gesteigert.
- Indem das Ziel verfolgt wurde, Begründungen im Sinne der Selbstbestimmung nicht durch Impulse von außen einzufordern, sondern den Begründungsbedarf im

Ermessen der Studierenden zu belassen, war der Übergang der Prozesskontexte des *Erfinden und Entdeckens* zu Prozesskontexten des *Prüfen und Beweisens* jedoch wenig zu beobachten. Während eine Vielzahl an Vermutungen formuliert wurde, mangelte es in der weiteren Bearbeitung an vertieften Auseinandersetzungen mit strukturellen Eigenschaften, die zur Begründung hätten herangezogen werden können. Die Loslösung von Prozessen der rein empirischen Überprüfung hin zu Beobachtungen, die die Entdeckungen allgemein begründen oder erklären können, ist für das Voranschreiten in Erkenntnisprozessen zentral und soll deshalb im Rahmen der Unterrichtsplanung fokussiert und zusätzlich unterstützt werden.

Unter Berücksichtigung der genannten Aspekte wurden die beiden Aufgaben „Auf Picassos Spuren" und „Kunterbunte Landkarten" nach der Erprobung weiterentwickelt und für die Konzeption einer Unterrichtseinheit in der Jahrgangsstufe 6 genutzt.

4.3 Konzeption der Unterrichtsstunden

In den beiden nachfolgenden Abschnitten werden zunächst die konzeptionellen Überlegungen für die Entwicklung einer Unterrichtseinheit für das Anliegen, eine mathematisch-forschende Haltung im Rahmen von Erkenntnisprozessen anzuregen, vorgestellt. Anschließend daran werden die Schlussfolgerungen und Weiterentwicklungen des Konzepts, die sich aus der Durchführung der Unterrichtseinheit im Untersuchungszyklus II ergeben haben, präsentiert. Die Planungsentscheidungen basieren auf den vorangegangenen lehr-lerntheoretischen Ausführungen in Abschnitt 4.1 sowie den aufgabenspezifischen Überlegungen und der Erprobung in Abschnitt 4.2. Das entwickelte und überarbeitete Konzept besteht aus zwei Doppelstunden à 90 Minuten, die thematisch aufeinander aufbauen. Die entsprechenden tabellarischen Unterrichtsverläufe finden sich in Anhang I (erste Doppelstunde) und Anhang II (zweite Doppelstunde) im elektronischen Zusatzmaterial.

4.3.1 Unterrichtsplanung

Als zentrale Erkenntnis aus der Erprobung der Aufgaben konnte festgestellt werden, dass besonders der Übergang von der Formulierung einer Vermutung (Prozesskontext des *Erfinden und Entdeckens*) hin zu hinterfragenden, überprüfenden und begründenden Aktivitäten (Prozesskontext des *Prüfen und Beweisens*) eine wesentliche Herausforderung darstellt und nur in wenigen Fällen auftrat. Wie sich bereits bei den beteiligten Studierenden zeigte, war zumeist die Darbietung von Aufgaben, die Erkenntnisprozesse ermöglichen, allein nicht ausreichend, um diesen Übergang anzuregen. Für Lernende des Schuljahrgangs 6 ist somit neben der Ermöglichung eines mathematischen Erkenntnisprozesses durch die Aufgaben, die sich im Rahmen der Erprobung als geeignet erwiesen haben, weitere Unterstützung nötig, um ebendiesen Übergang im Zuge einer mathematisch-forschenden Haltung zu fördern. Ziel soll es dabei nicht sein, diesen Übergang durch einen entsprechenden direkten Arbeitsauftrag (wie bspw. „Überprüfe/Begründe ...") zu initiieren, sondern durch die Förderung einer mathematisch-forschenden Haltung ebendiesen Begründungsbedarf hervorzurufen.

Das Groblernziel des Unterrichtskonzepts lautet somit:

> Die Schüler entwickeln eine mathematisch-forschende Haltung im Umgang mit Vermutungen.

Dabei weisen die beiden Doppelstunden verschiedene Schwerpunkte auf. Während die erste Doppelstunde (D1) das Sammeln von Erfahrungen in mathematischen Erkenntnisprozessen sowie die daran anschließende Einführung des *grünen Stifts* als Unterstützungsmittel einer mathematisch-forschenden Haltung fokussiert, wird das Hauptaugenmerk der zweiten Doppelstunde (D2) auf die Entwicklung der Haltung in Erkenntnisprozessen im sozialen Austausch gelegt. Die Feinlernziele der jeweiligen Doppelstunden lauten damit folgendermaßen:

D1a Die Schüler sammeln erste Erfahrungen in mathematischen Erkenntnisprozessen, indem sie selbstständig Beispiele konstruieren, Vermutungen entwickeln und diese mit einem Partner diskutieren.

D1b Die Schüler entwickeln ausgehend von der Reflexion eigener und fremder Erkenntnisprozesse ein Bewusstsein dafür, Vermutungen zu hinterfragen und diese zu überprüfen, zu begründen oder zu widerlegen.

D1c Die Schüler nutzen das Unterstützungsmittel des *grünen Stifts* um Vermutungen in Frage zu stellen und diese anschließend zu begründen oder zu widerlegen.

D2a Die Schüler entwickeln Mathematik im Rahmen eines gruppendynamischen Prozesses.

D2b Die Schüler reflektieren eigene Erkenntnisprozesse, indem sie eine geeignete Darstellung dieser entwickeln, um andere von ihren Entdeckungen zu überzeugen.

D2c Die Schüler erleben die Nutzung des *grünen Stifts* sowie der damit einhergehenden Fragen als sinnvoll und gewinnbringend für ihren eigenen Erkenntnisprozess.

Die Gestaltung beider Doppelstunden ist durch die Wahl der Themenbereiche und Lernkontexte so angelegt, dass Schüler verschiedener Leistungsniveaus (und sogar Klassenstufen) gewinnbringend daran arbeiten können. Dementsprechend ist das Unterrichtskonzept nicht auf eine bestimmte Lerngruppe ausgelegt. Dennoch sind je nach Lerngruppe gegebenenfalls didaktische und/oder methodische Anpassungen der nachfolgend vorgestellten Unterrichtseinheit vorzunehmen.

Der Einstieg in die erste Doppelstunde erfolgt anhand des *Haus vom Nikolaus*, welches einem Großteil der Schüler als klassisches Zeichenspiel bekannt sein sollte. Damit kann an den Erfahrungshorizont der Lernenden angeknüpft werden und die Regel der Nachzeichenbarkeit (in einem Zug und ohne Linien doppelt zu zeichnen) explizit gemacht und gemeinsam formuliert werden. Für Schüler, welchen das *Haus vom Nikolaus* unbekannt ist, bietet sich hier außerdem die Möglichkeit, das Kriterium spielerisch zu erfahren. Durch die Verknüpfung des Zeichenspiels mit dem explizierten Kriterium der Nachzeichenbarkeit wird die anschließende Aufgabe vorbereitet und die Nachzeichenbarkeit als zentraler inhaltlicher Aspekt der Unterrichtsstunde in den Vordergrund gestellt. Durch das Sammeln verschiedener Möglichkeiten des Nachzeichnens an der Tafel werden die Schüler zudem für die Tätigkeit des Nachzeichnens motiviert und gleichzeitig dafür sensibilisiert, dass ein Zug, der die Figur gemäß des Kriteriums nachzeichnet, nicht zwangsläufig eindeutig sein muss. Ausgehend von der Einführung wird die Aufgabe der ersten Arbeitsphase präsentiert (siehe Abbildung 4.6).

Man kann beim Haus vom Nikolaus eine oder sogar mehrere Linien weglassen. Kannst du solche Figuren immer noch in einem Zug und ohne Linien doppelt zu zeichnen nachzeichnen? Notiere deine Überlegungen.

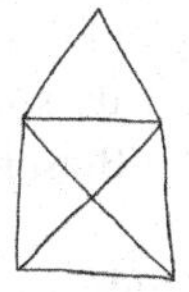

Abbildung 4.6 Arbeitsauftrag der ersten Arbeitsphase

Auf Grundlage der Erkenntnisse aus der Erprobung der Aufgaben wurde damit einerseits der Umfang und gleichzeitig die Komplexität der Aufgabe reduziert, indem nun nicht mehr die generelle Frage nach nachzeichenbaren Figuren im Raum steht, sondern das Problem für diese Unterrichtsstunde auf Variationen des *Haus vom Nikolaus* beschränkt wurde. Gleichzeitig bleibt die Aufgabe je nach gewählter Variation des Weglassens von Linien damit offen und flexibel komplex.

Im Sinne einer klaren Strukturierung der Lernprozesse werden zunächst einfache Beispiele an der Tafel durch Wegwischen vorhandener Linien des *Haus vom Nikolaus* konstruiert, sodass das Verständnis des Arbeitsauftrags gewährleistet wird und die Schüler anschließend selbstständig an der Aufgabe arbeiten können. Für die Bearbeitung der Aufgabe steht den Schülern ein sogenannter *Forscherzettel* zur Verfügung, der lediglich den Arbeitsauftrag enthält und weder mit kariertem noch mit Linienmuster vorstrukturiert ist. Vor Beginn der Arbeitsphase wird die Arbeit mit dem *Forscherzettel* kurz von der Lehrperson erläutert. Indem damit keine impliziten Erwartungen an die Darstellungsform geweckt wird, soll den Schülern einerseits der Freiraum für ihre Entdeckungsprozesse und eigenen Entscheidungsmöglichkeiten gegeben werden und andererseits die (Nach-)Zeichenbarkeit von Figuren ohne störende Linien erleichtert werden. Der *Forscherzettel* ist damit die reduzierte Version eines *Forschungsheftes* (vgl. Barzel et al. (2018)) und ermöglicht die individuelle Dokumentation der Entdeckungsphase. Gerade bei offenen Arbeitsaufträgen, die zu einer Vielzahl an Erkundungen und selbstständigen Konkretisierungen der Aufgaben anregen, eignet sich ein solches Vorgehen (Barzel et al., 2018). In diesem Fall kann durch das Weglassen von einzelnen oder mehreren Linien des *Haus vom Nikolaus* eine Vielzahl an Untersuchungsobjekten generiert werden, sodass als zentrale Prozesse des *Erfinden und Entdeckens* Beispiele gesammelt, strukturiert und Vermutungen formuliert werden können. Es kann somit beispielsweise entdeckt werden, dass es nicht allein von der Anzahl der entfernten Linien abhängt, ob die entstandene Figur nachzeichenbar ist, sondern in erster Linie davon, an welchen Stellen die Linien entfernt wurden und wie viele ein- bzw. abgehende Kanten somit an den jeweiligen Ecken verbleiben. Dieses Argument kann von den Schüler mit den ihnen zur Verfügung stehenden Mitteln entdeckt werden. Da die Aufgabe jedoch zunächst auf die Phase des *Erfinden und Entdeckens* ausgelegt ist, wird davon ausgegangen, dass sich die Begründungen zunächst auf empirischer Ebene anhand von einzelnen Beispielen bewegen, um davon ausgehend gegebenenfalls allgemeinere Vermutungen zu einer Klasse von spezifischen Beispielen zu formulieren.

Die Aufgabe ist zunächst auf die Bearbeitung in Einzelarbeit ausgelegt, reiht sich aber im Sinne des *Think-Pair-Share*-Prinzips (auch *Ich-Du-Wir*-Methode, siehe Barzel et al. (2018)) in darauffolgende Phasen der Partnerarbeit und des Klassengesprächs ein. Die Einzelarbeitsphase soll gewährleisten, dass die Schüler zunächst eine erste Phase der selbstständigen Eigentätigkeit erleben, in der sie sich auf ihrem jeweiligen Niveau und entsprechend ihres Lerntempos mit der Aufgabenstellung auseinandersetzen, Beispiele untersuchen und Zusammenhänge erkennen können (Hirt & Wälti, 2016). Gleichzeitig wird damit die Herausforderung von gruppendynamischen Prozessen, die sich auch in der Erprobung der Aufgaben gezeigt hat, genommen. Die Aufgabe der Lehrperson während dieser Phase ist es, die individuellen Lernprozesse der Schüler zu begleiten, diese aber nicht in bestimmte Richtungen zu lenken.

An die Einzelarbeitsphase schließt nach ausreichender Zeit für Entdeckungen ein Austausch mit einem Partner über die jeweiligen Erkenntnisse an.[16] Durch die offene Aufgabenstellung bietet sich hier das Potential, dass in der vorangegangenen Arbeitsphase verschiedene und gegebenenfalls widersprüchliche Vermutungen aufgestellt wurden, die nun gegenübergestellt und diskutiert werden können. Durch diese zweite Phase der *Think-Pair-Share*-Methode wird in einem kleineren sozialen Rahmen als der Gesamtgruppe der Übergang von Prozessen des *Erfinden und Entdeckens* zu Prozessen des *Prüfen und Beweisens* angeregt. Indem die Entdeckungen dem Partner präsentiert werden und ein gegenseitiger Abgleich stattfindet, können Konflikte entstehen, die eine vertiefte Auseinandersetzung mit den Vermutungen der Schüler begünstigen. Idealerweise findet damit eine Überprüfung der Vermutungen statt und Begründungs- bzw. Widerlegungsprozesse werden angeregt. Die Entdeckungen können somit weiter vertieft und ausgearbeitet werden, bevor sie in der darauffolgenden Phase im Klassengespräch gesammelt werden.

Die dritte der *Think-Pair-Share*-Phasen wird von der Lehrperson moderiert und zweistufig durch die beiden Fragen *Was habt ihr herausgefunden?* sowie *Gab es Ideen oder Ergebnisse, bei welchen ihr euch nicht einig gewesen seid?* jeweils eingeleitet. Dazu werden zunächst die Erkenntnisse der Schüler gemeinsam gesammelt, wobei wie in der vorangegangene Phase Strittigkeiten über bestimmte Entdeckungen entstehen können, die als Anregung einer Diskussion und Reflexion der Ergebnisse dienen. Sofern dies nicht der Fall ist, kann die Lehrperson bereits gelöste Konflikte aus dem Partneraustausch erfragen oder gegebenenfalls selbst aufgreifen. Dazu bietet es sich an, dass die Lehrperson bereits während der vorangegangenen Phase des Partneraustauschs auftretende Uneinigkeiten sammelt. Ziel dieser Phase ist es, ein Bewusstsein dafür zu schaffen, Vermutungen in Frage zu stellen und diese zu begründen bzw. zu widerlegen und damit den Übergang zu Prozessen des *Prüfen und Beweisens* zu fokussieren. Um dies zusätzlich zu unterstützen, wird nach der Reflexion und Sicherung der Schülerergebnisse eine fehlerhafte Vermutung eines fiktiven Schülers zur Diskussion gestellt. Je nach bereits erfolgtem Erkenntnisgewinn kann die Lehrperson dabei aus drei Alternativen auswählen, sodass die Vermutung einerseits neu für die Schüler ist, aber andererseits mit zeitlich geringem Aufwand widerlegt werden kann (siehe Abbildung 4.7). Auf diese Weise erleben

[16] Der entsprechende Arbeitsauftrag lautet: *Vergleiche deine Ergebnisse mit deinem Partner. Was habt ihr herausgefunden?*

die Schüler zudem, dass ein einziges Gegenbeispiel ausreichend ist, um eine All-Aussage, wie sie der fiktive Schüler Tim an dieser Stelle tätigt, zu widerlegen.

Alternative 1: ***Tim hat herausgefunden: „Es ist egal, welche Linien man weglässt. Man muss immer unten anfangen, damit man es in einem Zug nachzeichnen kann."***

Alternative 2: ***Tim hat herausgefunden: „Es ist egal, welche Linien man weglässt. Je nachdem, ob man eine gerade oder ungerade Anzahl an Linien hat, kann man es immer in einem Zug nachzeichnen."***

Alternative 3: ***Tim hat herausgefunden: „Es ist egal, welche Linien man weglässt. Man muss immer an einer der beiden Stellen anfangen, wo die Linie entfernt wurde."***

Abbildung 4.7 Drei Alternativen einer fehlerhaften Vermutung eines fiktiven Schülers

Ausgehend davon wird dann gemeinsam ein Vorgehen entwickelt, was Tim in seinem Vorgehen hätte besser machen können. Als verallgemeinerte Vorgehensweise wird ein Tafelbild, wie es in Abbildung 4.8 dargestellt ist, entwickelt. Gleichzeitig führt die Lehrperson den *grünen Stift* als Unterstützungsmittel ein.

Um sicher zu sein, dass unsere Überlegungen richtig sind und wir andere davon überzeugen können, stellen wir sie in Frage.

Wenn wir eine Vermutung haben, fragen wir uns deshalb:

- Ist das wirklich immer so?
- Warum ist das so?

Immer, wenn wir uns die Fragen stellen, markieren wir das in unserem Heft mit dem grünen Stift mit einem „?" und denken dann über die Fragen nach.

Abbildung 4.8 Tafelbild der ersten Doppelstunde des Unterrichtskonzepts

Der *grüne Stift* wurde als Arbeitsmittel entwickelt, um dem Übergang von Prozessen des *Erfinden und Entdeckens* zu Prozessen des *Prüfen und Beweisens* zu unterstützen und die Schüler damit anzuregen, getätigte Vermutungen in Frage zu stellen, sodass Überprüfungs- und Begründungsaktivitäten initiiert werden. Den Schülern wird in diesem Zuge ein grüner Textmarkierungsstift zur Verfügung gestellt, mit welchem Vermutungen markiert werden können. Um diese anschließend zu hinterfragen, wird die Tätigkeit des Markierens mit zwei Leitfragen verknüpft: *Ist das wirklich immer so?* und *Warum ist das so?* Aus diesem Grund wird für die Markierung mit dem *grünen Stift* das Fragezeichensymbol festgelegt. Die beiden Fragen erfüllen dabei unterschiedliche Funktionen. Während die erste Frage zunächst der getätigten Aussage bewusst den Stellenwert als veri- bzw. falsifizierbare Vermutung zuschreibt, soll die zweite Frage eine Begründungsnotwendigkeit hervorrufen (vgl. Bezold, 2010). Die Beantwortung beider Fragen initiiert damit verschiedene Tätigkeiten. Die erste Frage zielt auf eine Überprüfung der Vermutung anhand eines induktiven Vorgehens ab, indem die Aussage anhand von Beispielen überprüft wird. Falls sich die Vermutung dadurch nicht bestätigen sollte, kann sie nun anhand von Gegenbeispielen widerlegt werden. In dem Fall, dass sich die Aussage anhand von Beispielen als tragfähig erweist, ruft die Formulierung *Ist das wirklich* ***immer*** *so?* gegebenenfalls den Wunsch nach einer mathematischen Begründung hervor, um die Vermutung tatsächlich als Allaussage formulieren zu können. Sofern dies nicht der Fall ist, gibt die zweite Frage *Warum ist das so?* den Anstoß dazu, sodass idealerweise deduktive Begründungsansätze bzw. -prozesse angeregt und Erklärungen gesucht werden. Die zweite Frage kann somit auch wiederum die erste Frage bedingen, indem eine systematische Analyse der Beispiele stattfindet.

Aus lernpsychologischer Perspektive erfüllt die Verwendung des *grünen Stifts* eine doppelte Funktion. Die Farbe grün wurde aufgrund zumeist positiver und bestärkender Assoziationen ausgewählt (vgl. Breiner, 2019), sodass der Einsatz des Stifts nicht als Reaktion auf einen möglichen vorangegangenen „Fehler" im Denkprozess oder als unerwünschte Kontrolle wahrgenommen wird. Zusätzlich findet durch die Verwendung des *grünen Stifts* eine Verknüpfung verschiedener Wahrnehmungskanäle statt. Indem die Verwendung der abstrakt vorliegenden Fragen sowohl visuell (grünes Fragezeichen) als auch haptisch (Nutzung des Stiftes) angezeigt wird, findet eine tiefere Verankerung anhand verschiedener Assoziationsmöglichkeiten und somit ein nachhaltigeres Lernen statt (Vester, 1998). Somit werden die Fragen für die Schüler sowohl sicht- als auch greifbar gemacht. Mit der Einführung des *grünen Stifts* wird der Übergang vom *Erfinden und Entdecken* zum *Prüfen und Beweisen* explizit gemacht und ihm damit ein besonderer Stellenwert für den Erkenntnisprozess eingeräumt. Damit einher geht die Förderung einer mathematisch-forschenden

Haltung, indem der *grüne Stift* einerseits den Raum schafft, dass sich bestehende Haltungen der Schüler zeigen können und andererseits mit dem kritischen Denken ein Teilaspekt einer mathematisch-forschende Haltung (weiter-)entwickelt werden kann.

An die Einführung des *grünen Stifts* schließt als Abschluss der Unterrichtsstunde eine Übungsphase an, in der die Schüler das Unterstützungsmittel anwenden. Dazu stehen drei Alternativaufgaben zur Verfügung (siehe Anhang III, IV und V[17] im elektronischen Zusatzmaterial), aus welchen die Lehrperson einen geeigneten Aufgabenkontext auswählt. Damit ist auch die Unterrichtsplanung offen gestaltet und erfordert eine geeignete Planungsentscheidung der jeweiligen Lehrperson, um flexibel auf den bisherigen Unterrichtsverlauf reagieren zu können. Alle drei Kontexte basieren auf den fiktiven Schülervermutungen, von welchen eine bereits vor der Einführung des *grünen Stifts* thematisiert wurde. Sie stellen jeweils die Überlegungen und Beispiele des fiktiven Schülers Tim dar, die zu seinen Vermutungen (siehe Abbildung 4.7) geführt haben. Die Aufgabe der Schüler ist es zunächst, an geeigneten Stellen den *grünen Stift* zu verwenden und anschließend die damit einhergehenden Fragen zu beantworten (siehe Abbildung 4.9).

Tim hat die gleiche Aufgabe wie ihr bearbeitet.

(a) An welchen Stellen hätte Tim es besser machen können? Markiere die Stellen, wo du ihm die Fragen „Ist das wirklich immer so?“ und „Warum ist das so?“ stellen würdest, mit dem grünen Stift.

(b) Wie könnte man die Fragen an diesen Stellen beantworten? Notiere deine Überlegungen auf der nächsten Seite.

Abbildung 4.9 Aufgabenstellung zu den Überlegungen des fiktiven Schülers Tim

Alle drei Alternativen der Aufgabe beinhalten jeweils Aussagen unterschiedlicher Korrektheit und verschiedener Anforderungsniveaus der Begründung. Die Anhänge III, IV und V im elektronischen Zusatzmaterial stellen dar, an welchen Stellen der fiktiven Schülerbearbeitung Markierungen mit dem *grünen Stift* vorgenommen werden können. Je nach Leistungsniveau der Schüler kann dabei ein

[17] Die Schüler erhalten eine Version der jeweiligen Aufgabe *ohne* die Fragezeichen-Markierungen.

anderer Bedarf, die Aussagen des fiktiven Schülers zu hinterfragen, entstehen. Die Abwägung, welche Vermutungen hinterfragt werden (müssen), hängt damit ebenso vom individuellen Leistungsniveau sowie der Lerngruppe ab wie die Angemessenheit etwaiger Begründungen (Meyer & Prediger, 2009). Tabelle 4.1 gibt eine Übersicht über die Möglichkeiten, die die fiktiven Schülerbearbeitungen dabei bieten.

Die erste Anwendung des *grünen Stifts* an einer fremden, wenn auch fiktiven Schülerbearbeitung und nicht im Verlauf eigener Entdeckungsprozesse wurde bewusst so gewählt. Indem die Schüler fremde Bearbeitungen in dem Blick nehmen und damit zunächst „von dem Anspruch [enthoben werden], zu ihren eigenen Arbeitsprodukten auf Distanz zu gehen um diese bewusst reflektieren zu können" (Ehret, 2016, S. 92), wird die Hürde, Vermutungen zu hinterfragen, herabgesetzt.[18] Zudem werden auf diese Weise die Denkprozesse des *Erfinden und Entdeckens* von den durch den *grünen Stift* eingeleiteten Prozessen des *Prüfen und Beweisens* isoliert, was zunächst eine kognitive Entlastung darstellt. Die Aufgabe der Lehrperson in dieser Phase ist es, die Schüler zu der Verwendung des *grünen Stifts* anzuregen sowie bei der Ermittlung von geeigneten Einsätzen zu unterstützen.

Je nach vorhandener Zeit können im Anschluss die Ergebnisse gesammelt und diskutiert werden. Dies muss jedoch nicht zwangsläufig im Verlauf dieser Unterrichtsstunde erfolgen, sondern kann auch zu Beginn der darauf folgenden Doppelstunde durchgeführt werden und wird aus diesem Grund erst im Rahmen der zweiten Doppelstunde dargestellt. Sofern Letzteres der Fall ist, kann als didaktische Reserve alternativ die Aufgabe dienen, entweder die Bearbeitung von Tim zu überarbeiten oder eine Antwort an ihn zu formulieren, die eine Rückmeldung und Hinweise zur Verbesserung enthält.

Die zweite Doppelstunde steigt somit damit ein, die Bearbeitungen der zweiten Arbeitsphase der vorangegangenen Doppelstunde zu evaluieren. In diesem Zuge wird das Unterstützungsmittel des *grünen Stifts* noch einmal aufgegriffen und seine Anwendung gefestigt. In einem ersten Schritt wird dazu die der Aufgabe zugrundeliegende fiktive Schülerbearbeitung von der Lehrperson vorgelesen. Dabei machen die Schüler die Stellen, die sie mit dem *grünen Stift* markiert haben, durch eine Meldung mit ebendiesem deutlich. Auf diese Weise können einerseits direkt Diskussionspotentiale entstehen („Das muss man doch nicht hinterfragen, das ist doch klar!" – „Warum ist das denn klar?") und andererseits Schüler, die den Stift wenig eingesetzt haben, genau dazu angeregt werden. Nachdem die Stellen, an welchen der fiktive Schüler Tim es hätte besser machen sollen, im Klassengespräch festge-

[18] Wie Schoenfeld (2013, S. 199) dazu passenderweise bemerkte: „It's a lot easier to analyze behaviour when it's someone else's, and then to see that the analysis applies to yourselve."

Tabelle 4.1 Möglichkeiten und Beispiele zum Einsatz des *grünen Stifts* in der Übungsphase

Möglichkeiten zum Einsatz des *grünen Stifts*	**Beispielaussagen der drei Aufgabenalternativen**	**Mögliche Überprüfungen bzw. Begründungen**
Aussagen, die durch Nachzeichnen verifizierbar sind	**Alternative 1** Das kann man nachzeichnen.	Überprüfung anhand eines Zugs, der die Figur auf die geforderte Weise nachzeichnet. Begründung anhand der Anzahl ein- und abgehender Linien an den Eckpunkten.
Aussagen, die durch ein Gegenbeispiel widerlegt werden können	**Alternative 3** Man muss aber da anfangen, wo die Linie weggelassen wurde, sonst klappt es nicht.	Ein mögliches Gegenbeispiel liefert jeder der Startpunkte (bis auf die beiden unteren Ecken) eines gültigen Zugs.
Aussagen, deren Begründung einfache Argumente benötigen	**Alternative 2** 6 Linien bleiben übrig.	Überprüfung durch Nachzählen. Begründung anhand einer Rechnung: Es waren 8 Linien Beginn, davon wurden 2 entfernt. Somit bleiben 6 Linien übrig.
Aussagen, deren Begründung mehrere/komplexere Argumente benötigen	**Alternative 1, 2 und 3** Hier kann man sogar immer wieder am Startpunkt ankommen!	Überprüfung durch Nachzeichnen. Begründung: von jedem Eckpunkt gehen zwei Linien ab (bzw. es kommen zwei Linien an). Wenn die Figur nachgezeichnet wird, kann somit ein Zug, der zu einer Ecke gezeichnet wird, auch wieder von ihr weg gezeichnet werden. Da alle Ecken der Figur miteinander verbunden sind, gibt es einen Zug, der zu jeder Ecke hin- und auch wieder von ihr wegführt. Damit entsteht ein „Rundzug", der jede Ecke beinhaltet und in jedem Fall am Startpunkt wieder ankommt.

legt wurden, werden anschließend die Fragen diskutiert und Begründungen bzw. Gegenbeispiele entwickelt.

Nachdem das Unterstützungsmittel des *grünen Stifts* wieder ins Bewusstsein gerufen wurde, wird das zentrale Anliegen dieser Unterrichtsstunde präsentiert. Der Aufgabenkontext (siehe Abbildung 4.10) greift das sich in der Erprobung als geeignet erwiesene Problem der Vier-Farben-Vermutung auf und bildet damit den Rahmen für einen mathematischen Erkenntnisprozess. Da die Aufgabe bereits in Abschnitt 4.2.3 analysiert wurde, wird an dieser Stelle auf die Darstellung der entsprechenden didaktischen Überlegungen verzichtet und lediglich die nach der Erprobung vorgenommenen Änderungen begründet.

Die Phase der Eigenaktivität findet mit dieser Aufgabe in größerem Maße als in der vorangegangenen Doppelstunde statt, die als Vorbereitung dazu diente. In einem kurzen Lehrerinput werden die Regeln der Färbung sowie der Hinweis, dass eine Färbung mittels eines farbigen Punkts angedeutet werden kann, erläutert. Bevor die Schüler mit der Gruppenarbeit beginnen, wird eine Beispiellandkarte mit wenigen Ländern gemeinsam mittels eines Smartboards oder Tageslichtprojektors und Folien gefärbt. Dies dient einerseits dazu, das Verständnis der Aufgabenstellung zu gewährleisten und andererseits dazu, die Schüler zu aktivieren, indem beispielsweise direkt Färbungen erkannt werden, die mit weniger Farben auskommen oder andere Färbungen vorgeschlagen werden.

Die Firma SPIEL & SPASS möchte ein neues Spiel entwickeln, bei dem jeder Mitspieler eine kleine Fantasie-Landkarte erhält. Damit die Fantasie-Landkarten schön aussehen, möchten die Spielehersteller sie bunt färben, aber möglichst wenig Farben benutzen. Die Landkarten sollen so gefärbt sein, dass Länder mit gemeinsamer Grenze immer verschiedene Farben haben. Die Spielehersteller fragen sich nun, wie viele Farben dafür ausreichen.

Findet heraus, mit wie vielen Farben die Spielehersteller auskommen und notiert eure Überlegungen.

Abbildung 4.10 Aufgabenkontext und Arbeitsauftrag der Gruppenarbeitsphase

Während die Schüler in der ersten Doppelstunde zunächst in Einzel- mit anschließender Partnerarbeit Erfahrungen in einem mathematischen Erkenntnisprozess gesammelt haben, wird nun der Fokus auf die Entwicklung von Mathematik in Gruppen gelegt. Dazu wird wie in der Erprobung der Aufgaben ein Setting gewählt, in dem verschiedene Teams an der gleichen Aufgabenstellung arbeiten und mit ihren Ergebnissen letztendlich die anderen Teams überzeugen sollen. Die Gruppenarbeit hat hierbei den Vorteil, dass damit der vergleichsweise komplexen Aufgabe begegnet werden kann, indem verschiedene Ansätze und Ideen den Erkenntnisprozess bereichern können. Auch wenn die Aufgabenstellung selbst offen ist, sodass Prozesse des *Erfinden und Entdeckens* stattfinden können, wird das Unterstützungsmittel des *grünen Stifts* als zusätzliche Anforderung eingebracht, um Prozesse des *Prüfen und Beweisens* explizit anzuregen. Dies wird umgesetzt in der Sonderrolle des *Wächters*, die jeweils ein Schüler der Gruppe innehat und damit die Aufgabe, die Bearbeitung der eigenen Gruppe durch Einbringen des *grünen Stifts* und der damit einhergehenden Fragen zu „überwachen“. Damit müssen Aktivitäten des *Erfinden und Entdeckens*, des *Prüfen und Beweisens* sowie die Anregung des Übergangs nicht innerhalb einzelner Schüler vereint sein, sondern werden arbeitsteilig übernommen, sodass die Gruppe letztendlich als Ganzes davon profitieren kann und die individuellen kognitiven Anforderungen herabgesetzt werden. Wie bereits in der Auseinandersetzung mit einer fiktiven Schülerbearbeitung in der vorangegangenen Doppelstunde geht es dabei zunächst in erster Linie darum, die kognitiven Prozesse oder Produkte anderer Schüler bzw. der Gruppe zu hinterfragen und dies für den gemeinsamen Erkenntnisprozess als sinnvoll und gewinnbringend zu erleben. So kann eine Übernahme des Verhaltens für eigene Denkprozesse gefördert werden. Gleichzeitig wird durch die Sonderstellung des *Wächters* seine Rolle als etwas Besonderes im Erkenntnisprozess betont und damit auch für die restlichen Schüler der Gruppe als erstrebenswert angesehen. Je nach Lerngruppe kann die Rolle des *Wächters* in diesem Fall auch zwischen den Schülern wechseln; entsprechende Vorgaben werden durch die jeweilige Lehrperson zu Beginn festgelegt.

Im Gegensatz zu der Gestaltung der Aufgabe in der Erprobung schließt die Gestaltung des Plakats als eigenständige Arbeitsphase und nicht als eine Teilaufgabe an. Damit wird die Reflexion des Entdeckungsprozesses, die sich während der Erprobung als gewinnbringend erwiesen hat, beibehalten, aber dennoch explizit von den Phasen des *Erfinden und Entdeckens* sowie *Prüfen und Beweisens* getrennt, was für eine deutlichere Strukturierung des Lernprozesses sorgt. Auch wenn die Phase des *Überzeugen und Darstellens* erneut Prozesse des *Prüfen und Beweisens* initiieren kann, können sich die Schüler während der ersten Phase zunächst auf den Erkenntnisprozess an sich fokussieren und dann anschließend auf diesen zurückblicken. In der Gestaltung des Plakats sind die Schüler frei, entsprechendes Material wird ihnen zur Verfügung gestellt. Einzige Voraussetzung ist jedoch, dass die Plakate für sich stehen und die Entdeckungen somit ohne zusätzliche mündliche Erklärungen präsentiert werden sollen, damit in einem anschließenden *Museumsrundgang* (vgl. Barzel et al., 2018) ausreichend Zeit vorhanden ist, um die Plakate der anderen Teams zu betrachten. Für den *Museumsrundgang* wird den Schülern bewusst kein Beobachtungsauftrag an die Hand gegeben, da erwartet wird, dass durch eine Vielzahl an verschiedenen Ansätzen und Entdeckungen, die sich von den Ideen der jeweils eigenen Gruppe unterscheiden (oder ihnen gar widersprechen), ausreichend Potential für eine anschließende Reflexionsphase im Klassenverband geboten ist. Diese bildet gleichzeitig den Abschluss der Unterrichtseinheit, sodass es sich anbietet, in ihrem Verlauf mit den Schülern das Potential des *grünen Stifts* sowie der damit einhergehenden Fragen zu reflektieren.[19]

4.3.2 Durchführung und Weiterentwicklung

Das Unterrichtskonzept wurde zunächst im Rahmen des Untersuchungszyklus II in einer 6. Klasse erprobt (siehe Abschnitt 3.3.1). Daran schlossen jeweils Untersuchungszyklen der in Kapitel 5 ausgeführten Interviewstudie an, sodass sowohl die Durchführung des Unterrichtskonzepts selbst und ergänzend die Ergebnisse der Interviewstudie für die Weiterentwicklung des Konzepts genutzt werden konnten. Die Schlussfolgerungen für die Unterrichtseinheit werden im Folgenden dargestellt.

Der Kontext des *Haus vom Nikolaus* der ersten Doppelstunde hat sich insgesamt als motivierend für die Schüler herausgestellt. Da nahezu allen Schülern das Zeichenspiel bekannt war, war das Engagement groß, verschiedene Varianten des Nachzeichnens zu sammeln. Obwohl dies mehr Zeit als geplant in Anspruch nahm, erschien es lohnenswert, da die Schüler damit auf das Thema der Stunde eingestimmt und motiviert wurden. Die erste Arbeitsphase im Anschluss verlief wie geplant. Beispiele dabei entstandener Schülerbearbeitungen sind in den Abbildungen 4.11, 4.12 und 4.13 zu sehen.

Die Abbildungen verdeutlichen die verschiedenen Herangehensweisen, die durch die offene Aufgabenstellung ermöglicht wurden. Während der Schüler Philipp (siehe Abbildung 4.11) teilweise sehr systematisch eine Vielzahl an Beispielen konstruiert und untersucht hat, hat der Schüler Jakob (siehe Abbildung 4.12) den Fokus auf die Markierung des Zugs gelegt, sodass er auch im Nachhinein noch nachvollziehbar ist. Die Schülerin Lisa (siehe Abbildung 4.13) hingegen macht jeweils den Bezug zum Ursprungsobjekt deutlich und hebt zusätzlich hervor, welche Figuren sich als nachzeichenbar erweisen und welche nicht. Alle drei Vorgehensweisen entwickeln somit konkrete Beispiele und weisen Ansätze von Strukturierungen auf, sodass sie Potential für weitere Entdeckungen bieten: Philipps systematische Sammlung an Beispielen ermöglicht eine Vielzahl an Vermutungen, Jakobs Markierungen des Zuges

[19] Dies kann beispielsweise anhand der Fragen *Wie hat der grüne Stift mir geholfen?* oder *Inwiefern hat es unsere Gruppe vorangebracht?* geschehen.

Abbildung 4.11 Bearbeitung des Schülers Philipp

erleichtern es, die Eigenschaften der Ecken der Figuren zu untersuchen und Lisas Strukturierung hinsichtlich nachzeichenbarer und nicht nachzeichenbarer Figuren legt den Fokus auf die Frage, warum gewisse Figuren das Kriterium der Nachzeichenbarkeit nicht erfüllen. Anhand der Bearbeitungen kann jedoch im Nachhinein nicht nachvollzogen werden, inwieweit entsprechende oder andere Tätigkeiten tatsächlich stattgefunden haben. Aus diesem Grund wird für den folgenden Untersuchungszyklus das Augenmerk bei der Bearbeitung der Aufgabe darauf gelegt, dass damit einhergehende Überlegungen schriftlich fixiert werden. Dies hat zusätzlich den Vorteil, dass Vermutungen expliziert und präzisiert werden, was einen geeigneten Raum dafür schafft, diese anschließend zu hinterfragen.

Die Bearbeitung der Aufgabe ging größtenteils fließend in die anschließende Partnerarbeit zum Austausch der Entdeckungen über. Um gerade den leistungsschwächeren Schülern ausreichend Raum für ihre eigenen Entdeckungen zu geben, ist es jedoch sinnvoll, die Zeit dafür explizit einzuräumen und erst anschließend durch die Lehrperson gelenkt in den Austausch mit dem Partner überzugehen. Die darauf folgende Sammlung und Diskussion der Ergebnisse hat sich als sehr ergiebig herausgestellt. Die Motivation der Schüler, ihre Entdeckungen zu präsentieren, sowie die Vielfalt an Ergebnissen hat zu einem großen Diskussionsbedarf geführt.

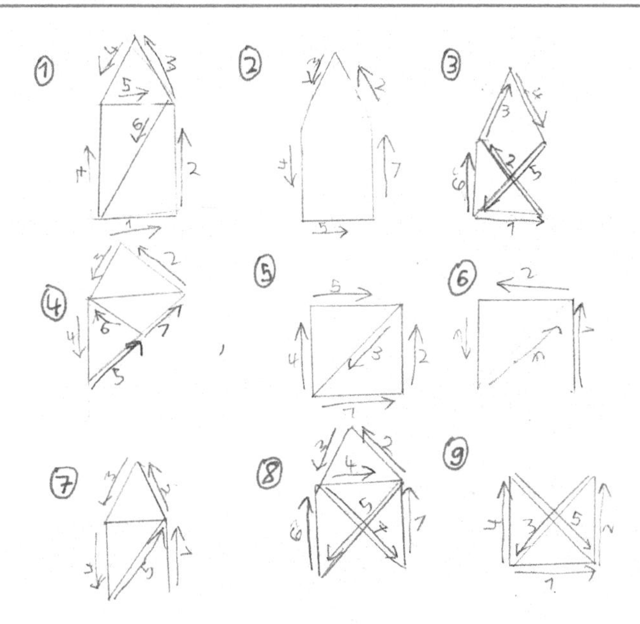

Abbildung 4.12 Bearbeitung des Schülers Jakob

Dies konnte noch weiter verstärkt werden, indem von der Lehrperson Beispiele aus der Partnerphase aufgegriffen und zur Diskussion gestellt wurden. Anschließend wurde die Alternative 1[20] der fiktiven Schüleraussagen genutzt, um das Bewusstsein dafür zu wecken, Vermutungen zu hinterfragen. Durch die vorherige Diskussion konnten dazu vergleichsweise zügig Gegenbeispiele gefunden werden. Da die ersten Reaktionen auf die Aussage jedoch verschieden ausfielen („Stimmt" – „Nein, das stimmt gar nicht!"), konnte daran anschließend der *grüne Stift* sinnhaft eingeführt werden. Für die Übung der Verwendung des *grünen Stifts* wurde Alternative 2 (siehe Anhang IV im elektronischen Zusatzmaterial) der fiktiven Schülerbearbeitung gewählt. Die Abbildungen 4.14, 4.15 und 4.16 stellen beispielhaft dabei entstandene Bearbeitungen des Aufgabenteils (a) dar.

Deutlich wird, dass sich die Häufigkeit des Einsatzes stark unterscheidet. Während der Schüler Dennis zwei Stellen markiert (siehe Abbildung 4.14), nutzt der Schüler Moritz den Stift an drei und die Schülerin Paula sogar an sechs Stellen der fiktiven Schülerbearbeitung (siehe Abbildungen 4.16 und 4.15). Der Schüler Moritz

[20] Tim hat herausgefunden: *„Es ist egal, welche Linien man weglässt. Man muss immer unten anfangen, damit man es in einem Zug nachzeichnen kann."*

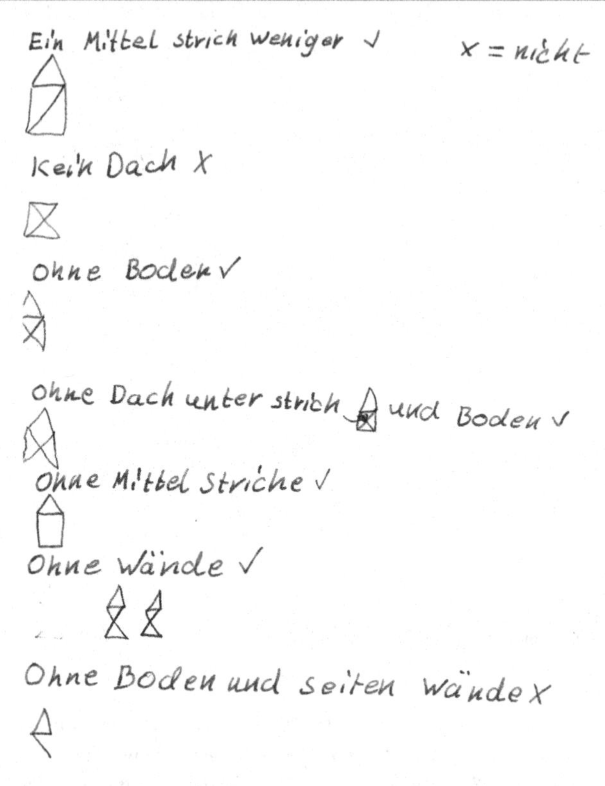

Abbildung 4.13 Bearbeitung der Schülerin Lisa

entwickelt die Markierung dabei insofern weiter, dass nach zufriedenstellend beantworteten Fragen das Fragezeichen durchgestrichen wird. Die Schülerin Paula nutzt zur Strukturierung der anschließenden Fragen eine Nummerierung der Fragezeichen. Durch die alleinige Nutzung des Fragezeichens wird bei den Schülern Dennis und Moritz jedoch deutlich, dass – zumindest für den Leser und damit gegebenenfalls auch für die Schüler selbst – unklar ist, welche Aussagen eines Absatzes tatsächlich gemeint sind. Die Schülerin Paula umgeht dies, indem sie den zugehörigen Text ebenfalls mit dem *grünen Stift* markiert, was für die Weiterentwicklung des Konzepts übernommen wird.

Die Bearbeitung des Aufgabenteils (b) fand ebenfalls in Einzelarbeit statt, sodass die Schüler die Möglichkeit hatten, sich mit der Beantwortung der beiden Fragen *Ist das wirklich immer so?* und *Warum ist das so?* eigenständig auseinandersetzen. Auf-

Tim hat geschrieben:

Ich lasse zuerst eine Linie weg, zum Beispiel so:

Dann habe ich nur noch 7 Linien. Das kann man nachzeichnen. Hier kann man sogar wieder am Startpunkt ankommen! ?

Jetzt lasse ich zwei Linien weg, zum Beispiel

oder

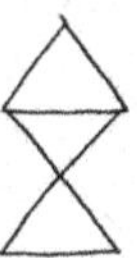

6 Linien bleiben übrig. Das klappt aber nicht! ?

Es ist egal, welche Linien man weglässt. Je nachdem, ob man eine gerade oder ungerade Anzahl an Linien hat, kann man es in einem Zug nachzeichnen ?

Abbildung 4.14 Bearbeitung des Schülers Dennis

Tim hat geschrieben:

Ich lasse zuerst eine Linie weg, zum Beispiel so:

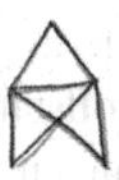

? 3

Dann habe ich nur noch 7 Linien. Das kann man nachzeichnen. Hier kann man sogar wieder am Startpunkt ankommen! ? 4

Jetzt lasse ich zwei Linien weg, zum Beispiel

? 2

oder

6 Linien bleiben übrig. 5 Das klappt aber nicht!

Es ist egal, welche Linien man weglässt. Je nachdem, ob man eine gerade oder ungerade Anzahl an Linien hat, kann man es in einem Zug nachzeichnen.

Abbildung 4.15 Bearbeitung der Schülerin Paula

Tim hat geschrieben:

Ich lasse zuerst eine Linie weg, zum Beispiel so:

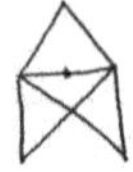

Dann habe ich nur noch 7 Linien. Das kann man nachzeichnen. Hier kann man sogar wieder am Startpunkt ankommen! ?

Jetzt lasse ich zwei Linien weg, zum Beispiel

oder

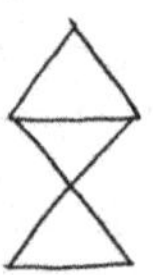

6 Linien bleiben übrig. Das klappt aber nicht! ?

Es ist egal, welche Linien man weglässt. Je nachdem, ob man eine gerade oder ungerade Anzahl an Linien hat, kann man es in einem Zug nachzeichnen. ?

Abbildung 4.16 Bearbeitung des Schülers Moritz

grund des hohen Anforderungsgrads einiger Begründungen sollte es nicht das Ziel der Schüler sein, eine vollständige Begründung zu jeder Frage zu verfassen. Dennoch konnten Überlegungen und Begründungsansätze beobachtet werden, einige davon werden im Folgenden beispielhaft dargestellt. Zu sehen sind jeweils die mit dem *grünen Stift* markierten Textstellen sowie jeweils darunter die Bearbeitungen der Schüler aus Lesbarkeitsgründen in transkribierter Form.

Die Bearbeitung der Schülerin Laila in Abbildung 4.17 verdeutlicht, dass die beiden Fragen *Ist das wirklich immer so?* und *Warum ist das so?* direkt mit dem *grünen Stift* verbunden sind, indem die Fragen mithilfe des Stifts fixiert werden. Während die zweite markierte Aussage („6 Linien bleiben übrig", untere Abbildung) mathematisch durch eine Rechnung begründet wird, kann die erste Aussage („Man kann sogar wieder am Startpunkt ankommen!", obere Abbildung) lediglich verifiziert, aber nicht begründet werden. In diesem Fall zeigt sich, dass der *grüne Stift* die Frage nach einer Erklärung zwar aufwirft und eine Auseinandersetzung anregt, aber dass dies kein Garant dafür ist, tatsächlich eine Erklärung finden zu können.

Ich lasse zuerst eine Linie weg, zum Beispiel so:

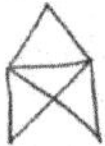

Dann habe ich nur noch 7 Linien. Das kann man nachzeichnen. Hier kann man sogar wieder am Startpunkt ankommen!

Laila schreibt:

Hier kann man sogar wieder am Startpunkt ankommen.

Ist das wirklich immer so? A: Ja, das geht.

Warum ist das so? A:

Laila schreibt:

Das klappt aber nicht.

Ist das wirklich immer so? A: Ja,

Warum ist das so? denn von acht Linien wurden zwei entfernt.

Abbildung 4.17 Bearbeitungen der Schülerin Laila

Die Schülerin Julia in Abbildung 4.18 wagt hingegen einen Erklärungsversuch. Sie begründet die in Frage gestellte Textstelle „Hier kann man sogar wieder am Startpunkt ankommen!" damit, dass mit sieben Linien insgesamt eine ungerade Anzahl an Linien vorliegt. Die Parität der Anzahl der Linien ist für sie die Begründung dafür, dass das Nachzeichnen funktioniert bzw. nicht funktioniert. In diesem Fall hat sie damit Recht, dass ein Hinzufügen der entfernten achten Linie dazu führen würde, dass der Zug nicht wieder am Startpunkt endet. Der Schluss, dass die ungerade Anzahl an Linien dazu führt, dass man wieder am Startpunkt ankommen

Ich lasse zuerst eine Linie weg, zum Beispiel so:

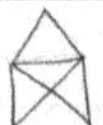

Dann habe ich nur noch 7 Linien. Das kann man nachzeichnen. Hier kann man sogar wieder am Startpunkt ankommen!

Julia schreibt:

? Warum ist das so? Beim nachziehen kann man wieder am startpunkt ankommen, weil es eine ungerade Zahl ist (an Strichen). Wenn es jedoch 8 Striche wären, könnte man auch wo anders enden.

Abbildung 4.18 Bearbeitung der Schülerin Julia

kann, ist jedoch im Allgemeinen nicht korrekt, denn es hängt vielmehr davon ab, **welche** Linie entfernt wurde. In diesem Fall führt das Entfernen der Linie dazu, dass die unteren beiden Eckpunkte des *Haus vom Nikolaus* nun nicht mehr die einzigen Ecken ungeraden, sondern geraden Grades sind. Sofern jedoch eine andere als die untere Linie entfernt werden würde, ist dies nicht mehr der Fall und auch mit insgesamt sieben Linien würde die Figur nicht so nachzeichenbar sein, dass man wieder am Startpunkt ankommen kann. Julias Ansatz kommt jedoch dem Bedürfnis nach, eine mathematische Begründung für den zugrundeliegenden Sachverhalt finden zu wollen, indem sie die Struktur der Figur in den Blick nimmt. Auch wenn die Anzahl der Linien in diesem Fall nicht die für die Begründung relevante Eigenschaft ist, setzt die zugrundeliegende Idee die ursprüngliche sowie die veränderte Figur miteinander in Beziehung. Dieses Vorgehen bietet somit das Potential, in der Weiterführung von Julias Ansatz, die Erklärung für den Sachverhalt zu entdecken.

Abbildung 4.19 zeigt, dass der Schüler Aaron das Hilfsmittel des *grünen Stifts* für sich adaptiert hat. Die Frage *Ist das wirklich immer so?* passt er auf den gegebenen Kontext an, indem er die Aussage *Es ist egal, welche Linien man weglässt* (unten) mit der Formulierung „Ist es wirklich egal, welche Linien man weglässt?" in Frage stellt. Er nimmt hier außerdem eine erste Strukturierung vor („Je nachdem welche Linie man weglässt gibt es Möglichkeiten wo das Haus mal klappt") und liefert gleichzeitig Gegenbeispiele (hier nicht zu sehen), die die Aussage *Es ist egal, welche Linien man weglässt* widerlegen. Darüber hinaus ist erkennbar, dass er die Aussage *Dann habe ich nur noch 8 Linien* ebenso wie Julia anhand einer Rechnung (und nicht empirisch durch Nachzählen) begründet. Bei der folgende Aussage *Hier kann man sogar wieder am Startpunkt enden* stellt er jedoch heraus, dass es ihm nur möglich ist, die Aussage empirisch zu überprüfen, jedoch nicht zu begründen. Die Frage *Warum ist das so?* des *grünen Stifts* scheint in diesem Fall in sein persönliches

Ich lasse zuerst eine Linie weg, zum Beispiel so:

Dann habe ich nur noch 7 Linien. Das kann man nachzeichnen. Hier kann man sogar wieder am Startpunkt ankommen! ?

Aaron schreibt:

① Ja, unten waren es 8 Linien, 1 wurde weggelassen.

② Ja, das klappt. Aber warum ist das so?

Es ist egal, welche Linien man weglässt. Je nachdem, ob man eine gerade oder ungerade Anzahl an Linien hat, kann man es in einem Zug nachzeichnen. ?

Aaron schreibt:

?: Ist es wirklich egal welche Linie man weglässt?

Es ist nicht egal, welche Linie man weglässt, je nachdem welche Linie man weglässt gibt es möglichkeiten wo das Haus mal klappt.

Abbildung 4.19 Bearbeitungen des Schülers Aaron

Interesse überzugehen und zeigt sein Bedürfnis nach einer Erklärung, wie seine Formulierung „Aber warum ist das so?" deutlich macht.

Insgesamt zeigt sich also, dass der durch den *grünen Stift* intendierte Übergang zu selbstständigen Prozessen des *Prüfen und Beweisens* tatsächlich stattfindet, indem Aussagen überprüft werden und versucht wird, Begründungen zu entwickeln. Dass die dargestellten Bearbeitungen keine Einzelfälle sind, sondern ausnahmslos jeder Schüler der Klasse mit dem *grünen Stift* gearbeitet und dabei gegebenenfalls sogar seine Verwendung auf seine eigene Weise adaptiert hat, macht das Potential des Stifts deutlich. Indem er als einfach verständliches und zugängliches Unterstützungsmittel von den Schülern genutzt werden kann, bietet er das Potential, Überprüfungs- und Begründungsprozesse anzuregen. Aus den Aufzeichnungen der Schüler und der Unterrichtsbeobachtung ist im Anschluss an die Nutzung zweierlei Aktivitäten erkennbar. Der Fokus der Bearbeitungen liegt dabei zunächst auf der empirischen Überprüfung der Aussagen und endet in der Entwicklung von Begründungen. Dass dabei gegebenenfalls letztendlich keine geeigneten oder zufriedenstellenden Begründungen entstehen, macht deutlich, dass für den anschließenden Unterricht weitere Anknüpfungspunkte gegeben sind und damit natürlich noch immer die Schwierigkeit besteht, tatsächlich eine mathematische Begründung zu finden. Der erste Schritt hin zur Entwicklung einer Begründung – eine Aussage überhaupt erst einmal zu hinterfragen – kann durch die Verwendung des *grünen Stifts* jedoch unterstützt werden. Es bietet sich beispielsweise an, den Fokus, der nun auf dem Übergang zwischen Prozessen des *Erfinden und Entdeckens* zu Prozessen des *Prüfen und Beweisens* lag, im Anschluss auf die letztgenannten Vorgänge zu legen und das mathematische Begründen in den Vordergrund zu stellen. Die Wirkung des *grünen Stifts*, diese Prozesse anzustoßen und die Hinweise darauf, dass Schüler die Methode für sich adaptieren, zeigt jedoch, dass der Stift das Potential bietet, in den (kognitiven) Werkzeugkasten der Schüler aufgenommen zu werden, indem er das Bedürfnis anregt, Vermutungen in Frage zu stellen und begründen zu wollen. Dieses Ergebnis wird auch durch die Auswertung der im Anschluss durchgeführten Interviewstudie gestützt. Wie sich in Kapitel 5 zeigt, wird der *grüne Stift* auch im Rahmen der Interviews ohne explizite Aufforderung durch die Interviewerin in den Erkenntnisprozess miteinbezogen und kann als wertvolles Unterstützungsmittel zur Anregung hinterfragender und begründender Tätigkeiten wirken.

Die zweite Doppelstunde knüpfte an die ersten Erfahrungen der Schüler mit dem Einsatz des *grünen Stifts* in Erkenntnisprozessen an, indem der Fokus nun auf der Entwicklung von Mathematik in Gruppen und dem gegenseitigen Hinterfragen lag. Die auf der Vier-Farben-Vermutung basierende Aufgabe wirkte bereits während der Präsentation der Aufgabenstellung motivierend, indem die beispielhafte Färbung, die zur Sicherung des Aufgabenverständnisses genutzt wurde, bereits zu Diskussionen führte. An diese Strittigkeiten konnte während der anschließenden Gruppenarbeitsphase angeknüpft werden. Abbildung 4.20 zeigt beispielhafte Schülerbearbeitungen, die während des Entdeckungsprozesses angefertigt wurden.

Die Bearbeitungen zeigen die vielfältigen Herangehensweisen der Schüler auf verschiedenen Ebenen. Eine Ebene betrifft die Darstellungsform. Während in der Skizze der Gruppe 3 durch die Form der Länder noch der Bezug zu einer tatsächlichen Landkarte zu erkennen ist, wurde diese Darstellung von den Gruppen 1 und 2 zu Kreisen bzw. Vierecken abstrahiert. Beide Darstellungen befinden sich gleichzeitig auf der Ebene von Spezialfällen von Länderkonstellationen, indem Gruppe 1 den Spezialfall darstellt, dass lediglich zwei Farben zur Färbung der Karte nötig sind. Auch die Darstellung der Gruppe 2 entspräche einer Konstellation, für deren Färbung zwei Farben ausreichend wären. Hier wurden allerdings für die erste vorgenommene Färbung sieben Farben genutzt. Erkennbar ist hier, dass durch vorgenommene Umfärbungen bereits zu einem Optimierungsprozess angesetzt wurde, um die Anzahl der genutzten Farben zu reduzieren (erkennbar beispielsweise an der Umfärbung von drei orangefarbenen zu grünen Vierecken in der dritten Zeile). Gruppe 3 stellt verschiedene Konstellationen dar, die einerseits mit zwei und andererseits mit drei Farben gefärbt werden können.

Für die Erkenntnisprozesse erwies es sich als lohnenswert, den Gruppen mehr Zeit als geplant zur Verfügung zu stellen. Aus diesem Grund wurden für die anschließende Erstellung von Plakaten zur Präsentation der Ergebnisse nur diejenigen Gruppen ausgewählt, die in ihrem Prozess bereits weiter fortgeschritten waren, sodass die restlichen Gruppen sich weiterhin auf ihre Erkundungen konzentrieren konnten. Abbildung 4.21 zeigt einen solchen Prozess der Plakaterstellung. Wie in der Abbildung erkennbar, wurden die Plakate dazu genutzt, um wesentliche Entdeckungen, wie besondere Länderkonstellationen, anhand von Beispielen darzustellen. Auf diese Weise wurden vorher gesammelte Beispiele erneut aufgegriffen, systematisiert und stellenweise erneut hinsichtlich einer optimierten Färbung diskutiert. Dieses Vorgehen erwies sich als besonders vorteilhaft, da somit Erkenntnisse aus einem späteren Zeitpunkt der Arbeitsphase auf frühere Beispiele übertragen werden und weiterentwickelt werden konnten.

Als große Herausforderung während des Arbeitsprozesses stellte sich die Verwendung des *grünen Stifts* heraus. Im Gegensatz zu der vorherigen Anwendung bestand hier die zusätzliche Schwierigkeit, dass ein Großteil der Entdeckungen und Vermutungen nicht schriftlich fixiert, sondern – wie es für solche Phasen in der Regel üblich ist – lediglich mündlich kommuniziert wurde. Somit bestand die anspruchsvolle Aufgabe des *Wächters* darin, zu entscheiden, wann es sinnvoll ist, die Fragen des *grünen Stifts* einzubringen oder welche Aussagen überhaupt zu hinterfragen sind. Da die Gruppenaufteilung leistungshomogen erfolgte, um alle Schüler möglichst gleichermaßen am Erkenntnisprozess teilhaben lassen zu können, zeigten sich in der Verwendung des *grünen Stifts* wesentliche Unterschiede. Für vergleichsweise leistungsschwächere Gruppen stellte es sich als hilfreich heraus, dass die Rolle des *Wächters* eindeutig auf einen Schüler festgelegt wurde. Dadurch wurden die verschiedenen kognitiven Prozesse arbeitsteilig übernommen. Der *Wächter* konnte somit den Fokus auf das Erfassen von Aussagen und das Anbringen der Fragen legen, während der restliche Teil der Gruppe sich auf die inhaltliche Auseinandersetzung konzentrieren konnte. Gleichzeitig konnten die Gruppenmitglieder voneinander profitieren, indem der *Wächter* ebenfalls an der Beantwortung der Fragen mitwirkte oder die restlichen Gruppenmitglieder bemerkten, dass eine Vermutung hinterfragt werden müsste. In leistungsstärkeren Gruppen konnte eine solche Vermischung der Aufgaben wesentlich häufiger beobachtet werden, sodass letztendlich nicht nur ein Mitglied der Gruppe die Rolle des *Wächters* übernahm.

Abbildung 4.20 Ausschnitte der Bearbeitungen der Gruppen 1, 2 und 3

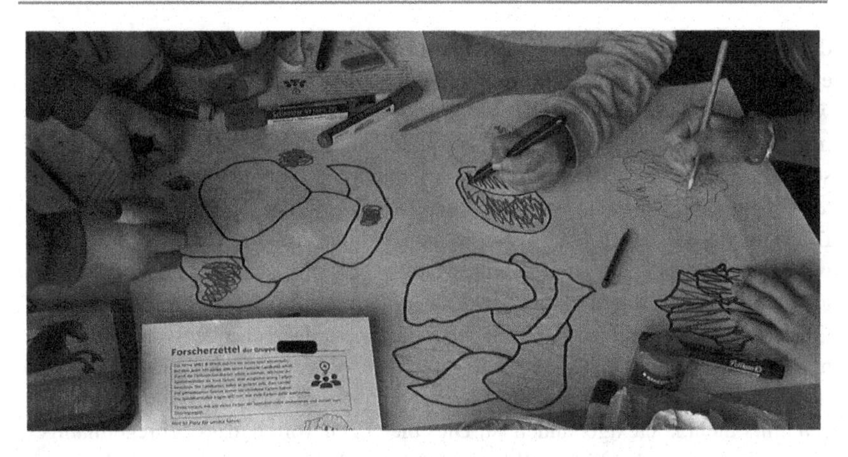

Abbildung 4.21 Schüler bei der Erstellung eines Plakats

Stellenweise wurde der Einsatz des *grünen Stifts* auch explizit im Sinne einer Rückschau nachgeschaltet, sodass Prozesse des *Erfinden und Entdeckens* und *Prüfen und Beweisens* geregelt nacheinander abliefen. Es kann somit festgehalten werden, dass der Einsatz des *grünen Stifts* in dieser Phase abhängig von der Leistungsstärke der individuellen Schüler, aber auch der Gesamtgruppe, gemacht werden kann. Während leistungsschwächere Schüler von einer eindeutigen Festlegung der Rolle des *Wächters* profitieren, kann es in leistungsstärkeren Gruppen dem Ermessen der Schüler überlassen werden, wie die Rolle ausgeführt wird.

Der anschließend geplante Museumsrundgang zur Begutachtung der erstellten Plakate wurde durch eine Präsentation einzelner Gruppen vor der gesamten Lerngruppe ersetzt. Diese Entscheidung kann damit begründet werden, dass die Präsentation der Plakate nicht ohne mündliche Ergänzungen durch die entsprechende Gruppe nachvollziehbar gewesen wäre. Gegebenenfalls hätten die Schüler während der Arbeitsphase verstärkt dazu angeregt werden können, ihre Überlegungen und Entdeckungen zu verschriftlichen, jedoch muss in diesem Fall entsprechend mehr Zeit eingeplant werden. Aus Stundenplanungsgründen erwies sich eine Präsentation einzelner Gruppen als geeignet und ermöglichte ebenso im Anschluss eine Diskussion und Reflexion der Ergebnisse im Klassengespräch.

Insgesamt stellte sich das entwickelte Unterrichtskonzept damit als geeignet für das Forschungsanliegen heraus. Die Aufgaben regten eine Vielzahl an Entdeckungsprozessen auf verschiedenen Niveaus an, sodass die Schüler eigenständige Erfahrungen in mathematischen Erkenntnisprozessen sammeln konnten. Auch wenn die Bearbeitung von solch offenen Aufgaben vielen Schülern zunächst ungewohnt erschien, konnte insgesamt festgestellt werden, dass sich die Eigenverantwortung, welche die Schüler während der Auseinandersetzung mit den Aufgaben übernahmen, motivierend auf den Erkenntnisprozess auswirkte. Der *grüne Stift* war dabei sowohl eine zusätzliche Herausforderung als auch ein sinnvolles Unterstützungsmittel, welches mit geringem Aufwand eine vergleichsweise große Wirkung erzielte. Die Tatsache, dass durch seine Verwendung kognitive Prozesse zum Thema gemacht wurden, war den Schülern ebenfalls weniger geläufig, aber hatte dennoch (oder gerade deswegen) die Wirkung, dem Übergang von Prozessen des *Erfinden und Entdeckens* zu Prozessen des *Prüfen und Beweisens* entsprechende Bedeutung zuzumessen und damit ins Bewusstsein zu rufen. Die Verwendung des Stift in zwei verschiedenen Aufgabenzusammenhängen zeigt außerdem, dass die Wirkung das *grünen Stifts* nicht kontextgebunden ist. Dies bietet den Vorteil, dass bei regelmäßiger Nutzung in unterschiedlichen Kontexten die mathematische-forschende Haltung, die der Stift intendiert, verinnerlicht wird und die Fragen, die mit dem Stift einhergehen, letztendlich auch losgelöst von diesem in Erkenntnisprozessen aufkommen können, wie es stellenweise in den Interviews der anknüpfenden Interviewstudie der Fall ist (siehe Kapitel 5). Hier zeigte sich, dass die Schüler den Stift tatsächlich unaufgefordert nutzen und in ihren Erkenntnisprozess von sich aus miteinbeziehen, um zuvor formulierte Vermutungen in Frage zu stellen und ihn damit als Anlass zu nehmen, nach Begründungen für diese zu suchen. Für eine erneute Durchführung des Unterrichtskonzepts im Rahmen des Untersuchungszyklus III wurden lediglich kleine methodische Anpassungen vorgenommen, die einen reibungsloseren Ablauf und eine intensivere Auseinandersetzung mit den Aufgaben ermöglichen sollen. Genannt seien dabei an dieser Stelle die Fokussierung auf die Verschriftlichung von Überlegungen und Entdeckungen in der ersten Arbeitsphase der ersten Doppelstunde sowie die Ergänzung des Einsatzes des *grünen Stifts* um die zusätzliche Markierung der Vermutung selbst (neben der Fragezeichen-Markierung).

Da sich aus dem daran anschließenden Untersuchungszyklus III keine weiteren Veränderungen beider Doppelstunden ergeben haben, wird an dieser Stelle auf eine Beschreibung der Durchführung und Auswertung verzichtet.

4.4 Fazit

Die vorliegende Arbeit ordnet sich dem Forschungsansatz des *Design Research* zu. Damit ist ein Ziel des Forschungsvorhabens, neben der Rekonstruktion und Analyse von Denkprozessen, Unterricht zu entwickeln, der bestimmten Ansprüchen genügt. Mit dem Anliegen, Mathematikunterricht zu gestalten, der die Entwicklung einer mathematisch-forschenden Haltung im Umgang mit Vermutungen fördert, ist mit der im vorangegangenen Abschnitt dargestellten Unterrichtseinheit eine entsprechende Lernumgebung konzipiert worden. Eingebettet in drei der vier Untersuchungszyklen des Forschungsprojekts wurde das Konzept so (weiter-)entwickelt, dass es für eine Nutzung im Mathematikunterricht übernommen werden kann.

Ausgehend von einer konstruktivistischen Sichtweise auf Lernen stehen dabei eigenständige mathematische Erkenntnisprozesse sowie die Selbstbestimmungsfähigkeit der Lernenden im Rahmen einer *kritisch-konstruktiven Didaktik* im Fokus. Um ebenjene Prozesse zu ermöglichen, findet sich der Leitgedanke des *entdeckenden Lernens* in den geplanten Unterrichtsaktivitäten wieder, indem die Schüler eigenständig Erfahrungen in mathematischen Erkenntnisprozessen sammeln. Dabei ist ein prozessorientiertes Unterrichtskonzept entstanden, dessen Kern die Kompetenzen des *mathematischen Argumentierens*, des *mathematischen Problemlösens* sowie des *Kommunizierens* bilden. Dabei orientiert sich die Gestaltung des Unterrichts an drei von vier relevanten Prozesskontexten des Mathematikunterrichts, die durch die entsprechenden Lernumgebungen angeregt werden: die Kontexte des *Erfinden und Entdeckens*, *Prüfen und Beweisens* sowie des *Überzeugen und Darstellens*.[21] Im Fokus steht dabei insbesondere der Übergang zwischen den beiden erstgenannten Prozesskontexten, der gleichermaßen elementar für die Entwicklung von Mathematik, aber ebenso anspruchsvoll für die Lernenden ist.

Das Unterrichtskonzept findet inhaltlich in Themenbereichen der Graphentheorie statt. Diese bieten Kontexte, die sich als geeignet für das Anliegen, den Lernenden mathematische Erkenntnisprozesse zu ermöglichen, herausgestellt haben. Ausschlaggebend dafür ist der geringe Grad an Vorkenntnissen, der zur Bearbeitung der Aufgaben nötig ist. Wie gezeigt, bieten die Aufgaben dennoch Raum für vielfältige Vermutungen und Entdeckungen. Somit ist es den Lernenden möglich, sich ein neues Themenfeld unvoreingenommen zu erschließen. Aufgrund der Offenheit der entwickelten Aufgaben sind dabei verschiedene Niveaus der Bearbeitung möglich, sodass sich Lernende verschiedener Leistungsstärken sinnvoll damit auseinandersetzen können. Damit eignet sich das Unterrichtskonzept nicht allein für den Einsatz in der Jahrgangsstufe 6, für welche es im Rahmen der vorliegenden Arbeit entwickelt wurde, sondern kann auch in anderen Klassenstufen genutzt werden. Aus der Erprobung der konzipierten Aufgaben in Untersuchungszyklus I gingen zwei Aufgabenkontexte hervor, die sich als geeignet für das Lernziel der Unterrichtseinheit erwiesen haben, eine mathematisch-forschende Haltung im Umgang mit Vermutungen anzuregen. Einerseits eine Aufgabe aus dem Bereich des Königsber-

[21] Der vierte Kontext betrifft den Prozesskontext des außermathematischen *Vernetzen und Anwendens*.

ger Brückenproblems, die im Unterricht anhand des *Haus vom Nikolaus* präsentiert wird und andererseits eine Aufgabe aus dem Kontext der Vier-Farben-Vermutung. Beide Aufgaben bieten die Möglichkeit, vielfältige Beispiele zu konstruieren, Strukturierungen vorzunehmen und davon ausgehend Vermutungen zu formulieren sowie mathematische Begründungen zu finden. Sie sind jeweils eingebettet in eine der beiden Doppelstunden, die als Ergebnis der konzeptionellen Überlegungen und Erprobung der Aufgaben entstanden sind.

Um den Übergang zwischen den Prozesskontexten des *Erfinden und Entdeckens* und *Prüfen und Beweisens* zu fokussieren und zu unterstützen, sprich getätigte Vermutungen zu hinterfragen und zu begründen (oder zu widerlegen), wurde das Unterstützungsmittel des *grünen Stifts* konzipiert und in das Unterrichtskonzept integriert. Der *grüne Stift* soll das Hinterfragen von Vermutungen als Teil einer mathematisch-forschenden Haltung anregen, indem die beiden Fragen *Ist das wirklich immer so?* und *Warum ist das so?* sowohl auf visueller als auch auf haptischer Ebene mit dem Stift verknüpft und damit kognitiv verankert werden. Durch die Auseinandersetzung mit den Fragen werden sowohl Überprüfungs- als auch Begründungsprozesse initiiert. Wenngleich es sich gezeigt hat, dass es einem Großteil der Schüler nicht gelungen ist, für jede Vermutung eine geeignete Begründung zu entwickeln, so war allumfassend das Bedürfnis erkennbar, eine solche Begründung zu finden. Das zeigt das Potential des *grünen Stifts* als Unterstützungsmittel, um Begründungsprozesse anzuregen. Um daran anzuknüpfen und diesem Begründungsbedürfnis gerecht zu werden, bietet es sich somit an, in der Folge an die konzipierte Unterrichtseinheit dem mathematischen Begründen selbst geeigneten Platz einzuräumen. Der Übergang, der mit dem Unterrichtskonzept an vielen Stellen erfolgreich initiiert werden konnte, kann somit aufgegriffen und anhand anschließender Begründungsprozesse noch deutlicher aufgezeigt werden, wie reichhaltig und lohnenswert sich eine mathematisch-forschende Haltung auswirken kann.

Das Unterrichtskonzept bietet damit eine Umgebung, die es den Lernenden ermöglicht, selbst in mathematischen Erkenntnisprozessen tätig zu werden und gleichzeitig als Teil einer mathematisch-forschenden Haltung hinterfragendes Verhalten (weiter) zu entwickeln. Auf verschiedenen sozialen Ebenen der Einzel-, Partner- und Gruppenarbeit bieten die konzipierten Aufgaben Anlässe zur eigenständigen Bildung von Vermutungen, indem es nicht das Lernziel ist, eine endgültige Lösung der Aufgaben zu erreichen, sondern die mathematischen Tätigkeiten, die mit einem Erkenntnisprozess einhergehen, zu erleben. Die offen gestalteten Aufgaben lassen dabei eine Vielzahl an Vermutungen, Beispielen und Gegenbeispielen sowie Systematisierungen und Begründungen zu. Durch die Einführung des *grünen Stifts* sind die Lernenden dabei dazu angehalten, formulierte Vermutungen zu hinterfragen. Indem dies nicht von außen gelenkt wird, sondern an den aus Schülersicht dafür als geeignet erachteten Stellen im Erkenntnisprozess stattfindet, wird die Selbstbestimmungsfähigkeit der Lernenden in den Mittelpunkt gestellt. Gleichzeitig wird durch den Unterricht ein Bewusstsein für den Nutzen des kritischen Hinterfragens einer Vermutung geschaffen, was durch einen Fokus der zweiten Doppelstunde auf den Prozesskontext des *Überzeugen und Darstellens* zusätzlich verstärkt wird.

Was das Unterrichtskonzept jedoch nicht leistet, ist eine generelle Verankerung oder Entwicklung einer mathematisch-forschenden Haltung. Dazu bedarf es einer kontinuierlichen Thematisierung und Fokussierung über die Inhalte des Curriculums hinweg. Die konzipierte Einheit kann dazu nur eine Anregung sein oder einen Anstoß geben, indem die Lernenden sich abseits der Themen der aktuellen Lehrpläne mit Mathematik auseinandersetzen und diese Haltung als lohnenswert erleben. Der *grüne Stift* als Unterstützungsmittel bietet jedoch das Potential, über Inhalte, Aufgaben und Unterrichtsformate hinweg als Werkzeug zur Anregung des Übergangs von Prozessen des *Erfinden und Entdeckens* zu Prozessen des *Prüfen und Beweisens* genutzt zu werden. Indem er als begleitendes Werkzeug kontinuierlich sowohl von Lernenden als auch Lehrpersonen als Anzeiger für das Hinterfragen von Vermutungen und zur Anregung von Überprüfungs- und Begründungsprozessen verwendet wird, kann im Idealfall eine Loslösung dieser Prozesse von dem Stift stattfinden und damit die Fragen *Ist das wirklich immer so?* und *Warum ist das so?* so verankert werden, dass sie in mathematischen Erkenntnisprozessen keines externen Triggers mehr benötigen. Als ein Ergebnis dieser Arbeit steht somit ein Unterrichtskonzept sowie ein Unterstützungsmittel für den Mathematikunterricht zur Verfügung, welches den Lernenden Anlässe bietet, selbst im Rahmen mathematischer Erkenntnisprozesse tätig zu werden und in diesem Zuge eine mathematisch-forschende Haltung zu entwickeln.

5 Rekonstruktive Perspektive – Empirische Interviewstudie

Das folgende Kapitel stellt das Resultat des rekonstruktiven Teils dieser Arbeit dar. Grundlage dafür ist die Durchführung und Auswertung einer qualitativen Interviewstudie im Anschluss an die Realisierung des in Kapitel 4 vorgestellten Unterrichtskonzepts im Rahmen der Untersuchungszyklen II, III und IV. Im Folgenden werden zunächst die theoretischen Grundlagen der Interviewstudie hinsichtlich der verwendeten Methoden erläutert (siehe Abschnitt 5.1), bevor sowohl die der Interviewstudie zugrundeliegenden Aufgaben (siehe Abschnitt 5.2) als auch die Entwicklung der entsprechenden Interviewleitfäden (siehe Abschnitt 5.3) dargestellt werden. Im Anschluss an die Beschreibung der Methoden zur Datenaufbereitung und -auswertung (siehe Abschnitte 5.4 und 5.5) findet die Darstellung der Ergebnisse statt (siehe Abschnitt 5.6). Hierbei werden zunächst die anhand des Datenmaterials rekonstruierten idealtypischen Haltungen von Schülern im Umgang mit Vermutungen und daran anschließend ausgewählte Fallbeispiele präsentiert, bevor hieraus schlussendlich Konsequenzen für den Mathematikunterricht abgeleitet werden.

5.1 Theoretische Grundlagen der qualitativen Interviewstudie

Wie bereits in Abschnitt 3.2 ausgeführt wurde, wurde im Rahmen dieser Arbeit eine qualitative Interviewstudie durchgeführt, um die individuellen Denkprozesse und Verhaltensweisen von Lernenden zu rekonstruieren. Im Rahmen einer Einzelfallstudie werden dabei vorrangig verbale Daten erhoben, welche die Grundlage für eine anschließende interpretative Auswertung bilden. Das halbstandardisierte Interview bietet dabei durch die Verwendung eines Interviewleitfadens das Gerüst für die Datenerhebung, indem es gleichzeitig systematisch und flexibel den Untersuchungsgegenstand erfassen kann. Durch die Kombination mit der Methode des

C. Danzer, *Haltungen von Sechstklässlern im Umgang mit Vermutungen in mathematisch-forschenden Kontexten*,
https://doi.org/10.1007/978-3-658-39794-4_5

Lauten Denkens entsteht ein geeignetes Instrument, um dem Anliegen, die kognitiven Prozesse von Lernenden im Rahmen eines mathematischen Erkenntnisprozesses zu untersuchen, gerecht zu werden. Beide verwendeten Methoden werden im Folgenden näher dargestellt.

5.1.1 Halbstandardisierte Interviews

Das halbstandardisierte Interview zeichnet sich durch die Verwendung eines Interviewleitfadens aus. Dieser bietet dem Interviewer eine Orientierung über den Verlauf und die Inhalte des Interviews, soll aber gleichzeitig offen und flexibel sein, sodass der Gesprächsfluss nicht eingeengt wird (Niebert & Gropengießer, 2014). Dadurch sollen die Sichtweisen und Denkprozesse der Interviewten in festgelegten Bereichen bestmöglich zur Geltung kommen, sodass eine geeignete Datengrundlage für das Forschungsanliegen geschaffen wird.

In der mathematikdidaktischen Forschung wird dabei häufig die Methode des *klinischen Interviews* verwendet, wobei zumeist das auf den Entwicklungspsychologen Piaget zurückgehende *revidierte klinische Interview* gemeint ist (Selter & Spiegel, 1997). Ursprung der Methode ist der psychotherapeutische Ansatz, durch „behutsames Nachfragen den Patienten zur Offenlegung seiner Gedankenwelt zu animieren" (Selter & Spiegel, 1997, S. 100 f.) und damit Verständnis über die Denkprozesse, welche Handlungen und verbalen Äußerungen zugrundeliegen, zu erlangen. Piaget reicherte diesen Ansatz insofern an, als dass er zusätzlich Material in die Interviews integrierte, mit welchem die Interviewten agieren konnten (Selter & Spiegel, 1997). Die entsprechenden Handlungen können weiteren Aufschluss über Denkprozesse geben, die nicht verbalisiert werden (können). Als halbstandardisiertes Verfahren bleibt auch hier der exakte Verlauf des Interviews offen, wird allerdings durch vorher festgelegte Leitfragen und bestimmte Aufgaben strukturiert (Selter & Spiegel, 1997). Gerade bei der Bearbeitung von Aufgaben, wie es auch in der vorliegenden Studie der Fall ist, ist es dabei jedoch nicht das Ziel, dass die Interviewten durch Nachfragen oder Hilfestellungen die Aufgaben bestmöglich lösen, sondern dass Erkenntnisse über die kognitiven Prozesse gewonnen werden können, die bei der Bearbeitung der Aufgaben ablaufen (Selter & Spiegel, 1997). Sich also in „bewusster Zurückhaltung" (Selter & Spiegel, 1997, S. 101) zu üben und die Interviewten durch den Verzicht auf Rückmeldungen möglichst wenig zu beeinflussen ist dabei die Herausforderung für den Interviewer selbst. Die Rolle des Interviewers ist damit ebenso wie die Gestaltung des Interviews am „Prinzip der Offenheit" (Helfferich, 2011, S. 51) orientiert. Damit einher geht die Zurückstellung der eigenen Deutungen und des Mitteilungsbedürfnisses, sodass der Redeanteil gering gehalten wird, um Raum für die Äußerungen der Interviewten zu geben (Helfferich, 2011; Selter & Spiegel, 1997). Dazu gehört auch, die Geduld aufzubringen, etwaig auftretendes Schweigen auszuhalten, um zu verhindern, dass Überlegungen der Schüler frühzeitig unterbrochen werden (Selter & Spiegel, 1997). Zur Herstellung eine angenehmen Gesprächsatmosphäre bietet es sich an, dieses Verhalten in der Interviewsituation im Voraus zu kommunizieren und transparent zu machen.

Anders als es die *klinische Methode* von Piaget ursprünglich vorsieht, werden im Rahmen der vorliegenden Studie die Interviews nicht mit einzelnen Kindern, sondern jeweils mit zwei Schülern paarweise geführt (Beck & Maier, 1993). Damit wird der Tatsache Rechnung getragen, dass mathematische Erkenntnisprozesse in der Regel im sozialen Austausch stattfinden. Für das Forschungsanliegen ist dies besonders bedeutend, da durch die paarweise Konstellation Situationen entstehen können, die die Entstehung kognitiver Konflikte begünstigen. Die Durchführung in Paaren regt kommunikative und interaktive Prozesse an, die neben der Methode des *Lauten Denkens* (siehe folgender Abschnitt) dazu beitragen, dass Überlegungen und Gedankengänge expliziert und nicht für sich behalten werden. Andererseits wird damit eine für die Schüler entspanntere und natürlichere Atmosphäre geschaffen, die der Situation im Unterricht nahekommt (Selter & Spiegel, 1997).

Um die Validität der erhobenen Daten zu gewährleisten, wird den vier von Mayring (2015) formulierten Gütekriterien Rechnung getragen:

- Die *Verfahrensdokumentation* ist im Sinne einer nachvollziehbaren Darstellung des Vorgehens bei der Datenerhebung, -aufbereitung und -auswertung in den Abschnitten 3.3.2, 5.4 und 5.5 ausgeführt.
- Die *Datendokumentation* erfolgt mittels Videoaufzeichnungen der Interviews, die anschließend in Transkripte überführt werden (siehe Abschnitt 5.4). Diese bilden die Grundlage der Datenauswertung in Abschnitt 5.6.
- Durch die Schaffung einer angenehmen Gesprächsatmosphäre soll ein möglichst authentisches *Mitwirken der Schüler* ermöglicht werden. Dazu trägt auch die Prozesstransparenz bei sowie der Hinweis, dass es sich bei den Interviews nicht um eine Leistungserhebung handelt.
- Eine *interne Triangulation* wird erreicht, indem an verschiedenen Stellen des Interviews ähnliche Situationen auftreten, auf welche die Schüler reagieren. Durch einen Vergleich des Verhaltens wird die Aussagekraft der Interpretationen erhöht.

5.1.2 Methode des Lauten Denkens

Die Methode des *Lauten Denkens* versucht, der Schwierigkeit, „das Unbewusste bewusst zu machen" (Selter & Spiegel, 1997, S. 102) zu begegnen. Mit der kognitiven Wende ab den 1970er-Jahren erhielt die Methode Eingang in die Unterrichtsforschung, um Denkprozesse von Schülern und Lehrpersonen untersuchen zu können, die das jeweilige Verhalten steuern (Huber & Mandl, 1982). Das *Laute Denken* ist deshalb insbesondere dazu geeignet, die bei der Bearbeitung von Aufgaben ablaufenden kognitiven Prozesse zu erfassen. Bei der Durchführung des *Lauten Denkens* werden die Schüler im Rahmen des Interviews dazu aufgefordert, zu verbalisieren, was ihnen bei der Bearbeitung der Aufgaben durch den Kopf geht. Diese Verbalisierung kann direkt während oder aber im Anschluss an die Aufgabenbearbeitung retrospektiv erfolgen (Fritz et al., 2018). Das *simultane* bzw. *periaktionale Laute Denken* vermeidet das Vergessen von Denkprozessen im Nachhinein, erfordert aber während des Bearbeitungsprozesses einen höheren kognitiven Aufwand als das *postaktionale Laute Denken* (Fritz et al., 2018). Für die vorliegende Studie werden die Schüler dennoch dazu angeregt, ihre Gedanken möglichst unmittelbar zu verbalisieren, denn selbst Gedankenausschnitte oder die Schwierigkeit, die Überlegungen zu formulieren, können Aufschluss über stattfindende kognitive Prozesse geben.

Der Methode des *Lauten Denkens* liegt das kognitionspsychologische Modell nach Ericsson und Simon (1993) zugrunde. Das Modell beruht auf der zentralen Annahme, dass Inhalte des Kurzzeitgedächtnisses direkt verbalisiert werden können, während Inhalte des Langzeitgedächtnisses erst abgerufen und in das Kurzzeitgedächtnis übertragen werden müssen. Somit laufen die für die Denkprozesse entscheidenden Aspekte bewusst ab, sodass sie wahrgenommen und verbalisiert werden können. Ericsson und Simon (1993) wie auch Huber und Mandl (1982) ordnen das *Laute Denken* demnach als die Methode ein, die am ehesten und vollständigsten die Möglichkeit bietet, individuelle kognitive Prozesse zu erfassen. Um die eben genannten Einblicke in die kognitiven Aktivitäten der interviewten Schüler auch tatsächlich zu erhalten, ist eine vorangestellte Instruktion zum *Lauten Denken* sinnvoll (Sandmann, 2014). Dabei sollte die Wichtigkeit dessen betont werden, dass die Schüler alles aussprechen, was ihnen tatsächlich durch den Kopf geht und keine Vorabauswahl hinsichtlich der Relevanz für den Interviewer vornehmen (Huber & Mandl, 1982). Auch während des Interviews können die Schüler durch Instruktionen wie „Denke bitte laut" oder „Vergiss nicht, laut zu denken" an das *Laute Denken* erinnert werden (Sandmann, 2014).

Trotz des Potentials weist die Methode des *Lauten Denkens* erhebliche Grenzen auf, die bei der Auswertung der Daten berücksichtigt werden müssen. Es besteht ein generelles Kapazitäts- und Auswahlproblem bei der Anwendung des *Lauten Denkens* (Huber & Mandl, 1982). Da nicht alle Gedankengänge gleichzeitig verbalisiert werden können, besteht die Notwendigkeit, unbewusst oder bewusst die Gedanken auszuwählen, die laut ausgesprochen werden. Die Auswahl dieser Gedanken ist dabei sowohl von individuellen Merkmalen als auch von der Interviewsituation abhängig (Huber & Mandl, 1982). Insbesondere Letztere hat durch den möglicherweise auftretenden Effekt der sozialen Erwünschtheit[1] großen Einfluss auf das *Laute Denken*, indem Gedankengänge verfälscht werden. Zudem sind nicht alle Gedanken gleichermaßen bewusst und für eine Verbalisierung zugänglich und stehen demnach für eine Erhebung gar nicht erst zur Verfügung (Sandmann, 2014). Nicht zuletzt spielt auch die Fähigkeit der Schüler, ihre eigenen Gedanken zu verbalisieren, eine entscheidende Rolle (Sandmann, 2014). Bei der Einforderung von prozessbegleitendem *Lauten Denken*, wie es in dieser Interviewstudie der Fall ist, besteht darüber hinaus die Gefahr, dass durch die Verbalisierung der kognitiven Prozesse ebendiese beeinträchtigt werden (Huber & Mandl, 1982). Im Vorfeld sollte daher idealerweise kommuniziert werden, dass die Bearbeitung der Interviewaufgaben stets Vorrang vor der Verbalisierung hat (Ericsson & Simon, 1993). Gegebenenfalls kann hier ein Wechsel zwischen simultanem und retrospektivem *Lauten Denken* genutzt werden, um die Anforderungen an die Schüler geeignet anzupassen.

Indem die Methode des *Lauten Denkens* eingebettet in ein halbstandardisiertes Interview genutzt wird, können letztendlich die individuellen Herangehensweisen und Denkprozesse der Lernenden in mathematischen Erkenntnisprozessen zur Klärung des Forschungsinteresses erfasst werden. Unter Berücksichtigung der oben aufgezeigten Grenzen der Methoden sowie dem Bewusstsein, dass geäußerte Gedanken nicht notwendigerweise die tatsächlichen Gedanken der Schüler abbilden, ergibt sich ein adäquates Erhebungsmittel für die vorliegende Studie.

5.2 Konzeption der Interviewaufgaben

Für die vorliegende Studie wurden drei Interviewleitfäden entwickelt, die jeweils auf unterschiedlichen Aufgaben basieren. Diese Aufgaben bilden den grundlegenden Rahmen für die Gestaltung der Interviews und werden im Folgenden näher dargestellt. Zentrales Anliegen der Aufgaben ist es, den Raum für mathematische Erkenntnisprozesse zu ermöglichen, wie es auch das Ziel der Aufgaben war, die dem Unterrichtskonzept in Kapitel 4 zugrunde liegen. Dabei sollen die Aufgaben

[1] *Soziale Erwünschtheit* beschreibt die Tendenz, nicht das tatsächliche, sondern ein sozial akzeptiertes Verhalten zeigen zu wollen (Huber & Mandl, 1982).

einerseits leicht verständlich und zugänglich für die Schüler sein, aber dennoch ausreichend Möglichkeiten bieten, Vermutungen zu formulieren und im Verlauf des Prozesses Entscheidungen hinsichtlich der Vorgehensweise und der Fokussierung treffen zu können. Die Aufgaben sollen somit den Anspruch erfüllen, möglichst ergiebig zu sein, sodass die Schüler sich über den Zeitraum des Interviews hinweg eigenständig mit der Aufgabenstellung auseinandersetzen können, ohne dass frühzeitige Impulse durch die Interviewerin erforderlich sind. Entstanden sind damit drei Kontexte, die im Folgenden vorgestellt werden: eine Variante des Nim-Spiels, die Nachzeichenbarkeit von Figuren in Anlehnung an das Unterrichtskonzept sowie die sogenannten Treppenzahlen.

Aufgabe „Nim-Spiel" des Untersuchungszyklus II: Die Interviewaufgabe basiert auf der Misère-Variation des Nim-Spiels (siehe bspw. Bewersdorff (2018)). In der Interviewsituation bilden die beiden Schüler ein Team, welches gegen die Interviewerin antritt. Gespielt wird folgende Variante:

Es liegen insgesamt 10 Plättchen in der Mitte des Tisches. Die beiden Teams sind abwechselnd an der Reihe. Wenn ein Team an der Reihe ist, darf es 1, 2 oder 3 Plättchen aus der Mitte des Tisches entfernen (Hinweis: Es ***muss*** *mindestens ein Plättchen entfernt werden). Das Team, welches das letzte Plättchen nehmen muss, hat verloren.*

Bei dem Spiel handelt es sich nicht um ein Glücksspiel, denn es existiert eine Gewinnstrategie. Ziel der Schüler in dem Interview soll es sein, eine solche Strategie zu entwickeln. Da die Entscheidung, welches Team das Spiel beginnt, dafür ausschlaggebend ist, wird diese den Schülern überlassen.[2] In der Analyse des Spiels können sogenannte Gewinn- beziehungsweise Verlustpositionen identifiziert werden. Eine Gewinnposition beschreibt den Spielzustand, dass ein Team sicher gewinnt – sofern es eine geeignete Spielstrategie verfolgt – unabhängig davon, wie die weiteren Spielzüge des gegnerischen Teams aussehen. Eine Verlustposition bedeutet demnach den Zustand, dass ein Team sicher verliert, unabhängig davon, wie seine weiteren Spielzüge aussehen – sofern das gegnerische Team eine geeignete Strategie verfolgt. Kurz zusammengefasst besteht eine geeignete Spielstrategie darin, so viele Plättchen zu entfernen, dass dem gegnerischen Team (je nach verfügbaren Plättchen) neun, fünf bzw. ein Plättchen übrig bleibt. Ist das gegnerische Team nun am Zug, verliert es in jedem Fall.[3] Entscheidend für das Erreichen dieser Gewinn-

[2] Die Aufgabe der Schüler lautet: „Wie könnt ihr am geschicktesten spielen, um zu gewinnen? Entwickelt gemeinsam eine Spielstrategie, mit der ihr am Ende gegen die Interviewerin antretet. Ihr dürft dann entscheiden, wer anfangen darf."

[3] **Ein** übrig gebliebenes Plättchen zwingt das gegnerische Team, dieses zu nehmen und damit das Spiel zu verlieren. Bei **fünf** übrig gebliebenen Plättchen kann das gegnerische Team ein,

positionen ist dabei die Frage nach dem Team, welches beginnt. In diesem Fall hat das beginnende Team den Vorteil, dass es direkt auf neun Plättchen reduzieren und somit das Spiel gewinnen kann.

Um eine solche Strategie zu entwickeln, erfordert es eine Analyse der jeweiligen Spielsituationen. In diesem Fall bietet es sich an, rückwärts zu beginnen und ausgehend von der Gewinnposition, dass dem gegnerischen Team ein Plättchen bleibt, auf die weiteren Gewinnpositionen und damit auch auf die Wahl des Startteams Rückschlüsse zu ziehen. Im weiteren Verlauf des Interviews kann außerdem die Anzahl an Plättchen variiert werden, die zu Beginn vorhanden ist. Dementsprechend kann sich die geeignete Wahl des Startteams ändern.

In der Pilotierung stellte sich die Aufgabe als aktivierend für die Schüler hinaus, denn sie waren insbesondere durch die Konstellation motiviert, gemeinsam gegen die Interviewerin anzutreten. Hinsichtlich des Forschungsanliegen erwies sich die Aufgabe dennoch als ungeeignet. Durch den Spielcharakter des Interviews wurden wenig konkrete Vermutungen formuliert und keine zielgerichteten Untersuchungen durchgeführt. Im Sinne einer unsystematischen „Try-and-Error"-Strategie standen weniger zugrundeliegende Strukturen, sondern der Spielspaß mit zufälligen Erfolgserlebnissen im Mittelpunkt. Somit konnte bis auf wenige Ausnahmen kein für das Forschungsanliegen relevanter mathematischer Erkenntnisprozess beobachtet werden. Aus diesem Grund wurde für das Interview für den folgenden Untersuchungszyklus eine neue Aufgabe konzipiert, wobei die grundlegende Struktur, wie sie in Abschnitt 5.3 beschrieben wird, beibehalten wird.

Aufgabe „In einem Zug" des Untersuchungszyklus III: Die Interviewaufgabe des Untersuchungszyklus III knüpft an die Erfahrungen der Schüler aus der vorangegangen Unterrichtseinheit an (siehe Abschnitt 4.3), indem auch hier die Tätigkeit des Nachzeichnens von Figuren im Mittelpunkt steht. Die Aufgabe entsteht in Anlehnung an die ursprünglich für das Unterrichtskonzept erprobte Aufgabe, herauszufinden, wie Figuren aussehen müssen, die man wie das *Haus vom Nikolaus* nachzeichnen kann (siehe Abschnitt 4.2.3) und ist damit eine sinnvolle Weiterführung dessen, was die Schüler im Rahmen der Unterrichtseinheit bereits erlebt haben. Für das Interview wird diese Aufgabe mittels einer weiteren Bedingung, die für das Nachzeichnen gelten soll, an den zeitlichen Rahmen angepasst:

zwei oder drei Plättchen nehmen. In diesem Fall können wiederum entsprechend Plättchen entfernt werden, sodass dem gegnerischen Team wiederum ein Plättchen bleibt. Analog können diese Situationen von **neun** vorhandenen Plättchen erreicht werden. Dabei muss jeweils der Zug des Gegners so ergänzt werden, dass nach beiden Zügen insgesamt vier Plättchen entfernt wurden.

Findet heraus, wie Figuren aussehen müssen, die man in einem Zug und ohne Linien doppelt zu zeichnen, nachzeichnen kann ***und*** *dabei wieder am Startpunkt endet.*

Aus fachlicher Perspektive geht es hier erneut um den *Satz von Euler*. Figuren, deren Ecken alle einen geraden Grad haben, ermöglichen damit das Nachzeichnen anhand der geforderten Bedingungen. Dabei ist es irrelevant, an welcher Stelle der Figur der Zug des Nachzeichnens beginnt, da die Figur als Ganzes einen sogenannten *Eulerkreis*[4] bildet. Die Aufgabe fragt somit nach einer Eigenschaft bzw. einem Kriterium, das aus der Untersuchung von Beispielen verallgemeinert und abstrahiert werden muss. Im Interview wird dies dadurch betont, dass das Ziel der Schüler ist, einen „Trick" zu entwickeln, mithilfe dessen entschieden werden kann, ob eine Figur auf die geforderte Weise nachzeichenbar ist, **ohne** diese tatsächlich nachzuzeichnen. Die Suche nach einem solchen „Trick" ist dabei zentral für den Erkenntnisprozess, da ein festes, aber dennoch offenes Ziel vorgegeben wird, da keine Aussage darüber getroffen wird, wie dieser Trick konkret aussehen kann. Den Schülern werden dabei keine Figuren vorgegeben, da einerseits die Konstruktion von (geeigneten) Beispielen einen Teil des mathematischen Erkenntnisprozesses ausmacht und da sie andererseits im Zuge der Unterrichtseinheit mindestens verschiedene Versionen des *Haus vom Nikolaus* als Ausgangspunkt für ihre Untersuchungen kennengelernt haben. Mögliche stattfindende Prozesse sind ähnlich zu den in Abschnitt 4.2.3, wobei hier die zusätzliche Einschränkung zu beachten ist, dass Start- und Endpunkt identisch sein sollen.

Indem als Ergebnis von den Schülern ein Trick verlangt wird, wird außerdem die Formulierung von konkreten Vermutungen angeregt, wie dieser Trick aussehen könnte. Aufgrund der Tatsache, dass der Trick auf alle und nicht nur einzelne Figuren anwendbar sein soll, werden die oben genannten Prozesse der Verallgemeinerung und Abstraktion motiviert und gleichzeitig Überprüfungs- und Begründungsprozesse angestoßen. Für den mathematischen Erkenntnisprozess zentral ist hierbei der Begründungsbedarf, der durch das Bedürfnis, einen funktionierenden Trick zu erhalten, ausgelöst wird. Dieser kann auf zwei Arten auftreten: Einerseits als Bedürfnis, zu zeigen, **dass** der Trick tatsächlich funktioniert, d. h. dass die entsprechende Vermutung tatsächlich korrekt ist und andererseits als Bedürfnis, zu zeigen, **warum** dieser Trick funktioniert. Letzteres kann gleichzeitig aus dem Bedürfnis entstehen, zu zeigen, dass der entwickelte Trick tatsächlich *immer*

[4] Der entsprechende Zug wird häufig auch *geschlossener Eulerzug* genannt und meint einen Zug, der jede Kante des Graphen genau ein Mal enthält und am Startpunkt endet (Aigner, 2015).

anwendbar ist. Um die genannten Prozesse weiter anzuregen, besteht im Verlauf des Interviews die Möglichkeit, als Impuls der Interviewerin Figuren in den Erkenntnisprozess zu integrieren. Diese können verschiedene Funktionen erfüllen, indem sie beispielsweise als Gegenbeispiele zu getätigten Vermutungen wirken, die Möglichkeit zur Überprüfung eines Tricks bieten oder als komplexere Figuren als die, die bisher untersucht wurden, eingebracht werden, die Abstraktionsprozesse benötigen, um einen geeigneten Trick zu entwickeln. Abbildung 5.1 zeigt mögliche Impulse, angeordnet nach Erfüllbarkeit des Kriteriums und Komplexität der Figuren.

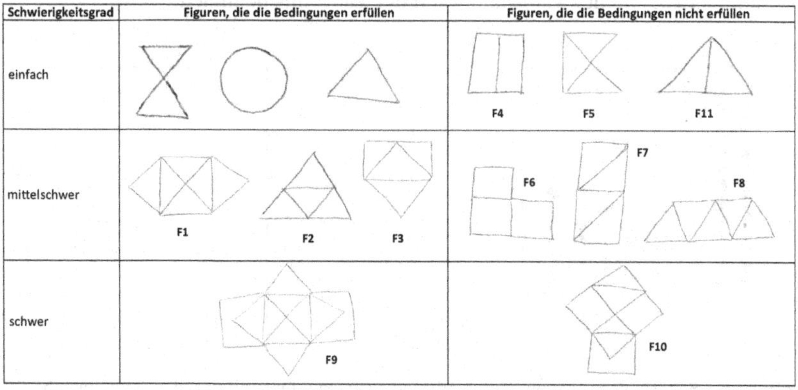

Schwierigkeitsgrad	Figuren, die die Bedingungen erfüllen	Figuren, die die Bedingungen nicht erfüllen
einfach		F4 F5 F11
mittelschwer	F1 F2 F3	F6 F7 F8
schwer	F9	F10

Abbildung 5.1 Möglichkeiten für Impulse der Interviewerin

Aufgabe „Treppenzahlen" des Untersuchungszyklus IV: Anders als die Aufgabe des vorangegangenen Zyklus knüpft diese Aufgabe nicht an die Vorerfahrungen der Schüler aus der Unterrichtseinheit an, sondern nutzt einen anderen Kontext. Grund dafür ist es, die kognitiven Prozesse der Schüler abseits der Kontexte, anhand derer mathematische Erkenntnisprozesse und der Übergang von Prozessen des *Erfinden und Entdeckens* zu Prozessen des *Prüfen und Beweisens* im Unterricht fokussiert wurden, zu untersuchen, um damit möglicherweise kontextübergreifende Aussagen treffen zu können.

Die Aufgabe wurde in Anlehnung an Leuders et al. (2011) in den Kontext der Treppenzahlen integriert. Als Treppenzahlen werden dabei natürliche Zahlen bezeichnet, die sich als Summe aufeinanderfolgender natürlicher Zahlen darstellen lassen. Die Darstellung als Treppenzahl ist dabei nicht notwendigerweise eindeutig, denn die Anzahl an Darstellungen entspricht der Anzahl an ungeraden Teilern (ausgenommen der 1) der Zahl. Anschaulich kann dies beispielsweise durch die

Möglichkeit des „Umschichtens" ausgehend von einer ungeraden Anzahl an gleich großen Treppenstufen begründet werden. Erfolgt diese Darstellung beispielsweise anhand von Plättchen oder als Punktmuster, ist die dabei entstehende Treppenform direkt erkennbar. Aus diesem Grund wird mit der Präsentation der Aufgabe der Begriff der Treppenzahl anhand dreier Darstellungsformen erläutert, die die Schüler während der Bearbeitung nutzen können: eine enaktive Darstellung mittels Plättchen, eine ikonische Darstellung als Punktmuster auf kariertem Papier und die arithmetische Darstellung als Summe natürlicher Zahlen (siehe Abbildung 5.2). Wie in der Abbildung bereits erkennbar, muss die Treppe bzw. die Zerlegung der Zahl als Summe dabei nicht zwangsläufig mit der Zahl Eins beginnen.

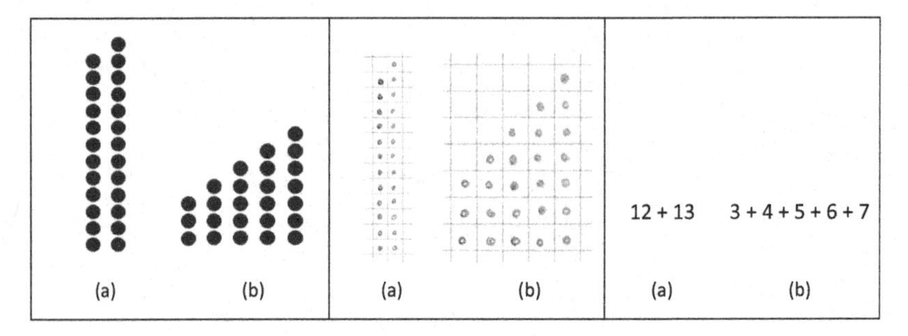

Abbildung 5.2 Enaktive, ikonische und arithmetische Darstellung der Treppenzahl 25 anhand beider möglicher Zerlegungen ((a) und (b))

Die Formulierung der Interviewaufgabe erfolgt aus denselben Gründen in ähnlicher Weise wie die der Aufgabe in Zyklus III:

Findet einen Trick heraus, wie man schnell erkennen kann, ob eine Zahl eine Treppenzahl ist.

Auch hier ist das Ziel, eine Eigenschaft bzw. ein Kriterium zu finden, anhand dessen eine Zahl als Treppenzahl identifiziert werden kann, ohne nach einer Darstellung als Summe aufeinanderfolgender natürlicher Zahlen zu suchen. Aus fachlicher Perspektive handelt es sich hierbei um die Eigenschaft einer Zahl, eine Potenz der Zahl Zwei zu sein. Da den Schülern der Begriff der Potenz zu diesem Zeitpunkt noch nicht zwangsläufig bekannt ist, ist es allerdings nicht das Ziel, das Kriterium auf diese Weise zu formulieren. Die Regelmäßigkeit, dass die Zahlen 2, 4, 8, 16,... keine Treppenzahlen sind, kann jedoch erkannt und beispielsweise anhand der zur Verfügung stehenden Plättchen durch (unmögliches) Umschichten dieser begründet werden. Darüber hinaus kann eine Vielzahl weiterer Vermutungen aufgestellt werden, die im Verlauf eines Prozesses begründet oder widerlegt werden können:

- Alle Zahlen sind Treppenzahlen (inkorrekt)
- Alle ungeraden Zahlen (größer eins) sind Treppenzahlen (korrekt)
- Alle geraden Zahlen sind Treppenzahlen (inkorrekt)
- Nur ungerade Zahlen sind Treppenzahlen (inkorrekt)
- Keine gerade Zahl ist eine Treppenzahl (inkorrekt)
- Alle Zahlen sind Treppenzahlen, außer 2, 4, 8, 16, ... (korrekt)

Es kann außerdem erkannt werden, dass durch 3 teilbare Zahlen ($\geq$ 6) als dreistufige, durch 5 teilbare Zahlen ($\geq$ 15) als fünfstufige Treppen usw. dargestellt werden können. Um die Vermutungen zu entwickeln, kann eine Vielzahl an Beispielen untersucht und Strukturierungen beispielsweise hinsichtlich der Anzahl der Treppenstufen vorgenommen werden.

Ebenso wie in der vorangegangenen Aufgabe besteht auch hier die Möglichkeit durch die Interviewerin, den Erkenntnisprozess der Schüler durch geeignete Impulse weiter anzuregen. Dies kann durch das Einbringen bestimmter Zahlen passieren. Damit können sowohl mögliche Gegenbeispiele zu formulierten Vermutungen als auch größere Zahlen als die bisher betrachteten eingebracht werden, um einerseits eine systematische Untersuchung von Zahlen und andererseits den Bedarf nach mathematischen Begründungen zu wecken, da gegebenenfalls Zahlen ausgewählt werden, die aufgrund ihrer Größe nicht mehr mit den zur Verfügung stehenden Plättchen darstellbar sind. Die Interviewerin kann dabei aus einer Liste aller Zahlen bis 100 (siehe Anhang VI im elektronischen Zusatzmaterial) auswählen.

5.3 Entwicklung und Überarbeitung des Interviewleitfadens

Die drei Interviewleitfäden, in die die soeben dargestellten Aufgaben einbettet sind, wurden ausgehend von dem *SPSS-Prinzip* entwickelt (Helfferich, 2011). Dabei wurden zunächst mögliche Fragen und Impulse *gesammelt* („S"), auf ihre Eignung hinsichtlich des Forschungsanliegens *geprüft* („P"), *sortiert* („S") und anschließend zu inhaltlichen Bereichen *subsumiert* („S"). Ziel der dabei konzipierten Leitfäden ist es, den Schüler im Rahmen des Interviews möglichst offen einen mathematischen Erkenntnisprozess durch die Bearbeitung der Aufgaben zu ermöglichen. Aus diesem Grund werden die Interventionen durch die Interviewerin möglichst gering zu halten, um den Einfluss auf die Schüler zu reduzieren. Es besteht jedoch die Möglichkeit, durch eine Auswahl an Impulsen, den Erkenntnisprozess der Schüler weiter anzuregen. Die vollständigen Leitfäden in tabellarischer Form finden sich in den Anhängen VII, VIII und IX im elektronischen Zusatzmaterial.

Der Interviewverlauf gliedert sich in fünf verschiedene, teilweise optionale Phasen: *Einstieg*, *Erarbeitung*, *Sicherung* (optional), *Erprobung*, *Vertiefung* (optional) und *Abschluss*. Vor dem inhaltlichen Einstieg findet zunächst eine Einführungsphase statt, in der die Schüler Informationen über den Ablauf und Zweck der Untersuchung erhalten (Fritz et al., 2018). Dabei soll eine möglichst entspannte Gesprächsatmosphäre geschaffen werden, in der sich die Schüler wohl fühlen, indem beispielsweise betont wird, dass es sich um keine Leistungsüberprüfung handelt und es somit nicht schlimm ist, wenn die Schüler etwas vermeintlich Falsches sagen (Niebert & Gropengießer, 2014). Die anschließenden eigentlichen Phasen des Interviews werden im Folgenden dargestellt.

Einstieg: Der inhaltliche Einstieg in das Interview beginnt mit der Einführung in die jeweiligen Aufgabenkontexte, indem relevante Begriffe (bspw. Treppenzahl), Eigenschaften (bspw. Kriterium der Nachzeichenbarkeit) oder Regeln (bspw. Spielregeln) erläutert werden. Diesbezüglich auftretende Unklarheiten werden beseitigt, bevor die eigentliche Aufgabenstellung präsentiert wird. Dies geschieht in Zyklus II, indem die Schüler ein Testspiel des Nim-Spiels gegen die Interviewerin spielen, was gleichzeitig die anschließende Aufgabe motiviert. In Zyklus III wird das Kriterium der Nachzeichenbarkeit anhand des *Haus vom Nikolaus* wiederholt und in Zyklus IV wird die Eigenschaft einer Zahl, eine Treppenzahl zu sein, anhand der Zahl 25 erläutert. Dazu wird eine Zerlegung (12+13) mit den Plättchen gelegt und auf die dabei entstandene „Treppe" aufmerksam gemacht. Anschließend notiert die Interviewerin die Zerlegung sowohl als Punktmuster als auch arithmetisch. Als zweites Beispiel wird auf die gleiche Weise eine weitere Zerlegung der 25 erläutert (3+4+5+6+7) und weitere Festlegungen[5] getroffen. An die thematische Einführung schließt dann die Präsentation der Aufgabenstellung (siehe Abschnitt 5.2) an, die als Arbeitsauftrag über das gesamte Interview hinweg gilt. Dabei steht den Schülern je nach Aufgabe verschiedenes Material zur Verfügung, welches sie je nach Bedarf nutzen können. Dazu gehören in jedem Fall Bunt- und Bleistifte sowie Blankopapier, im Fall der Treppenzahlen zusätzlich kariertes Papier und 50 kleine Plättchen, um damit Treppenzahlen legen zu können und im Fall des Nim-Spiels zehn unmar-

[5] Wie bspw. die Tatsache, dass eine Treppe bzw. Summe nicht mit der Zahl Eins beginnen muss.

kierte Holzwürfel, die als Spielsteine dienen. In jedem Interview liegt dazu auch der *grüne Stift* bereit, der den Schülern aus der Unterrichtseinheit bekannt ist.

Erarbeitung: Die Auseinandersetzung mit der Aufgabe stellt den Kern des Interviews dar und macht den Hauptteil der Interviewzeit aus, indem die Schüler gemeinsam an der jeweiligen Aufgabe arbeiten. Dabei bestehen verschiedene Möglichkeiten für Impulse durch die Interviewerin. Die im Folgenden vorgestellten Interventionen werden allerdings möglichst selten eingesetzt, um den Einfluss auf den Entdeckungs- bzw. Erkenntnisprozess der Schüler möglichst gering zu halten. Was insbesondere **nicht** eingefordert wird, sind Begründungen, da der Übergang zu diesen im Interesse der Forschung liegt und somit nicht durch die Interviewerin vorweggenommen werden soll. Sobald die Schüler jedoch von ihren Entdeckungen überzeugt scheinen, wird zur nächsten Interviewphase übergegangen.

- **Anregung zur Nutzung des grünen Stifts**: Falls der Übergang von Prozessen des *Erfinden und Entdeckens* zu Prozessen des *Prüfen und Beweisens* selten bis gar nicht stattfindet, kann die Interviewerin den *grünen Stift*, der als Material zur Nutzung durch die Schüler zur Verfügung steht, als stummen Impuls in die Hand nehmen, sodass dies von den Schülern bemerkt wird. Die Schüler sollen dadurch ohne verbale Interventionen dazu angeregt werden, sich mit den Fragen, die mit dem *grünen Stift* verknüpft sind, im Rahmen ihres Erkenntnisprozesses auseinanderzusetzen. Zu beachten ist hierbei allerdings, dass der Impuls nicht zu früh eingesetzt werden sollte, sondern nur dann, wenn später im Prozess wiederholt Vermutungen nicht in Frage gestellt bzw. begründet oder widerlegt werden.
- **Fokus auf Entwicklung eines Tricks**: In dem Fall, dass sich die Bearbeitung der Schüler nach angemessener Zeit nicht von der Beispielebene löst, kann entweder der Arbeitsauftrag noch einmal wiederholt werden, um den Fokus auf die Entwicklung eines Tricks zu lenken oder angekündigt werden, dass die Schüler im weiteren Verlauf Figuren bzw. Zahlen erhalten, die sie auf die geforderte Eigenschaft hin überprüfen sollen.
- **Strukturierung der Bearbeitung**: Falls die Überlegungen der Schüler unüberschaubar werden (sowohl für die Interviewerin als auch für die Schüler selbst), sodass der Erarbeitungsprozess beeinträchtigt wird oder Ergebnisse möglicherweise verloren gehen, werden die Schüler aufgefordert, ihre Überlegungen schriftlich festzuhalten. Dies soll gleichzeitig die Strukturierung und Reflexion der Denkprozesse ermöglichen.
- **Festhalten von Vermutungen**: Dieser Impuls wurde erst im letzten Untersuchungszyklus eingeführt, mit der Intention, Vermutungen explizit zu machen.

Falls die Schüler somit Vermutungen oder Ideen äußern und diese nicht selbstständig fixieren, werden sie von der Interviewerin aufgefordert, dies zu tun. Dazu steht ein separates Blatt Papier mit dem Titel „Unsere Vermutungen“ zur Verfügung, wodurch die Vermutungen einen anderen Stellenwert als flüchtige Überlegungen erhalten und im weiteren Verlauf einerseits nicht in Vergessenheit geraten und andererseits in einer Form dargestellt werden, in der ein Hinterfragen oder eine Diskussion einfacher zugänglich ist.

Sicherung (optional): Ähnlich wie es der Impuls zur Strukturierung der Bearbeitung in der vorangegangenen Phase fordert, kann je nach Grad der Strukturiertheit des Erarbeitungsprozesses als optionale Phase auf die Erarbeitung eine Sicherung folgen. Ähnlich wie es die Intention der Unterrichtseinheit war, durch die Erstellung von Gruppenplakaten die Entdeckungsprozesse zu reflektieren, kann auch diese Phase dazu genutzt werden, getätigte Überlegungen und Entdeckungen zu rekapitulieren, zu sortieren und das Ergebnis schriftlich zu fixieren.

Erprobung: Diese Phase dient der Erprobung der Entdeckungen aus der Erarbeitungsphase und richtet sich nach dem individuellen Erkenntnisprozess der Schülerpaare. In Zyklus II besteht die Erprobung darin, dass die Schüler ihre entwickelte Spielstrategie im Spiel gegen die Interviewerin anwenden, in Zyklus III bzw. IV erhalten die Schüler entsprechend ihrer vorangegangen Entdeckungen Figuren bzw. Zahlen, die sie unter Anwendung ihrer Entdeckungen auf Nachzeichenbarkeit bzw. die Eigenschaft, eine Treppenzahl zu sein, untersuchen sollen. Die jeweiligen Erprobungen können anschließend als Ausgangspunkt für weitere Überlegungen dienen. Der weitere Interviewverlauf richtet sich nun nach der Tragfähigkeit der Entdeckungen. Sofern ein geeigneter Trick gefunden wurde, kann hier gegebenenfalls weiter nachgefragt oder zur nächsten Phase übergegangen werden. Falls sich die Entdeckungen als ungeeignet erwiesen haben, schließt eine erneute Phase der Erarbeitung an, in welcher der Trick modifiziert oder ein neuer Trick entwickelt werden kann.

Vertiefung (optional): Abhängig vom bisherigen Verlauf des Interviews sowie der Aufmerksamkeits- und Konzentrationsfähigkeit der Schüler kann eine Phase der Vertiefung anschließen. Diese wird durch eine über den ursprünglichen Arbeitsauftrag hinausgehende Fragestellung eingeleitet, indem die Spielsituation verändert (bspw. 13 statt 10 Spielsteine), weitere Bedingungen an den Trick formuliert (Treppenzahlen mit genau drei oder fünf Stufen) oder vertiefende Nachfragen gestellt werden (Wie geht ihr beim Nachzeichnen genau vor?).

Abschluss: Das Interview schließt ab mit der Möglichkeit für Schüler, Fragen zur Aufgabe, den Entdeckungen oder zur Untersuchung zu stellen. Sie erhalten außerdem den für die Durchführung weiterer Interviews wichtigen Hinweis, ihren Mitschülern keine Informationen über die Aufgabe oder mögliche Entdeckungen mitzuteilen, um nachfolgende Interviews nicht zu beeinflussen.

Über das ganze Interview hinweg können außerdem vonseiten der Interviewerin Aufrechterhaltungs- oder Nachfragen zu besseren Verständlichkeit der Tätigkeiten und Denkprozesse gestellt werden (bspw. Wie meinst du/ihr das genau? Was denkst du/denkt ihr gerade?) (Helfferich, 2011). Für die Durchführung des Interviews gilt generell, dass Nachfragen oder Impulse an den für den Gesprächsverlauf geeigneten Stellen anzubringen sind, um den Erkenntnisprozess nicht zu beeinträchtigen. Außerdem werden die verwendeten Begrifflichkeiten an die der Schüler angepasst. Dies gilt insbesondere für den Fall, dass im Verlauf des Interviews von den Schülern Begriffe entwickelt werden, auch wenn diese gegebenenfalls als nicht geeignet eingeschätzt werden.

5.4 Datenaufbereitung

Die beiden folgenden Abschnitte stellen sowohl die Aufbereitung als auch die verwendeten Methoden zur Analyse der in der Interviewstudie gewonnen Daten dar. Die entsprechenden Erhebungskontexte der Daten wurden bereits in Abschnitt 3.3.2 beschrieben. Um die in der Interviewstudie erhobenen Daten für die Analyse zugänglich zu machen, werden diese zunächst in einem Transkript verschriftlicht. Hierfür sind in den Bereichen *Vollständigkeit der Transkription*, *Umfang der Transkription* sowie der *Art der Wiedergabe* Entscheidungen im Hinblick auf das Forschungsanliegen zu treffen (Fritz et al., 2018). Im Zuge dessen findet bereits ein erster Schritt der Interpretation der Originaldaten statt.

Die Interviews werden mit Ausnahme der Einführungs- und Abschlussphase vollständig transkribiert, d. h. es werden im Vorfeld keine spezifischen Episoden für die Transkription ausgewählt. Diese Entscheidung resultiert aus der Tatsache, dass mit dem Forschungsanliegen Prozesse des Umgangs mit Vermutungen in den Blick genommen werden sollen. Da sich diese über den gesamten Verlauf des Interviews hinwegziehen, erscheint es nicht sinnvoll, bereits vor der Transkription gewisse Szenen auszuschließen.

Die Transkription umfasst sowohl verbale Äußerungen als auch nonverbale Merkmale und für das Forschungsanliegen bedeutsame Handlungen (Bortz & Döring, 2006). Somit gibt das Transkript nicht nur den Inhalt der Äußerungen, sondern auch für die Analyse relevante Handlungen wie Zeigebewegungen, Verschriftlichungen oder Handlungen mit konkreten Objekten wieder. Es beinhaltet außerdem Sprechpausen und Hinweise auf die Äußerungsform wie beispielsweise geflüsterte Äußerungen oder Äußerungen, die durch Lachen begleitet werden, damit diese in der anschließenden Analyse mit berücksichtigt werden können. Durch die Entscheidung, welche dieser Handlungen für den Analyseprozess relevant sind, erfolgt eine nächste Interpretation des Datenmaterials.

Das Transkript wird in literarischer Umschrift verfasst. Somit werden Versprecher, Wortwiederholungen, Wort- bzw. Satzabbrüche oder sprachliche Eigenheiten nicht geglättet, sondern beibehalten. Als frühestmöglicher Zeitpunkt findet im Zuge der Transkription außerdem die Anonymisierung der Schüler statt, indem ihre Namen durch Pseudonyme ersetzt werden. Die Transkriptionsregeln wurden in Anlehnung an Flick et al. (2017) und Dresing und Pehl (2011) entwickelt und sind im Anhang X im elektronischen Zusatzmaterial vollständig einzusehen. Die auf diese Weise entstandenen Transkripte bilden die Grundlage für die anschließende Datenauswertung.

5.5 Analyseverfahren

Die Auswertung der Daten erfolgt als ein Zusammenspiel aus qualitativer Inhaltsanalyse und interpretativem Forschungsansatz. Aus der Kombination beider Ansätze kann dem Forschungsanliegen bestmöglich begegnet werden, indem charakteristische Verhaltensmuster rekonstruiert und mögliche zugrundeliegende Haltungen der Schüler beschrieben werden können. Dabei bietet die qualitative Inhaltsanalyse die Möglichkeit, die rekonstruierten Haltungen anhand aus dem Datenmaterial gewonnener Kategorien theoretisch zu beschreiben und idealtypische Haltungen im Umgang mit Vermutungen zu charakterisieren. In Kombination mit dem Ansatz der interpretativen Forschung, mithilfe dessen aus der Interaktion der Schüler charakteristische Verhaltensweisen rekonstruiert werden können, besteht damit das Potential, das Verhalten der Schüler im Umgang mit Vermutungen verstehen und erklären zu können. Beide Verfahren werden in den folgenden Abschnitten vorgestellt (siehe Abschnitte 5.5.1 und 5.5.2) und im Anschluss daran ein idealisierter Analyseprozess als Kombination beider Ansätze dargestellt und anhand einer exemplarischen Analyse verdeutlicht (siehe Abschnitt 5.5.3).

5.5.1 Qualitative Inhaltsanalyse

Für die Strukturierung der Daten wird eine qualitative Inhaltsanalyse durchgeführt. Hiermit wird ein systematisches, regel- und theoriegeleitetes Verfahren genutzt, um einen Überblick über das umfangreiche Datenmaterial zu gewinnen (Mayring, 2015). Indem auf diese Weise in einem ersten Schritt die Bedeutung der Interviewdaten erfasst werden kann, können grundlegende Muster über die Daten hinweg identifiziert und rekonstruiert werden (Lamnek & Krell, 2016). Mayring (2015, S 67) beschreibt hierbei drei Grundformen der qualitativen Inhaltsanalyse, die im Sinne der *Gegenstandsangemessenheit* je nach Forschungsanliegen isoliert oder kombiniert genutzt werden können:

- *Zusammenfassung:* Ziel einer zusammenfassenden Inhaltsanalyse ist es, den Ausgangstext durch beispielsweise Paraphrasierungen oder Weglassen wiederholender Textstellen so zu reduzieren, dass ein Überblick über das Material gewonnen werden kann.
- *Explikation:* Im Rahmen einer explizierenden Inhaltsanalyse wird an unklare Textbestandteile weiteres Material herangetragen, dass zu einem besseren Verständnis der entsprechenden Stelle führt. Das zusätzliche Material kann entweder aus vorangegangenen und folgenden Passagen oder aus Material, welches über das Textdokument hinausgeht (bspw. Informationen über den Schüler), bestehen.
- *Strukturierung:* Unter theoretisch festgelegten Aspekten wird das Material (ein-)geordnet oder relevante Merkmale aus dem Material herausgefiltert.

Mit dem Ziel, einen Überblick über das gewonnene Datenmaterial zu erhalten, entsteht aus der qualitativen Inhaltsanalyse ein Kategoriensystem. Je nach genutzter Art der Analyse kann dieses sowohl deduktiv, also ausgehend von theoretisch gebildeten Kategorien, als auch induktiv entwickelt werden (Fritz et al., 2018). In dem Fall der vorliegenden Studie handelt es sich um eine induktive Gewinnung von Kategorien innerhalb eines deduktiven festgelegten Untersuchungsrahmens, um das Verhalten der Schüler während des Interviews bestmöglich abzubilden. Aus diesem Grund wird die Inhaltsanalyse *explizierend* durchgeführt, da sowohl bei der *Zusammenfassung* als auch bei der *Strukturierung* wesentliche Merkmale der kognitiven Prozesse der Schüler verloren gehen. Im Zuge der *Explikation* wird bereits die Verknüpfung mit dem interpretativen Forschungsansatz deutlich. Indem für das Forschungsanliegen relevante Abschnitte unter Hinzunahme vorangegangener Passagen interpretiert werden, wird der zugrundeliegende Sinn der Interaktion rekonstruiert. Ziel des Analyseschritts der qualitativen Inhaltsanalyse ist es dann, aus den interpretierten Abschnitten für das Forschungsanliegen relevante Kategorien abzuleiten. Durch diese induktive Art der Kategorienbildung wird eine Analyse ausgehend von den individuellen kognitiven Prozessen der Schüler gewährleistet. Durch einen zyklischen Prozess aus Durchsicht und Interpretation des Materials, Entwicklung von Kategorien und erneuter Durchsicht des Materials mit gegebenenfalls erfolgender Anpassung der Kategorien entsteht letztendlich ein Kategoriensystem, das verschiedene Ausprägungen des Hinterfragens von Vermutungen und Verhaltensweisen im Umgang mit Konflikten beschreibt und eine Komparation der verschiedenen Interviews ermöglicht. Da das Kategoriensystem als Grundlage für die rekonstruierten Haltungen der Schüler dient, findet es sich als Teil der Ergebnisse dieser Arbeit in Abschnitt 5.6.

5.5.2 Interpretative Forschung

Die Interpretative Forschung entstand ursprünglich als Gegensatz zu quantitativen Methoden der Unterrichtsforschung mit dem Ziel, Unterrichtsprozesse und Handlungen von Schülern in diesem Kontext zu verstehen und begründen zu können (Terhart, 1978). Mittlerweile geht der Ansatz über die Unterrichtspraxis hinaus und wird dazu genutzt, um theoretische Konstrukte zu entwickeln, die das Handeln in der Auseinandersetzung mit Mathematik erklären können, was jedoch wiederum dafür verwendet werden kann, um Mathematikunterricht entsprechend zu gestalten oder zu verändern (Krummheuer & Naujok, 1999). In diesem Sinne kann die Interpretative Forschung anhand der folgenden drei Aspekte charakterisiert werden (Krummheuer & Naujok, 1999, S. 15):

- Fokussierung auf alltägliche Unterrichtsprozesse,
- Rekonstruktive Vorgehensweise,
- Grundannahme, dass Lernen, Lehren und Interagieren konstruktive Tätigkeiten sind.

Ausgehend von der Haltung des Symbolischen Interaktionismus (Blumer, 1986) stehen dabei Interaktionsprozesse im Fokus. Durch diese entsteht eine geteilte soziale Wirklichkeit, deren Rekonstruktion das Ziel der interpretativen Forschung ist (Voigt, 1984). In dieser Arbeit werden dabei nicht nur die Interaktionen *zwischen* Schülern, sondern auch kognitive Prozesse *innerhalb* eines Individuums in den Blick genommen. Letzteres ist besonders im Hinblick auf Denkprozesse, die sich im Hinterfragen eigener oder gemeinsam mit dem Interviewpartner aufgestellter Vermutungen äußern und nicht durch ein außerhalb des Individuums stattfindendes Ereignis angeregt werden, relevant. In diesem Fall nehmen die jeweiligen Schüler die Rolle eines *autonomen Lerners* ein, der mit sich selbst in den Dialog geht (Miller, 1986).

Das interpretative Vorgehen bei der Analyse der Daten orientiert sich an den Interpretationsmaximen nach Krummheuer (1992, S. 53), indem das Transkript zunächst in Szenen unterteilt wird. Nach einer anschließenden Interpretation der Einzeläußerungen („Turns"), folgt eine *turn-by-turn*-Analyse, um die gesamte Interaktion in den Blick zu nehmen. Die erfolgten Interpretationen sind dabei stets zweiten Grades, denn die Analyse kann lediglich eine Interpretation der von den am Interview beteiligten Schülern vorgenommenen Interpretation der Situation und Äußerungen des Gegenübers darstellen (Voigt, 1984). Dies wird beispielsweise deutlich, wenn ein Schüler während des Interviews eine uneindeutige Vermutung formuliert. Aus der Reaktion des anderen Schülers kann rekonstruiert werden, in welcher Weise dieser Schüler wiederum die von dem anderen Schüler geäußerte Vermutung interpretiert hat. Aus diesen Rekonstruktionen kann abschließend eine (oder gegebenenfalls mehrere) Deutungshypothese entwickelt werden, die die ausgewählte Szene möglichst plausibel erklärt. Anhand des Vergleichs ähnlicher Szenen und ihrer Interpretationen kann abschließend eine Theorie entwickelt werden. In der vorliegenden Arbeit werden auf diese Weise Verhaltensweisen von Schülern im Umgang mit Vermutungen rekonstruiert.

Diese Schlussfolgerungen auf mögliche Deutungshypothesen innerhalb dieser Vorgehensweise sind aus wissenschaftstheoretischer Sicht abduktiver Natur. Peirce (1878) beschreibt diese neben dem induktiven und deduktiven Schließen als dritte elementare Schlussform. Hierbei wird ausgehend von einem beobachteten Phänomen eine allgemeine Regel aufgestellt, die das Phänomen plausibel erklären kann. Ziel des Ansatzes ist es somit, Hypothesen zu generieren, die Phänomene beim Lehren und Lernen von Mathematik erklären und im Rahmen künftiger Forschung weiter untersucht werden können. Wie Meyer (2009) dazu anmerkt, ist durch die abduktive Entwicklung von Hypothesen allerdings lediglich eine plausible, aber „nie eine sichere Interpretation" (S. 316) des Materials möglich. Somit kommt der Darstellung der sich am plausibelsten erwiesenen Deutung des Materials besondere Bedeutung zu.

5.5.3 Ablauf des Analyseprozesses und exemplarische Analyse

Beide dargestellten Analyseverfahren werden bei der Auswertung des Datenmaterials in Kombination verwendet. Da sich beide Ansätze im Verlauf der Analyse nicht trennscharf voneinander betrachten lassen, wird im Folgenden ein Überblick über ein idealisiertes Prozessschema der Datenauswertung gegeben. Hierbei bedingen sich die Methoden der Qualitativen Inhaltsanalyse und der Interpretativen Forschung gegenseitig, sodass in einem wechselseitigen Prozess das Potential beider Ansätze genutzt werden kann, um dem Forschungsanliegen aus rekonstruktiver Perspektive nachzukommen.

Einteilung der Transkripte in Szenen: Wie in Abschnitt 5.4 beschrieben, wird das Datenmaterial vollständig transkribiert. Erst im Anschluss daran findet eine Gliederung der Interviews in einzelne Szenen statt. Da sich das Forschungsanliegen auf den Umgang mit Vermutungen konzentriert, werden zunächst die im Verlauf des Interviews auftretenden Vermutungen identifiziert. Anhand dessen findet im Anschluss die Einteilung des Transkripts in Szenen statt. Sofern während des Interviews eine zuvor untersuchte Vermutung im späteren Verlauf erneut aufgegriffen wird, sind diese Szenen gemeinsam auszuwerten, um den Umgang mit der entsprechenden Vermutung vollständig abzubilden. Die Einteilung in Szenen ergibt sich auf diese Weise nicht durch eine festgelegte Struktur von außen (wie beispielsweise durch die Aufgabenstellung einer Teilaufgabe), sondern aus dem Verlauf des jeweiligen mathematischen Erkenntnisprozesses. Damit ist bereits an dieser Stelle des Analyseprozesses ein interpretativer Akt notwendig. Um die vorliegenden Vermutungen zu identifizieren, bedarf es einer Rekonstruktion aus der Interaktion der Lernenden. Hierbei ist zu beachten, dass es sich stets nur um mögliche Deutungen der verbalisierten Denkprozesse der Lernenden handelt. Zusätzlich ist in diesem Analyseschritt zu berücksichtigen, dass die Vermutungen oftmals nicht explizit formuliert werden oder den Schülern selbst nicht so bewusst sind, als dass sie diese explizit formulieren könnten. Die Auswertung der Interaktion beider Interviewpartner bietet hierbei allerdings die Möglichkeit, sowohl implizite als auch unbewusst entwickelte Vermutungen zu rekonstruieren.

Szenenauswahl: Für die Entwicklung des Kategoriensystems zur Charakterisierung der Verhaltensweisen im Umgang mit Vermutungen werden alle Szenen ausgewertet, sodass eine Beschreibung der von den Lernenden eingenommenen Haltungen auf Grundlage des gesamten Datenmaterials möglich ist. Die Auswahl der zuvor eingeteilten Szenen für die weitere Analyse erfolgt im Sinne des Forschungsinteresses. Hinsichtlich der Auswirkungen dieser Haltungen auf den stattfindenden mathematischen Erkenntnisprozess werden solche Szenen in den Blick genommen, die im Sinne des Forschungsanliegens gewinnbringend erscheinen. Hierbei wird das von Bikner-Ahsbahs (2005) beschriebene Konzept *interessendichter Situationen* genutzt. Eine solche Situation liegt vor, wenn sich die Schüler im Rahmen des Interviews auf den mathematischen Erkenntnisprozess einlassen (Involviertheit), sie Einsicht gewinnen über tiefergehende mathematische Zusammenhänge (positive Erkenntnisdynamik) sowie eine Wertschätzung des mathematischen Gegenstands und der Auseinandersetzung damit implizit oder explizit zu erkennen ist (mathematische Wertigkeit). In Anlehnung an diese drei Merkmale werden die auszuwertenden Szenen für eine vertiefte Analyse ausgewählt.

Auswertung der Szenen: Wie oben bereits beschrieben, werden alle auf einer grundlegenden Vermutung basierenden Szenen gemeinsam ausgewertet, um den Umgang mit der jeweiligen Vermutung umfassend zu analysieren. Hierbei werden die Verhaltensweisen der Schüler im Umgang mit Vermutungen aus dem erhobenen Datenmaterial rekonstruiert, indem die Äußerungen und Handlungen der Lernenden sowie die Interaktion zwischen den Interviewpartnern dahingehend interpretiert werden. Da das Verhalten im Umgang mit Vermutungen größtenteils nicht explizit verbalisiert wird (wie es beispielsweise bei der Äußerung „Ich lehne die Vermutung ab, da ..." der Fall wäre), bedarf es der Interpretation auf Grundlage der stattfindenden Interaktion und des weiteren Verlaufs des Interviews zur Offenlegung der Verhaltensweisen der einzelnen Schüler. Erst im Anschluss an diesen interpretativen Schritt ist die Entwicklung eines Kategoriensystems bzw. die Zuordnung zu bereits gebildeten Kategorien möglich.

Entwicklung des Kategoriensystems bzw. Zuordnung zu Kategorien: Als Fortführung des vorangegangenen Analyseschritts erfolgt die Entwicklung des Kategoriensystems auf induktive Weise. Die Kategorien ergeben sich damit im Verlauf der Analyse des Datenmaterials und werden stetig ergänzt, abgeglichen und überarbeitet, sodass letztendlich ein Kategoriensystem zur Beschreibung des Umgangs mit Vermutungen entsteht. Auf Grundlage des entwickelten Kategoriensystems kann im Anschluss eine theoretische Beschreibung der eingenommenen Haltungen der Schüler stattfinden und idealtypische Haltungen können identifiziert werden. An dieser Stelle wird das Zusammenspiel aus Qualitativer Inhaltsanalyse und Interpretativer Forschung deutlich, denn es bedarf einer Interpretation des Datenmaterials aus interaktiver Perspektive zur Bildung der Kategorien und zu der Zuordnung von Äußerungen und Handlungen zu ebendiesen. Damit stehen als Ziel der Auswertung das Verständnis der stattfindenden Prozesse und mögliche Erklärungsansätze im Fokus.

Auswertung des Datenmaterials unter Einbezug des Kategoriensystems und der idealtypischen Haltungen: Nach vollständiger Entwicklung des Kategoriensystems auf Grundlage des Datenmaterials und den daraus abgeleiteten idealtypischen Haltungen findet eine erneute Auswertung des Datenmaterials statt, indem dem Verhalten der einzelnen Schüler über den jeweiligen Datensatz hinweg die entsprechende idealtypische Haltung zugeordnet wird. Die auf Grundlage des Kategoriensystems beschriebenen Haltungen ermöglichen dabei einen Vergleich der Verhaltensweisen der Schüler über alle Datensätze hinweg. In diesem letzten Schritt werden die in den Interviews stattfindenden Erkenntnisprozesse der Schüler im Hinblick auf die Auswirkungen und das Zusammenspiel der einzelnen Haltungen untersucht.

Im Folgenden wird nun anhand eines Transkriptausschnitts exemplarisch eine solche Analyse aufgezeigt, indem die Handlungen und Äußerungen der beiden Schüler interpretiert und hinsichtlich kennzeichnender Verhaltensweisen analysiert werden. Die identifizierten Kategorien des Kategoriensystems sind im Fließtext fett hervorgehoben und in Abbildung 5.3 dargestellt. Da es sich hierbei lediglich um einen kurzen Ausschnitt aus dem Interview handelt, können aus der Analyse keine aussagekräftigen Schlüsse über die Haltungen beider Schüler gezogen werden. Es werden jedoch Hinweise aufgezeigt, die unter Einbezug des restlichen Datenmaterials solche Schlüsse erlauben. Der gewählte Ausschnitt[6] stammt aus dem Interview der beiden Schüler Alex und Milo, die gemeinsam an der Aufgabe rund um die *Treppenzahlen*[7] gearbeitet haben. Die Szene findet im Anschluss an zwei von den Schülern im Vorfeld der Szene geäußerte und schriftlich festgehaltene Vermutungen statt: *Es müssen immer 3 oder mehr Plättchen sein* und *Nur ungerade Zahlen können zu Treppen gebildet werden.* Unmittelbar vor der Szene hat der Schüler Milo die Zahl Sechs als Treppenzahl mit drei Stufen der Höhen eins, zwei und drei Plättchen gelegt und damit ein Gegenbeispiel zur zweiten Vermutung der Schüler aufgebracht. Der Ausschnitt bezieht sich demnach speziell auf den Umgang mit einem im Verlauf des Erkenntnisprozess aufgetretenen Konflikt und der Auswirkungen auf die zugrundeliegende Vermutung.

46 Alex eins zwei drei vier zum beispiel. (zählt die Plättchen) das sind fünf oder' nein. sechs. hä' das sind sechs.
47 Milo also erstmal hier eins. das sind zwei das sind drei. (zeigt auf 1|2|3[8])
48 Alex und daraus kann ne treppenzahl gelegt werden.
49 Milo ja aber sechs ist-
50 Alex nee dann stimmts nicht. sechs ist eine gerade zahl.
51 Milo also kann- also halt so-
52 Alex also es gibt ja verschiedene formen von treppenzahlen. und zwar die hier (zeigt auf 1|2|3) und dann noch die hier. (legt 1|2) [...] und ich würde jetzt sagen unsere vermutung geht nur bei dieser- (zeigt auf 2|3) so eine. wenn man die treppenzahl so bildet.

---

[6] Der Übersichtlichkeit halber sind nur die für die Analyse relevanten Beiträge der Schüler dargestellt.

[7] Die Aufgabe lautete: *Findet einen Trick heraus, wie man schnell erkennen kann, ob eine Zahl eine Treppenzahl ist.* Zur Analyse der Aufgabe siehe Abschnitt 5.2.

[8] Ausdrücke der Form 1|2|3 im Transkript werden dazu genutzt, um eine entsprechend mit Plättchen gelegte Treppe in transkribierter Form dazustellen. In diesem Fall bezeichnet der Ausdruck eine Treppe mit Stufen der Höhen eins, zwei und drei Plättchen.

60 Milo also diese stimmt glaube ich schon mal. (zeigt auf *Es müssen immer 3 oder mehr Plättchen sein.*) es müssen immer drei oder mehr plättchen sein.
61 Alex ja das auch.
62 Milo aber das hier nicht. (zeigt auf *Nur ungerade Zahlen können zu Treppen gebildet werden.*)
63 Alex doch. das könnte stimmen. wegen das stimmt eigentlich aber halt nur bei dieser treppenart. (zeigt auf 2|3)
64 Milo ah!

Die Szene beginnt mit Alex' Feststellung, dass Milos Anordnung der Plättchen die Zahl Sechs als Treppenzahl darstellt. Für ihn scheint dies überraschend zu sein (*hä'*, T. 46) und nicht zu der zuvor entwickelten Theorie zu passen, dass lediglich ungerade Zahlen Treppenzahlen sein können. Seine Äußerung *hä' das sind sechs.*, T. 46) legt nahe, dass er von der zuvor formulierten Vermutung so überzeugt zu sein scheint, dass das Gegenbeispiel als undenkbar verortet wird. Milo reagiert im Anschluss auf das Gegenbeispiel, womöglich verstärkt durch Alex' Überraschung darüber, indem er es zunächst überprüft, indem er die Plättchen der Anordnung erneut nachzählt (T. 47). An die damit von Milo vorgenommene **Revision des Konfliktauslösers** schließt vonseiten beider Schüler die Akzeptanz des Gegenbeispiels als solches an. Alex äußert dies explizit, indem er die Zahl Sechs als eine Treppenzahl auffasst: *und daraus kann ne treppenzahl gelegt werden* (T. 48). Auch wenn sein Interviewpartner Milo im Folgenden seine Gedanken nicht vollständig verbalisiert, kann unter Einbezug seines nachfolgenden Verhaltens angenommen werden, dass auch er den Konflikt erkannt hat. Zu vermuten ist, dass er mit dem Satz *ja aber sechs ist-* (T. 49) feststellen möchte, dass die Zahl Sechs keine ungerade Zahl ist. Insgesamt wurde das Gegenbeispiel somit von beiden Schülern als ein Konflikt zu ihrer zuvor formulierten Vermutung wahrgenommen. Für die Rekonstruktion der Haltungen beider Schüler ist der nun folgende Umgang mit diesem Konflikt im Hinblick auf die Vermutung entscheidend.

Alex setzt das Gegenbeispiel in Beziehung zur Vermutung und stellt zunächst fest, dass diese falsch sein muss: *nee dann stimmts nicht.* (T. 50). Er begründet diese Ablehnung mit der Parität der Zahl Sechs. Im Folgenden fungiert das Auftreten des Gegenbeispiels für ihn als Auslöser dafür, eine Klassifikation verschiedener Arten von Treppenzahlen vorzunehmen: *also es gibt ja verschiedene formen von treppenzahlen* (T. 52). Er unterscheidet nun zwischen zweistufigen Treppen (als den Typ von Treppen, der bis zu dieser Szene ausschließlich in den Untersuchungen der Schüler aufgetreten ist) sowie anderen Treppen, welchen er das Gegenbeispiel Sechs zuordnet. An dieser Stelle ist zunächst nicht eindeutig, welche Art von Treppen er mit Letzterer meint: Es kann sich hierbei sowohl um Treppen mit mehr als zwei Stufen handeln, die mit einer Stufe bestehend aus einem Plättchen beginnen als auch um jegliche Treppen mit mehr als zwei Stufen. Zu vermuten ist auch, dass Alex eine solche Spezifizierung nicht bewusst ist und er zunächst grob die mit dem Gegenbeispiel aufgetretene Treppenart von den zweistufigen Treppen abgrenzt. Die von ihm vorgenommene Klassifikation hinsichtlich der Art von Treppenzahlen ist nun Ausgangspunkt für Alex' **Modifikation der Vermutung**, dass diese lediglich für Treppen mit zwei Stufen zutrifft: *und ich würde jetzt sagen unsere vermutung geht nur bei dieser- (zeigt auf 2|3) so eine. wenn man die treppenzahl so bildet.* (T. 52). Obwohl Alex die Vermutung zuvor falsifiziert hat (T. 50), hält er sie damit dennoch aufrecht und entwickelt sie sogar weiter, indem er die Art von Treppenzahlen angibt, auf welche sich die Vermutung beziehen soll. Alex' Äußerung *nee dann stimmts nicht* (T. 50) kann damit vielmehr dahingehend interpretiert werden, als dass er ausdrücken möchte: „nee dann stimmts **so** nicht". Durch die Modifikation der Vermutung findet Alex damit einen Weg, die Vermutung aufrechtzuerhalten und gleichzeitig den durch das Gegenbeispiel entstandenen Konflikt zu lösen.

Milos Umgang mit dem Gegenbeispiel unterscheidet sich deutlich von Alex' Herangehensweise, wie im Folgenden deutlich wird. Er geht auf Alex' Idee zur Spezifizierung der Vermutung nicht ein, sondern reflektiert beide im Vorfeld der Szene formulierten Vermutungen. Indem er das Gegenbeispiel als weiteres Bestätigungsbeispiel für die erste Vermutung (*Es müssen immer 3 oder mehr Plättchen sein.*) deutet, stimmt er dieser zu, was auch Alex im Folgenden bestätigt (T. 60/61). Im Gegensatz dazu grenzt er die zweite Vermutung (*Nur ungerade Zahlen können zu einer Treppe gebildet werden*) davon ab: *aber das hier nicht.* (T. 62). Das Gegenbeispiel Sechs ist für ihn das entscheidende Argument zur **Ablehnung der Vermutung**. Milo unternimmt im weiteren Verlauf keinen Versuch, den Konflikt auf eine andere Weise zu lösen, als die Vermutung vollständig abzulehnen und zu verwerfen. Dies wird besonders deutlich in der Art und Weise, wie er die beiden entwickelten Vermutungen einander gegenüberstellt: In Turn 60 beginnt er seine Feststellung mit der Bestätigung der ersten und endet in Turn 62 mit der strikten Falsifizierung der zweiten Vermutung.

An dieser Stelle widerspricht Alex Milos Schlussfolgerung: *doch. das könnte stimmen.* (T. 63). Er verteidigt die Vermutung auf Grundlage seiner vorgenommenen Modifikation hinsichtlich der Art der Treppenzahl (*wegen das stimmt eigentlich aber halt nur bei dieser treppenart. (zeigt auf 2|3)*, T. 63). Seine Formulierung *das stimmt eigentlich* macht deutlich, dass die Aufrechterhaltung der Vermutung für Alex einen hohen Stellenwert zu haben scheint, anders als es bei Milo der Fall ist (*aber das hier nicht*, T. 62). Erst Alex' Beharrlichkeit in diesem Fall scheint Milo gedanklich die Möglichkeit zu eröffnen, die Vermutung weiterzuentwickeln, was sein Ausruf *ah!* (T. 64) verdeutlicht. Obwohl Milo von sich selbst aus zunächst keinen solchen

Ausweg aus dem Konflikt gesehen hat, akzeptiert er Alex' Ansatz und unterstützt im weiteren Verlauf des Interviews die von ihm vorgenommene Modifikation.

Sowohl das Verhalten von Alex als auch das Verhalten von Milo weist in dieser Szene charakteristische Merkmale auf und gibt Hinweise auf die jeweilige eingenommene Haltung der beiden Schüler, die sich anhand der Auswertung des restlichen Interviewmaterials bestätigt. Aus den dargestellten Deutungen der Interaktion ergibt sich für die Szene die in Abbildung 5.3 aufbereitete Kodierung auf Grundlage des entwickelten Kategoriensystems, welches in Abschnitt 5.6.1.1 ausführlich vorgestellt wird.

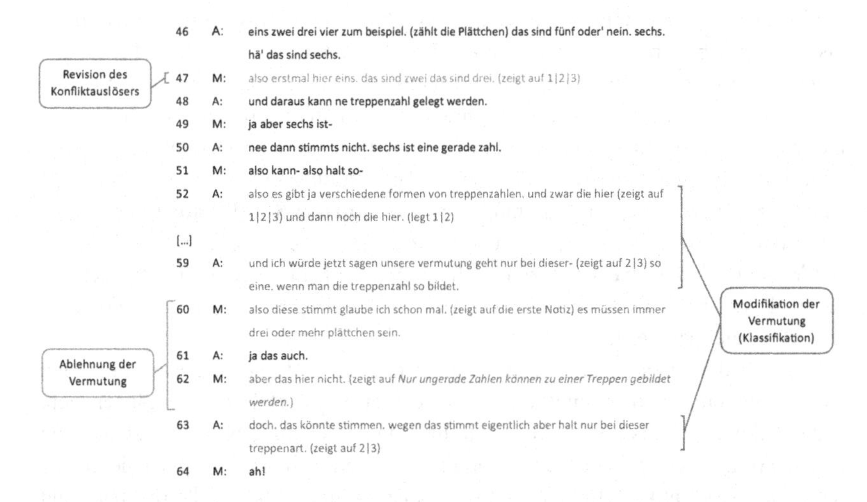

Abbildung 5.3 Aufbereitete Darstellung einer beispielhaften Kodierung zum Umgang mit einem Konflikt

Aus dem im Verlauf der Auswertung entwickelten Kategoriensystem fand im Anschluss eine Rekonstruktion idealtypischer Haltungen statt, die sich im Datenmaterial gezeigt haben. Die einzelnen Kategorien sind hierbei entsprechenden Haltungen zugeordnet und charakterisieren diese. Die in diesem Abschnitt auftauchenden Kategorien **Modifikation der Vermutung** (Alex) sowie **Ablehnung der Vermutung** (Milo) sind Kennzeichen zweier rekonstruierter gegensätzlicher Haltungen, die die beiden Schüler einnehmen. Der Schüler Alex zeigt eine große Überzeugung hinsichtlich der zuvor formulierten Vermutung, dass lediglich ungerade Zahlen Treppenzahlen sind. Als das Gegenbeispiel auftaucht, reagiert er insofern auf den Konflikt, als dass er die Vermutung nicht verwirft, sondern das Gegenbeispiel zwar als solches akzeptiert, aber die Vermutung modifiziert, um es zu integrieren. Der Konflikt wirkt sich damit produktiv auf die Weiterentwicklung der Vermutung aus, denn er dient als Anlass, diese zu spezifizieren. Dieses Vorgehen ist Merkmal einer später als `konstruktiv` bezeichneten rekonstruierten Haltung im Umgang mit Konflikten hinsichtlich der Auswirkung auf eine Vermutung. Im Gegensatz dazu weist Milos Verhalten ein anderes Merkmal auf: er zeigt größeren Zweifel an der Vermutung als es bei Alex der Fall ist. Bei Auftreten des Konflikts lehnt Milo die Vermutung vollständig ab und verwirft sie. Außerdem wird keine weitere Auseinandersetzung mit der Vermutung intendiert, da für Milo das Gegenbeispiel von so großer Bedeutung zu sein scheint, als dass der Konflikt nicht anderweitig überwunden werden kann. Eine solche Verhaltensweise ist Merkmal einer später als `obstruktiv` bezeichneten Haltung. Darüber hinaus lassen sich die Haltungen beider Schüler hinsichtlich des Hinterfragens von Vermutungen charakterisieren, was in der dargestellten Szene allerdings nicht thematisiert wird, da sich diese auf den Umgang mit einem Konflikt bezieht. Das restliche Datenmaterial zeigt allerdings, dass der Schüler Milo hierbei eine Haltung einnimmt, die später als `kritisch` bezeichnet wird (worauf seine **Revision des Konfliktauslösers** bereits einen Hinweis gibt), während Alex eher eine `unkritische` Haltung im Umgang mit Vermutungen aufweist. Letztendlich können die Haltungen der beiden Schüler damit als `kritisch-obstruktiv` (Milo) und `unkritisch-konstruktiv` (Alex) bezeichnet werden.

Im Fall der dargestellten Szene werden die Auswirkungen dieser Haltungen auf den gemeinsamen Erkenntnisprozess sichtbar. Beide Haltungen ergänzen sich, sodass Alex einerseits für die Aufrechterhaltung der Vermutung sorgt, indem er sie als Reaktion auf den aufgetretenen Konflikt präzisiert. Milo übernimmt andererseits die Rolle des Skeptikers, für den das Gegenbeispiel einen hohen Stellenwert hat, und beharrt darauf. In Kombination wirken sich beide Haltungen damit begünstigend auf den gemeinsamen Erkenntnisprozess aus, wie es in der Darstellung der Ergebnisse in Abschnitt 5.6.3.2 ausführlich erläutert wird.

5.6 Ergebnisse

In den nachfolgenden Abschnitten werden die zentralen Ergebnisse des rekonstruktiven Teils dieser Arbeit vorgestellt. Die Ergebnisse sind dabei in zwei Sinnabschnitte unterteilt: Zunächst wird in Abschnitt 5.6.1.1 das Kategoriensystem zur Charakterisierung von Verhaltensweisen im Umgang mit Vermutungen dargestellt, auf dessen Grundlage die Beschreibung idealtypischer Haltungen stattfand (siehe Abschnitt 5.6.1.2). Ausgewählte Fallbeispiele werden im Anschluss daran vorgestellt (siehe Abschnitt 5.6.2). Den zweiten Sinnabschnitt der Ergebnisse bildet die Darstellung von Fallbeispielen, die den Zusammenhang zwischen Haltungen und Argumentationsprozessen fokussiert und dabei das Zusammenspiel verschiedener Haltungen in den Blick nimmt (siehe Abschnitt 5.6.3). Zuletzt werden aus den dargestellten Ergebnissen Schlussfolgerungen für den Mathematikunterricht gezogen (siehe Abschnitt 5.6.5).

5.6.1 Haltungen im Umgang mit Vermutungen

5.6.1.1 Kategoriensystem

Um die Haltungen von Schülern zu rekonstruieren, ist es nötig, charakteristische Verhaltensweisen, die sich im Umgang mit Vermutungen zeigen, zu identifizieren. Wie in Abschnitt 2.4 dargestellt, können auf diese Weise Rückschlüsse auf zugrundeliegende Haltungen der Schüler gezogen werden. Im Sinne des Forschungsanliegens legt diese Arbeit dabei den Schwerpunkt auf den Übergang von Prozessen des *Erfinden und Entdeckens* zu Prozessen des *Prüfen und Beweisens* und somit auf den Umgang mit Vermutungen, die während des Erkenntnisprozesses entwickelt werden. Als erstes Ergebnis des rekonstruktiven Teils dieser Arbeit ist dabei ein Kategoriensystem entstanden, welches zur Beschreibung dieser Verhaltensweisen und als Ausgangspunkt für die Charakterisierung von Haltungen genutzt werden kann.

Das Kategoriensystem wurde anhand zweier Oberkategorien entwickelt, die deduktiv aus Theorie und Forschungsanliegen gebildet wurden. Dabei steht einerseits die Tätigkeit des *Hinterfragens von Vermutungen* sowie andererseits der *Umgang mit Konflikten* hinsichtlich der Auswirkungen auf die entsprechende Vermutung im Fokus. Beide Aspekte sind zentral für mathematische Erkenntnisprozesse, wie bereits in vorigen Kapiteln dieser Arbeit ausgeführt wurde, und dienen daher als ein geeigneter Ansatzpunkt, um wiederkehrende Verhaltensweisen zu identifizieren. Die entsprechenden Verhaltensweisen wurden dabei induktiv aus dem Datenmaterial gewonnen und zu entsprechenden Kategorien abstrahiert. Damit sind ausschließlich solche Kategorien im Kategoriensystem enthalten, die sich im Datenmaterial widerspiegeln. Im Folgenden wird ein kurzer Überblick über das Kategoriensystem und die einzelnen Kategorien gegeben.

Das Hinterfragen von Vermutungen: Wie in Abschnitt 2.2.1 dargestellt, bildet das Infragestellen von Vermutungen den Anstoß für den Übergang von Prozessen des *Erfinden und Entdeckens* zu Prozessen des *Prüfen und Beweisens*. Da dieser Übergang im Rahmen des Interviews nicht von außen (beispielsweise durch eine explizite solche Aufgabenstellung oder als Nachfrage der Interviewerin) angeregt wird, sondern sich natürlicherweise aus den Schülern selbst oder der Interaktion ergibt, stellt sich die Frage danach, wie sich dieser Übergang gestaltet und auf welche Weise er stattfindet. Die Oberkategorie *Hinterfragen von Vermutungen* bildet dabei gleichzeitig die Brücke zu dem entwickelten Unterrichtskonzept in Abschnitt 4.3, in dessen Rahmen der *grüne Stift* zur Anregung einer mathematisch-forschenden Haltung entwickelt und eingeführt wurde. Das Kategoriensystem stellt nun einerseits dar, inwiefern Schüler getätigte Vermutungen tatsächlich in Frage stellen und auf welche Weise dies stattfindet, sowie andererseits ob und inwieweit eine Verbindung zu dem Konzept des *grünen Stifts* etabliert werden konnte. Das Kategoriensystem dient dabei als Werkzeug, um den Prozess des Hinterfragens zu charakterisieren. Dabei geht es an dieser Stelle noch nicht darum, welche Prozesse auf das Infragestellen tatsächlich folgen und wie erfolgreich diese stattfinden, sondern um eine Analyse der Tätigkeit des Hinterfragens selbst: *Inwieweit werden Vermutungen hinterfragt? Inwiefern werden die durch den grünen Stift intendierten Fragen aufgegriffen?* Die durch das Hinterfragen ausgelösten Prozesse werden in Abschnitt 5.6.3 in den Blick genommen. Tabelle 5.1 zeigt das induktiv aus dem Datenmaterial entwickelte Kategoriensystem in Bezug auf die Oberkategorie *Hinterfragen von Vermutungen.*

Aus der Auswertung des Datenmaterials konnten drei Ausprägungen des Hinterfragens von Vermutungen identifiziert werden, die den Fokus jeweils auf verschiedene Aspekte legen: die *Überprüfung* der Vermutung, die *Begründung* der Vermutung sowie die *Praktikabilität* der Vermutung. Während die ersten beiden Aspekte ein Hinterfragen der Art *Ist das wirklich immer so?* und *Warum ist das so?* implizieren, die auch mit der Einführung des *grünen Stifts* fokussiert wurden, stellt ein Hinterfragen hinsichtlich der Praktikabilität Fragen á la *Was nützt das?*. Die Kategorie *Kein Hinterfragen* bildet den Gegenpol, indem sie Verhaltensweisen beinhaltet, die entweder kein Hinterfragen erkennen lassen oder explizit machen, dass die Vermutung nicht hinterfragt wird.

Fokus Überprüfung (Ist das immer so?): Das Infragestellen der Vermutung findet im Hinblick auf ihre Überprüfung statt, sodass die Absicht erkennbar ist, mit den nachfolgenden Tätigkeiten die Vermutung entweder zu bestätigen oder zu widerlegen. Der Prozess des Hinterfragens kann dabei sowohl explizit kommuniziert werden oder implizit stattfinden und im Rahmen der Analyse der nachfolgenden Handlungen rekonstruiert werden. Dies macht deutlich, dass das Hinterfragen auf einer Spannbreite von unbewusster zu bewusster kognitiver Aktivität stattfinden kann. Ein implizites Hinterfragen kann rekonstruiert werden, indem beispielsweise eine empirische Überprüfung oder direkt die Nennung von Bestätigungsbeispielen oder Ausnahmen auf die Äußerung der Vermutung folgt. Ein explizites Hinterfragen äußert sich hingegen dadurch, dass die Fragen nicht unbewusst die Handlungen steuern, sondern verbalisiert werden. Um die Wirkung des *grünen Stifts* dabei genauer

Tabelle 5.1 Induktiv entwickeltes Kategoriensystem *Hinterfragen von Vermutungen*

Kategorie	Beschreibung	Ankerbeispiele
Fokus: Überprüfung (Ist das immer so?)	Die Vermutung wird mit Fokus auf die Überprüfung hinterfragt.	siehe Unterkategorien
Implizit (keine Verbalisierung)	Ein Hinterfragen kann aufgrund der nachfolgenden Tätigkeiten rekonstruiert werden. Dazu zählen die empirische Prüfung der Vermutung, die Benennung von Ausnahmen sowie die Nennung von Gegenbeispielen oder Bestätigungsbeispielen.	„ja. ah warte mal! wenn man fünfundzwanzig so hinlegt. warte. (legt 1|2|4|5|6|6) so funktioniert es nicht." (Interview Sina & Tessa, T. 133) „also alles- 'alles mit dreiecken' ist ja falsch weil das (zeigt auf F8) ist ja auch mit dreiecken und das geht ja auch nicht. (murmelt)" (Interview Leonie & Emily, T.336) „ja. und hier ist es so. man geht runter. so das würde ja gehen. (zeichnet nur die Umrisse der beiden linken Quadrate von F6)" (Interview Leonie & Emily, T. 249)
Explizite Äußerung (ohne Bezug zu grünem Stift)	Die Vermutung wird explizit hinterfragt, jedoch ohne erkennbaren Zusammenhang zum grünen Stift.	„ich hab vielleicht ne vermutung. jede dritte zahl kann man so legen- (legt 1|2|3) geht das überhaupt'" (Interview Frida & Lea, T. 259) „(legt 2|3|3) acht geht nicht. oder'" (Interview Jakob & Gero, T. 134)
Explizite Äußerung (mit Bezug zu grünem Stift)	Die Vermutung wird in Anlehnung an den grünen Stift hinterfragt, aber ohne den Stift direkt zu benutzen.	„ist das denn immer so' und warum ist das denn so'" (Interview Leonie & Emily, T. 344)
Einsatz des grünen Stifts	Unter Anwendung des grünen Stifts wird die Vermutung mit der Formulierung „Ist das immer so?" hinterfragt.	„(notiert *Wenn in den Figuren Linien sich überkreuzen, muss man erst überlegen. Wenn aber in den Figuren keine Linien sind, kann man sich sicher sein es klappt.*) aber halt- da müssen wir mit dem grünen stift arbeiten weil- ist das immer so'" (Interview Britta & Carola, T. 314)
Fokus: Begründung (Warum ist das so?)	Die Vermutung wird mit Fokus auf eine Begründung hinterfragt.	siehe Unterkategorien
Explizite Äußerung (ohne Bezug zu grünem Stift)	Die Vermutung wird explizit hinterfragt, jedoch ohne erkennbaren Zusammenhang zum grünen Stift.	„aber warum klappt das?" (Interview Lina & Karla, T. 105)
Explizite Äußerung (mit Bezug zu grünem Stift)	Die Vermutung wird in Anlehnung an den grünen Stift hinterfragt, aber ohne den Stift direkt zu benutzen.	„aber jetzt müssen wir überlegen. warum ist es denn so eigentlich'" (Interview Britta & Carola, T. 145)
Einsatz des grünen Stifts	Unter Anwendung des grünen Stifts wird die Vermutung mit der Formulierung „Warum ist das so?" hinterfragt.	„ich glaub auch. weil wir haben jetzt über 'ist das wirklich immer so' nachge- und jetzt warum." (Interview Britta & Carola, T. 327)
Fokus: Praktikabilität (Was nützt das?)	Die Praktikabilität (Anwendbarkeit) der Vermutung wird hinterfragt oder angezweifelt.	„warte plus zwei. aber das nützt uns ja auch nichts wenn wir wissen fünfundzwanzig ist jetzt eine-" (Interview Sina & Tessa, T. 271)
Kein Hinterfragen	Es wird explizit geäußert, dass die Aufgabe fertig bearbeitet ist (ohne die Vermutung zu hinterfragen) oder oben aufgeführte Kategorien finden nach der Formulierung von Vermutungen nicht statt.	„(ergänzt *Das ist die Lösung.*)" (Interview Jakob & Gero, T.26) „fertig" (Interview Leonie & Emily, Z.405)

in den Blick nehmen zu können, wurde dabei zwischen Äußerungen, die in erkennbare Anlehnung an die Fragen des *grünen Stifts* formuliert wurden (ohne jedoch den Stift zu nutzen), und in Fragen, die davon unabhängig gestellt werden, sowie die tatsächliche Nutzung des *grünen Stifts* unterschieden.

Fokus Begründung (Warum ist das so?): Das Infragestellen der Vermutung findet im Hinblick auf ihre Begründung statt. Es ist somit die Absicht erkennbar, eine Erklärung für die Aussage der Vermutung zu finden. Aus theoretischer Perspektive kann dies wie auch beim Hinterfragen mit dem Fokus der Überprüfung sowohl auf implizite (anhand der nachfolgenden Aktivitäten rekonstruierbar) als auch auf explizite Art (Verbalisierung der Fragen) stattfinden. Da das Kategoriensystem jedoch das vorliegende Datenmaterial abbildet, werden nur diejenigen Kategorien aufgeführt, die sich induktiv aus dem Material ergeben haben. Da ein Hinterfragen im Hinblick auf eine Begründung nur auf explizite Weise stattfand, beinhaltet das Kategoriensystem lediglich entsprechende Kategorien. Wie auch in voriger Oberkategorie kann dies entweder in oder ohne Anlehnung an den *grünen Stift* stattfinden oder der Stift wird samt einhergehender Frage tatsächlich verwendet.
Fokus Praktikabilität (Was nützt das?): Neben den beiden bereits genannten Aspekten des Hinterfragens tritt zusätzlich das Hinterfragen der Anwendbarkeit bzw. der Nützlichkeit der Vermutung auf. Hiermit wird nicht die Vermutung selbst in Frage gestellt oder das Bedürfnis geäußert, diese zu begründen, sondern das Kriterium der Praktikabilität fokussiert. Insofern geht es nicht um den Wahrheitswert der Vermutung, sondern der Bezug zu Prozessen des *Vernetzen und Anwendens* wird in den Mittelpunkt gestellt. Die Zielorientierung im Hinblick auf die Bearbeitung der Aufgabe ist somit ausschlaggebend für die Bewertung der Vermutung. Damit einher kann außerdem die Absicht gehen, die Vermutung nicht im Hinblick auf den Wahrheitswert, sondern in Bezug auf die Anwendbarkeit zu modifizieren und optimieren.
Kein Hinterfragen: Entwickelte Vermutungen werden weder implizit noch explizit hinterfragt. *Kein Hinterfragen* bezeichnet dabei einerseits das Fehlen oben genannter Kategorien und andererseits explizite Äußerungen, die erkennen lassen, dass die Vermutung als Ergebnis der Aufgabe angesehen wird, ohne diese im Vorfeld hinterfragt zu haben. Dies macht den Stellenwert der Vermutung deutlich. Im Falle der Kategorie *Kein Hinterfragen* wird eine Vermutung als Tatsache aufgefasst. Die Vermutung wird damit als ein Fakt angesehen und nicht als Aussage, die zu verioder falsifizieren ist.

Während die Kategorien des *Hinterfragens von Vermutungen* im Verlauf eines Interviews zumeist direkt an die Äußerung einer Vermutung geknüpft sind, entsteht der zweite Teil des Kategoriensystems aus dem *Umgang mit Konflikten*, die sich aus der Auseinandersetzung mit der Aufgabe oder der Vermutung ergeben. Auch hier wird im Folgenden ein Überblick über die induktiv entwickelten Kategorien gegeben.
Umgang mit Konflikten: Wie in Abschnitt 2.2.3 bereits erwähnt, sind kognitive Konflikte und die Bewältigung dieser Auslöser für Lern- und zentral für mathematische Erkenntnisprozesse, indem das neue Phänomen entweder in vorhandene

kognitive Strukturen integriert oder diese erweitert werden. Im Umgang mit Vermutungen kommt damit auftretenden Konflikten ein besonderer Stellenwert zu: indem eine bestehende Vermutung vertieft und weiterentwickelt oder aber verworfen und eine neue Vermutung formuliert wird, kann der Erkenntnisprozess voranschreiten. Wie in Abschnitt 2.2.2 im Zusammenhang mit dem Umgang mit Vermutungen jedoch bereits aufgezeigt wurde, treten bei Schülern häufig Schwierigkeiten in Bezug auf die Auswirkungen von Gegenbeispielen auf. Das Kategoriensystem in Tabelle 5.2 strukturiert das Verhalten der Schüler im Hinblick auf die Fragen: *Wie gehen die Schüler mit auftretenden Konflikten um? Wie wirken sich die Konflikte auf die Vermutungen aus?* Somit lassen sich aus dem jeweiligen Umgang der Schüler mit auftretenden Konflikten Rückschlüsse auf ihren Umgang mit Vermutungen in mathematischen Erkenntnisprozessen ziehen.

Die Auswertung des Datenmaterials hat sechs grundlegende Verhaltensweisen im Umgang mit Konflikten ergeben, die sowohl isoliert als auch in Kombination miteinander auftreten können: *Revision des Konfliktauslösers*, *Ablehnung der Vermutung*, *Modifikation der Vermutung*, *Festhalten an der Vermutung*, *Zurückstellung bzw. Vertagung des Konflikts* sowie *Abbruch des (Teil-)Prozesses*. Über die genannten Kategorien wird zur besseren Einordnung im Folgenden ein kurzer Überblick gegeben. Wichtig zu erwähnen ist an dieser Stelle die Tatsache, dass das Kategoriensystem keine Aussage darüber macht, ob das jeweilige Verhalten angemessen ist, d. h. inwiefern die aus den Konflikten gezogenen Schlüsse tatsächlich mathematisch korrekt sind.

Revision des Konfliktauslösers: Die Kategorie bildet eine Art mögliche Vorstufe zu den anderen Kategorien und bezeichnet das Anliegen, den Konfliktauslöser dahingehend zu prüfen, ob es sich tatsächlich um einen Konflikt handelt. Insofern findet an dieser Stelle wiederum eine Art des *Hinterfragens* statt. In diesem Fall bezieht sich die kritische Prüfung jedoch nicht auf die Vermutung selbst, sondern auf Phänomene, die im Widerspruch zur Vermutung stehen. Sofern diese nach der Überprüfung tatsächlich als Konflikt eingeschätzt werden, schließen eine oder mehrere der nachfolgenden Kategorien an.

Ablehnung der Vermutung: Eine Möglichkeit, auf einen wahrgenommenen Konflikt zu reagieren, ist die Ablehnung der Vermutung. Diese ist insofern strikt, als dass der zugrundeliegende Gedankengang nicht weiterverfolgt wird. Auf die Ablehnung der Vermutung kann somit einerseits das Anliegen folgen, eine neue Vermutung zu entwickeln, die auf einer anderen Idee oder Beobachtung basiert oder andererseits an der Ablehnung der Vermutung insofern festzuhalten, dass keine Intention erkennbar ist, eine anderweitige Vermutung zu entwickeln.

Modifikation der Vermutung: Ebenso wie die vorangegangene Kategorie beinhaltet eine Modifikation der Vermutung eine Ablehnung der ursprünglichen Ver-

Tabelle 5.2 Induktiv entwickeltes Kategoriensystem *Umgang mit Konflikten*

Kategorie	Beschreibung	Ankerbeispiele
Revision des Konfliktauslösers	Der Konfliktauslöser wird geprüft oder es wird sich der Aufgabenbedingungen versichert.	„ach warte. (zählt 1|2|3|4|5|5) irgendwie hab ich mich vertan oder es geht wirklich nicht. ich probiere es nochmal. jetzt ganz genau." (Interview Alex & Milo, T. 267) „stimmt. weil hier fehlt einer. (zeigt auf die letzte Stufe von 1|2|3|4|4) oder muss dann- muss hier oben dann immer einer sein' (zeigt erneut auf die letzte Stufe)" (Interview Frida & Lea, T. 46)
Ablehnung der Vermutung (+ Folge)	Die Vermutung wird vollständig verworfen und auch nicht in modifizierter Form weiterverfolgt (sonst: *Modifikation der Vermutung*). Anschließend kann die Kategorie „Entwicklung einer neuen Vermutung" oder „Festhalten an Ablehnung der Vermutung" folgen.	„hier sind ja mehrere figuren die überschneiden sich zwar nicht aber- (zeigt auf F8) warte was. das ist ja falsch was wir gesagt haben. oh man." (Interview Leonie & Emily, T. 413) „also bisher sind in jeder figur buchstaben. also das haut nirgendswo hin mit den buchstaben was wir gesagt hatten." (Interview Lina & Karla, T. 111)
Folge: Entwicklung einer neuen Vermutung	Die Vermutung wird nicht modifiziert oder weiterentwickelt, sondern eine neue Vermutung wird anhand eines anderen Ansatzes gebildet.	„ich hab aber noch eine idee." (Interview Britta & Carola, T. 312)
Folge: Festhalten an Ablehnung der Vermutung	Es findet keine Entwicklung einer neuen Vermutung statt, sondern es wird an der Ablehnung der Vermutung festgehalten oder auf sie beharrt.	„aber eins ist ja auch ungerade und es geht ja nicht." (Interview Alex & Milo, T. 19)
Modifikation der Vermutung	Beinhaltet auch eine Ablehnung der ursprünglichen Vermutung, aber die Vermutung wird auf eine veränderte Weise weiterverfolgt. (bei vollständiger Ablehnung: *Ablehnung der Vermutung*)	siehe Unterkategorien
Klassifikation	Eine Klassifizierung erfolgt in Bezug auf ein bestimmtes Merkmal, sodass die Vermutung spezifiziert wird.	„stimmt! man kann es einfach erkennen welche art es ist danach wenn es eine gerade oder eine ungerade ist. bei einer geraden geht diese mehrstellige und bei einer ungeraden muss man die zweistellige." (Interview Alex & Milo, T.197)
Ausschluss von Fällen/Benennung von Ausnahmen	Die Fälle, die der ursprünglichen Vermutung widersprechen, werden ausgeschlossen oder als Ausnahmen bezeichnet. Dies kann spezifisch oder unspezifisch stattfinden.	siehe Unterkategorien
spezifisch	Einzelne Fälle werden explizit benannt und ausgeschlossen.	„Hier klappt es nicht" (Interview Britta & Carola, T. 124) „außer 1" (Interview Jakob & Gero, T. 60)
unspezifisch	Es werden Fälle ausgeschlossen oder festgestellt, dass es Ausnahmen gibt, diese werden jedoch nicht weiter spezifiziert.	„Es gibt Ausnahmen" (Interview Britta & Carola, T. 173) „außer Ausnahmen" (Interview Paula & Julia, T. 146)
Ausweitung/Erweiterung auf weitere Fälle	Die Vermutung wird erweitert, sodass sie weitere Fälle mit einschließt.	„V. (zeigt auf F2) ein V ginge tatsächlich auch glaube ich oder' weil hier innendrin." (Interview Leonie & Emily, T. 139)

(Fortsetzung)

Tabelle 5.2 (Fortsetzung)

Kategorie	Beschreibung	Ankerbeispiele
Einschränkung	Die Vermutung wird anhand von einzelnen oder mehreren Bedingungen eingeschränkt, jedoch werden nicht einzelne oder unspezifische Fälle ausgeschlossen (sonst: *Ausschluss von Fällen/Benennung von Ausnahmen*).	siehe Unterkategorien
Anhand einer Bedingung	Die Vermutung wird anhand einer Bedingung weiter eingeschränkt. Es findet keine Klassifikation verschiedener Fälle statt (sonst: *Klassifikation*).	„nur 2 Figuren" (Interview Leonie & Emily, T. 595)
Schranke	Es wird mithilfe einer Schranke ein Bereich angegeben, für den die Vermutung gilt.	„mehr als zwei" (Interview Alex & Milo, T. 20) „über 10" (Interview Sina & Tessa, T. 76)
Aussagekraft	Die Aussagekraft der Vermutung wird eingeschränkt.	„wir könnten ja vielleicht noch ein bisschen den satz verändern. weil das muss halt nicht immer- das kann ja- wir könnten ja vielleicht schreiben manchmal oder so. wir könnten ja schreiben 'Wenn man die Figur manchmal erweitert (also wenn sie vollständig ist)'" (Interview Britta & Carola, T. 222) „'funktioniert auch **meistens** nicht die Figur'" (Interview Britta & Carola, ZII-I3, T. 225)
Festhalten an Vermutung	Die ursprüngliche Vermutung wird trotz des Konflikts beibehalten.	„ich werd das nicht noch mal machen. es geht irgendwie. irgendwie geht das." (Interview Frida & Lea, T. 143)
Zurückstellung/Vertagung	Der Konflikt wird zurückgestellt oder auf einen späteren Zeitpunkt verschoben.	siehe Unterkategorien
explizit	Die Vertagung der Auseinandersetzung mit dem Konflikt wird explizit genannt.	„weil sozusagen ginge es ja. (zeichnet K11) so halt auch. (zeichnet K12) (5 Sek.) ich glaub das lassen wir erstmal kurz aus" (Interview Lina & Karla, T. 129)
implizit	Die Auseinandersetzung mit dem Konflikt wird zurückgestellt, da der Fokus auf etwas anderes gelegt wird.	„es würde mit zehn gehen. ja. (**legt 8|8**)" (Interview Frida & Lea, T. 68) *Hinweis zu Situation: Die Zahl Zehn wird hier als Gegenbeispiel zu einer vorangegangenen Vermutung akzeptiert. Im Folgenden wird dies jedoch nicht weiter thematisiert, sondern die Zahl 16 untersucht.*
Abbruch	Keine spezifische Ablehnung oder Festhalten der Vermutung, sondern Abbruch des gesamten Prozesses, Arbeitsschritts oder Gedankengangs. Dazu gehören auch Albernheiten, die sich von der Auseinandersetzung mit der Aufgabe/dem Konflikt lösen. Wenn der Prozess fortgeführt wird, wird ein neuer Ansatz gewählt, aber (noch) keine neue Vermutung formuliert.	„(12 Sek.) ich weiß es nicht. (lacht)" (Interview Paula & Julia, T. 168) „wie schwer das ist. (lacht)" (Interview Alex & Milo, T. 308) „sieht ein bisschen aus wie so ein haimund. (lacht) ja so zähne. guck doch. (lacht) ja so spitze." (Interview Leonie & Emily, T. 219)

mutung. Dies führt jedoch nicht zum Verwerfen des zugrundeliegenden Ansatzes, sondern die Vermutung wird in modifizierter

Weise weiterverfolgt, sodass der ursprüngliche Gedanke beibehalten wird. Eine Modifikation der Vermutung kann dabei auf unterschiedliche Weise und in verschiedene Richtungen stattfinden. Mittels einer vorgenommenen Klassifikation oder durch den Ausschluss von Fällen kann die Vermutung weiter spezifiziert werden. Daneben kann die Vermutung sowohl auf zusätzliche Fälle erweitert oder anhand einer oder mehrerer Bedingungen eingeschränkt werden. Alle Verhaltensweisen haben zum Ziel, die ursprünglich entwickelte Vermutung mit dem aufgetretenen Konflikt zu vereinbaren, indem die Vermutung entsprechend verändert wird.
Festhalten an Vermutung: Das Festhalten an der Vermutung beschreibt das Verhalten, eine Vermutung trotz widersprüchlicher Tatsachen aufrechtzuerhalten. Der Konflikt wird somit nicht gelöst, sondern bleibt bestehen, was jedoch keine weiteren Auswirkungen auf die Vermutung hat.
Zurückstellung bzw. Vertagung: In diesem Fall wird ein Konflikt als solcher wahrgenommen, jedoch zu dem aktuellen Zeitpunkt nicht weiter thematisiert. Dies äußert sich entweder dadurch, dass der Konflikt bewusst auf einen späteren Zeitpunkt des Prozesses verschoben wird oder aber der Konflikt (unbewusst) zurückgestellt wird, indem der Fokus der Aufmerksamkeit sich auf ein anderes Phänomen verschiebt. Für die weitere Auswertung ist es darüber hinaus relevant, inwiefern der Konflikt an späterer Stelle erneut aufgegriffen wird. Dies wird jedoch nicht mittels des Kategoriensystems erfasst, sondern in der jeweiligen Einzelfallanalyse in den Blick genommen.
Abbruch: Ein Abbruch beschreibt das Verhalten, eine Vermutung weder abzulehnen noch an ihr festzuhalten oder sie zu modifizieren, sondern den gesamten (Teil-) Prozess abzubrechen. Dies tritt auf, wenn der aufgetretene Konflikt zu groß ist, als dass er kognitiv verarbeitet werden kann und äußert sich beispielsweise durch Reaktionen, die sich von der Auseinandersetzung mit der Aufgabe oder dem Konflikt lösen. Sofern der Prozess anschließend fortgeführt wird, wird ein neuer Ansatz gewählt, aber (noch) keine neue Vermutung formuliert.

Mittels beider dargestellter Kategoriensysteme steht nun ein Werkzeug zur Verfügung, um das Datenmaterial im Hinblick auf das *Hinterfragen von Vermutungen* sowie den *Umgang mit Konflikten* zu charakterisieren und das Verhalten der Schüler vergleichend zu beschreiben. Davon ausgehend kann sich dem Forschungsanliegen, Haltungen im Umgang mit Vermutungen zu rekonstruieren, weiter genähert werden. Die entwickelten Kategorien erlauben es dabei, eine Vergleichbarkeit über das Datenmaterial hinweg herzustellen, sodass ausgehend davon idealtypische Haltungen abstrahiert werden können. Die gebildeten Kategorien werden anschließend außerdem in Einzelfallanalysen erneut aufgegriffen, um die jeweiligen Schüler und die entsprechenden Haltungen ausführlicher zu charakterisieren.

5.6.1.2 Idealtypische Haltungen von Schülern im Umgang mit Vermutungen

Die Analyse des Datenmaterials hat gezeigt, dass sich das Verhalten der Schüler im Umgang mit Vermutungen auf vier idealtypische Haltungen zurückführen lässt, die sie während des mathematischen Erkenntnisprozesses einnehmen. Diese Haltungen äußern sich in charakteristischen Verhaltensweisen, die sich während der Auseinandersetzung mit den Aufgaben des Interviews regelmäßig zeigen und besonders in der Interaktion mit dem Interviewpartner sichtbar werden. Das zuvor entwickelte Kategoriensystem ermöglicht es nun, die Haltungen abstrahiert von den Fallbeispielen auf theoretischer Basis zu beschreiben und voneinander abzugrenzen, sodass vier Idealtypen gebildet werden konnten. Es werden somit wesentliche Verhaltensmerkmale herausgearbeitet und im Folgenden dargestellt. Die Charakterisierung der Haltungen erfolgt dabei nicht auf normative, sondern auf deskriptive Weise, indem keine Wertung hinsichtlich ihrer Tragfähigkeit für den mathematischen Erkenntnisprozess vorgenommen wird. Inwiefern sich gewisse Haltungen jedoch als günstig oder problematisch für den individuellen oder gemeinsamen Erkenntnisprozess beider Interviewpartner erweisen können, wird in Abschnitt 5.6.3.4 thematisiert. Die zuvor vorgestellten Kategoriensysteme legen eine Charakterisierung von Haltungen hinsichtlich zweier Dimensionen nahe: dem *Hinterfragen von Vermutungen* sowie dem *Umgang mit Konflikten*. Wie bereits dargestellt, sind beide Tätigkeiten zentral für mathematische Erkenntnisprozesse, sodass sich ihre Ausprägungen eignen, um daraus idealtypische Haltungen abzuleiten.

Das *Hinterfragen von Vermutungen* bildet dabei die für die Charakterisierung primäre Eigenschaft, da sie ausschlaggebend für den Übergang von Prozessen des *Erfinden und Entdeckens* zu Prozessen des *Prüfen und Beweisens* ist. Hierbei können in den Daten zwei gegensätzliche Verhaltensweisen unterschieden werden: Verhalten, welches Vermutungen grundsätzlich in Frage stellt, sowie Verhalten, welches dies grundsätzlich nicht tut. Das Verhalten von Schülern während eines mathematischen Erkenntnisprozesses kann somit entweder *hinterfragender* oder *nicht-hinterfragender* Natur sein. Wie das Kategoriensystem aufzeigt, kann ein Hinterfragen von Vermutungen in Abhängigkeit des gesetzten Fokus auf verschiedene Weisen stattfinden: mit dem Anliegen, eine Vermutung zu überprüfen, diese zu begründen oder aber ihre Praktikabilität zu hinterfragen. In den nachfolgend dargestellten Fallbeispielen werden hierbei Unterschiede zwischen Schülern, die Vermutungen auf verschiedene dieser Weisen hinterfragen und Schülern, die Vermutungen lediglich auf eine dieser Weisen hinterfragen, herausgestellt. Zur grundsätzlichen Charakterisierung von Haltung wird dies jedoch nicht weiter ausdifferenziert, sondern sich auf ein generelles hinterfragendes bzw. nicht-hinterfragendes Verhalten bezogen, um diese beiden extremen Ausprägungen abzubilden. Dies ist darauf zurückzuführen, dass mit diesen Ausprägungen ein konträres Verständnis zum Stellenwert von Vermutungen einhergeht. Ein hinterfragendes Verhalten versteht eine Vermutung als Aussage, die tatsächlich zu veri- bzw. falsifizieren ist und sich somit im Verlauf eines Erkenntnisprozesses als nicht korrekt herausstellen oder bestätigt werden kann. Eine Vermutung ist somit zunächst eine mathematische Aussage, deren Wahrheit (noch) nicht endgültig gesichert ist und eine weitere Auseinandersetzung mit dem zugrundeliegenden Sachverhalt erfordert. Aus diesem Verständnis resultiert ein hinterfragendes Verhalten, um weitere Erkenntnisse über die Vermutung oder den damit einhergehenden Sachverhalt zu erlangen. Grundsätzlich liegt sowohl diesem Verhalten als auch dem beschriebenen Stellenwert von Vermutungen eine Haltung zugrunde, die im Folgenden als `kritisch` bezeichnet wird. Mit der für diese Arbeit festgelegten Definition von Haltung als Denk- und Verhaltensweisen zugrundeliegendes, relativ stabiles Konstrukt bezeichnet eine `kritische` Haltung damit die Verhaltenstendenz, Vermutungen grundsätzlich in Frage zu stellen. Die dazu konträre Ausprägung bildet eine `unkritische` Haltung, welche sich in Verhaltensweisen äußert, welche Vermutungen **nicht** hinterfragen. Im Gegensatz zu dem Verständnis einer Vermutung als zu veri-bzw. falsifizierende Aussage kann eine aufgestellte Vermutung in diesem Fall als Tatsache und somit als mathematischer Satz angesehen werden, ohne dass eine vorangegangene Überprüfung oder Begründung als notwendig angesehen wird. Aufgrund der nicht notwendigerweise bewussten Wirkung von Haltungen kennzeichnet sich eine `unkritische` Haltung somit durch die Abwesenheit von hinterfragenden Tätigkeiten, die nicht zwangsläufig aus einer bewussten Entscheidung entsteht, eine Vermutung als Fakt aufzufassen.

Die Konstrukte der `kritischen` und `unkritischen` Haltung bilden damit eine der beiden Dimensionen der rekonstruierten Haltungen im Hinblick auf den Umgang mit Vermutungen. Die sekundäre Eigenschaft, hinsichtlich derer die Haltung eines Schülers weiter differenziert werden kann, betrifft den *Umgang mit Konflikten*. Dieser kann hinsichtlich seiner Wirkung auf die jeweils aktuelle Vermutung charakterisiert und ebenfalls mit zugrundeliegenden Haltungen in Verbindung gebracht werden. Durch die Analyse der Auswirkung der entwickelten Kategorien im Umgang mit Konflikten auf den Erkenntnisprozess können erneut zwei Ausprägungen von Verhaltensweisen identifiziert werden. Da es bei dieser Eigenschaft um den Fall geht, dass ein Konflikt von den Schülern tatsächlich als solcher wahrgenommen wird, wird die Kategorie *Revision des Konfliktauslösers* des Kategoriensystems dabei außen vor gelassen. In den nachfolgenden Fallbeispielen wird diese jedoch erneut aufgegriffen, da sie im Zusammenhang mit `kritischen` und `unkritischen` Haltungen von Bedeutung sein kann. Dies gilt auch für die Kategorie *Zurückstellung bzw. Vertagung des Konflikts*. Aufgrund der Abhängigkeit vom weiteren Verlauf des Prozesses, kann diese nicht eindeutig einer Wirkung zugeordnet werden. Sofern ein vertagter Konflikt erneut aufgegriffen wird, wird dies in der Analyse wie ein neuer Konflikt behandelt und entsprechend kategorisiert. Falls der Konflikt jedoch nicht aufgegriffen wird, kann anhand der Daten zumeist nicht rekonstruiert werden, inwiefern dies bewusst oder unabsichtlich stattfindet. Aufgrund dieser Deutungsunsicherheit bleibt die Einordnung damit im Bereich der jeweiligen Fallbeispiele und findet keinen Eingang in die Beschreibung der idealtypischen Haltungen. Somit werden zur Charakterisierung der Haltungen auf Grundlage des Umgangs mit Konflikten die Kategorien *Ablehnung der Vermutung*, *Modifikation der Vermutung*, *Festhalten an der Vermutung* sowie *Abbruch des (Teil-)Prozesses* genutzt.

Das Verhalten im Umgang mit Konflikten lässt sich im Hinblick auf zwei zentrale Wirkungsweisen differenzieren. Auf der einen Seite sind dies Verhaltensweisen, die den Konflikt produktiv wenden und damit die (Weiter-)Entwicklung der Vermutungen vorantreiben. Auf der anderen Seite lassen sich Verhaltensweisen ausmachen, die den Konflikt nicht produktiv in Bezug auf die Vermutung überwinden, sodass der Prozess ins Stocken gerät. Erstere Verhaltensweisen umfassen somit Tätigkeiten der *Modifikation von Vermutungen* sowie die *Ablehnung von Vermutungen* mit der Folge, dass eine *neue Vermutung* entwickelt wird. Es besteht also das Anliegen, den Prozess so fortzuführen, dass er mit dem Konflikt vereinbar ist. Je nach Tragweite des Konflikts wird dies erreicht, indem entweder die ursprüngliche Vermutung modifiziert wird, sodass sich Vermutung und Konflikt nicht weiter widersprechen oder ein neuer Ansatz einer Vermutung entwickelt wird. Diese Tendenz zur Entwicklung bzw. Weiterentwicklung von Vermutungen sind entscheidende Kennzeichen einer zugrundeliegenden Haltung, die hier als `konstruktiv`[9] bezeichnet wird und meint damit die grundlegende Tendenz, einen Konflikt durch die Anpassung der Theorie zu überwinden. Den Gegensatz dazu bildet somit eine Haltung, die sich in einer Art stagnierendem Verhalten im Hinblick auf die Vermutung äußert. Charakteristische Verhaltensweise ist hierbei die *Ablehnung von Vermutungen*, ohne dass eine neue Vermutung entwickelt wird. Auch das *Festhalten der Vermutung* trotz widersprechender Tatsachen oder der *Abbruch* des entsprechenden Prozesses sind beobachtbare Folgen dieser Haltung. Da den Konflikten sowohl bei der *Ablehnung der Vermutung* als auch bei einem *Abbruch* ein besonders bedeutsamer Stellenwert

---

[9] Der Begriff der `konstruktiven` Haltung steht dabei nicht in Verbindung zu der Verwendung des Begriffs *konstruktiv* in anderen Zusammenhängen im Rahmen dieser Arbeit, sondern bildet in Verknüpfung mit dem Konzept der Haltung einen eigenständigen Fachbegriff, der die beschriebene Haltungsausprägung im Umgang mit Konflikten bezeichnet.

zugemessen wird, wird die zugrundeliegende Haltung als obstruktiv bezeichnet und trägt damit der Tatsache Rechnung, dass der Konflikt selbst und nicht seine Überwindung im Mittelpunkt steht. Damit wirkt sich die obstruktive Haltung auf das Verhalten insofern aus, als dass der Konflikt als eine Blockade zur Weiterentwicklung der Vermutungen oder weiteren Auseinandersetzung mit dem Sachverhalt wahrgenommen wird, was sich ebenso darin äußern kann, dass schlichtweg an der Vermutung festgehalten und der Konflikt damit nicht sinnvoll überwunden wird. Anders als die konstruktive Haltung bietet der Konflikt nicht den Anlass zu einer Überwindung des Hindernisses, sondern zu einer Stagnation des Prozesses hinsichtlich der (Weiter-)Entwicklung von Vermutungen. Je nach Tragweite dieses Hindernisses kann daraus sowohl eine vertiefte Auseinandersetzung mit dem Konflikt oder aber eine kognitive Überforderung resultieren. Insgesamt tendiert die obstruktive Haltung somit dazu, den Erkenntnisprozess im Hinblick auf den Umgang mit Vermutungen zu hemmen.

Aus der vorangegangenen Darstellung haben sich folglich zwei zentrale Dimensionen mit jeweils zwei gegensätzlichen Ausprägungen ergeben, hinsichtlich derer sich Haltungen charakterisieren lassen: das *Hinterfragen von Vermutungen* im Rahmen einer kritischen und einer unkritischen Haltung sowie der *Umgang mit Konflikten* hinsichtlich einer konstruktiven und einer obstruktiven Haltung. Die jeweiligen Ausprägungen der Haltungen sind dabei unabhängig voneinander, denn die Tendenz, eine Vermutung (nicht) zu hinterfragen wirkt sich nicht notwendigerweise auf den Umgang mit auftretenden Konflikten aus, wie sich auch in den nachfolgend dargestellten Einzelfallanalysen zeigt. Somit ergeben sich aus der Kombination der Haltungsausprägungen, wie in Abbildung 5.4 erkennbar, vier idealtypische Haltungen im Umgang mit Vermutungen.

Haltungen im Umgang mit Vermutungen		**Haltungen im Umgang mit Konflikten:** Inwiefern wirken sich Konflikte auf den Umgang mit der Vermutung aus?	
		konstruktiv	obstruktiv
Haltungen im Hinterfragen: Wie wird der Vermutung im Hinblick auf Überprüfung, Begründung oder Praktikabilität begegnet?	kritisch	**kritisch-konstruktiv** (zeigt sich an hinterfragend-entwickelndem Verhalten)	**kritisch-obstruktiv** (zeigt sich an hinterfragend-hemmendem Verhalten)
	unkritisch	**unkritisch-konstruktiv** (zeigt sich an nichthinterfragend-entwickelndem Verhalten)	**unkritisch-obstruktiv** (zeigt sich an nichthinterfragend-hemmendem Verhalten)

Abbildung 5.4 Vier idealtypische Haltungen im Umgang mit Vermutungen

Dabei sind jeweils zwei idealtypische Haltungen hinsichtlich einer Merkmalsausprägung gleich, sodass sich entsprechende Überschneidungen in den jeweiligen Verhaltensweisen ergeben. Sowohl die `kritisch-konstruktive` als auch die `kritisch-obstruktive` Haltung äußert sich somit in hinterfragendem Verhalten, jedoch unterscheiden sich die Haltungen hinsichtlich des Umgangs mit auftretenden Konflikten. Ebenso verhält es sich mit der `unkritisch-konstruktiven` und der `unkritisch-obstruktiven` Haltung. Trotz des nicht-hinterfragenden Verhaltens, welches beide Haltungen verbindet, unterscheidet sich auch hier der Umgang mit Konflikten. Denn auch wenn Vermutungen nicht hinterfragt werden, kann im Verlauf des Erkenntnisprozesses ein Konflikt entstehen, der wiederum eine Reaktion hervorruft. Die `kritisch-konstruktive` und die `unkritisch-konstruktive` Haltung sowie die `kritisch-obstruktive` und die `unkritisch- obstruktive` Haltung weisen jeweils ein ähnliches Verhalten hinsichtlich des Umgangs mit Konflikten auf, wobei sich das Verhalten in Bezug auf das Hinterfragen von Vermutungen deutlich unterscheidet.

Zur Charakterisierung dieser vier Haltungen wurden jeweils zwei gegensätzliche Ausprägungen als Extrempole genutzt, um die Haltungen aus theoretischer Perspektive deutlich voneinander abzugrenzen. Neben Schülern, die aufgrund ihrer Verhaltensweisen eine deutliche Tendenz zu einer dieser vier Haltungen zeigen, kann es auch Schüler geben, die sich nicht eindeutig einer der vier idealtypischen Haltungen zuordnen lassen. Aus theoretischer Sicht können dafür verschiedene Gründe vorliegen:

- Die Schüler haben bisher keine oder keine eindeutige Haltung im Umgang mit Vermutungen entwickelt. In Abschnitt 2.4 wurde bereits ausgeführt, dass Haltungen durch Erfahrungen erworben werden. Sofern Schüler in ihrem bisherigen Lernprozess wenig Erfahrungen[10] im Umgang mit Vermutungen machen konnten, kann eine Haltung noch wenig entwickelt oder nur schwach ausgeprägt sein, sodass sie in einem Interview nicht notwendigerweise beobachtbar ist.
- Die Haltung der Schüler zeigt sich in der Interviewsituation nicht. Es ist denkbar, dass Schüler zwar eine gewisse Haltung im Umgang mit Vermutungen innehaben, diese jedoch im Interview nicht beobachtbar ist. Dies kann sowohl durch die unbekannte Situation, den jeweiligen Verlauf des Erkenntnisprozesses oder aber durch die Kombination mit dem jeweiligen Interviewpartner verursacht werden. Die Haltung des Interviewpartners kann hierbei sowohl einen positiven als auch

[10] Diese Erfahrungen müssen dabei nicht zwangsläufig bewusst stattgefunden haben oder reflektiert worden sein. Auch (oder besonders) unbewusste Erfahrungen können die Entwicklung von Haltungen prägen.

einen negativen Einfluss aufweisen, indem einerseits der Raum ermöglicht wird, eine Haltung zu zeigen oder dieses durch das Zusammenspiel beider Haltungen verhindert wird.

- Die Schüler zeigen typische der durch die Kategoriensysteme beschriebenen Verhaltensweisen, diese lassen sich jedoch nicht eindeutig einer der vier idealtypischen Haltungen zuordnen. Die Haltung der Schüler bildet eine Art Zwischen– oder Mischform aus verschiedenen der vier Haltungen bzw. Haltungsausprägungen. Hierfür können wiederum unterschiedliche Gründe verantwortlich sein. So können die Schüler einerseits, wie im ersten Punkt bereits beschrieben, (noch) keine überdauernde Haltung im Umgang mit Vermutungen entwickelt haben, sodass sich verschiedene Verhaltensweisen ohne erkennbares Muster zeigen. Während diese Prozesse dann auf unbewusster Ebene stattfinden, können Schüler andererseits im Erkenntnisprozess bewusst eine gewisse Haltung je nach Situation einnehmen. Die Haltung hängt damit von der jeweiligen Vermutung ab, sodass ein differenzierter Umgang mit dieser möglich ist. Ein weiterer möglicher Grund ist der Einfluss des den Interviews vorangegangenen Unterrichtskonzepts. Mit der Intention, eine mathematisch-forschende Haltung zu entwickeln, kann bei den Schülern ein Lernprozess angeregt worden sein, sodass sie sich am Übergang zwischen verschiedenen Haltungen befinden, was sich in unbeständigem Verhalten zeigen kann. Ein Ausblick auf Hinweise solcher Prozesse wird in Abschnitt 5.6.2.8 gegeben.

Die vorliegende Arbeit fokussiert sich auf diejenigen Schüler, die sich eindeutig einer der vier idealtypischen Haltungen zuordnen lassen und das Zusammenspiel von Haltungen in der Interaktion dieser Schüler. Damit soll das zugrundeliegende Konzept der hier entwickelten Haltungen im Folgenden konkret erläutert und im Detail vorgestellt werden.

5.6.2 Ausgewählte Fallbeispiele

Zur vertieften Darstellung der vier genannten Haltungen werden in den folgenden Abschnitten entsprechende Fallbeispiele ausgeführt und charakteristische Verhaltensweisen im Detail anhand konkreter Szenen aufgezeigt. Da es sich bei der theoretischen Rekonstruktion der Haltungen um Idealtypen handelt, sind die Haltungen zumeist nicht als Reinform im Datenmaterial zu beobachten. Deutlich werden jedoch Verhaltenstendenzen, die eine Zuordnung zu entsprechenden idealtypischen Haltungen ermöglichen. In diesem Sinne werden sechs Einzelfallanalysen vorgestellt, die sich eindeutig einer der vier Haltungen zuordnen lassen, sodass die Idealtypen zu erkennen sind. Um darüber hinaus die Varianz innerhalb der `kritischen` Haltung darzustellen, wird jeweils ein Fallbeispiel vorgestellt, in dem das Hinterfragen hinsichtlich mehrerer der rekonstruierten Foki (Hinterfragen im Hinblick auf die Überprüfung, die Begründung oder die Praktikabilität) stattfindet sowie jeweils ein Fallbeispiel, in welchem das Hinterfragen in Bezug auf einen einzigen dieser Aspekte zu beobachten ist. Eine entsprechende Übersicht der Fallbeispiele zeigt Abbildung 5.5.

Haltungen im Umgang mit Vermutungen		**Haltungen im Umgang mit Konflikten:** Inwiefern wirken sich Konflikte auf den Umgang mit der Vermutung aus?			
		konstruktiv		obstruktiv	
Haltungen im Hinterfragen: Wie wird der Vermutung im Hinblick auf Überprüfung, Begründung oder Praktikabilität begegnet?	kritisch	**kritisch-konstruktiv**		**kritisch-obstruktiv**	
		hinsichtlich mehrerer Aspekte (Überprüfung und Begründung) Leonie	*hinsichtlich eines Aspekts (Überprüfung)* Lina	*hinsichtlich mehrerer Aspekte (Überprüfung, Begründung und Praktikabilität)* Sina	*hinsichtlich eines Aspekts (Überprüfung)* Frida
	unkritisch	**unkritisch-konstruktiv** Alex		**unkritisch-obstruktiv** Jakob	

Abbildung 5.5 Übersicht über die Fallbeispiele und die entsprechenden idealtypischen Haltungen

Die Fallbeispiele stellen dabei die Haltungen einzelner Schüler dar, die sich in wiederkehrendem Verhalten in verschiedenen Situationen der Interviews zeigen. Einzelne solcher charakteristischer Verhaltensweisen werden dargestellt und mit der jeweiligen eingenommenen Haltung in Verbindung gebracht. Dabei spielen auch die Interaktionsprozesse mit den entsprechenden Interviewpartnern eine Rolle und werden mit in die Analyse einbezogen. Der Fokus der Auswertung und Darstellung liegt hierbei jedoch nicht auf dem gemeinsamen Erkenntnisprozess, sondern auf dem individuellen Lernprozess des jeweils dargestellten Schülers. Der Erkenntnisprozess mit Fokus auf der Interaktion zweier Schüler wird in Abschnitt 5.6.3 in den Blick genommen.

5.6.2.1 Sina: kritisch-obstruktive Haltung

Die Schülerin Sina sowie ihre Interviewpartnerin Tessa arbeiteten im Rahmen des Untersuchungszyklus IV an der Aufgabe *Treppenzahlen.*[11] Sina zeichnet sich im Verlauf des Interviews durch ihre `kritisch-obstruktive` Haltung aus. Ihre `kritische` Haltung äußert sich dabei sowohl im Hinblick auf die Überprüfung als auch die Begründung und die Praktikabilität von Vermutungen. In Sinas Fall ist dieses hinterfragende Verhalten gepaart mit einer `obstruktiven` Haltung im Umgang mit Konflikten. Auftretende Konflikte wirken sich somit eher hemmend auf die Weiterentwicklung der Vermutung aus. Im Folgenden werden charakteristische Verhaltensweisen im Hinblick auf Sinas `kritisch-obstruktive` Haltung näher dargestellt. Das vollständige Transkript des Interviews findet sich in Anhang XI im elektronischen Zusatzmaterial, Verweise auf die entsprechenden Stellen sind mit der jeweiligen Angabe des Turns versehen. Ausdrücke der Form 1|2|3 im Transkript werden dazu genutzt, um eine entsprechend mit Plättchen gelegte Treppe in transkribierter Form dazustellen. In diesem Fall bezeichnet der Ausdruck eine Treppe mit Stufen der Höhe eins, zwei und drei Plättchen.

Im Anschluss an die Präsentation der Aufgabenstellung durch die Interviewerin formuliert Sina die Vermutung *also die erste treppenzahl ist ja die drei oder'* (T. 4). Wie sich auch im weiteren Verlauf des Interviews zeigt, geht Sina in Phasen des *Erfinden und Entdeckens* systematisch vor. Sie scheint im Kopf mögliche Kandidaten für Treppenzahlen der Reihe nach zu überprüfen, sodass sie nach Ausschluss der Zahlen Eins und Zwei die Zahl Drei als kleinste Treppenzahl identifiziert. Auffällig ist an dieser Stelle die Nachstellung der Interjektion *oder'*. Sina nutzt diese auch im weiteren Verlauf des Interviews häufig, um eigene Vermutungen von ihrer Interviewpartnerin absichern zu lassen.[12] Sie drückt damit Unsicherheit und Zweifel bezüglich der geäußerten Vermutungen aus und stellt sie gleichzeitig zur gemeinsamen Diskussion, auch wenn es so scheint, als ob sie die Vermutung bereits im Vorfeld im Kopf geprüft hat. In diesem Zug wird außerdem deutlich, dass es sich bei ihren Entdeckungen aus ihrer Sicht tatsächlich um Vermutungen handelt, deren Wahrheitswert für sie noch nicht abschließend geklärt ist. Diese `kritische` Haltung, die sich damit zeigt, äußert sich in Sinas Fall nicht nur in Bezug auf Vermutungen,

[11] Die Aufgabe lautete: *Findet einen Trick heraus, wie man schnell erkennen kann, ob eine Zahl eine Treppenzahl ist.*

[12] Siehe bspw. *also **so** gehen alle zahlen glaube ich. oder'* (T. 236) oder *also alle ungeraden zahlen sind doch keine treppenzahlen oder'* (T. 387).

sondern auch hinsichtlich auftretender Konflikte. Nachdem ihre Interviewpartnerin Tessa auf Sinas Wunsch nach Überprüfung der Vermutung *also die erste treppenzahl ist ja die drei* dieser widerspricht (*also man kann das auch mit zwei oder eins machen oder'*, T. 5), nimmt Sina diesen Einwand auf. Selbst wenn Tessas Äußerung in diesem Fall nicht auf einen inhaltlichen Widerspruch, sondern auf eine missverständliche Kommunikation zurückzuführen ist,[13] reagiert Sina, indem sie beginnt, das vermeintliche Gegenbeispiel zu überprüfen (*mit zwei- (legt 1|1)*, T. 6).

Auch mit Aufkommen der Vermutung, dass (nur) ungerade Zahlen Treppenzahlen sind, zeigt sich Sina `kritisch` (*ja aber das kann ja auch ne gerade zahl sein oder'*, T. 16) und stellt die Vermutung in Frage. Auch in der folgenden Szene legt sie den Fokus auf die Überprüfung der Vermutung, indem sie explizit das Bedürfnis aufzeigt, zu untersuchen, ob eine ungerade Zahl immer eine Treppenzahl ist (*aber jetzt müssen wir herausfinden ob das* ***immer*** *eine ungerade zahl ist. also ob immer eine treppenzahl eine ungerade zahl ist.*[14], T. 33). Nicht ganz eindeutig kann an dieser Stelle geklärt werden, ob sich Sina mit dieser Äußerung auf den *grünen Stift* bezieht. Es ist einerseits denkbar, dass die Formulierung mit der deutlichen Betonung auf ***immer*** die Frage des *grünen Stifts* aufgreift („Ist das wirklich immer so?"), sich jedoch von der expliziten Verwendung des Stifts gelöst hat oder aber andererseits der Wunsch nach Klärung als inneres Bedürfnis der Schülerin entstanden ist. Unabhängig davon zeigt sich, dass Sina entweder bereits eine `kritische` Haltung inne hatte oder sich diese als Konsequenz der durchgeführten Unterrichtsreihe entwickelt hat.[15] Im Rahmen der Auseinandersetzung mit der Vermutung tritt dann ein Konflikt auf, als die Zahl Zehn mithilfe der Plättchen als Treppenzahl gelegt wird und somit der Vermutung, dass nur ungerade Zahlen Treppenzahlen sein können, widerspricht (T. 47 f.). Auch hier hinterfragt Sina zunächst das Gegenbeispiel (*eins zwei drei vier fünf sechs sieben acht neun zehn. (zählt die Plättchen) ach nee das sind- oder' warte mal.*, T. 48). Ein erneutes Nachzählen ihrer Interviewpartnerin Tessa ergibt dann jedoch: *aber dann ist zehn auch eine treppenzahl.* (T. 53). Sobald die Zahl Zehn somit als Widerspruch zu der aktuellen Vermutung erkannt wird, kann Sinas `obstruktive` Haltung beobachtet werden. Die Vermu-

---

[13] Tessa bezieht sich hier vermutlich auf die Anzahl der Stufen und nicht auf die Anzahl der Plättchen.

[14] In diesem Fall drückt Sina sich missverständlich aus. Aus dem weiteren Verlauf des Interviews lässt sich rekonstruieren, dass sie mit dieser Äußerung ausdrückt, dass sie untersuchen möchte, ob jede ungerade Zahl eine Treppenzahl ist und nicht, ob eine Treppenzahl immer nur eine ungerade Zahl sein kann.

[15] Für Letzteres spricht die Äußerung *warte. ist das immer so'* (T. 169) nach einer von der Interviewpartnerin aufgestellten Vermutung, die an den *grünen Stift* erinnert.

tung wird mit den Worten *hä- dann ist die theorie ja komplett kom-*[16]*wie soll man das denn sonst erkennen'* (T. 55) vollständig verworfen. Es findet somit nicht etwa eine Anpassung der Vermutung statt, die sowohl ungerade als auch gerade Zahlen miteinbezieht, sondern eine gänzliche Ablehnung. In diesem Fall führt der Konflikt sogar dazu, dass Sina die Situation gedanklich verlässt, indem sie sich bei der Interviewerin nach einer Regel erkundigt, die mit dem Konflikt nicht in Zusammenhang steht (*ist das hier auch eine treppenzahl wenn man das so hinlegt' (legt 1|1 und ein Plättchen darüber in die Mitte)*, T. 55). Der kognitive Konflikt, ausgelöst durch das Gegenbeispiel Zehn, ist damit der Anlass für Sina, den Erkenntnisprozess an dieser Stelle zunächst abzubrechen bzw. auszusetzen. Es wird somit weder eine Weiterentwicklung der Vermutung noch eine tiefere Auseinandersetzung mit dem Konflikt angestrebt. Im Zusammenhang mit Sinas hinterfragender Verhaltensweise erscheint ein solches Verhalten erstaunlich, da man meinen möchte, dass eine `kritische` Haltung implizit darauf eingestellt ist, dass ein Phänomen auftreten kann, welches der Vermutung widerspricht. Hier zeigt sich jedoch, dass die beiden in Abschnitt 5.6.1.2 beschriebenen Dimensionen von Haltung nicht zwangsläufig voneinander abhängen. Zwar hat eine `kritische` Haltung einen tendenziell skeptischen Blick auf Vermutungen, sobald jedoch widersprüchliche Tatsachen auftreten, misst eine `obstruktive` Haltung diesen einen besonders hohen Stellenwert bei, sodass eine Überwindung kaum denkbar erscheint. Folglich sind mögliche Auswege lediglich eine Ablehnung der Vermutung, ohne das Anliegen, diese weiter zu modifizieren oder aber ein Abbruch des Erkenntnisprozesses als Reaktion einer Art kognitiven Überlastung. Sofern der Prozess anschließend fortgeführt wird, findet keine Anknüpfung an vorangegangene Überlegungen statt, sondern ein gedanklicher Neustart (bspw. *wie kann man die [Aufgabe] denn noch lösen' (nachdenklich)*, T. 181).

Die `kritische` Haltung äußert sich im Fall von Sina nicht nur darin, dass selbst aufgestellte Vermutungen angezweifelt oder in Frage gestellt werden. Auch in der Interaktion mit ihrer Interviewpartnerin übernimmt Sina die Rolle einer skeptischen Kritikerin. Daraus wird ersichtlich, dass sich ein möglicherweise vorliegendes mangelndes Selbstwertgefühl der Schülerin als Erklärung ausschließen lässt, sondern dass diesem Verhalten eine generelle Haltung zugrunde liegt. So verfolgt ihre Interviewpartnerin Tessa ausgehend von der Treppenzahl 25 die Vermutung, dass Treppenzahlen aus einer geraden und ungeraden Ziffer zusammengesetzt sind (T. 72f.), Sina lehnt dies jedoch im Hinblick auf die Treppenzahl Drei ab (*aber drei ist ja auch ne un- äh eine treppenzahl.*, T. 83). Bemerkenswert ist hier, dass Sina hier erneut die Zahl Drei aufgreift, die in dieser Phase des Interviews bereits

[16] Vermutlich handelt es sich hier um einen Wortabbruch des Wortes *komisch*.

seit einiger Zeit nicht mehr thematisiert wurde, aber zu Beginn des Interviews Teil des aufkommenden Konflikts um die kleinste Treppenzahl war. Der hohe Stellenwert, den eine `obstruktive` Haltung diesem zumisst, ist hier gleichzeitig dafür verantwortlich, dass vorausgegangene Konflikte gedanklich präsent bleiben und gegebenenfalls Teile davon erneut aufgegriffen werden können. Mehrere Stellen im Verlauf des Interviews machen dies zusätzlich deutlich. Dazu zählen beispielsweise Sinas Äußerung *ja aber fünfundzwanzig geht ja auch und drei geht ja auch.* (T. 109) als Reaktion auf Tessas Vermutung, dass lediglich Vielfache von Zehn Treppenzahlen sind oder aber das Hinterfragen *ja aber- und was ist mit der zehn'* (T. 198) als Tessa sich auf ungerade Zahlen beschränkt. Diese und ähnliche Reaktionen im Verlauf des Interviews machen deutlich, dass die Schülerin Sina folglich nicht allein eigene Vermutungen in Frage stellt, sondern sowohl eigene als auch die ihrer Interviewpartnerin sowie während des Interaktionsprozesses aufkommende gemeinsame Vermutungen.

Dass Sina Konflikten einen hohen Stellenwert zumisst, wird auch an anderer Stelle des Interviews deutlich. Diese bezieht sich allerdings weder direkt auf das Hinterfragen von Vermutungen noch auf den konkreten Umgang mit Konflikten, sondern auf die Phase der Generierung von Vermutungen. Auch wenn in dieser Arbeit Haltungen im **Umgang** mit Vermutungen rekonstruiert und charakterisiert werden, so ist ein Blick auf Sinas Verhalten in der Phase der Vermutungsgenerierung ebenfalls aufschlussreich. Denn Sina verfolgt hier die Strategie, durch eine Untersuchung derjenigen Zahlen, die **keine** Treppenzahlen sind, Erkenntnisse zu gewinnen: *oder wollen wir erstmal aufschreiben was keine treppenzahl sind' vielleicht sieht man dann irgendwas.* (T. 213). Übertragen auf diese Phase des Erkenntnisprozesses wirkt Sinas `kritisch-obstruktive` Haltung hypothesengenerierend. Sie fokussiert sich auf diejenigen Zahlbeispiele, die die Eigenschaft, eine Treppenzahl zu sein, nicht aufweisen. Beispiele, die somit eher als „störend"[17] empfunden werden können, da sie die für die Aufgabe zentrale Bedingung nicht erfüllen, rückt Sina in den Fokus ihrer Betrachtungen. Im Hinblick auf den weiteren Verlauf des Erkenntnisprozesses bietet sich damit einerseits das Potential, relevante Entdeckungen zu machen, indem „Negativbeispiele" von Treppenzahlen untersucht werden. Andererseits entsteht damit eine Sammlung an Zahlen, die für eine Überprüfung von weiteren Vermutungen, die im Verlauf des Erkenntnisprozesses entstehen können, relevant sein kann. Im Sinne einer `kritischen` Haltung hat Sina damit geeignete Beispiele, um Vermutungen auf ihren Wahrheitswert hin zu überprüfen. In diesem

[17] Dies bezieht sich auf die Tatsache, dass Gegenständen, die eine – wie in diesem Fall – zentrale Eigenschaft nicht erfüllen, generell negativer konnotiert sind als Gegenstände, die diese Eigenschaft erfüllen.

Zuge stellen die gesammelten Zahlen, die **keine** Treppenzahlen sind, potentielle Gegenbeispiele für künftige Vermutungen dar. Indem Sina also die Strategie verfolgt, Zahlen zu untersuchen, die **keine** Treppenzahlen sind, beschäftigt sie sich mit einer Art Vorstufe von Konflikten, also Zahlen, die einerseits die zentrale Bedingung nicht erfüllen und andererseits künftige Konflikte auslösen können. In dem vorliegenden Fall liegt somit zwar kein konkreter Konflikt, sondern eine Strategie zur Erkenntnisgewinnung vor, die jedoch möglicherweise in direktem Zusammenhang mit Sinas `kritisch-obstruktiver` Haltung steht.

Abseits von Sinas generellem Fokus auf der Überprüfung von Vermutungen zeigt sie außerdem ein deutliches Bedürfnis nach Begründungen für Vermutungen oder auftretende Phänomene. Nachdem es ihrer Interviewpartnerin unerwarteterweise gelingt, die Zahl 22 mit den Plättchen als fünfstufige Treppenzahl zu legen, äußert Sina das Anliegen, diese Tatsache erklären zu wollen (*ja. so gehts. aber wieso'*, T. 118). Sie bleibt somit nicht bei der Überprüfung von Vermutungen stehen, sondern strebt eine tiefere Auseinandersetzung mit dem Phänomen an, um eine Erklärung dafür finden zu können. Ihre `kritische` Haltung ist damit soweit ausgeprägt, dass Prozesse des *Erfinden und Entdeckens* sowohl in Prozesse des *Prüfens* als auch in Prozesse des *Beweisens* übergehen. Dass Letztere für sie ebenso relevant sind, macht die Zahl Zehn deutlich, die sich als ungeklärter Spezialfall durch den gesamten Verlauf des Interviews hindurchzieht. Zunächst im Rahmen der Untersuchung der Vielfachen der Zahl Zehn auftauchend (*hä aber wieso funktioniert denn zehn wenn man-*, T. 132), jedoch nicht abschließend erklärbar, wird die Zahl gegen Ende des Interviews[18] erneut mit dem Anliegen aufgegriffen, eine Erklärung zu finden: ***wieso** ist denn die zehn so'* (T. 574). Die Hartnäckigkeit, mit der das Anliegen verfolgt wird, entsteht als typische Verhaltensweise der Kombination einer `kritisch-obstruktiven` Haltung. In diesem Fall wirken die Bestandteile so zusammen, dass durch die `kritische` Haltung das Bedürfnis nach einer Erklärung entsteht. Indem jedoch keine zufriedenstellende Begründung gefunden wird, wirkt das Anliegen wie ein Konflikt, der durch die `obstruktive` Haltung wiederkehrend in den Mittelpunkt gerückt wird. Als Zusammenspiel beider Ausprägungen wird damit auf der Suche nach einer zufriedenstellenden Erklärung beharrt.

Die starke Ausprägung von Sinas `kritischer` Haltung wird auch durch die Strategien, die sie zur Überprüfung von Vermutungen nutzt, deutlich. Sie sucht einerseits aktiv nach Gegenbeispielen, die einer Vermutung widersprechen könnten, wie sich an folgender Situation zeigt. Nachdem die Vermutung im Raum steht, dass „Zehnerzahlen" Treppenzahlen sind, hinterfragt Sina diese Vermutung: *aber*

[18] Zur besseren zeitlichen Einordnung: Beide Interviewphasen liegen etwa 45 Minuten auseinander.

was ist- aber welche zehnerzahlen[19] *können denn nicht treppenzahlen sein' also fünf kann eine treppenzahl sein.* (T. 128) und zeigt damit erneut die Tendenz, sich mit potentiellen Gegenbeispielen auseinanderzusetzen. Eine weitere Strategie, die sie nutzt, ist die Übertragung der Vermutung auf größere Zahlen: *also vielleicht ist das auch so dass alle zehnerzahlen- also vielleicht immer guck mal- nehmen wir jetzt mal ne höhere zahl. also wir haben ja immer nur die zwanziger da gemacht. und jetzt vielleicht die dreißiger. weil vielleicht gehen die auch. also vielleicht ist das anders als die zehner und die zwanziger.* (T. 165) oder *ja aber auch- hundert. geht das'* (T. 527). Dahinter steckt einerseits das Anliegen, die Allgemeingültigkeit der Vermutung zu überprüfen, jedoch ebenso das Bedürfnis, auch in größerem Rahmen möglicherweise auftretende Gegenbeispiele zu entdecken. Dass Sina damit nicht nur die lokale Theoriebildung im Blick hat, sondern eine verallgemeinerbare Aussage anstrebt, zeigt in ihrem Fall, dass sie eine globale Sichtweise auf die Aufgabe einnimmt. Gerade bei der Untersuchung von Beispielzahlen wird dies deutlich, indem sie stets verschiedene Alternativen wie beispielsweise die verschiedenen Möglichkeiten (in Bezug auf die Anzahl der Stufen), eine Treppenzahl zu legen, im Blick hat: *aber wenn man es anders aufteilt'* (T. 146) oder *aber wir sind immer mit eins hier angefangen mit diesen plättchen. (zeigt auf 1|2|3|4|5|6|7|4) man kann ja auch mit drei anfangen. (entfernt die ersten beiden Stufen von 1|2|3|4|5|6|7|4) und das dann hier hinlegen. (legt 3|4|5|6|7|7)* (T. 411). Diese Sichtweise unterstützt zusätzlich die `kritische` Haltung, die sie ohnehin während des Prozesses einnimmt.

Neben hinterfragenden Aspekten, die auf Überprüfungen und Begründungen abzielen, kennzeichnet Sinas `kritische` Haltung außerdem der Fokus auf die Anwendbarkeit der entwickelten Vermutungen. Sie verknüpft damit Prozesse des *Prüfen und Beweisen* mit Prozessen des *Vernetzen und Anwendens*. Neben dem Bedürfnis, Vermutungen auf ihren Wahrheitswert zu prüfen oder sie erklären zu können, verfolgt sie damit ein Optimierungsanliegen im Hinblick auf die Beantwortung der Aufgabenstellung: *ja. stimmt. aber was bringt einem das'* (T. 191) oder *aber das nützt uns ja nichts weil dann wissen wir ja nur was die nächste zahl ist. dann wissen wir ja nicht was die richtige- also ob das ne treppenzahl ist.* (T. 272). Sofern sich eine Vermutung hinsichtlich dieser Perspektive als ungeeignet erweist, wird sie abgelehnt. In Sinas Fall und wiederum als Kennzeichen einer `obstruktiven` Haltung geschieht dies unabhängig davon, ob der der Vermutung zugrundeliegende Gedanke gegebenenfalls weiterentwickelt und damit die Anwendbarkeit der Vermutung optimiert werden könnte.

[19] Anders als ihre Interviewpartnerin meint Sina mit dem Begriff *Zehnerzahlen* nicht die Vielfachen der Zahl Zehn, sondern die Zahlen Eins bis Zehn.

Bemerkenswert ist es, dass es erst gegen Ende des Interviews zu einer Situation kommt, in welcher Sina eine Vermutung nicht mehr als Vermutung, sondern als Tatsache auffasst. Dies wird dadurch deutlich, da sie ausgehend davon eine deduktive Schlussfolgerung zur Überprüfung von Zahlen hinsichtlich der Eigenschaft, eine Treppenzahl zu sein, zieht: *ja bei den geraden zahlen da muss man- bei den geraden zahlen können wir jetzt nur bei diesen türmen gucken. also bei den ungeraden zahlen kann man das direkt sehen.* (T. 462). Sina bezieht sich hier darauf, dass ungerade Zahlen aufgrund der Möglichkeit, sie in zwei Stufen zu zerlegen, direkt als Treppenzahl ersichtlich sind. Demzufolge bleibe für gerade Zahlen nur noch die Möglichkeit, sie als „Türme" (Treppenzahlen mit mehr als zwei Stufen) zu legen. Sofern sie also eine Vermutung erfolgreich einer kritischen Überprüfung unterzogen hat und in diesem Fall in allen drei Aspekten des Hinterfragens (Überprüfung, Begründung und Praktikabilität) besteht, geht diese in gesichertes Wissen über.

Insgesamt zeigt Sina im Verlauf des Interviews somit eine deutliche Tendenz in Richtung einer `kritisch- obstruktiven` Haltung. Ihre Haltung zeichnet sich im Besonderen dadurch aus, dass der `kritische` Anteil hinsichtlich verschiedener Aspekte ausgeprägt ist. So findet ein Hinterfragen sowohl mit dem Anliegen statt, die Vermutung sowohl auf den Wahrheitswert als auch auf die Praktikabilität hin zu überprüfen, aber es zeigt sich ebenso das Bedürfnis, eine Begründung finden zu wollen. Sina weist diese Verhaltensweise sowohl im Umgang mit selbst formulierten Vermutungen als auch in der Interaktion mit ihrer Interviewpartnerin auf. Die `kritische` Haltung zeigt sich außerdem in der Absicht, nicht nur Vermutungen, sondern ebenso auftretende Konflikte zunächst zu hinterfragen und dahingehend zu überprüfen, ob es sich tatsächlich um einen Konflikt handelt. Ist dies der Fall, so reagiert die Schülerin im Sinne einer `obstruktiven` Haltung: der Konflikt veranlasst die Schülerin dazu, die Vermutung abzulehnen oder den Erkenntnisprozess zunächst abzubrechen. In nur wenigen Fällen kommt es im Anschluss zu der Bildung einer neuen Vermutung.

5.6.2.2 Leonie: kritisch-konstruktive Haltung

Die Schülerin Leonie und ihre Interviewpartnerin Emily bearbeiteten im Zuge des Untersuchungszyklus III die Aufgabe *In einem Zug*.[20] Leonie lässt sich dabei einer `kritisch-konstruktiven` Haltung zuordnen. Ebenso wie die Schülerin Sina im vorangegangenen Fallbeispiel zeichnet sich Leonies `kritische` Haltung dadurch aus, dass sie Vermutungen nicht nur im Hinblick auf einen der

[20] Die Aufgabenstellung lautete: *Findet heraus, wie Figuren aussehen müssen, die man in einem Zug und ohne Linien doppelt zu zeichnen, nachzeichnen kann* ***und*** *dabei wieder am Startpunkt endet.*

drei Foki Überprüfung, Begründung und Praktikabilität hinterfragt, sondern dass in ihrem Fall hauptsächlich zwei dieser Aspekte im Fokus stehen: die Überprüfung sowie die Begründung von Vermutungen. Ein wesentlicher Unterschied zu Sinas `kritisch-obstruktiver` Haltung ist jedoch Leonies Umgang mit Konflikten. Während sich dieser in Sinas Fall tendenziell hemmend auf die (Weiter-) Entwicklung von Vermutungen auswirkt, geht Leonie auf andere Art damit um. Für Leonie bieten Konflikte den Anlass, den Erkenntnisprozess insofern voranzutreiben, als dass neue oder modifizierte Vermutungen entwickelt werden, um den aufgetretenen Konflikt mit der ursprünglichen Vermutung zu vereinbaren. Im Folgenden wird diese `kritisch-konstruktive` Haltung von Leonie näher dargestellt. Das vollständige Transkript des Interviews sowie die von den Schülerinnen angefertigten Zeichnungen finden sich in Anhang XII im elektronischen Zusatzmaterial. Figuren, die in Zitaten aus dem Transkript mit F bezeichnet werden, sind in Abbildung 5.1 zu sehen.

Leonie zeichnet sich bereits früh im Verlauf des Interviews dadurch aus, dass sie nach Erklärungen für empirische Evidenz sucht. Sobald sie also Figuren empirisch auf die geforderte Nachzeichenbarkeit hin untersucht hat, fokussiert sie Fragen wie *woran kann man das denn erkennen' dass die jetzt- dass das geht.* (T. 119) oder *aber woran haben wir denn jetzt* ***gesehen*** *wenn wir uns diese drei figuren angucken dass das hier geht'* (T. 151). Ausgehend von der Aufgabenstellung ist ein solch hinterfragendes Verhalten zunächst naheliegend, insbesondere die von Leonie verwendete Formulierung *woran.* Dass Leonie jedoch einen Schritt weiter geht, zeigt sie in folgenden Formulierungen, die explizit auf eine Erklärung abzielen und ihr Bedürfnis danach deutlich machen: *aber wir müssen jetzt erstmal gucken warum (3 Sek.) das so ist.* (T. 177) oder *aber warum-* (T. 194). An diesen Stellen bezieht sie sich (noch) nicht auf den *grünen Stift*, was daran deutlich wird, dass sie erst im weiteren Verlauf des Interviews auf diesen aufmerksam wird:

196 Leonie	wir müssen auf- (5 Sek.) weißt du was ich gerade überlege [...] den grünen stift. (zeigt auf den grünen Stift)
201 Emily	achso. (nimmt den grünen Stift in die Hand)
202 Leonie	mach mal ein fragezeichen da hin. (zeigt auf die Figur F8)

Es zeigt sich damit einerseits, dass Leonie bereits vor Einführung oder der Nutzung des *grünen Stifts* eine `kritische` Haltung innehat, die sich in dem Bedürfnis äußert, die empirische Überprüfung der Beispiele durch eine Erklärung begründen zu können (*es ist einfach* ***off*** **ensichtlich** *dass es nicht geht. aber ich weiß nicht warum.*, T. 509). Ihr hinterfragendes Verhalten geht damit über das Bedürfnis festzustellen, **dass** etwas so ist, hinaus, wie folgende Situation zeigt: Leonies

Interviewpartnerin formuliert die Vermutung *man kann ja gar nicht mehr* ***wenden*** *(malt Anführungszeichen in die Luft)* (T. 247). Sie bezieht sich dabei auf Figuren, deren Teilfiguren alle in eine Richtung angeordnet sind (wie es bei Figur F8 der Fall ist) und leitet daraus ab, dass ein Zurückzeichnen zum Startpunkt (also ein „Wenden") nicht mehr möglich ist[21] (T. 247). Leonie prüft anschließend zunächst die Vermutung, indem sie diese auf eine andere Figur überträgt und feststellt, dass es in diesem Fall nicht möglich ist, die Figur auf die geforderte Weise nachzuzeichnen: *ja. und hier ist es so. (zeichnet nur die Umrisse der beiden linken Quadrate von der Figur F6 nach) man geht runter. so das würde ja gehen. aber man hat hier (zeigt auf das dritte Quadrat) noch so eins rangehangen.* (T. 249). Sie bleibt jedoch nicht bei dieser Feststellung stehen, sondern identifiziert die Teilstrukturen, die dafür verantwortlich sind, dass eine Nachzeichenbarkeit nicht möglich ist (*man hat hier noch so eins rangehangen*, T. 249) und eröffnet damit das Potential, für den Erkenntnisprozess relevante Strukturen entdecken zu können. Dieses Bedürfnis zeigt sich auch an einer Reaktion auf Emilys empirische Begründung *weil wir mit dem finger nachgemalt haben.* (T. 120) auf Leonies Frage *woran kann man das denn erkennen' dass die jetzt- dass das geht.* (T. 119), die für Leonie im Hinblick auf die Aufgabenstellung nicht ausreichend ist: *ja aber von oben-*[22] *sollen wir gucken vom blick her'* (T. 121). Ihr Anliegen, eine für sie zufriedenstellende Begründung zu finden, ist dabei zentral für Leonies `kritische` Haltung: *ja aber ich mein 'weil man eins drangehangen hat'- weiß ich nicht. (zweifelnd)* (T. 272). Für Leonie ist der *grüne Stift* damit nicht der Auslöser, sondern ein Verstärker dieses Bedürfnisses, indem er ihr die Möglichkeit bietet, im Interview einen expliziten Rahmen für das Hinterfragen von Vermutungen zu schaffen. Dass der *grüne Stift* ihre `kritische` Haltung unterstützt, nutzt sie im weiteren Verlauf des Interviews, indem sie das Hinterfragen von Vermutungen damit explizit macht, wie beispielsweise *ist das denn immer so' und warum ist das denn so'* (T. 344) als Reaktion auf ihre eigene Vermutung, dass eine Figur auf die gewünschte Art nachzeichenbar ist, *weil vielleicht ein viereck und ein rechteck mit drin ist. (zeigt auf Figur F3) weil die sich überschneiden.*[23] (T. 342). Der *grüne Stift* und die damit einhergehenden Fragen „Ist das wirklich immer so?" und „Warum ist das so?" bieten ihr hier die Möglichkeit, ihre `kritische` Haltung zu verbalisieren.

---

[21] Emily interpretiert die Silhouette der Figur F8 als Ganzes und nimmt nicht die einzelnen Linien in den Blick, die jedoch ausschlaggebend für das Nachzeichnen sind.

[22] Mit dem Ausdruck *von oben* bezeichnet Leonie die Anforderung, ohne Nachzeichnen der Figur zu erkennen, ob sie das Kriterium der Nachzeichenbarkeit erfüllt.

[23] Leonie meint hier die Beobachtung, dass sich die Figur F3 in zwei Vierecke zerlegen lässt.

In der Interaktion mit ihrer Interviewpartnerin Emily nimmt sie im Rahmen dieser `kritischen` Haltung dabei stets eine den Erkenntnisprozess überwachende Rolle ein, indem sie auf die präzise Formulierung von Vermutungen besteht (*wenn man zick-zack* ***und*** *gerade linien an beiden seiten hat.*, T. 153) oder die Untersuchungen von Emily kontrolliert: *nein da hast du wieder eine doppelt* (T. 608). Letzteres macht außerdem deutlich, dass die Überprüfung von Vermutungen für Leonie ebenso im Mittelpunkt steht wie die Suche nach Erklärungen. Sie bezieht dabei, wie es auch Sina im vorangegangenen Fallbeispiel tut, eine Vielzahl an bereits untersuchten Beispielen mit ein. Gerade im Hinblick auf die Frage „Ist das wirklich immer so?" treten damit Gegenbeispiele auf, mit welchen Leonie die Vermutung widerlegt: *ich glaub wir sind auf dem falschen dampfer. [...] weil es hat sich ja nicht nur auf das zick-zack jetzt bezogen sondern auch auf vierecke (zeigt auf die Figur F6) oder-irgendwelche anderen figuren.* (T. 157 f.) oder *also alles- 'alles mit dreiecken' ist ja falsch weil das (zeigt auf F8) ist ja auch mit dreiecken und das geht ja auch nicht. (murmelt)* (T. 336). Anders als es bei einer `kritisch-obstruktiven` Haltung der Fall ist, bleibt Leonie hierbei jedoch nicht stehen. Für Leonie hat der Konflikt (in den beiden genannten Fällen ein Gegenbeispiel zu der vorangegangenen Vermutung) das Gewicht, die Vermutung zu widerlegen. Der Stellenwert eines Gegenbeispiels ist damit hoch und wird von Leonie insofern angemessen interpretiert, als dass ein einziges Gegenbeispiel der Nachweis dafür ist, dass die Vermutung nicht korrekt ist. Die `kritisch-konstruktive` Haltung führt jedoch nicht dazu, dass der Prozess gehemmt wird, wie es bei der `kritisch-obstruktiven` Haltung der Fall wäre, sondern zieht insofern einen Nutzen aus auftretenden Konflikten, als dass die widerlegte Vermutung weiterentwickelt oder eine neue Vermutung formuliert wird.

Eine charakteristische Verhaltensweise von Leonie ist dabei das Vornehmen einer Klassifikation. So unterscheidet sie ausgehend von einem Konflikt beispielsweise Fälle, die zwar nachzeichenbar sind, man jedoch nicht wieder am Startpunkt endet, und Fälle, die tatsächlich beide Bedingungen erfüllen: *also man kann es nachzeichnen aber man kommt nicht wieder hinten an.* (T. 132). Eine solche Einteilung der Beispiele in Klassen bietet ihr dann die Möglichkeit, weitere Untersuchungen anzustellen und die Vermutung zu spezifizieren. Dieses Anliegen macht Leonie im Verlauf des Interviews häufig deutlich: *aber man. das ist ja noch nicht richtig.* (T. 134). Sie gibt sich somit nicht mit dem Bestehen eines Konflikts zufrieden, sondern strebt an, diesen auch zu überwinden. Diese `konstruktive` Haltung ist bei Leonie in jeglicher Hinsicht stark ausgeprägt. Auftretende Gegenbeispiele liefern ihr den Anlass, neue Ansätze zu verfolgen und nach Erklärungen zu suchen. Während ihre Interviewpartnerin Emily auf ein Gegenbeispiel `obstruktiv` reagiert: *stimmt. das funktioniert.*[24] *(6 Sek.) das ist anstrengend. mein kopf dampft.* (T. 341), wendet Leonie die Situation produktiv, indem eine Idee für einen neuen Erklärungsansatz und gleichzeitig eine neue Vermutung entsteht: *das funktioniert weil vielleicht ein viereck und ein rechteck mit drin ist. (zeigt auf F3) weil die sich überschneiden.* (T. 342). Dieses grundlegende Verhalten, mit auftretenden Konflikten konstruktiv umzugehen, äußert Leonie im Verlauf des Interviews explizit: *aber wir können doch alles noch umändern.* (T. 569). Sie bezieht sich hier darauf, dass die bisher formulierten Vermutungen nicht festgeschrieben sind, sondern stets die Möglichkeit besteht, diese zu verändern. Damit wird deutlich, dass für Leonie ein Konflikt keine Hürde darstellt, sondern dass sie lediglich ein Anlass sind, eine Vermutung an die neue Situation anzupassen.

Diese Flexibilität nutzt Leonie auch bei der Formulierung ihrer Vermutungen: *wir sagen- wir sagen mal wir können so wenig wie möglich nehmen. oder wir können daraus mehr als zwei-* (T. 571). Leonie bezieht sich hier auf Emilys Vermutung, dass sich auf die geforderte Weise nachzeichenbare Figuren in zwei Teilfiguren zerlegen lassen, für die dasselbe gilt. Leonie behält sich hier zunächst die Möglichkeiten offen, dass auch eine Zerlegung in mehr als zwei Figuren denkbar ist oder dass die Anzahl möglichst gering sein soll. Sie weitet damit die Vermutung zunächst weiter aus, um dann flexibel reagieren zu können. In diesem Fall erweist sich eine der beiden Möglichkeiten für die Schülerinnen als ungeeignet, wie Emily feststellt: *ja und jetzt hast du schon wieder das problem.* (T. 594). In diesem Fall reagiert Leonie dementsprechend und modifiziert die Vermutung, indem sie eine Einschränkung vornimmt, sodass Vermutung und Konflikt miteinander vereinbar sind: *ok man kann nur zwei nehmen.* (T. 595). Auf diese Weise kann sie die ursprüngliche Vermutung in modifizierter Form aufrechterhalten und den Prozess fortführen. Diese `konstruktive` Haltung wird auch an anderer Stelle deutlich. Nachdem Leonies `kritische` Haltung sich darin geäußert hat, dass sie die Vermutung, dass sich Figuren, die sich auf die geforderte Weise nachzeichnen lassen, in zwei Vierecke zerlegen lassen, hinterfragt und aufgrund eines Gegenbeispiels Zweifel daran geäußert hat (*also ich glaube dass das nicht wirklich immer so ist weil hier haben wir das auch nicht. (zeigt auf die Figur F2)*, T. 346), macht sie den Vorschlag, die Vermutung als eines von mehreren möglichen Kriterien zu behandeln, an welchen man die Nachzeichenbarkeit potentiell erkennen kann: *aber es- vielleicht gibt es ja auch mehrere punkte. es können ja eins zwei drei vier und hunderttausend was weiß ich was geben warum das gehen wird. ok nicht ganz so viele aber- vielleicht sind ja drei punkte- drei verschiedene punkte. auf das muss man achten. (zeigt auf einen Finger)*

---

[24] In diesem Fall erweist sich eine Figur bei empirischer Überprüfung als nachzeichenbar mit den geforderten Bedingungen, was der Vermutung von Leonie und Emily widerspricht.

es kann aber auch anders sein und es kann aber auch wieder anders sein. (zeigt auf zweiten und dritten Finger) verstehst du' (T. 346). Auf diese Weise wird der zugrundeliegende Gedanke der Vermutung nicht vollständig verworfen, sondern ein Ausweg gefunden, der es ermöglicht, die Vermutung gleichzeitig aufrechtzuerhalten und dennoch weitere Vermutungen entwickeln zu können.

Insgesamt zeigt sich die `kritisch-konstruktive` Haltung von Leonie an vielen Stellen im Verlauf des Interviews deutlich. Sie zeichnet sich im Speziellen durch das Bedürfnis nach Erklärungen für auftretende Sachverhalte aus. Leonie gibt sich somit nicht damit zufrieden, eine Vermutung daraufhin zu untersuchen, **ob** sie zutrifft, sondern sie beharrt auf der Suche nach einer Begründung, **warum** dies (nicht) der Fall ist. In Leonies Fall beeinflussen sich der `kritische` und der `konstruktive` Teil ihrer Haltung damit positiv: durch die Kombination aus hinterfragendem Verhalten im Hinblick sowohl auf die Überprüfung als auch die Begründung von Vermutungen entstehen Ansätze für die Modifikation oder die Neuentwicklung von Vermutungen und damit die Möglichkeit, einen Konflikt produktiv zu überwinden. Damit stellen Konflikte keine Blockade des Erkenntnisprozesses dar, sondern sind Anlass für eine Weiterentwicklung.

5.6.2.3 Lina: kritisch-konstruktive Haltung

Die Schülerin Lina zeigt grundsätzlich die gleiche idealtypische `kritisch-konstruktive` Haltung wie die Schülerin Leonie des eben dargestellten Fallbeispiels. Anders als es bei Leonie der Fall war, fokussiert sich Linas hinterfragendes Verhalten jedoch lediglich auf die Überprüfung von Vermutungen und nimmt keine weiteren Aspekte wie die Begründung oder die Praktikabilität von Vermutungen in den Blick. Diese Art der `kritisch-konstruktiven` Haltung und ihre Auswirkungen auf den Erkenntnisprozess werden im Folgenden näher dargestellt. Die Schülerin Lina arbeitet dabei gemeinsam mit ihrer Interviewpartnerin Karla an der Aufgabe *In einem Zug*. Das entsprechende Transkript sowie die während des Interviews angefertigten Zeichnungen der Schülerinnen können in Anhang XIII im elektronischen Zusatzmaterial eingesehen werden. Mit F bezeichnete Figuren sind in Abbildung 5.1 zu finden.

Die `kritische` Haltung von Lina äußert sich in hinterfragendem Verhalten, welches sich auf die Überprüfung von Vermutungen konzentriert. Anders als bei den beiden vorangegangenen Interviews wird dieses Hinterfragen jedoch nie direkt verbalisiert, sondern zeigt sich in der Art und Weise, wie die Schülerin Lina mit Vermutungen umgeht. In ihrem Fall schließt in den meisten Fällen eine empirische Überprüfung einzelner Beispiele an: *ich probier jetzt erstmal die. (versucht die Figur F6 nachzuzeichnen)* (T. 24) oder *weil wenn man hier anfängt (zeigt auf die Ecke links oben von Figur F8) dann könnte man ja erst das dreieck dann das dreieck und dann das das und das.* (T. 59). Die Tätigkeit des Nachzeichnens von Figuren nimmt dabei in Linas Erkenntnisprozess einen hohen Stellenwert ein. Auch wenn die Aufgabenstellung die Nachzeichenbarkeit thematisiert, jedoch fordert, einen „Trick" zu entwickeln, wie das Nachzeichnen vermieden werden kann, kann sich Lina schwer von der empirischen Ebene lösen. Dies wird auch daran deutlich, dass etwaig auftretende Begründungen nahezu ausschließlich auf dieser Ebene stattfinden: *das (zeigt auf die Figur F2) kann man sehen weil man kann erst das halbe dreieck machen und dann das innere dreieck und dann kann man das andere wieder zu machen.* (T. 51) oder *also das könnte man so- glaube ich. (fährt F3 mit dem Finger nach)* (T. 61). An dieser Stelle wird die Auswirkung von Linas `kritischer` Haltung sichtbar, die sich allein auf die Überprüfung von Vermutungen konzentriert. Indem Lina kein Bedürfnis zeigt, eine von der Empirie abstrahierte Erklärung zu finden, bleiben die Überlegungen auf einer oberflächlichen Ebene und das Potential, den Erkenntnisprozess durch tiefergehende Begründungen voranzubringen, verfällt, wie es auch hier deutlich wird: *man kann es eigentlich überall anfangen oder' wir probierens nochmal. (zeichnet F3 nach) das ginge auch wenn ich hier starten würde. (zeigt auf die Mitte der oberen Linie) da ginge es auch noch. (zeigt auf die rechte untere Ecke des Rechtecks) da kann man auch anfangen. hier- (zeigt auf die untere Ecke) also man kann überall anfangen bei der figur* (T. 67). Lina stellt hier fest, dass es bei der Figur F3 möglich ist, an jeder beliebigen Stelle anzufangen und dennoch wieder am Startpunkt zu enden. Sie kann in diesem Fall durch eine empirische Prüfung aller möglichen Startpunkte (bezogen auf die Ecken der Figur) zeigen, **dass** es in diesem Fall tatsächlich so sein muss: *also ich hab* ***überall*** *einmal angefangen. um zu prüfen ob man das überall machen kann.* (T. 69). Indem anschließend jedoch kein Anliegen sichtbar wird, diese Tatsache zu begründen, wird die Möglichkeit nicht genutzt, aus den Beobachtungen eine verallgemeinerte Vermutung zu formulieren. Lina zeigt zwar das Bedürfnis, eine Regel entwickeln zu wollen (*fällt dir dazu ne regel ein' also das- das geht nicht (zeigt auf die Figur F8) und das geht. (zeigt auf die Figur F3)*, T. 69), indem sie sich jedoch nicht von der Ebene der empirischen Überprüfung lösen kann, gelingt ihr das nicht.

Statt des Bedürfnisses, eine Vermutung begründen zu können, zeigt Lina allerdings auffallend häufig das Anliegen, ihre Vermutungen von ihrer Interviewpartnerin Karla bestätigen zu lassen: *aber ich glaube mehr ging nicht oder'* (T. 143), *bei einer acht oder'* (T. 14) oder *probier du das nochmal.* (T. 24). Gerade im Hinblick auf die Überprüfung von Vermutungen spielt die Einschätzung ihrer Interviewpartnerin für Lina insofern eine wichtige Rolle, als dass dieser mehr Bedeutung zugemessen wird als einer potentiellen mathematischen Begründung. Im Verlauf des Interviews entstehen dadurch Vermutungen, die sich an oberflächlichen Merkmalen der Figuren orientieren und keine strukturellen Eigenschaften zur Grundlage haben: *also wenn da buchstaben drinnen sind dass man die nicht nachzeichnen kann.*[25] (T. 99). Anhand einzelner Beispiele kann Lina diese Vermutung bestätigen (*weil hier ist halt kein buchstabe so erkennbar- (zeigt auf F2) dort auch nicht- (zeigt auf F3) hier- (zeigt auf F5) das X mehr oder weniger.*, T. 101), sodass die grundlegende Idee der Vermutung über einen Großteil des Interviews hinweg verfolgt wird. In diesem Fall ist die Kombination aus Linas `konstruktiver` Haltung und der Tatsache, dass keine Erklärungen für Vermutungen angestrebt werden, der Grund für die Aufrechterhaltung dieser Vermutung.

Die `konstruktive` Haltung äußert sich darin, dass die Vermutung mit auftretenden widersprechenden Beispielen stets weiter modifiziert wird, indem beispielsweise einzelne Figuren ausgeschlossen werden: *also da könnte es stimmen mit den buchstaben- (zeigt auf F2) hier halt nicht. (zeigt auf F3)* (T. 109). Die `konstruktive` Haltung ist in diesem Fall so stark ausgeprägt, als dass die Vermutung auch dann noch aufrechterhalten wird, wenn die empirische Evidenz ihr deutlich widerspricht (*also bisher sind in jeder figur buchstaben. also das haut nirgendswo hin mit den buchstaben was wir gesagt hatten.*, T. 111). Die Vermutung wird im Folgenden tatsächlich nicht abgelehnt, sondern dahingehend weiterentwickelt, als dass Unterscheidungen hinsichtlich verschiedener Buchstaben getroffen werden, die in den Figuren erkennbar sind. Durch diese Klassifikation hält Lina an der Vermutung fest, denn sie notiert: *Das A, K und U sind jewals 11 auseinander*[26] *und wenn diese Buchstaben in der Figur erkenn bar sind kann man sie nach zeichnen* (T. 125). Gleichzeitig liefert sie eine Begründung für die Auswahl der Buchstaben, worin wiederum der Versuch erkennbar ist, eine Regel zu finden, die die Vermutung stützt. Auch in diesem Fall beruht diese auf einer Begründung, die die ausgewählten Buchstaben zwar miteinander verknüpft, jedoch keine relevante Erklärung für den Sachverhalt liefern kann. Im weiteren Verlauf wird die Vermutung dann kontinuierlich weiterentwickelt, indem aus der Untersuchung von Figuren weitere Buchstaben hervorgehen, wie in den folgenden beiden Äußerungen erkennbar ist: *(zeigt auf die Figur F2) ein V ginge tatsächlich auch glaube ich oder' weil hier innendrin.* (T. 139) oder *da wäre das T eingebaut sozusagen. (zeigt auf die Figur K19) also das T ginge auch würde ich jetzt sagen.* (T. 149). So entsteht letztendlich eine vielfach durch wiederholte Hinzunahme und Ausschluss einzelner Buchstaben modifizierte Vermutung (*Das A, K, V und U, T sind jeweils 11 auseinander und wenn diese Buchstaben in der Figur erkenn bar sind kann man sie nach zeichnen*, T. 175; *Die*

[25] Lina bezieht sich hier insbesondere auf die Figur F8. Aufgrund der Tatsachen, dass die Figur nicht auf die geforderte Weise nachzeichenbar ist und die Innenlinien den Buchstaben *W* bilden, entsteht Linas Vermutung.

[26] Mit dem Ausdruck *11 auseinander* bezieht sich Lina auf die Position der Buchstaben und ihren Abstand zueinander im Alphabet.

Buchstaben X, V gehen manchmal, T. 183; *Die Buchstaben L, M, W, X, N, B, E, I, Z gehen nicht.*, T. 185).

Die Problematik in diesem Fall der `kritisch-konstruktiven` Haltung für den Erkenntnisprozess wird hierbei deutlich: Eine Vermutung, die sich bei näherer Betrachtung der zugrundeliegenden Argumente als nicht tragfähig erweist, wird aufrechterhalten, da kein Bedürfnis nach einer Begründung vorhanden ist. Durch die `kritische` Haltung, die sich auf die Überprüfung beschränkt, entsteht eine Vermutung in der Art einer Aufzählung, die je nach untersuchtem Beispiel verändert wird, ohne dabei jedoch die zugrundeliegende Struktur in den Blick zu nehmen. Auf diese Weise wird der gemeinsame Prozess vorangetrieben, es gelingt der Schülerin Lina jedoch kaum, tiefergehende Erkenntnisse über ein gesuchtes Kriterium der Nachzeichenbarkeit im Sinne der Aufgabenstellung zu erlangen.

5.6.2.4 Frida: kritisch-obstruktive Haltung

Analog zu Linas `kritisch-konstruktiver` Haltung kann bei der Schülerin Frida eine `kritisch- obstruktive` Haltung beobachtet werden, deren hinterfragendes Verhalten sich ebenfalls auf den Aspekt der Überprüfung beschränkt und kein Bedürfnis zeigt, Begründungen für Vermutungen zu entwickeln oder aber die Praktikabilität der Vermutung in Frage zu stellen. Die Schülerin Frida arbeitet dabei mit ihrer Interviewpartnerin Lea an der Aufgabe *Treppenzahlen*, das Transkript des Interviews findet sich in Anhang XIV im elektronischen Zusatzmaterial. Frida zeigt dabei ebenso wie Sina (siehe Abschnitt 5.6.2.1) eine deutliche Tendenz zu einer `kritisch-obstruktiven` Haltung. Beide Schülerinnen unterscheiden sich jedoch im Hinblick auf das hinterfragende Verhalten. Während Sina Vermutungen bezüglich verschiedener Aspekte (Überprüfung, Begründung und Praktikabilität) in Frage stellt, konzentriert sich Frida auf die Überprüfung von Vermutungen. Im Folgenden wird die Wirkung dieser Art einer `kritisch-obstruktiven` Haltung auf den Erkenntnisprozess dargestellt.

Frida zeichnet sich im Verlauf des Interviews deutlich durch ihre `kritische` Haltung aus. In ihrem Fall äußert sich die Haltung in einer eingehenden Überprüfung der Vermutungen, die sie auch explizit äußert, indem sie beispielsweise die Vermutungen „(Nur) ungerade Zahlen sind Treppenzahlen" (*also wenn man sieht dass es eine ungerade zahl ist dann ist es eine treppendingsda. eine treppenzahl. [...] können das auch gerade zahlen sein'*, T. 19) oder „Jede dritte Zahl ist eine Treppenzahl mit mehr als zwei Stufen" (*ich hab vielleicht ne vermutung. jede dritte zahl kann man so*[27] *legen- (legt 1|2|3) geht das überhaupt'*, T. 259) hinterfragt. An Fri-

[27] Frida bezieht sich hier auf die Eigenschaft, eine Zahl als Treppe mit mehr als zwei Stufen legen zu können.

das Äußerung *kann man alle machen über drei' vier' das geht nicht* (T. 218) wird gleichzeitig die `obstruktive` Haltung deutlich. Frida vermutet hier zunächst, dass alle Zahlen, die größer als drei sind, Treppenzahlen sind. Es scheint, als ob sie diese Vermutung direkt hinterfragt und korrigiert, da im Vorfeld bereits festgestellt wurde, dass die Zahl Vier keine Treppenzahl ist. Auch wenn sie hier die Vermutung zunächst modifiziert, verwirft sie die Grundidee zügig (*das geht nicht*, T.218) und verfolgt sie nicht weiter. Vermutlich hat sie an dieser Stelle weitere Gegenbeispiele aus vorangegangenen Untersuchungen im Kopf, die der Vermutung widersprechen. In diesem Fall wird ein möglicherweise zielführender Ansatz, dass tatsächlich ein Großteil aller Zahlen Treppenzahlen sind und nur wenige Zahlen diese Eigenschaft nicht aufweisen, verworfen. Das Potential, anhand von Ausnahmen zu der Vermutung „Alle Zahlen sind Treppenzahlen" eine für den Erkenntnisprozess relevante Struktur zu erkennen, kann damit nicht genutzt werden.

Grundsätzlich zeigt Frida allerdings eine globale Sichtweise auf das Problem, indem sie sowohl kritische Grenzfälle von Zahlen hinterfragt als auch die Vermutungen im Hinblick auf größere Zahlen überprüft, die mit der Anzahl der zur Verfügung stehenden Plättchen nicht mehr darstellbar sind. So ist es für sie zunächst relevant, einen Bereich abzustecken, in dem sich Treppenzahlen befinden können: *mindestens drei. und- und höchstens unendlich.* (T. 17). Sie erkennt hier bereits, dass die Größe einer Treppenzahl nach oben hin nicht begrenzt ist und nutzt dies, um ihre Vermutung anhand größerer Zahlen zu überprüfen: *es können ja unendlich viele lange dingsda* [28] *sein. (zeigt eine Linie in die Luft) vielleicht bei der hundert- geht es'* (T. 32). Eine solche globale Sichtweise auf den der Aufgabe zugrundeliegenden Sachverhalt unterstützt Fridas `kritische` Haltung, indem eine Vielzahl an Beispielen in die Überlegungen miteinbezogen werden kann und die Vermutungen damit auch im Hinblick auf ihre Verallgemeinerbarkeit in den Blick genommen werden.

Zusätzlich zum Überblick über das gesamte Spektrum möglicher Treppenzahlen fokussiert sich Frida ebenso auf diejenigen Fälle, die im Hinblick auf die Vermutung Rand- oder Spezialfälle bilden oder Beispiele, die der Abgrenzung der Vermutung dienen. Auf die Vermutung hin, dass lediglich Zahlen über 20 mögliche Kandidaten für Treppenzahlen sein können (T. 156f.), überprüft Frida zunächst die Zahl 20: *zwanzig. warte ich mach mal kurz zwanzig. einfach acht wegnehmen. (entfernt 8 von 28 Plättchen; es bleibt 1|2|3|4|5|5 und sie legt um zu 2|3|4|5|6) zwanzig geht.* (T. 160). Nach dem gleichen Prinzip geht sie vor, als ihre Interviewpartnerin Lea die Vermutung zu *über zehn muss vielleicht das dann sein.* (T. 179) modifiziert,

[28] Mit dem Ausdruck *dingsda* bezieht sich Frida auf die Stufen einer Treppe und stellt damit fest, dass diese unendlich hoch sein können.

indem sie ihr die Anweisung gibt, zunächst die Zahl Elf zu überprüfen: *mach mal elf.* (T. 180). Damit legt Frida den Fokus auf die Untersuchung solcher Fälle, die ausschlaggebend für die Eingrenzung der Vermutung sind.

In Fridas Fall äußert sich die `kritische` Haltung jedoch nicht allein im Hinblick auf Vermutungen, sondern ebenso im Umgang mit auftretenden Konflikten. Sie nimmt Konflikte nicht direkt als solche hin, sondern hinterfragt und überprüft diese zunächst: *das ist komisch. vielleicht ist es*[29] *ja doch richtig. (legt 2|3|4|5|2) nee ist es nicht.* (T. 55) oder *sind das achtzehn' zähl mal nach.* (T. 176). Diese Verhaltensweise zeigt sich auch in der Interaktion mit ihrer Interviewpartnerin Lea, indem Frida gegebenenfalls auftretende Fehler korrigiert, in diesem Fall aufgrund der Treppe, die Lea fehlerhaft konstruiert hat: *es muss da immer einer sein weil es muss ja ein höher sein.* (T. 47). Frida stellt damit erst sicher, dass Konflikte, die durch mögliche Flüchtigkeitsfehler entstanden sind, aufgelöst werden können, bevor der Konflikt als solcher akzeptiert wird. Nachdem sie dann gegebenenfalls festgestellt hat, dass es sich tatsächlich um einen Konflikt handelt, kommt ihre `obstruktive` Haltung zum Tragen.

Deutlich erkennbar ist dies an den Szenen, die von Fridas Seite aus zum Abbruch der jeweiligen Situation führen. Als die Vermutung im Raum steht, dass lediglich Zahlen über 20 Treppenzahlen sein können, ihre Interviewpartnerin Lea jedoch feststellt, dass sich 18 mit den Plättchen als Treppe legen lässt, reagiert Frida wie folgt: *ich checks nicht mehr.* (T. 178). Während Lea einen Vorschlag zur Modifikation der Vermutung macht, die das Gegenbeispiel berücksichtigt (*über zehn muss vielleicht das dann sein.*, T. 179), sieht Frida keine Möglichkeit, dies mit vorangegangenen Beispielen zu vereinbaren: *ja aber sechzehn und vierzehn gingen ja nicht!* (T. 182). Ebenso wie die Schülerin Sina in Abschnitt 5.6.2.1 zeichnet sich Frida an dieser Stelle dadurch aus, sowohl Beispiele als auch Gegenbeispiele vorangegangener Untersuchungen erneut aufzugreifen und in die aktuellen Überlegungen miteinzubeziehen. Die Kombination aus `kritischer` und `obstruktiver` Haltung führt in diesem Fall dazu, dass die durch das hinterfragende Verhalten entstehenden Konflikte für Frida einen solch hohen Stellenwert einnehmen, dass eine Art gedankliche Handlungsunfähigkeit entsteht, die letztendlich zu einer Ablehnung der Vermutung (ohne einen neuen Ansatz weiterzuverfolgen) oder gar dem Abbruch der Überlegungen führt, wie an der folgenden Situation deutlich wird: *ich hab- ich schaff nichts mehr. [...] weil alles irgendwie unlogisch und logisch ist.* (T. 208 f.). Frida hadert hier mit der Tatsache, dass sich die Zahl Sechs zwar als dreistufige Treppenzahl legen lässt (*ach sechs geht. (legt 1|2|3)*, T. 206), jedoch nicht als zweistufige. Dies

---

[29] Es geht hier um die Beobachtung, dass die Zahl 16 keine Treppenzahl ist, was Frida zunächst in Frage stellt.

scheint mir ihren vorangegangenen Überlegungen nicht vereinbar zu sein, sodass sie ihre Untersuchung abbricht. In diesem Fall hemmt die `obstruktive` Haltung den Prozess, denn das Potential von Fridas Beobachtung, beispielsweise verschiedene „Arten" von Treppen in Abhängigkeit der Stufenanzahl zu unterscheiden und damit weitere Erkenntnisse über die Eigenschaft einer Zahl, eine Treppenzahl zu sein, zu gewinnen, kann hier nicht genutzt werden. In anderen Situationen zeigt sich die `obstruktive` Haltung dadurch, dass Frida einen gedanklichen Ausweg sucht, der von dem vorgesehenen Aufgabensetting abweicht: *kann man das auch einfach so machen' (lacht und legt 3|2|3).* (T. 29) oder *oder man nimmt einfach-modern- jetzt kommt die moderne welt. guck mal das ist- jetzt kommt nämlich die moderne welt. (legt 4|4|5 und zeigt mit den Fingern einen Aufzug) Aufzug.* (T. 266). In beiden Fällen zeigt sich, dass Frida mit den aufgetretenen Konflikten nicht anders umzugehen weiß, als sich von der konkreten Aufgabensituation zu lösen.

Aufgrund dessen, dass sich Fridas `kritische` Haltung in besonderer Skepsis gegenüber dem Wahrheitswert von Vermutungen zeigt, nicht jedoch in dem Bedürfnis, Vermutungen zu begründen oder Erklärungen für den zugrundeliegenden Sachverhalt finden zu wollen, entsteht keine Möglichkeit, tiefergehende Erkenntnisse über die Treppenzahlen zu erlangen. In Kombination mit einer `obstruktiven` Haltung wird dies zusätzlich erschwert, da zumeist kein Anliegen besteht, Vermutungen nach Auftreten eines Konflikts durch eine Modifikation aufrechtzuerhalten. Im Verlauf des Interviews äußert Frida lediglich in einer Situation ein entsprechendes Bedürfnis: *ja aber warum geht dann vierzehn und sechzehn nicht'* (T. 196). In diesem Fall bezieht sich das Bedürfnis, eine Erklärung zu finden, jedoch nicht auf eine konkrete Vermutung, sondern auf einen entstandenen Konflikt. Der hohe Stellenwert eines solchen Konflikts im Zuge der `obstruktiven` Haltung in Zusammenspiel mit dem Bedürfnis nach einer Begründung machen jedoch deutlich, welches Potential eine `kritisch-obstruktive` Haltung im Allgemeinen für den Erkenntnisprozess bietet, sofern das Bedürfnis vorhanden ist, Erklärungen für auftretende Konflikte zu suchen. Indem dadurch der Fokus auf eine vertiefte Auseinandersetzung mit diesen gelegt wird, können für die Aufgabe relevante Strukturen entdeckt und damit der Erkenntnisprozess gefördert werden.

5.6.2.5 Jakob: unkritisch-obstruktive Haltung

Anders als die bisher dargestellten Fallbeispiele zeigen der Schüler Jakob in dem vorliegenden Fall sowie der Schüler Alex des anschließenden Fallbeispiels keine `kritische` Haltung im Umgang mit Vermutungen. Beide Schüler zeichnen sich durch ihre `unkritische` Haltung aus, die sich in Verhaltensweisen äußert, welche Vermutungen größtenteils nicht in Frage stellen. In dem vorliegenden Fallbeispiel des Schülers Jakob tritt dies in Kombination mit einer obstruktiven Haltung auf. Die charakteristischen Verhaltensweisen dieser unkritisch-obstruktiven Haltung werden im Folgenden dargestellt. Jakob arbeitet dabei gemeinsam mit seinem Interviewpartner Gero an der Aufgabe *Treppenzahlen*. Das entsprechende Transkript findet sich in Anhang XV im elektronischen Zusatzmaterial.

Ausschlaggebend für eine unkritische Haltung ist das Verhalten, aufkommende Vermutungen während des Erkenntnisprozesses nicht oder nur selten zu hinterfragen. Es findet also weder bzw. kaum ein Hinterfragen hinsichtlich des Wahrheitswertes noch in Bezug auf eine Begründung oder die Praktikabilität der Vermutung statt. Anders als hinterfragendes Verhalten wird eine unkritische Haltung wesentlich seltener explizit kommuniziert und ist zumeist nur aus dem weiteren Umgang mit der Vermutung rekonstruierbar. Der Schüler Jakob nimmt im Hinblick auf diesen Aspekt eine Sonderstellung im Rahmen der ausgewerteten Daten ein, denn in seinem Fall zeigen sich die nicht-hinterfragenden Verhaltensweisen stellenweise sogar explizit.

Dies zeigt sich direkt zu Beginn des Interviews, als die beiden Schüler Treppen beginnend mit einer Stufe der Höhe eines Plättchens konstruieren und schrittweise weitere Stufen hinzufügen. Jakob notiert dazu folgende Beobachtung: *3,6,10,15, 21,27,35 Bei jeder Treppenzahl wird 1 Plättchen mehr hinzugefügt als beim letzten.* (T. 18). Im Anschluss wird deutlich, dass dies nicht nur eine Beobachtung, sondern Jakobs Ergebnis für die zu bearbeitende Aufgabe ist. Dass er diese nicht weiter hinterfragt, macht er deutlich, indem er anschließend den Satz *Das ist die Lösung.* (T. 26) notiert. Die damit einhergehende Vermutung, dass die aufgestellte Folge alle möglichen Treppenzahlen umfasst, hat für Jakob damit den Stellenwert einer bewiesenen Tatsache. Dieses Verständnis von Vermutungen zeigt sich auch an anderer Stelle, als Jakob notiert: *Ich glaube das nur gerade Zahlen gehen. weil es so ist.* (T. 76) Als die beiden Schüler von der Interviewerin Zahlen erhalten, anhand derer sie entweder ihre Vermutungen prüfen oder weitere Erkenntnisse sammeln können, wendet Jakob seine Vermutung, dass nur Zahlen der Folge 3, 6, 10, 15, 21, ... Treppenzahlen sind, unmittelbar an (T. 33 f.). Dass er die von der Interviewerin eingebrachten Zahlen nicht weiter empirisch überprüft, indem er beispielsweise versucht, sie mit den Plättchen als Treppe zu legen, betont ebenfalls den Charakter seiner Vermutung als erwiesenen Fakt. In diesem Fall wird dadurch die Tatsache übergangen, dass die gebildete Folge zwar Treppenzahlen beschreibt, jedoch nicht alle möglichen Treppenzahlen umfasst. Durch das nicht-hinterfragende Verhalten wird keine Überprüfung der Vermutung oder aber der Zahlen der Interviewerin ausgelöst. Damit kann dann nicht die Möglichkeit genutzt werden, weitere Zahlen, wie beispielsweise die Zahl 20 der Interviewerin, ebenfalls als Treppenzahl zu erkennen. Diese starke Tendenz hin zu einer unkritischen Haltung zeigt sich auch an anderen Stellen des Interviews. Nachdem Jakob beispielsweise die Beobachtung gemacht hat, dass sich ungerade Zahlen in eine Summe aus zwei aufeinanderfolgenden Zahlen zerlegen lassen (er notiert: *11 5+6* und *6+7 13*, T. 194), macht er auch hier deutlich: *das ist die lösung.* (T. 198).

Interessant an der nachfolgenden Szene ist die Tatsache, dass Jakob den *grünen Stift* nutzt, um seine Notizen mit einem Fragezeichen zu markieren (T. 231) und dies auch kommuniziert: *ich hab ein fragezeichen gemacht.* (T. 233). Mit der sich anschließenden Äußerung macht er jedoch deutlich, dass er seine Vermutung nur scheinbar hinterfragt (*warum ist das so und weil es so ist.*, T. 244) und den *grünen Stift* nicht als ein Unterstützungsmittel, sondern möglicherweise aufgrund einer sozialen Erwünschtheit nutzt. Es scheint, dass Jakobs `unkritische` Haltung so stark ausgeprägt ist, dass selbst der von ihm ausgehende Einbezug des *grünen Stifts* keine Auswirkung auf den Prozess hat, denn im Anschluss bleibt er bei seinem bereits zuvor geäußerten Standpunkt: *dann haben wir unsere lösung.* (T. 246). Die mit dem Unterrichtskonzept eingeführte Intention, Vermutungen tiefergehend zu überprüfen und zu begründen, hat somit in diesem Fall keine Wirkung gezeigt, da eine damit einhergehende `kritische` Haltung oder Ansätze einer solchen nicht entwickelt wurden. Dass die Vermutung „Nur ungerade Zahlen sind Treppenzahlen" die mit Jakobs Beobachtung, dass sich ungerade Zahlen als Summe zweier aufeinanderfolgender Zahlen darstellen lassen, einhergeht, tatsächlich den Stellenwert einer Tatsache hat, ist daran erkennbar, dass er sie ohne eine anschließende Überprüfung anwendet: *vierundvierzig geht nicht. (schüttelt den Kopf)* (T. 224). Diese Feststellung leitet Jakob aus der Vermutung und nicht aus einer tatsächlichen Überprüfung ab. Auch ein Einwand seines Interviewpartners Gero *vierundvierzig- (nachdenklich) wird wahrscheinlich auch gehen aber wie' (10 Sek.)* (T. 225) wirkt sich auf Jakobs Einschätzung nicht weiter aus und verdeutlicht den gefestigten Stellenwert der Vermutung als Fakt.

Abseits Jakobs `unkritischer` Haltung ist auch seine `obstruktive` Haltung im Umgang mit Konflikten deutlich zu erkennen. Ausdruck dieser Haltung ist einerseits der Abbruch seiner Überlegungen oder Untersuchungen nach auftretenden Konflikten sowie andererseits ein stellenweise alberner Umgang bei der Vermutung widersprechender Evidenz. Es zeigt sich hier vielfach, dass Jakob mit auftretenden Konflikten nicht anders umzugehen weiß, als sich kognitiv aus der Situation zu lösen. Dies tut er, indem er beispielsweise Gegenbeispiele mit der Begründung *falsch angefangen (lacht)* (T. 43) abweist oder Treppen konstruiert, die den Aufgabenbedingungen widersprechen (*wir könnten aber auch so anlegen- (legt zwei versetzte Stufen mit 8 und 9 Plättchen)*, T. 67). In ersterem Fall bezieht sich Jakob auf das Gegenbeispiel 20, welches sich entgegen seiner Behauptung als Treppe beginnend mit einer Stufe der Höhe zwei Plättchens darstellen lässt. Aus dem Verlauf des Interviews ist zu erkennen, dass Jakob sich zwar der Tatsache bewusst ist, dass eine Zerlegung einer Zahl als Treppe nicht notwendigerweise mit einer Stufe der Höhe eines Plättchens beginnen muss, er scheint dies bei der Formulierung seiner Vermutungen, dass alle möglichen Treppenzahlen aus der Zahlenfolge 3, 6, 10, 15, 21, ... stammen, jedoch nicht mehr im Blick zu haben. Das Gegenbeispiel 20 führt nun nicht zu einer Weiterentwicklung dieser Vermutung, sondern der Gegensatz von Vermutung und Gegenbeispiel wird scheinbar nicht ausgehalten, sodass Jakob der Situation entgeht, wie auch seine weitere Äußerung *kann man auch mit hundert plättchen anfangen'* (T. 47) verdeutlicht. In der zweiten dargestellten Äußerung (*wir könnten aber auch so anlegen- (legt zwei versetzte Stufen mit 8 und 9 Plättchen*[30]*)*, T. 67) verhält es sich ähnlich. Jakob entgeht hier der weiteren Auseinandersetzung mit einem Konflikt, indem er versucht, eine gerade Zahl auf eine nicht zulässige Weise als zweistufige Treppenzahl zu legen.

Die Problematik der Unvereinbarkeit von Vermutung und Konflikt wird zusätzlich dadurch verstärkt, dass die entsprechende Vermutung für Jakob den Stellenwert einer Tatsache und nicht den einer Vermutung hat, die zu bestätigen, abzulehnen oder weiterzuentwickeln ist. Damit folgt neben bereits dargestellten Reaktionen ebenfalls häufig ein Abbruch der Überlegungen oder die Ablehnung einer Vermutung ohne anschließende Entwicklung eines neues Ansatzes. Ein Abbruch des Prozesses wird an folgenden Äußerungen deutlich: *es gibt keine lösung.* (T. 70) oder *manchmal gehen gerade zahlen manchmal gehen ungerade zahlen. (20 Sek.) ich hab keine ahnung.* (T. 162). Somit wird einerseits als Ausweg aus dem Konflikt die Lösbarkeit der Aufgabe angezweifelt oder aber kommuniziert, dass die gesammelten Beobachtungen nicht miteinander vereinbar sind. In letzterem Fall zeigt sich die `obstruktive` Haltung darin, dass kein Bestreben besteht, eine Vermutung zu entwickeln, die diese Phänomene vereinbaren oder erklären kann. Auch nachdem Jakob eine Vermutung geäußert hat, zu der er im Anschluss selbst ein Gegenbeispiel entdeckt, lehnt er diese ab, ohne den grundlegenden Gedanken anschließend weiterzuverfolgen: *achso ich glaube ich weiß es. ich glaube man muss- also mit geraden zahlen- immer wenn man mit eins anfängt kommen nur gerade zahlen. weil eins drei sechs und zehn. und fünfzehn- (unsicher) kann man nicht. (lässt den kopf hängen)* (T. 109). Ein ähnliches Verhalten zeigt sich auch im Anschluss an die von Jakob geäußerte Vermutung *jede zahl ist eine treppenzahl. man muss einfach immer nur anders anfangen.* (T. 58). Trotz der Tatsache, dass er die Vermutung zunächst modifiziert, indem er die Zahl Eins ausschließt (*außer eins.*, T. 60), verwirft er die

[30] Es zeigt sich, dass Jakob hier davon ausgeht, dass es sich bei beiden Stufen um jeweils acht Plättchen handelt.

Vermutung vollständig, nachdem sein Interviewpartner Gero zusätzlich die Zahl Zwei ausgeschlossen hat (*und zwei*, T. 61).

Insgesamt wird im Verlauf des Interviews Jakobs starke Tendenz in Richtung einer `unkritisch- obstruktiven` Haltung deutlich. In Jakobs Fall zeichnet sich diese besonders dadurch aus, dass Vermutungen als erwiesene Tatsachen angesehen, angewendet und damit nicht in Frage gestellt werden. Dies wirkt sich wiederum auf den Umgang mit Konflikten insofern aus, als dass für Jakob zumeist kein produktiver Ausweg möglich scheint, sodass eine Vielzahl an tragfähigen Ansätzen verworfen und nicht weiterentwickelt wird.

5.6.2.6 Alex: unkritisch-konstruktive Haltung

Der Schüler Alex und sein Interviewpartner Milo arbeiten gemeinsam an der Aufgabe *Treppenzahlen.* Ebenso wie Jakob im vorangegangenen Fallbeispiel zeichnet sich auch Alex durch eine `unkritische` Haltung im Umgang mit Vermutungen aus. Ein bedeutender Unterschied ist allerdings, dass Alex im Umgang mit Konflikten eine `konstruktive` Haltung zeigt und somit Konflikte hinsichtlich der Weiterentwicklung von Vermutungen produktiv überwindet. Die charakteristischen Verhaltensweisen von Alex' `unkritisch-konstruktiver` Haltung werden im folgenden Abschnitt dargestellt. Das vollständige Transkript des Interviews ist in Anhang XVI im elektronischen Zusatzmaterial zu finden.

Auffallend ist, dass Alex genauso wie Jakob aus vorigem Fallbeispiel den *grünen Stift* in den Erkenntnisprozess miteinbindet. Er weist in der folgenden Szenen seinen Interviewpartner Milo darauf hin:

100 Alex	jetzt müssen wir wahrscheinlich dieses mit diesem grünen stift. ist das immer so oder so.
101 Milo	wie'
102 Alex	das mit- hier dieser grüne stift (nimmt einen grünen Stift in die Hand) ist ja dieses ist das immer so' oder so. weißt du. ist das immer so' ist das wirklich immer so' [...] also eigentlich ist es so. sonst wäre es ja nicht unsere vermutung.
105 Milo	aber man muss auch erklären wieso das so ist oder wieso das nicht so ist.
106 Alex	echt' muss man das erklären'

Der Dialog macht Alex' `unkritische` Haltung im Umgang mit Vermutungen deutlich. An seiner ersten Äußerung (T. 100) ist erkennbar, dass er den Stift in Erfüllung einer sozialen Erwartung nutzt. Der *grüne Stift* ist für Alex zwar eindeutig mit den beiden einhergehenden Fragen verknüpft, dennoch ist an seinem weiteren Verhalten zu erkennen, dass er – wie auch in Jakobs Fall – die Fragen lediglich äußert, jedoch nicht deren Funktion erfasst. Der *grüne Stift* wird damit nicht als Verstärker eines inneren Bedürfnisses verwendet, die zugrundeliegende Vermutung zu hinterfragen, sondern steht im Gegensatz dazu. Während des Interviews äußert Alex nicht explizit, dass er entwickelte Vermutungen nicht hinterfragt. Die dargestellte Szene verdeutlicht, warum dies der Fall ist. Alex' Verhalten liegt die Annahme zugrunde, dass eine Vermutung korrekt ist, sobald sie formuliert wurde (*eigentlich ist es so. sonst wäre es ja nicht unsere vermutung.*, T. 102). Mit der Tatsache, dass eine Aussage als Vermutung formuliert wird, scheint diese für Alex nicht den Stellenwert einer Behauptung, die zu veri– oder falsifizieren ist, zu haben, sondern den einer erwiesenen Tatsache. Der *grüne Stift* zeigt im Zuge eines solchen Verständnisses von Vermutungen keine Wirkung, da Alex die Vermutung in einer Art Zirkelschluss rechtfertigt. Mit einem Argument der Art „Die Vermutung ist korrekt, da es unsere Vermutung ist" ist somit auch jede weitere Überprüfung oder Begründung hinfällig. Auch der Hinweis seines Interviewpartners Milo im Anschluss weist darauf hin, dass Alex von sich aus ebenfalls kein Bedürfnis hat, Vermutungen erklären zu können. Mit der Äußerung *echt' muss man das erklären'* (T. 106) macht er wiederum deutlich, dass eine Begründung höchstens von außen eingefordert werden könnte, jedoch nicht einen Beitrag zum Erkenntnisprozess leisten kann.

Über die gerade dargestellte Szene hinaus zeigt Alex nur an zwei weiteren Stellen des Erkenntnisprozesses Ansätze von hinterfragendem Verhalten. Beide Situationen beziehen sich auf eine Vermutung, die sein Interviewpartner Milo aufgestellt und notiert hat: *Bei der Zahl 4, 8, 12, 16 etc. kann man keine Treppenzahl bilden.* (T. 230). Alex stellt diese Vermutung in Frage: *und ist das immer so'* (T. 238) und *sicher'* (T.389). Auffallend ist, dass sich die erste Formulierung am *grünen Stift* orientiert, die zweite scheint unabhängig davon verbalisiert zu werden. Über die vorgestellten Situationen hinaus ist weder beobachtbar noch anhand von Alex' Äußerungen rekonstruierbar, dass er im Erkenntnisprozess entstehende Vermutungen in Frage stellt. Das ist bemerkenswert, da Alex selbst im Zuge seiner `konstruktiven` Haltung zahlreiche Vermutungen aufstellt. Die von Alex infrage gestellte Vermutung ist die einzige, die er dabei nicht selbst (mit-)entwickelt hat. Es ist nicht verwunderlich, dass eigene oder gemeinsam entwickelte Vermutungen grundsätzlich eher von einer subjektiven Überzeugung getragen werden als Vermutungen, die nicht den eigenen Überlegungen entstammen. In Alex' Fall äußert sich dies allerdings im Verlauf des Interviews deutlich, denn während er Milos Vermutung offenkundig in Frage stellt, ist dies anderweitig nicht der Fall. Selbst der von ihm initiierte Einbezug des *grünen Stifts* bewirkt als Gegenpol zu Alex' `unkritischer` Haltung keine solche Reaktion.

Alex' Verständnis von Vermutungen als erwiesene Tatsachen, ohne diese zu hinterfragen oder zu begründen, zeigt sich im Verlauf des Interviews insbesondere daran, dass er die Vermutungen unmittelbar anwendet. Mit seiner Vermutung „Jede Zahl ist eine Treppenzahl" folgert er im Hinblick auf die Zahl Zehn: *geht. also ich weiß nicht aber ich glaube- muss ja gehen. wegen meiner vermutung nach geht ja jede zahl.* (T. 189). Auch als Reaktion auf eine von der Interviewerin eingebrachte Zahl äußert sich Alex ähnlich: *dreiundzwanzig ist von mir aus gesehen eine treppenzahl. wegen halt- ich weiß nicht- für mich ist glaube- ich glaube alles ist eine treppenzahl* (T. 178). Auch nachdem diese Vermutung später weiterentwickelt wurde, nutzt er ihre Aussage wie einen mathematischen Satz, um Schlussfolgerungen über die Zahlen 21 und 30 zu ziehen: *einundzwanzig geht mit der art.*[31] *(legt 2|2) und dreißig geht auch eigentlich mit der art. mit der mehrstelligen.*[32] (T. 253). Selbst wenn Alex stellenweise im Anschluss an seine Einschätzungen die entsprechenden Zahlen überprüft, so geschieht dies im Hinblick auf das Anliegen, die Vermutungen zu bestätigen und nicht, die Vermutung tatsächlich kritisch auf ihre Korrektheit hin zu überprüfen.

In Alex' Fall tritt diese `unkritische` Haltung gepaart mit einer `konstruktiven` Haltung auf. Sobald Konflikte auftreten, werden diese produktiv überwunden. Alex lehnt hierbei Vermutungen im Verlauf des Interviews niemals vollständig ab, sondern versucht stets, diese durch eine geeignete Modifikation aufrechtzuerhalten. Somit werden die Vermutungen kontinuierlich weiterentwickelt und spezifiziert. Alex nutzt dazu verschiedene Strategien, die im Folgenden näher beleuchtet werden:

- Als Alex und sein Interviewpartner Milo die Vermutung „Alle ungeraden Zahlen sind Treppenzahlen" formuliert haben, nennt Milo die Zahl Eins als Gegenbeispiel. In diesem Fall reagiert Alex insofern auf den Konflikt, als dass er die Vermutung einschränkt: *aber man muss mehr als zwei haben. (zeigt auf die Stufen) meine ich. also halt erst bei drei sozusagen beginnt das.* (T. 20). Auf diese Weise wird die Vermutung, ausgelöst durch den Konflikt, präzisiert, indem Alex eine untere Schranke festlegt. Er nutzt hier den Konflikt, um in diesem Fall die Vermutung weiter zu spezifizieren.
- Auch im späteren Verlauf des Interviews nutzt Alex die Strategie der Einschränkung der Vermutung. Nachdem Alex und Milo die Vermutung *Nur grade Zahlen können zu mehrstelligen*[33] *Stufen gebildet werden.* (T. 98) notiert haben, erweist sich in den folgenden Untersuchungen die Zahl Vier als eine Zahl, die nicht als Treppenzahl gelegt werden kann. An Alex' Reaktion ist erkennbar, dass er die

[31] Alex bezieht sich mit dem Ausdruck *mit der art* auf Treppen mit zwei Stufen.

[32] Mit der „mehrstelligen Art" bezieht sich Alex auf Treppen mit mehr als zwei Stufen.

[33] Der Ausdruck bezeichnet eine Treppe, die aus mehr als zwei Stufen besteht.

Vermutung „Nur gerade Zahlen können Treppenzahlen mit mehr als zwei Stufen sein" verstanden hat als „Alle geraden Zahlen sind Treppenzahlen mit mehr als zwei Stufen". Als Reaktion auf den Konflikt mit der Zahl Vier ändert er somit die Formulierung: *guck mal. wir haben ja aufgeschrieben 'Nur gerade Zahlen können zu mehrstelligen Stufen gebildet werden.' aber- achso ja doch doch. aber nicht alle geraden zahlen.* (T. 130). Dieses Verhalten zeigt sich auch an anderer Stelle im Interview, als Milo feststellt, dass auch ungerade Zahlen mit mehr als zwei Stufen gelegt werden können: *ja aber nicht alle.* (T. 363). Alex kann somit die grundlegende Idee der Vermutung aufrechterhalten, indem er die Vermutung negiert. Ohne jedoch genauere Angaben zu den Ausschlusskriterien zu machen, wird die Aussagekraft der Vermutung dadurch allerdings abgeschwächt. In diesem Fall beeinflussen sich die `konstruktive` und die `unkritische` Haltung tendenziell eher negativ. Alex zeigt kein Bedürfnis, den zugrundeliegenden Sachverhalt, dass die Vermutung für einige Zahlen nicht zutrifft, genauer untersuchen zu wollen und möglicherweise eine Erklärung dafür zu finden. Infolgedessen kann die Idee der Vermutung zwar aufrecht erhalten werden, jedoch verliert die Vermutung an Aussagekraft und damit letztendlich auch die Möglichkeit der Anwendung.

- Im Gegensatz dazu sind während des Interviews ebenfalls Szenen zu beobachten, in welchen Alex explizit spezifische Fälle aus der Vermutung ausschließt. Mit den Worten *ja ok ich glaube hier muss es nicht sein.* (T. 108) schließt er einen bestimmten Fall aus einer Vermutung aus. Auch als die Zahl Vier von seinem Interviewpartner ausgehend als Gegenbeispiel aufgezeigt wird (*ja aber wie soll man das bei der vier machen. bei der vier gehen beide arten nicht. wegen guck- das ist dann gerade. (legt 2|2) das ist die vier. bei der anderen art warte- geht das auch nicht. (legt 1|2|1)*, T. 198), liegt für Alex der Ausweg aus dem Konflikt auf der Hand: *ja dann kann man eben aus ner vier keine treppenzahl bilden.* (T. 199). Während das Gegenbeispiel für seinen Interviewpartner einen hohen Stellenwert hat, misst Alex diesem kaum Bedeutung bei, sondern schließt es schlicht aus der Vermutung aus. Alex kann so den Konflikt simpel überwinden, in Kombination mit seiner `unkritischen` Haltung verpasst er damit jedoch die Gelegenheit, weitere Erkenntnisse über die Zahlen, die keine Treppenzahlen sind, zu gewinnen.
- Zuletzt bieten für Alex Konflikte die Möglichkeit zur Spezifizierung der Vermutung auf Grundlage einer Klassifikation. Auf diese Weise wird die Vermutung *Nur ungerade Zahlen können zu einer Treppen gebildet werden.* (T. 38) im Hinblick auf die vorliegende Treppenart differenziert. Das während der Untersuchung aufgetauchte Gegenbeispiel der Zahl Sechs als dreistufige Treppe gibt den Anlass zu folgender Klassifizierung: *und ich würde jetzt sagen unsere ver-*

mutung geht nur bei dieser- (zeigt auf 2|3) so eine. wenn man die treppenzahl so bildet. (T. 59). Alex grenzt damit Zahlen, die sich als zweistufige Treppen darstellen lassen, von Zahlen, die sich mit mehr als zwei Stufen darstellen lassen, ab. Eine Klassifizierung erweist sich hier als geeignetes Mittel, um die Treppenzahlen anhand ihrer Struktur zu differenzieren. Dies ermöglicht es Alex, sowohl die Vermutung in modifizierter Form aufrechtzuerhalten als auch den Erkenntnisprozess voranzubringen. Die Klassifikation nutzt er auch im weiteren Verlauf des Interviews, um eine umfassendere Vermutung zu entwickeln: *man kann es einfach erkennen welche art es ist danach wenn es eine gerade oder eine ungerade ist. bei einer geraden geht diese mehrstellige und bei einer ungeraden muss man die zweistellige.* (T. 197) Selbst wenn die von Alex genannte Unterscheidung nicht in jedem Fall zutrifft (denn einerseits sind nicht alle geraden Zahlen Treppenzahlen und andererseits können ungerade Zahlen ebenfalls mit mehr als zwei Stufen darstellbar sein), verwendet er das Kriterium der Parität der Zahlen, um eine grundlegende Struktur für die Untersuchung von Zahlen zu etablieren. Ausgehend von dieser Klassifizierung besteht damit die Möglichkeit, durch weiterführende Untersuchungen die Vermutung weiter zu modifizieren. Zu der Strategie der Klassifikation kann auch Alex' unbewusstes Verhalten gezählt werden, den Sachverhalt auf ein bestimmtes Teilproblem einzuschränken. So beschränkt er sich beispielsweise hier *ja vierundzwanzig ist gerade und das ist ja keine treppenzahl.* (T. 9) unbewusst auf den Bereich zweistufiger Treppenzahlen. Für die Bearbeitung der Aufgabe kann dies zunächst eine sinnvolle Strategie sein, da die Komplexität des Problems reduziert wird. Sofern jedoch im Anschluss keine Reflexion dieser Einschränkung stattfindet und diese somit weiterhin bestehen bleibt, beschränkt sich der Erkenntnisprozess lediglich auf einen Ausschnitt möglicher Erkenntnisse und Entdeckungen, wodurch die zugrundeliegende Eigenschaft einer Treppenzahl letztendlich nicht vollständig erfasst werden kann.

Mit den genannten Strategien steht Alex ein gedankliches Handlungsrepertoire zur Verfügung, welches ihm ermöglicht, auf Konflikte so zu reagieren, dass er weder die Vermutung ablehnen noch einen neuen Ansatz entwickeln oder den Prozess abbrechen muss. Im Allgemeinen besteht damit die Möglichkeit, den Erkenntnisprozess im Hinblick auf die Weiterentwicklung von Vermutungen voranzubringen. Indem Vermutungen jedoch kaum tatsächlich hinterfragt werden, kann die `unkritische` Haltung von Alex dies negativ beeinflussen. Dadurch, dass für Alex grundsätzlich kein Zweifel an seinen oder gemeinsam mit Milo entwickelten Vermutungen besteht und auch kein Anliegen zu erkennen ist, die Vermutungen zu begründen, wird eine ähnliche Problematik wie bei der Schülerin Lina in Abschnitt 5.6.2.3 deutlich: Eine Vermutung, die sich durch ein hinterfragendes Verhalten als nicht tragfähig erweisen würde, wird weiterverfolgt. In Alex' Fall tritt erst nach einer Vielzahl an aufgetretenen, der Vermutung widersprechenden, Beispielen und vorgenommenen Modifikationen eine Ablehnung der Vermutung ein: *ja wie soll man denn das auch wissen'* (T. 344). Alex sieht hier keine Möglichkeit mehr, die Konflikte mit der Vermutung zu vereinbaren. Ohne das Bestreben, der Struktur der Vermutung oder der aufgetretenen Konflikte auf den Grund zu gehen, kann nun keine Weiterentwicklung mehr stattfinden.

5.6.2.7 Zusammenfassung der Einzelfallanalysen

In den sechs vorgestellten Fallbeispielen werden konkrete Verhaltensweisen der vier rekonstruierten idealtypischen Haltungen im Umgang mit Vermutungen sowie ihre Auswirkungen auf den individuellen Erkenntnisprozess ersichtlich (siehe Abbildung 5.5 für eine Übersicht der Schüler und ihre jeweiligen Haltungen). Dabei werden sowohl unterschiedliche Ausprägungen in Bezug auf das Hinterfragen von Vermutungen und den Umgang mit Konflikten deutlich als auch positive und negative Auswirkungen der Kombination beider Ausprägungen. Wie sich in den Fällen von Sina, Leonie, Lina und Frida gezeigt hat, gibt es dabei nicht *die* `kritische` Haltung oder im Fall von Jakob und Alex nicht *die* `unkritische` Haltung. Ebenso verhält es sich mit der `konstruktiven` und der `obstruktiven` Haltung. Je nach Stärke der jeweiligen Ausprägung und der Kombination mit der jeweils anderen Dimension entstehen verschiedene Verhaltensmuster, die typisch für den jeweiligen Schüler sind und sich im Verlauf des Interviews gehäuft zeigen.

Zu Beginn wurde anhand der Schülerin Sina die `kritisch-obstruktive` Haltung in den Blick genommen. Im Gegensatz zu der `kritisch-obstruktiven` Haltung der Schülerin Frida konzentriert sich Sinas Haltung auf verschiedene Aspekte des Hinterfragens, indem sie sowohl die Überprüfung als auch die Begründung und die Praktikabilität der Vermutung fokussiert. Die dadurch angestrebte tiefere Auseinandersetzung mit dem der Vermutung zugrundeliegenden Sachverhalt birgt das Potential, den Erkenntnisprozess durch über empirische Ergebnisse hinausgehende Erkenntnisse voranzubringen. Die Schülerinnen Sina und Frida zeigen dabei beide einen großen Bedarf an einer gründlichen Überprüfung der Vermutungen, was sich in verschiedenen Strategien, wie der gezielten Suche nach Gegenbeispielen, der Überprüfung anhand großer Zahlen oder anhand von Rand- bzw. Spezialfällen, äußert. Sofern die Auseinandersetzung allerdings nicht über die empirische Ebene der Überprüfung der Vermutung hinausgeht, wie es bei der Schülerin Lina und ihrer `kritisch-konstruktiven` Haltung der Fall ist, finden kaum Abstraktions– oder Verallgemeinerungsprozesse auf struktureller Ebene statt. In Sinas Fall sowie bei Leonies `kritisch-konstruktiver` Haltung geht das Bedürfnis nach dem Hinterfragen von Vermutungen hingegen deutlich über die Feststellung, **dass** eine Vermutung in bestimmten Fällen zutrifft, hinaus, sodass der Bedarf besteht, eine Erklärung zu finden, **warum** dies der Fall ist. Die Suche nach einer Erklärung der beobachteten Evidenz bietet anschließend Raum, um für den Erkenntnisprozess relevante Strukturen zu entdecken. In Leonies Fall wird hierbei besonders die Rolle des *grünen Stifts* als Verstärker dieses Bedürfnisses deutlich, der ihr die Möglichkeit gibt, ihre `kritische` Haltung zu verbalisieren. Wie sich in den Fällen von Sina und Leonie zeigt, hat besonders das Bedürfnis nach Begründungen oder Erklärungen für formulierte Vermutungen Auswirkungen auf den Erkenntnisprozess. Die `kritisch-konstruktive` Haltung von Lina und die `kritisch-obstruktive` Haltung von Frida äußern sich hingegen lediglich in dem Bedürfnis, Vermutungen zu überprüfen. Dabei wird die Vermutung zwar auf empirischer Ebene erprobt, in Fridas Fall aufgrund der Kombination mit einer `obstruktiven` Haltungsausprägung bei Nichtbestätigung der Vermutung zügig verworfen, sodass Möglichkeiten für weitergehende Entdeckungen oder die Weiterentwicklung der Vermutung nicht genutzt werden können. In Linas Fall führt die `konstruktive` Haltungsausprägung wiederum dazu, dass eine nicht tragfähige Vermutung über weite Teile des Interviews durch wiederholte Modifikation aufrechterhalten wird. Dabei bleiben in beiden Fällen die Erkenntnisse grundsätzlich auf einer eher oberflächlichen Ebene.

Die Schülerinnen Sina und Frida, beide weisen eine `kritisch-obstruktive` Haltung auf, machen auf der anderen Seite deutlich, wie ihre Haltung den Erkenntnisprozess positiv beeinflussen kann. Indem Konflikten ein hoher Stellenwert zugemessen wird, bleiben diese über weite Strecken des Interviews gedanklich präsent, sodass sie auch bei folgenden Vermutungen aufgegriffen und in den Erkenntnisprozess integriert werden können. So werden beim Hinterfragen neuer Vermutungen vormals aufgetretene Gegenbeispiele erneut betrachtet. Auch wenn die `obstruktive` Haltung dazu neigt, bei auftretenden Konflikten Vermutungen zu verwerfen oder den Prozess abzubrechen, kann sie in Kombination mit einer `kritischen` Haltung dafür sorgen, sich vertieft mit Konflikten auseinanderzusetzen, und eine gewisse Hartnäckigkeit aufweisen, Begründungen für beobachtete Sachverhalte zu finden.

Was dabei alle Schüler einer `kritischen` Haltung gemein haben, ist die Sichtweise auf Vermutungen als Aussagen, die im weiteren Verlauf des Erkenntnisprozesses zu veri- oder falsifizieren sind – deren Wahrheitswert also (noch) nicht abschließend geklärt ist. Erst nach zufriedenstellender Überprüfung und Begründung, wie es am Beispiel von Sina zu sehen ist, wird die Vermutung als gesichertes Wissen angesehen. Die Schüler `unkritischer` Haltungen neigen währenddessen dazu, Vermutungen unmittelbar als Tatsachen zu betrachten, die keiner weiteren Überprüfung oder Begründung benötigen und somit kaum bis gar nicht hinterfragt werden, wie es sich in den Fällen von Jakob und Alex zeigt. In Jakobs Fall der `unkritisch-obstruktiven` Haltung kann sich dies problematisch auswirken, sofern Konflikte im Umgang mit Vermutungen auftauchen. Die Unvereinbarkeit der Konflikte mit den Vermutungen, die als erwiesene Tatsachen betrachtet werden, beeinträchtigt den Erkenntnisprozess erheblich. Alex hingegen hält insofern an den Vermutungen weiter fest, als dass er vielfältige Strategien zur Modifikation dieser nutzt (u. a. Klassifikationen, Einschränkung der Vermutung, Ausschluss von Fällen), wie es für eine `konstruktive` Haltung typisch ist. Ebenso wie Leonie und Lina sieht er Konflikte nicht als ein unüberwindbares Hindernis im Erkenntnisprozess, sondern als Anlass für die Weiterentwicklung der Vermutungen. Die Konflikte werden somit im Hinblick auf die Vermutungen produktiv für den Erkenntnisprozess genutzt. Ebenso wie bei der Schülerin Lina kann dabei jedoch die Problematik entstehen, dass fruchtlose Vermutungen oder Ansätze aufgrund eines fehlenden Überprüfungs- oder Begründungsbedürfnisses weiterverfolgt werden.

Somit kann sich jede der vier idealtypischen Haltungen sowohl positiv als auch negativ auf die individuellen Erkenntnisprozesse auswirken. Abhängig davon, wie stark die jeweiligen Tendenzen ausgeprägt sind, können dabei starke oder weniger starke Einflüsse auf den Umgang mit Vermutungen beobachtet werden. Da Erkenntnisprozesse besonders – und gerade im schulischen Kontext – im sozialen Austausch stattfinden, ist es allerdings nicht allein ausschlaggebend, welche Haltung individuelle Schüler inne haben, sondern ebenfalls, inwiefern gewisse Haltungen miteinander interagieren und sich gegenseitig beeinflussen. Aus diesem Grund werden in Abschnitt 5.6.3 die durch die Haltungen der Schüler angeregten Überprüfungs- und Begründungsprozesse in den Blick genommen. Der Fokus liegt damit zunächst auf den stattfindenden Überprüfungs- und Begründungsprozessen, wovon ausgehend wiederum Schlüsse auf die Interaktion beider beteiligter Haltungen gezogen werden können.

5.6.2.8 Anzeichen individueller Lernprozesse hinsichtlich des Hinterfragens von Vermutungen

Neben den dargestellten Fallbeispielen sind in den Interviews Schüler zu beobachten, die aufgrund charakteristischer Verhaltensweisen einer der vier idealtypischen Haltungen zuzuordnen sind, aber dennoch im Verlauf des Interviews Verhaltensweisen zeigen, die als Anzeichen des Anstoßes einer Haltungsänderung aufgefasst werden können. Diese Ausschnitte werden im Folgenden näher dargestellt. Da sich das den Interviewstudien vorangegangene Unterrichtskonzept explizit auf das Hinterfragen von Vermutungen konzentriert, welches durch die Einführung des *grünen Stifts* unterstützt wurde, wird lediglich dieser Aspekt der Haltung, also der Übergang von einer `unkritischen` zu einer `kritischen` Haltung betrachtet. In diesem

Sinne werden drei Szenen aus verschiedenen Interviews dargestellt, die einen Lernprozess im Hinblick auf diese Haltungsausprägung vermuten lassen.

Szene 1: Emily

Die Schülerin Emily handelt im Verlauf des Interviews zu der Aufgabe *In einem Zug* (siehe Anhang XII im elektronischen Zusatzmaterial für das Transkript, mit F bezeichnete Figuren sind in Abbildung 5.1 zu finden) grundsätzlich im Sinne einer `unkritisch-obstruktiven` Haltung, die geprägt ist durch einen nichthinterfragenden Umgang mit Vermutungen, sodass ebendiese an mehreren Stellen als Tatsachen angesehen und somit nicht in Frage gestellt werden. So ist Emily auch überzeugt von der Vermutung, die sie wie folgt gemeinsam mit ihrer Interviewpartnerin Leonie notiert hat: *Also: Wenn du eine Figur vor dir liegen hast und man daraus zwei Figuren machen kann ohne dass Linien doppelt genommen werden geht es. (markiere die zwei Figuren)* (T. 404). Wie bereits im Fallbeispiel der Schülerin Leonie[34] ausgeführt, handelt es sich dabei um das Kriterium, eine Figur in zwei disjunkte Teilfiguren zu zerlegen, die sich ebenfalls auf die geforderte Weise nachzeichnen lassen. Für Emily ist dabei die Tatsache der Zerlegung in exakt **zwei** Figuren ausschlaggebend. Nach weiteren Untersuchungen stellen die Schülerinnen fest, dass eine Zerlegung in mehr als zwei Teilfiguren ebenfalls möglich ist, sodass sie die Vermutung einvernehmlich weiterentwickeln (***mindestens** zwei. es dürfen aber mehr sein.*, T. 574) und die Formulierung entsprechend abändern. Darauf reagiert Emily wie folgt:

576 Emily	aber ich weiß nicht wenn man mehr macht ob es dann- ob man dann immer noch diesen trick hat dass es dann immer noch funktioniert. ob man dann immer noch **weiß** ob es funktioniert. wenn man mehr figuren daraus bildet. die man in einem zug malen kann.

Anders als im Umgang mit vorausgehenden Vermutungen ist an dieser Stelle deutlich ein hinterfragendes Verhalten von Emilys Seite aus erkennbar. Die Schülerin stellt hier explizit in Frage, ob diese Vermutung tatsächlich **immer** gilt, d. h. inwiefern tatsächlich von gesichertem Wissen zu sprechen ist (*ob man dann immer noch **weiß***) und regt damit einen Überprüfungsprozess an. Die Szene steht im deutlichen Gegensatz zu Emilys übrigem Verhalten im Verlauf des Interviews, sodass diese als ein Hinweis auf einen Lernprozess hinsichtlich einer Haltungsänderung gedeutet werden kann. In Emilys Fall sind zwei mögliche Gründe hierfür denkbar. Einerseits bringt ihre Interviewpartnerin Leonie eine besonders `kritische` Haltung

[34] Siehe Abschnitt 5.6.2.2.

in den Erkenntnisprozess ein und zeigt Emily damit eine Verhaltensweise, die als positive Auswirkung auf den gemeinsamen Erkenntnisprozess erlebt wird. Somit ist es vorstellbar, dass Leonies hinterfragendes Verhalten und dessen Folgen für den Erkenntnisgewinn als erfolgreiches Vorbild wirken und damit unbewusst Emilys Verhaltensrepertoire erweitert. Auf der anderen Seite ist es ebenfalls Leonie, die im Vorfeld der hier dargestellten Szene den *grünen Stift* erstmalig in die Bearbeitung der Aufgabe eingebracht und die Auseinandersetzung mit den einhergehenden Fragen angeregt hat. Emilys Formulierung mit Fokus auf den Ausdruck *immer* legt nahe, dass sie hieran anknüpft und die Frage „Ist das wirklich immer so?“ im Unterbewusstsein verankert hat, auch wenn sie den *grünen Stift* nicht explizit nutzt. Dennoch ist auch hier denkbar, dass die mit dem Stift einhergehenden Fragen Emily an dieser Stelle ermöglichen, das kritische Hinterfragen zu verbalisieren. Ungeachtet dessen zeigt Emilys Äußerung, dass ein Anstoß zu einer `kritischen` Haltung stattgefunden hat, der sich mutmaßlich auf die Interaktionen im Vorfeld diese Szene zurückführen lässt und damit deutlich macht, dass Haltungen keine unabänderlichen Konstrukte sind, sondern sich durch Erfahrungen mit alternativen Verhaltensweisen und ihren Auswirkungen weiterentwickeln lassen. Dieses Potential ist auch in der folgenden Szene erkennbar.

Szene 2: Alex

Die `unkritisch-konstruktive` Haltung des Schülers Alex im Rahmen der Aufgabe *Treppenzahlen* wurde bereits in Abschnitt 5.6.2.6 ausführlich dargestellt. Diese zeichnet sich besonders dadurch aus, dass Vermutungen nahezu ausschließlich als erwiesene Tatsachen angesehen werden. Im Vorfeld der folgende Szene haben Alex und sein Interviewpartner Milo die Vermutung notiert, dass man *Bei der Zahl 4, 8, 12, 16 etc. [...] keine Treppenzahl bilden [kann]* (T. 230). Alex reagiert nun wie folgt:

236 Alex	[...] weißt du wie ich mein’ da wissen wir das dann dass man das nicht mit beiden möglichkeiten machen kann. (zeigt auf *Bei der Zahl 4, 8, 12, 16 etc. kann man keine Treppenzahl bilden.*) ok.
237 Milo	und jetzt’
238 Alex	und ist das immer so’

Alex fasst die Vermutung der beiden Schüler noch einmal zusammen, indem er nicht ganz fehlerfrei feststellt[35], dass die notierten Zahlen unabhängig der gewählten Anzahl an Stufen nicht als Treppen darstellbar sind. Auf Milos Nachfrage, wie

[35] Tatsächlich ist die Zahl Zwölf eine Treppenzahl.

das weitere Vorgehen aussehen soll, hinterfragt Alex anschließend diese Vermutung explizit: *und ist das immer so'* (T. 238). Dabei lässt seine Formulierung eindeutig einen Bezug zu der Frage „Ist das wirklich immer so?“ des *grünen Stifts* erkennen. Anders als in anderen Situationen des Interviews ist es an dieser Stelle Alex, der eine Vermutung tatsächlich in Frage stellt, was von seiner üblichen Verhaltensweise abweicht. Die Szene kann damit ebenfalls als ein Anzeichen hinsichtlich einer Haltungsänderung aufgefasst werden. Mögliche Auslöser dieses Lernprozesses können ähnliche Gründe wie bei der Schülerin Emily sein. Ebenso wie Emily hat auch Alex einen Interviewpartner, der eine ausgeprägte `kritische` Haltung aufweist und Vermutungen stets anzweifelt. Dass dieses Verhalten im bisherigen Verlauf des Interviews einen wesentlichen Beitrag zu der Weiterentwicklung der Vermutungen beigetragen hat, kann ausschlaggebend dafür sein, dass ein hinterfragendes Verhalten als nachahmenswert empfunden und damit übernommen wird. Gleichzeitig bietet der Einbezug des *grünen Stifts* bzw. der einhergehenden Fragen den entsprechenden Rahmen dafür. Ähnlich wie in Emilys Fall hat der Stift auch im Fall von Alex und Milo bereits im Vorfeld der Szene im Interview Anwendung gefunden, sodass die damit einhergehenden Fragen ins Bewusstsein beider Schüler gerufen wurden. Darüber hinaus kann ein dritter Grund entscheidend für Alex' Verhaltensänderung sein. Anders als bei den anderen im Interview auftretenden Vermutungen, ist für die hier vorliegende Vermutung eine Beobachtung seines Interviewpartners Milo ausschlaggebend gewesen. Somit ist die Vermutung ursprünglich nicht auf Alex, sondern auf seinen Interviewpartner zurückzuführen. Die Vermutung hat damit für Alex den Charakter einer „fremden“ Vermutung, welche – wie bereits in Abschnitt 4.3.1 dargestellt wurde – eine weniger große Hürde aufweist, diese zu hinterfragen als Vermutungen, die aus eigenen Überlegungen resultieren. Dass Alex an dieser Stelle sich nun entgegen seiner `unkritischen` Haltung verhält, macht erneut deutlich, dass durch die dargestellten Umstände durchaus das Potential besteht, Haltungen zu verändern oder weiterzuentwickeln.

Szene 3: Britta und Carola

Anders als in den Szenen 1 und 2 sind die Schülerinnen Britta und Carola der folgenden Szene einer `unkritischen` Haltung zuzuordnen. Das vollständige Transkript ist in Anhang XVII im elektronischen Zusatzmaterial und mit F bezeichnete Figuren sind in Abbildung 5.1 zu finden. Sowohl Britta als auch Carola stellen Vermutungen im Verlauf des Interviews zur Aufgabe *In einem Zug* selten in Frage, sondern handhaben sie wie gesicherte Fakten. Aus der Untersuchung von Beispielen heraus haben sie die Vermutung entwickelt, dass Figuren, deren Linien sich nicht überkreuzen, auf die geforderte Weise nachzeichenbar sind. Über Figuren, die sich überkreuzende Linien beinhalten, treffen sie zunächst lediglich die Aussage, dass diese näher zu untersuchen sind. Im Anschluss an das schriftliche Festhalten dieser Vermutung findet der folgende Dialog statt (die mit den Buchstaben B und C benannten Figuren der Schülerinnen sind ebenfalls in Anhang XVII im elektronischen Zusatzmaterial zu finden):

314 Britta	(notiert *Wenn in den Figuren Linien sich überkreuzen, muss man erst überlegen. Wenn aber in den Figuren keine Linien sind, kann man sich sicher sein es klappt.*) aber halt- da müssen wir mit dem grünen stift arbeiten weil- ist das immer so'
315 Carola	ja es ist so. weil hier- (zeigt auf F1) da haben wir halt am anfang gedacht es klappt halt nicht.
316 Britta	hier ist es zum beispiel so- (zeigt auf C2) das hier klappt ja weil hier nichts drin ist. sieht man. hier sieht man es auch. (zeigt auf C3) hier sieht man es auch (zeigt auf C5) hier hier. (zeigt auf C4 und C6) hier hier hier hier. (zeigt auf B1, B2, B4, B5 und C8) [...]
325 Carola	[...] ok diese aussage- (zeigt auf die Vermutung) die ist-
326 Britta	diese aussage ist besser.
327 Carola	ich glaub auch. weil wir haben jetzt über 'ist das wirklich immer so' nachge- und jetzt warum.

Obwohl beide Schülerinnen sich im Allgemeinen durch ein nicht-hinterfragendes Verhalten im Umgang mit Vermutungen auszeichnen, bringt Britta an dieser Stelle den *grünen Stift* in den gemeinsamen Prozess ein und stellt damit die Frage nach der Verallgemeinerbarkeit der Vermutung: *ist das immer so'* (T. 314). Im Anschluss führen beide Schülerinnen eine Vielzahl an Beispielen an, die ihre Vermutung bestätigen, sodass sie letztendlich zu dem Schluss kommen, dass die Vermutung „besser" ist als eine im Vorfeld getätigte. Damit sind die Schülerinnen davon überzeugt, dass die Vermutung in jedem Fall zutrifft, sodass Carola die Anschlussfrage nach einer Erklärung einbringt: *und jetzt warum.* (T. 327).

Die Szene zeigt, welches Potential der *grüne Stift* bergen kann, sofern er an geeigneter Stelle in den Erkenntnisprozess einbezogen wird. Auch wenn beide Schülerinnen grundsätzlich eine `unkritische` Haltung inne haben, ist an Brittas Äußerung *aber halt- da müssen wir mit dem grünen Stift arbeiten* (T. 314) erkennbar, dass sie die Verknüpfung des *grünen Stifts* mit der Verschriftlichung ihrer Vermutung – wie es im Unterrichtskonzept eingeführt wurde – erinnert. Dass die Schülerinnen ihre Vermutung also schriftlich fixieren, scheint für den Einbezug des *grünen Stifts* ausschlaggebend zu sein. Überdies lassen sich beide Schülerinnen auf die mit dem Stift einhergehenden Fragen tatsächlich ein, sodass eine Auseinandersetzung mit der Überprüfung und im Anschluss an die Szene ebenfalls mit der Begründung der Vermutung stattfinden kann. Die Schülerin Britta ist dabei diejenige, die die Nutzung des Stifts initiiert. Ihre Interviewpartnerin Carola wirkt diesem nicht entgegen, denn sie nimmt nicht nur an der Auseinandersetzung mit der Frage „Ist das immer so?" teil, sondern unterstützt den Prozess, indem sie nach einer aus ihrer Sicht zufriedenstellenden Antwort die Anschlussfrage nach dem Warum einbringt. Somit wird der Prozess des Hinterfragens von beiden Schülerinnen gleichermaßen getragen. In diesem Fall ist nicht die `kritische` Haltung des Interviewpartners ein möglicher Auslöser des Hinterfragens, sondern der *grüne Stift* als zuvor eingeführtes Unterstützungsmittel. Denn obwohl keine der beiden Schülerinnen Ansätze einer `kritischen` Haltung im Verlauf des Interviews zeigt, bewirkt der Stift an dieser Stelle, dass Überprüfungs- und Begründungsprozesse initiiert werden. Indem die Schülerinnen diese als bereichernd für den Prozess empfinden, kann dadurch eine Grundlage für die weitere Entwicklung einer `kritischen` Haltung gelegt werden.

Alle drei dargestellten Szenen machen deutlich, dass es verschiedene Möglichkeiten gibt, Schüler einer `unkritischen` Haltung dennoch zu hinterfragendem Verhalten hinsichtlich der getätigten Vermutungen anzuregen und dadurch einen Anstoß in Richtung einer `kritischen` Haltung zu geben. Auch wenn in den Szenen lediglich Anzeichen dafür erkennbar sind, so können sich diese beispielsweise bei der Planung von Unterricht zunutze gemacht werden, um hinterfragendes Verhalten anzuregen. Da Haltungen, wie in Abschnitt 2.4 ausgeführt, aus wiederholt gemachten Erfahrungen entstehen, kann damit eine Grundlage für die Entwicklung einer `kritischen` Haltung im Hinblick auf Vermutungen geschaffen werden. In den Szenen 1 und 2 zeigt sich, dass die Frage „Ist das wirklich immer so?" einen ersten Anlass dazu bilden kann, sich mit der Vermutung vertieft auseinanderzusetzen. Die Frage nach einer Begründung kann im Anschluss folgen, bedarf allerdings einer ausgeprägteren `kritischen` Haltung, sodass das Hinterfragen hinsichtlich der Überprüfung der Vermutung einen zugänglicheren Ansatz darstellt. In den Szenen sind verschiedene Auslöser für das Infragestellen von Vermutungen zu erkennen. Einerseits kann dies angeregt werden durch einen Interviewpartner, der im Sinne einer `kritischen` Haltung agiert und als nachahmenswertes Modell fungiert, da sich das Verhalten als gewinnbringend für den Prozess herausstellt, wie es in den Szenen bei den Schülern Emily und Alex der Fall ist. Andererseits zeigt sich in allen Szenen, dass auch der *grüne Stift* als Anstoß für das Hinterfragen von Vermutungen wirksam sein kann. Insbesondere in Kombination mit der schriftlichen Fixierung von Vermutungen kann die Verknüpfung mit dem Stift erinnert und Vermutungen können in Frage gestellt werden. Nicht zuletzt spielt auch die Tatsache des Vermutungsurhebers eine Rolle, denn in Szene 2 zeigt sich, dass die Hürde, eine fremde Vermutung in Frage zu stellen, wesentlich geringer ist als dies bei selbst entwickelten Vermutungen zu tun. Da alle hier dargestellten Auslöser für die Gestaltung von Unterricht relevant sind und genutzt werden können, werden diese in Abschnitt 5.6.5 erneut aufgegriffen.

5.6.3 Zusammenhang zwischen Haltungen und Argumentationsprozessen

Überprüfungs- und Begründungsprozesse spielen in der mathematischen Erkenntnisentwicklung eine wesentliche Rolle. Ausgelöst durch Konflikte oder das Hinterfragen von Vermutungen als Äußerung einer der vorab dargestellten Haltungen, können dadurch im Verlauf eines Erkenntnisprozesses tiefere Einsichten gewonnen werden. Während im vorangegangenen Kapitel die individuellen Schüler und ihre Haltungen im Umgang mit Vermutungen in den Blick genommen wurden, konzentriert sich der folgende Abschnitt auf die Argumentationsprozesse der Schüler im gemeinsamen Erkenntnisprozess. Der Fokus verschiebt sich in diesem Kapitel somit weg von dem Übergang zwischen Prozessen des *Erfinden und Entdeckens* und Prozessen des *Prüfen und Beweisens* hin zu den auf diesen Übergang folgenden argumentativen Prozessen des *Prüfen und Beweisens*. Anhand von zwei Fallbeispielen werden zunächst stattfindende Ansätze von Überprüfungs– und Begründungsprozessen herausgearbeitet und im Anschluss Ausschnitte aus weiteren Fallbeispielen vorgestellt, in welchen sich die Interaktion aufgrund der Haltungen der Schüler als problematisch für den Erkenntnisprozess erweist. In jedem Fall werden gleichzeitig sowohl der Einfluss der eingenommenen Haltungen der jeweiligen Schüler als auch die Auswirkungen des Zusammenspiels dieser Haltungen auf den Erkenntnisprozess dargestellt.

5.6.3.1 Leonie und Emily

Die Haltung der Schülerin Leonie wurde bereits in Abschnitt 5.6.2.2 dargestellt. An dieser Stelle soll nun der Interaktionsprozess mit ihrer Interviewpartnerin Emily bezüglich stattfindender Überprüfungs– und Begründungsprozesse in den Blick genommen werden. Dazu werden ausgewählte Szenen dargestellt und diese hinsichtlich der Argumentationsprozesse betrachtet. Die Reihenfolge der Szenen orientiert sich dabei am chronologischen Auftreten während der Interviewsituation. Zusätzlich werden die Interaktionsprozesse zu den Haltungen der beiden Schülerinnen in Bezug gesetzt, sodass die Auswirkungen des Zusammenspiels der Haltungen für den Erkenntnisprozess deutlich werden. Während Leonies `kritisch-konstruktive` Haltung bereits dargestellt wurde, kann Emilys Haltung tendenziell als `unkritisch-obstruktiv` eingeordnet werden. Das vollständige Transkript des Interviews findet sich in Anhang XII im elektronischen Zusatzmaterial. Dort sind auch die mit den Buchstaben E bezeichneten Figuren der Schülerinnen zu finden. Mit F bezeichnete Figuren sind in Abbildung 5.1 zu sehen.

Szene 1

Die Szene findet statt, als Leonie und Emily von der Interviewerin drei Figuren als Ausgangspunkt für weitere Überlegungen erhalten haben. Beide Schülerinnen versuchen zunächst, die Figur F2 so in einem Zug nachzuzeichnen, dass der Zug wieder am Startpunkt endet. Nachdem ihnen das gelungen ist, entsteht folgender Dialog:

119 Leonie	woran kann man das denn erkennen' dass die jetzt- dass das geht.
120 Emily	weil wir mit dem finger nachgemalt haben.
121 Leonie	ja aber von oben- [...] nur vom blick her ohne dass wir das machen. [...] ich schätze mal das geht weil das ist ja eine art dreieck. (zeigt auf F2) und hier ist es ja immer so vierecke und dann muss man das ja immer einzeln alles nachmalen. (zeigt auf F6) [...]
127 Emily	stimmt. [...] aber vierecke kannst du doch auch einfach- das haben wir doch auch getestet. (zeigt auf E1) da kannst du- du kannst doch einfach ein viereck malen (zeichnet E15) und dreieck auch. (zeichnet E16) [...]
130 Leonie	ja aber du musst hier halt immer wieder absetzen weil du immer einzelne machen musst. (zeigt auf F6)
131 Emily	warte warte warte. (zeichnet F6) das geht nicht. ich komm hinten nicht wieder an.
132 Leonie	also man kann es nachzeichnen aber man kommt nicht wieder hinten an.
133 Emily	ja. das ist unsere überlegung.
134 Leonie	aber man. das ist ja noch nicht richtig. wir müssen erstmal die anderen machen.

Die Schülerin Leonie wirft zunächst die Frage nach einer Begründung für die Eigenschaft der Nachzeichenbarkeit der Figur F2 auf und macht damit deutlich, dass von ihrer Seite der Bedarf nach einer Erklärung besteht (T. 119). Die Schülerin Emily kommt diesem Bedürfnis nach, indem sie ein empirisches Argument liefert. Der durch die Handlung des Nachzeichnens erbrachte empirische Nachweis, dass die Figur tatsächlich nachzeichenbar ist, ist für Emily die Bestätigung, **dass** es sich bei der Figur F2 tatsächlich um eine auf die geforderte Weise nachzeichenbare Figur handelt. Dieses empirische Beweisverständnis zeigt Emily auch zu einem wesentlich späteren Zeitpunkt im Interview:

712 Leonie	aber woran haben wir denn gesehen dass es nicht geht' woran sieht man denn das das nicht geht'
713 Emily	weil wir es- mit dem nachgezeichnet haben. [...]
714 Leonie	ich glaube wir müssen noch ein bisschen genauer gucken und dann ein bisschen mehr unser köpfchen anstrengen. [...]

In diesem Ausschnitt geht es anders als in der oben dargestellten Szene um die Frage nach einem strukturellen Merkmal, welches ausschlaggebend dafür ist, dass eine Figur **nicht** nachzeichenbar ist. Auch hier steht für Emily die Tätigkeit der empirischen Überprüfung im Fokus, während Leonie das Bedürfnis nach einer Erklärung verfolgt, wie sich an ihren jeweiligen Einwänden (T. 121/714) zeigt. In der ersten Szene liefert sie im Anschluss selbst zwei Ansätze von Argumenten, die aus ihrer Sicht die Nachzeichenbarkeit möglicherweise erklären können. Dabei bezieht sie sich zuerst auf die Figuren F2 und F6 als aus verschiedenen Teilfiguren zusammengesetzte Figuren. Während F2 als zwei ineinander liegende Dreiecke interpretiert werden kann, besteht F6 aus nebeneinander angeordneten Vierecken. Anstelle eines empirischen Nachweises strebt Leonie eine Begründung auf struktureller Ebene an. Sie sucht somit nach einer Struktur, anhand welcher sie die beiden Figuren voneinander abgrenzen kann, denn F6 ist im Gegensatz zu F2 nicht auf die geforderte Weise nachzeichenbar. Die Struktur, die Leonie hier erfasst, ist jedoch lediglich ein Oberflächenmerkmal der Figuren und im Wesentlichen nicht für die Nachzeichenbarkeit ausschlaggebend. Denn unabhängig davon, als welche den Schülern bekannten Formen die Anordnung der Ecken und Kanten interpretiert werden kann, geht es vielmehr darum, in welcher Beziehung die Ecken und Kanten zueinander stehen. Mit dem Nachsatz *und dann muss man ja immer einzeln alles nachmalen. (zeigt auf F6)* (T. 121) liefert Leonie den Ansatz einen solchen Arguments, welches auf der Beziehung aus Ecken und Kanten beruht. Selbst wenn Leonie dies vermutlich nicht bewusst ist, versucht sie auf diese Weise die strukturellen Unterschiede zu beschreiben, die sie an den Figuren F2 und F6 ausmachen kann. Ihre Interviewpartnerin Emily stimmt diesen Beobachtungen zunächst zu, gibt jedoch anschließend aus ihrer Sicht zwei Gegenbeispiele an, die Leonies Begründungsansatz widersprechen (T. 127). Für Emily ist die Tatsache, dass sich sowohl Dreiecke als auch Vierecke als isolierte Figuren auf die geforderte Weise nachzeichnen lassen, ein Gegenargument zu Leonies Erklärungsansatz. An dieser Stelle ist erkennbar, dass Emily im Gegensatz zu Leonie auf einer weniger strukturellen Ebene argumentiert, denn sie hat die Auswirkung der Kombination mehrerer solcher Einzelfiguren auf die Nachzeichenbarkeit der dadurch entstehenden Figuren nicht im Blick. Leonie hingegen scheint hier intuitiv das Gespür für die Struktur der zusammengesetzten Figuren zu haben, denn sie bringt erneut das Argument an, dass in durch die Verknüpfung entstandenen Figuren zwar die einzelnen Teilfiguren nachzeichenbar sind, jedoch lediglich jede für sich genommen und nicht die Figur als Ganze (T. 130). Ob dies tatsächlich der Fall ist, prüft Emily im Anschluss, indem sie erneut die Figur F6 zeichnet und feststellt, dass sie nicht wieder zum Startpunkt gelangt. Die Argumentation wird an dieser Stelle nicht weitergeführt, jedoch eine Unterscheidung zwischen Figuren, die sich auf die geforderte Weise nachzeichnen lassen, sowie Figuren, die lediglich in einem Zug nachzeichenbar sind, vorgenommen (T. 132). Während Emily mit dieser Feststellung zufrieden ist (T. 133), macht Leonie am Ende der vorgestellten Szene deutlich, dass weitere Untersuchungen nötig sind, um ein für sie überzeugendes Argument zu entwickeln (T. 134).

Im Verlauf der Szene sind Ansätze argumentativer Prozesse erkennbar. Dabei bewegen sich beide Schülerinnen allerdings auf unterschiedlichen Niveaus in Bezug auf die Natur der Argumente. Die Schülerin Emily zeigt dabei ein empirisches Beweisverständnis, indem sie durch konkretes Nachzeichnen der Figur zeigt, **dass** die Vermutung tatsächlich zutrifft. Leonie äußert indessen den Bedarf, eine Erklärung zu finden, **warum** dies der Fall ist. Neben der expliziten Äußerung dieses Bedürfnisses kommt dies weiterhin zum Ausdruck, indem Leonie auf struktureller Ebene versucht, eine Begründung zu formulieren. Selbst wenn ihr dies nicht endgültig gelingt, so werden in einem ersten Ansatz Strukturmerkmale der Figuren in den Blick genommen, sodass Leonies Intention, ein über den empirischen Nachweis hinausgehendes Argument zu finden, deutlich erkennbar ist.

Dabei ist der vorliegende Argumentationsprozess geprägt durch die Haltungen der beiden Schülerinnen. Leonies ausgeprägte `kritische` Haltung äußert sich in dem Begründungsbedürfnis, welches sie zu Beginn der Szene verbalisiert. Dass ihre `kritische` Haltung sich nicht allein auf die Überprüfung einer Vermutung beschränkt, wird deutlich, da sie mit Emilys empirischer Begründung nicht zufrieden ist, sondern eine Begründung auf struktureller Ebene anstrebt. Damit ist Leonies hinterfragendes Verhalten gleichzeitig der Ausgangspunkt für die Argumentationsprozesse. Emily zeigt ein solches Verhalten nicht, was ihre `unkritische` Haltung widerspiegelt. Für den Argumentationsprozess relevant ist jedoch die Tatsache, dass sie sich auf die von Leonie eingeforderte Auseinandersetzung mit einer Erklärungsfindung einlässt. Auch wenn sie Leonies Begründungsbedürfnis nicht mitzutragen scheint, befasst sie sich auf ihre Weise damit, indem sie ein empirisches Argument liefert. Darüber hinaus lässt sie sich auf Leonies Argument im Hinblick auf die Teilfiguren ein. Indem sie aus ihrer Sicht zwei wesentliche Gegenbeispiele liefert, wird einerseits ihre `obstruktive` Haltung und andererseits das Potential dieses Einwands für den Erkenntnisprozess deutlich. Indem Emily den Gegenbeispielen eine große Bedeutung zuspricht, ist Leonie dazu angehalten, sich weiter mit der von ihr entdeckten Struktur auseinanderzusetzen. Dass sie dabei zu keinem zufriedenstellenden Ergebnis gelangt, stellt für sie keine Hürde dar. Diese konstruktive Haltung äußert sich speziell in ihrer Formulierung *das ist ja* ***noch*** *nicht richtig.* (T. 134). Der von Emily angestoßene Konflikt bleibt somit bestehen und bietet für Leonie den Anlass, sich zunächst mit weiteren Figuren zu beschäftigen, um zusätzliche Erkenntnisse zu gewinnen. Auf die beschriebene Weise wirkt sich das Zusammenspiel der Haltungen beider Schülerinnen positiv auf den Erkenntnisprozess aus, was auch in der folgenden Szene deutlich wird.

Szene 2

Im Vorfeld dieser Szene haben die Schülerinnen Emily und Leonie die Vermutung formuliert, dass sich die Figur F3 auf die geforderte Weise nachzeichnen lässt. Nachdem Emily dies durch das konkrete Nachzeichnen mit einem Stift überprüft hat, findet die folgende Situation statt:

320 Leonie	woran haben wir das denn gesehen'
321 Emily	äh weiß ich nicht. ich hab einfach raufgeguckt und hab gesagt das funktioniert.
322 Leonie	guck mal. wenn du hier- du kannst hier wieder so ne knick- ein dingens irgendwie. (zeigt auf die Mitte der oberen Linie)
323 Emily	(zeichnet F3 neu) tada. es funktioniert.
324 Leonie	wie ein briefumschlag der geöffnet wurde. aber von hinten auch noch so ein ding hat. irgendwie kompliziert. also es ist so- man ist hier wieder in der mitte- so eine- so eine ecke.
325 Emily	nee warte. weißt du das erste was ich gesehen habe war dieses viereck hier. (markiert in F3 das Viereck, das die untere Ecke beinhaltet) [...] dann ist hier ein viereck. (markiert das Viereck) und hier- (markiert die übrig gebliebenen Linien) ein rechteck.
332 Leonie	und- (nimmt Figur F2) hier gucken wir jetzt auch nach einem viereck. aber ich glaube da ist keins weil das nur dreiecke sind.

Bereits vor der hier dargestellten Szene wird Emilys Tendenz zur empirischen Bestätigung von Vermutungen, wie es schon in Szene 1 dargestellt wurde, deutlich, indem sie die Vermutung, dass die Figur F3 auf die geforderte Weise nachzeichenbar ist, durch konkretes Nachzeichnen der Figur bestätigt. Wie in der ersten Szene, äußert sich auch in diesem Fall im Anschluss Leonies Begründungsbedürfnis nach einer tiefergehenden Erklärung dieser Tatsache (T. 320). Emily nimmt diesen Bedarf ihrer Interviewpartnerin wahr und liefert eine Begründung, die nicht an objektiven Beobachtungen festzumachen, sondern eher auf ein subjektives Gefühl zurückzuführen ist (T. 321). Emily begründet ihre Einschätzung an dieser Stelle mit einem nicht weiter ausgeführten Argument der Intuition, welches Leonies Begründungsbedarf allerdings nicht erfüllt. Leonie nimmt im Anschluss die Struktur der Figur in den Blick und versucht, für eine Erklärung möglicherweise relevante Merkmale zu identifizieren (T. 322). In diesem Fall ist für sie eine Stelle der Figur besonders entscheidend, die sich in ihren Augen von anderen Stellen der Figur unterscheidet. Leonie nimmt hier Bezug auf eine Stelle, an welcher zwei Kanten an einem geraden Abschnitt einer andere Kante zusammentreffen. Diese Stelle ist insofern besonders, als dass eine solche Konstellation in der restlichen Figur nicht auftritt, denn dort treffen Kanten nur in solchen Ecken zusammen, wo die Kanten die Ecke nicht in gerade Linie wieder „verlassen". Obwohl diese Beobachtung für die Nachzeichenbarkeit der Figur nicht ausschlaggebend ist (denn die von Leonie fokussierte Stelle hat aus struktureller Sicht die gleichen Eigenschaften wie zwei andere Ecken der Figur), so wird dennoch deutlich, dass Leonie versucht, auffallende Strukturen zu identifizieren, die möglicherweise eine Erklärung für den Sachverhalt liefern können. Auch wenn diese Beobachtung zunächst auf oberflächlicher und nicht auf struktureller Ebene stattfindet, so ist das grundlegende Vorgehen der Intention zuzuschreiben, eine strukturelle Begründung zu entwickeln. Im Gegensatz zu diesem Bestreben nach einer strukturellen Erklärung, **warum** sich die Figur nachzeichnen lässt, finden Emilys Untersuchungen zunächst weiter auf empirischer Ebene, in Bezug auf die Frage, **ob** die Figur nachzeichenbar ist (T. 323), statt. Auch wenn sie bereits im Vorfeld der dargestellten Szene verifiziert hat, **dass** die Figur tatsächlich nachzeichenbar ist, kann sie Leonies Begründungsbedarf nicht anders begegnen als durch die Wiederholung des empirischen Nachweises. Die Einsicht, **dass** *es funktioniert* (T. 323) ist aus Emilys Sicht ausreichend, denn sie zeigt von sich aus kein Bestreben, über die empirische Ebene hinauszugehen. Den Anstoß dafür gibt ihre Interviewpartnerin Leonie, die sich damit nicht zufrieden gibt und sich weiterhin auf die von ihr fokussierte Stelle der Figur konzentriert. Auch Emily setzt sich daraufhin mit ihrer vorangegangenen intuitiven Einschätzung *ich hab einfach geguckt und hab gesagt das funktioniert* (T. 321) näher auseinander und stellt fest, dass eine von ihr in der Figur beobachtete Struktur ausschlaggebend für diese Einschätzung war (T. 325). Sie identifiziert zwei Teilstrukturen innerhalb der Figur und macht mit ihrer Markierung deutlich, dass sich die Figur F3 vollständig in zwei Teilfiguren zerlegen lässt. Die damit in den Vordergrund gerückte Strukturierung greift Leonie auf und versucht direkt, sie auf eine weitere Figur zu übertragen. Auch wenn sie in dem von ihr herangezogenen Beispiel keine identische Teilstruktur identifizieren kann, übernimmt sie Emilys Ansatz der Zerlegung in bekannte Formen, in diesem Fall in Bezug auf Dreiecke anstelle von Vierecken. Das Argument, welches Emilys Ansatz zugrundeliegt, ist die disjunkte Zerlegung der Gesamtfigur in Einzelfiguren. Sofern sich jede dieser Teilfiguren auf die geforderte Weise nachzeichnen lässt, gilt das auch für die Figur als Ganze. Auch wenn den beiden Schülerinnen dies zu diesem Zeitpunkt des Interviews vermutlich (noch) nicht bewusst ist, trägt Emily durch diese Beobachtung wesentlich zum Erkenntnisprozess bei, indem sie den Ansatz eines für die Nachzeichenbarkeit ausschlaggebenden Arguments liefert, welches auch in der folgenden Szene erneut aufgegriffen wird.

Ebenso wie in Szene 1 werden auch in dieser Szene Ansätze mathematischer Begründungen innerhalb eines Argumentationsprozesses deutlich. Während sich zu Beginn der Szene noch die gleichen Tendenzen des Beweisverständnisses wie in der ersten Szene äußern – Emilys Fokus auf den empirischen Nachweis, **dass** die Figur nachzeichenbar ist und Leonies Bedarf nach einer strukturellen Erklärung, **warum** dies der Fall ist – ändert sich dies im Verlauf der Szene. Durch Leonies Hartnäckigkeit, die Nachzeichenbarkeit der Figur erklären zu können, wird Emily dazu angeregt, ihre eher intuitiv vorgenommene Einschätzung zu reflektieren. Auf diese Weise ist es die Schülerin Emily, die einen aussichtsreichen Ansatz einbringt, der es ermöglichen kann, die Nachzeichenbarkeit strukturell zu beschreiben.

Auch in dieser Szene ist der argumentative Prozess durch die Haltungen von Emily und Leonie geprägt. Die `kritische` Haltung Leonies mit dem Bedürfnis, eine Erklärung zu finden, stellt dabei den Anlass für die vertiefte Auseinandersetzung mit der Figur F3 dar, denn Emilys empirischer Nachweis stellt sie in dieser Hinsicht nicht zufrieden. Emily selbst zeigt erneut kein die Vermutung hinterfragendes Verhalten, sondern kommt dem Begründungsbedürfnis ihrer Interviewpartnerin Leonie nach. Emily macht damit deutlich, dass sie selbst zwar im Sinne einer `unkritischen` Haltung handelt, aber dennoch den Bedarf von Leonie erkennt und im Sinne ihres Beweisverständnisses versucht, eine Begründung zu liefern. Leonies ausgeprägte `kritische` Haltung führt jedoch dazu, dass Emilys Begründungsversuche, die eher auf empirischer und intuitiver Art stattfinden, nicht als ausreichend wahrgenommen werden. In dieser Szene kann bei Emily daraufhin ein Lernprozess beobachtet werden. Sie lässt sich auf Leonies Bedürfnis nach einer Erklärung ein, **warum** die Vermutung gilt. Ausgehend davon reflektiert sie ihre vorgenommene Einschätzung, verlässt damit die empirische Begründungsebene und liefert einen ausschlaggebenden Beitrag für den anschließenden Erkenntnisprozess. An dieser Stelle ist ein erster Schritt einer Haltungsänderung bei Emily erkennbar. Auch wenn es nicht ihr eigener Bedarf ist, die Frage „Warum ist das so?“ zu untersuchen, so befasst sie sich mit Leonies Bedürfnis, was letztendlich zu einem Erfolgserlebnis im Erkenntnisprozess führt. Damit erlebt Emily die Nützlichkeit einer `kritischen` Haltung im Hinblick auf strukturelle Begründungen. An Leonies Reaktion ist anschließend erkennbar, dass Emilys Beobachtung ihren Ansprüchen an eine Begründung genügt, denn sie greift ihn – anders als die empirischen Nachweise im Vorfeld – auf. Die beiden Haltungen beeinflussen sich dabei positiv.

Emilys `unkritische` Haltung in Verbindung mit einem empirisch orientierten Beweisverständnis verstärken Leonies Bedürfnis, eine Begründung auf struktureller Ebene zu finden. Diese `kritische` Haltung bewirkt wiederum, dass Emily dazu angeregt wird, ihre Begründungen zu hinterfragen. Dabei wird dem Potential, welches Emilys intuitiver Begründung zugrunde liegt, Platz eingeräumt, sodass eine Reflexion stattfinden kann, die letztendlich gewinnbringend für den gemeinsamen Erkenntnisprozess ist.

Szene 3

Die im Folgenden dargestellte Szene schließt gewissermaßen unmittelbar an Szene 2 an. Nachdem der von Emily geäußerte Ansatz im Raum steht, Figuren in Teilstrukturen (im Fall von F3 zwei Vierecke) zu zerlegen, hat Leonie diese Beobachtung auf die Figur F2 übertragen. Im Anschluss an ihre Feststellung, das dort jedoch anstelle von Vierecken lediglich Dreiecke als Teilfiguren zu erkennen sind, findet die folgende Szene statt:

336 Leonie	also alles- 'alles mit dreiecken' ist ja falsch weil das (zeigt auf F8) ist ja auch mit dreiecken und das geht ja auch nicht. (murmelt) [...] ja aber da ist auch noch dreiecke. (zeigt auf F2)
341 Emily	stimmt. das funktioniert. (6 Sek.) das ist anstrengend. mein kopf dampft. (zeichnet einen Haken neben F3)
342 Leonie	das funktioniert weil vielleicht ein viereck und ein rechteck mit drin ist. (zeigt auf F3) weil die sich überschneiden.
343 Emily	aber- aber-
344 Leonie	ist das denn immer so' und warum ist das denn so'
345 Emily	ohje ohje.
346 Leonie	also ich glaube dass das nicht wirklich immer so ist weil hier haben wir das ja auch nicht. (zeigt auf F2) aber es- vielleicht gibt es ja auch mehrere punkte. es können ja eins zwei drei vier und hunderttausend was weiß ich was geben warum das gehen wird. ok nicht ganz so viele aber- vielleicht sind ja drei punkte- drei verschiedene punkte. auf das muss man achten. (zeigt auf einen Finger) es kann aber auch anders sein und es kann aber auch wieder anders sein. (zeigt auf zweiten und dritten Finger) verstehst du'

Die Tatsache, dass Leonie in Figur F2 lediglich Dreiecksformen erkennt, führt sie zu der Vermutung, dass die Zerlegung in Dreiecke ausschlaggebend für die Nachzeichenbarkeit ist (T. 336). Gleichzeitig mit der Äußerung dieser Vermutung lehnt sie diese allerdings direkt ab, denn Leonie hinterfragt sie im Hinblick auf die Übertragbarkeit auf andere Figuren. Sie prüft damit ihre Vermutung am konkreten Beispiel der Figur F8, die ebenfalls als aus Dreiecken zusammengesetzte Figur interpretiert werden kann, jedoch nicht nachzeichenbar ist. Auf die Überprüfung der Vermutung folgt damit unmittelbar ihre Widerlegung anhand eines Gegenbeispiels. Leonie verwendet das Gegenbeispiel aus ihrer Sicht an dieser Stelle als korrektes Argument, denn es erfüllt die Voraussetzung, eine aus Dreiecken zusammengesetzte Figur, jedoch nicht nachzeichenbar zu sein. Was an dieser Stelle allerdings unbeachtet bleibt, ist die Tatsache der disjunkten bzw. nicht disjunkten Zerlegung. Während sich die Figur F2 in zwei disjunkte Dreiecke zerlegen lässt, ist dies im Fall der Figur F8 nicht möglich, was für die Nachzeichenbarkeit entscheidend ist. Die allgemein gehaltene Vermutung von Leonie *alles mit dreiecken* kann damit dennoch sinnvoll widerlegt werden. Es zeigt sich jedoch, dass das ursprünglich von Emily in Szene 2 eingebrachte Argument der Zerlegung in Teilfiguren strukturell noch nicht vollständig erfasst und die Relevanz der Disjunktheit dieser Zerlegung noch nicht erkannt wurde. Mit dem von Leonie geäußerten Gegenbeispiel lehnt sie zwar die zuvor geäußerte Vermutung ab, hält aber an der Beobachtung, dass sich F2 dennoch aus Dreiecken zusammensetzt, fest (*ja aber da ist auch noch dreiecke (zeigt auf F2)*, T. 336). Diese Struktur scheint für Leonie damit noch immer bedeutsam zu sein. Auch Emily bestätigt diese Überlegung, geht jedoch nicht weiter auf die strukturelle Ebene ein, sondern befindet sich gedanklich auf der Ebene der empirischen Überprüfung. Dies wird daran deutlich, dass sie die Figur F3, die sie in Szene 2 empirisch auf Nachzeichenbarkeit geprüft hat, mit einem Haken markiert (T. 341). Deutlich wird hier erneut Emilys Fokus auf die Untersuchung hin deutlich, **dass** eine Figur nachzeichenbar ist und nicht, **warum** dies der Fall ist. Leonie hingegen greift die von Emily anhand der Figur F3 eingebrachte Struktur erneut auf und sucht weiterhin nach einem strukturellen Argument. Ausgehend davon formuliert sie die Vermutung, dass die Nachzeichenbarkeit in der Zerlegung in *ein viereck*[36] *und ein rechteck* entscheidend sein könnte. Emilys folgende Äußerung kann als versuchter Einwand verstanden werden, es kann jedoch nur spekuliert werden, was sie damit zum Ausdruck bringen möchte (T. 343). Plausibel scheint es, dass der Konflikt aus Turn 341 für sie gedanklich noch immer präsent ist und das Gegenbeispiel auch mit Leonies neuer Vermutung nicht vereinbar ist. Als Leonie anschließend das Bedürfnis zur weiteren Vertiefung äußert, scheint Emily überfordert und wirkt für den Moment nicht länger am Prozess mit (T. 345). Leonie hingegen zeigt deutlich sowohl ihren Überprüfungs- als auch Begründungsbedarf an (T. 344), dem sie nachfolgend zumindest teilweise nachkommen kann. Das vorangegangene Gegen-

[36] Mit der Bezeichnung *viereck* meint Leonie in Abgrenzung zum Rechteck eigentlich ein Quadrat.

beispiel, welches für Emily einen gedanklichen Konflikt auszulösen schien, dem sie nicht begegnen konnte, liefert Leonie wiederum das Argument, ihre Vermutung dahingehend abzulehnen, als dass sie nicht verallgemeinerbar ist (T. 346). Auch wenn Leonie im Anschluss nicht direkt danach strebt, eine Erklärung auf struktureller Ebene zu finden, so findet sie einen gedanklichen Ausweg, der es ihr ermöglicht, sich trotz aufgetretener Konflikte weiterhin mit der Struktur der Figuren auseinanderzusetzen, wie es bereits in Abschnitt 5.6.2.2 beschrieben wurde.

Die Szene unterstreicht erneut den Charakter der Argumentationsprozesse, wie sie für Emily und Leonie typisch sind. In diesem Fall steht besonders die Überprüfung und daran anschließend die Widerlegung von Vermutungen im Vordergrund. Leonie versucht, strukturelle Erklärungen zu finden, die sie jedoch mittels geeigneter Gegenbeispiele widerlegt. Dass allerdings die ihren Vermutungen zugrundeliegende Struktur nicht vollständig erfasst wird, erschwert den Argumentationsprozess, der damit auf einer oberflächlichen Ebene bleibt. Der dadurch entstehende Konflikt aus dem Gegenbeispiel F8 und dem Bestätigungsbeispiel F2 bringt Emily auf die Ebene der empirischen Überprüfung zurück und letztendlich dazu, sich aus dem Prozess zurückzuziehen.

Die Haltungen der Schülerinnen werden hierbei ebenfalls direkt deutlich, in diesem Fall besonders im Hinblick auf den Umgang mit Konflikten. Emilys `obstruktive` Haltung hindert sie letztendlich daran, etwas zum gemeinsamen Argumentationsprozess beizutragen, denn der Konflikt aus Gegen- und Bestätigungsbeispielen ist für sie gedanklich überlastend. In Turn 343 scheint sie dennoch zu versuchen, Leonie bereits auf den Konflikt aufmerksam zu machen, den diese erst in Turn 346 selbst entdeckt. Das explizite Hinterfragen der Vermutung von Leonie (*ist das denn immer so' und warum ist das denn so'*, T. 344) ist allerdings für Emilys `unkritisch-obstruktive` Haltung in zweierlei Hinsicht nicht mitzutragen, anders als es in den vorher vorgestellten Szenen der Fall war. Einerseits ist ihr bereits der Konflikt aus Leonies Vermutung und dem Gegenbeispiel F2 bewusst, der für sie zum Abbruch ihres gedanklichen Prozesses führt und andererseits zieht sie sich bereits vorher auf eine empirische Untersuchungsebene zurück, indem sie die von Leonie angestoßene Suche nach einer strukturellen Begründung verlässt und sich auf die Einschätzung beschränkt, ob eine Figur nachzeichenbar ist (T. 341). Der Erkenntnisprozess im Rahmen dieser Szene ist damit insgesamt hauptsächlich geprägt von Leonies `kritisch-konstruktiver` Haltung, die sich um den Fortgang des Prozesses bemüht. Emilys `obstruktive` Haltung ist insofern erkennbar, als dass sie versucht, auf mögliche Gegenbeispiele aufmerksam zu machen, was von Leonie allerdings nicht bemerkt wird, und letztendlich ausschlaggebend dafür ist, dass Emily sich von dem Prozess abwendet. Leonie stellt jedoch die aufgestellten Vermutungen in Frage und stößt damit Überprüfungsprozesse an, die darin münden, dass die Vermutungen mittels Gegenbeispielen abgelehnt werden. Darüber hinaus hält sie außerdem ihr Bedürfnis aufrecht, eine strukturelle Begründung für die beobachteten Sachverhalte zu finden, auch wenn ihr dies zu diesem Zeitpunkt nicht gelingt.

Szenen 4 und 5

Zuletzt werden die Argumentationsprozesse zweier Szenen gegenübergestellt. Die erste der beiden Szenen bezieht sich auf die von den beiden Schülerinnen notierte Vermutung *Also: Wenn du eine Figur vor dir liegen hast und man daraus zwei Figuren machen kann ohne dass Linien doppelt genommen werden geht es. (markiere die zwei Figuren)* (T. 404). Der Vermutung liegt das Argument zugrunde, dass Figuren, die sich in disjunkte Teilfiguren (eine Eigenschaft, die in der Vermutung der Schülerinnen ebenfalls betont wird) zerlegen lassen, die sich auf die geforderte Weise nachzeichnen lassen, diese Bedingung ebenfalls erfüllen. Auch wenn Leonie und Emily keine spezifische Aussage über die Art der Nachzeichenbarkeit der Teilfiguren machen, d. h. ob der Zug ebenfalls am Startpunkt enden muss, haben die Schülerinnen diese Vermutung im Vorfeld der Szene an den Figuren F3, F5 und F7 erprobt und dabei jeweils korrekte Schlussfolgerungen über die Nachzeichenbarkeit gezogen. Im Anschluss findet die Szene statt:

480 Emily	ich sag ich bin sicher. ich sag ich bin sicher. ich sag das funktioniert so.
481 Leonie	ich glaub auch weil man- also weil man-
482 Emily	wir haben jetzt mehrere-
483 Leonie	mir würde jetzt erstens nichts anderes einfallen und wir haben das an mehreren figuren getestet-
484 Emily	genau.
485 Leonie	und das würde gehen.
486 Emily	das funktioniert.
487 Leonie	also wir sind uns sicher.
488 Emily	wir sind uns sicher dass das damit funktioniert.

Der zweite hier dargestellte Dialog findet zu einem späteren Zeitpunkt des Interviews statt, als die Art der Nachzeichenbarkeit der Teilfiguren weiter thematisiert wurde. Als Konsequenz der Untersuchung der Schülerinnen haben sie die Einschränkung ihrer oben formulierten Vermutung getroffen, dass diese nur für Figuren gilt, die man nachzeichnen möchte, dabei jedoch nicht wieder am Startpunkt ankommt:

729 Emily	unser fazit ist 'Man sollte es nur nehmen, wenn man die Figur nur nachzeichnen will' [...]
732 Leonie	glaube ich gar nicht.
733 Emily	aber das wäre ja eigentlich-
734 Leonie	glaube ich gar nicht.
735 Emily	ich schon. weil das hast du bei der figur gesehen. (zeigt auf F10)
736 Leonie	bei der. aber bei anderen- vielleicht geht das doch. [...]

Beiden Szenen ist gemein, dass die Schülerinnen sich über ihre Überzeugung hinsichtlich der Korrektheit ihrer Vermutung austauschen. In der ersten Szene äußert die Schülerin Emily ein hohes Maß an Überzeugung, nachdem die Vermutung anhand dreier Figuren erprobt wurde (T. 480). Auch wenn Leonie dieser Einschätzung im Anschluss zustimmt, fällt in ihrer Formulierung der Ausdruck *ich glaub* (T. 481) auf, der weniger Überzeugung ausdrückt als Emilys Äußerung. Die beiden Bekundungen von Leonie und Emily unterscheiden sich weiterhin darin, dass Leonie daran anknüpft, indem sie beginnt, eine Begründung zu formulieren, warum sie zu ihrer Einschätzung gelangt ist (*weil man- also weil man-* , T. 481). Emily greift im Anschluss die von Leonie angestoßene Formulierung auf und liefert eine Begründung, warum sie von der Vermutung überzeugt ist. In Emilys Fall geht es somit nicht um die Begründung, warum die Vermutung zutrifft, sondern warum sie subjektiv davon überzeugt ist (T. 482). Es ist im Zusammenhang mit dem weiteren Verlauf der Szene wahrscheinlich, dass Emily an dieser Stelle die Vermutung induktiv begründet, indem sie sich auf die zuvor durchgeführten Beispiele bezieht und diese als Beleg für ihre Korrektheit anführt. Emilys Begründung findet damit nicht auf einer Erklärungsebene, sondern auf der Ebene ihrer subjektiven Überzeugung statt. Leonie hingegen kann ihrem Bedürfnis, eine Erklärung zu finden, nicht zufriedenstellend nachkommen. Dies wird daran erkennbar, dass sie keinen sachbezogenen Einwand oder eine Begründung liefert, sondern auf den Mangel an Alternativen verweist. Aus diesem Grund greift sie dann Emilys induktives Argument auf und bestätigt es (T. 483). Dass sie in diesem Fall ein induktives Argument akzeptiert, lässt sich vermutlich darauf zurückführen, dass sie die formulierte Vermutung als plausibel bewertet und ebenso wie Emily subjektiv von ihrer Korrektheit überzeugt ist. Interessant ist allerdings, dass Leonies Bedürfnis, eine Begründung zu liefern, sich in Turn 483 an Emilys Begründungsvorschlag anpasst. Während sie in Turn 481 noch von *weil man* spricht, also vermutlich eine allgemeine, objektive Begründung für die Korrektheit der Vermutung anstrebt, wechselt sie in Turn 483 die Perspektive zur Begründung ihrer subjektiven Überzeugung (*wir haben*), wie es von Emily angestoßen wurde. Damit bezieht sich ihre Begründung nicht wie in Turn 481 auf die Intention, eine Erklärung zu finden, die sich darauf bezieht, **warum** die Vermutung zutrifft, sondern auf die Rechtfertigung, warum sie davon überzeugt ist, **dass** diese korrekt ist. Die Schülerinnen einigen sich damit auf eine induktive Begründung der Vermutung, wie sie anschließend äußern: *also wir sind uns sicher* (T. 487) bzw. *wir sind uns sicher dass das damit funktioniert* (T. 488).

In der zweiten Szene findet von Emilys Seite aus ein ähnlicher Begründungsansatz statt. Von der Einschränkung *Man sollte es nur nehmen, wenn man die Figur nur nachzeichnen will* (T. 729) scheint sie überzeugt, da sie es als Fazit betitelt. Leonie äußert im Anschluss allerdings wiederholt Zweifel an dieser Feststellung (T. 732/734). Emily sieht diese Einwände als Anlass, ihre Überzeugung zu rechtfertigen, indem sie erneut ein induktives Argument liefert (*weil das hast du bei der figur gesehen*, T. 735). Für Emily ist das empirische Argument, dass die Vermutung sich an einem Beispiel bestätigt hat, überzeugend. Sie zeigt kein Bedürfnis danach, eine Erklärung dafür zu finden, **warum** die Vermutung in diesem Fall zutrifft. Leonies Begründungsbedarf ist dadurch jedoch nicht ausreichend gedeckt, denn für sie hat das von Emily angeführte Beispiel den Stellenwert eines Einzelfalls (*bei der. aber bei anderen-*, T. 736), der nicht zu einer grundsätzlichen Bestätigung der Vermutung führt. Im Gegensatz zu Emily hat Leonie die Möglichkeit im Blick, dass Beispiele möglich sind, die die Vermutung nicht bestätigen, was wiederum ihre zuvor geäußerten Zweifel erklärt. Anders als in der ersten Szene lässt sich Leonie an dieser Stelle nicht von Emilys induktivem Argument überzeugen. Während Emily diese Argumente unabhängig von der Anzahl der Bestätigungsbeispiele anbringt, kann Leonies Bedürfnis nach einer strukturellen Erklärung, wie es in den anderen Szenen deutlich wurde, lediglich dadurch umgangen werden, dass eine gewisse Menge empirischer Evidenz vorliegt.

In beiden Szenen wird ein unterschiedlicher Umgang der Schülerinnen mit induktiven Begründungen deutlich. Wie in den bereits vorgestellten Szenen sind für Emily empirische Überprüfungen ausreichend für die Begründung von Vermutungen in der Hinsicht, **dass** diese zutreffend sind. Das induktive Argument, welches sie in der ersten der beiden Szenen als Antwort auf Leonies geäußerten Begründungsbedarf liefert, ist für sie insofern überzeugend, als dass sie nicht länger an der Vermutung zweifelt. Dabei führt bereits ein einziges Bestätigungsbeispiel zu dieser Überzeugung, wie sich in der zweiten Szene zeigt. Während dadurch erneut Emilys empirisches Beweisverständnis deutlich wird, zeigt Leonie zunächst das Bedürfnis nach einer Erklärung, **warum** die Vermutung zutrifft. Sie kann sich jedoch insofern mit Emilys induktivem Argument arrangieren, als dass dieses aus Mangel an strukturellen Argumenten oder alternativen Vermutungen ihrer subjektiven Überzeugung von der Richtigkeit der Vermutung gerecht wird.

Im Hinblick auf die Haltungen beider Schülerinnen lassen sich auch in diesen Szenen Zusammenhänge zum Ablauf des Argumentationsprozesses erkennen. Leonies `kritische` Haltung ist erneut an verschiedenen Stellen sichtbar. Grundsätzlich begegnet sie der Vermutung aus der ersten der beiden Szenen mit Zweifel. Um diesen Zweifel zu beseitigen, strebt sie wiederum eine Erklärung der Vermutung an, **warum** diese *funktioniert* (T. 486). Es zeigt sich allerdings, dass sie keine zufriedenstellende Erklärung findet, sodass sie Emilys induktives Argument annimmt und sich in dieser Hinsicht bestätigt fühlt, **dass** die Vermutung gilt. Ein aus Leonies Sicht ausreichend starkes induktives Argument kann somit ihr Bedürfnis nach einer Erklärung ausgleichen. Dass dabei für sie die Frage „Ist das wirklich immer so?" vordergründig ist, zeigt sie in der zweiten Szene. Hier ist für sie ein einzelnes Beispiels als Nachweis hingegen nicht ausreichend, sodass sie die Verallgemeinerbarkeit der Vermutung anzweifelt. Dies dient dann wiederum als Anreiz, die Vermutung tiefergehend zu untersuchen, um weiteres Verständnis über den Sachverhalt zu erlangen. Im Gegensatz dazu wird Emilys `unkritische` Haltung deutlich. Anders als Leonie hinterfragt Emily die Vermutung weder hinsichtlich der Überprüfung noch in Bezug auf mögliche Erklärungen, denn auch der Begründungsansatz, den sie liefert, geht von einer Übernahme von Leonies Bedürfnis aus. Emily häuft dann allerdings empirische Evidenz an, die sich nicht auf die Struktur des Sachverhalts bezieht, sondern allein auf die Begründung, **dass** es so ist. Die Überzeugung, die sowohl sie als auch Leonie dadurch gewinnen, ist insofern hilfreich für den Prozess, als dass eine subjektive Überzeugung für die Vermutung aufrechterhalten wird, womit sie insbesondere Leonies Zweifel begegnet.

5.6.3.2 Alex und Milo

Die beiden Schüler Alex und Milo arbeiten im Interview gemeinsam an der Aufgabe *Treppenzahlen*. Während die `unkritisch-konstruktive` Haltung von Alex bereits in Abschnitt 5.6.2.6 vorgestellt wurde, zeigt Milo im Verlauf des Interviews eine deutliche Tendenz zu einer `kritisch- obstruktiven` Haltung, die der von Sina aus Abschnitt 5.6.2.1 ähnelt und Vermutungen sowohl im Hinblick auf ihre Überprüfung als auch mögliche Begründungen in Frage stellt. Im Folgenden wird nun anhand dreier ausgewählter Szenen des Interviews die Interaktion beider Schüler im Hinblick auf stattfindende Überprüfungs- und Begründungsprozesse in den Blick genommen. Die Szenen werden auch hier in der Reihenfolge, wie sie im Rahmen des Interviews aufgetreten sind, dargestellt. Das vollständige Transkript des Interviews findet sich in Anhang XII im elektronischen Zusatzmaterial.

Szene 1

Die Szene stellt gleichzeitig die Eingangssituation des Interviews dar. Nachdem die Interviewerin den Schülern die Aufgabe *eure aufgabe ist es jetzt einen trick herauszufinden wie man bei einer zahl schnell erkennen kann ob es eine treppenzahl ist.* (T. 3) gestellt hat, beginnt unmittelbar der folgende Dialog:

5 Alex	eine ungerade oder'
6 Milo	ja eine ungerade glaube ich.
7 Alex	also glaube ich irgendwie. fünfundzwanzig ist ja ungerade.
8 Milo	vierundzwanzig ist gerade.
9 Alex	ja vierundzwanzig ist gerade und das ist ja keine treppenzahl. lass mal erstmal gucken.
10 Milo	deswegen kommt da dann zwölf und zwölf und das sind dann hier gleich. dann geht der nicht.
11 Alex	eins ist ungerade. geht ja nicht ne' (legt 1)
12 Milo	nicht immer ungerade. (murmelt)

Der Schüler Alex äußert unmittelbar im Anschluss an die Aufgabenstellung seine Vermutung, dass ungerade Zahlen Treppenzahlen sind (T. 5). Ob er an dieser Stelle meint, dass **alle** ungeraden Zahlen Treppenzahlen oder **nur** ungerade Zahlen Treppenzahlen sind, ist zu diesem Zeitpunkt nicht ersichtlich. Aus den weiteren Äußerungen im Verlauf des Interviews scheint es jedoch wahrscheinlich, dass er sich zunächst auf ungerade Zahlen beschränkt und die geraden Zahlen nicht im Blick hat. Milo bestätigt Alex' Vermutung, ergänzt jedoch – wie Leonie im vorangegangenen Fallbeispiel – den Nachsatz *glaube ich*, der deutlich macht, dass es sich zunächst lediglich um eine Vermutung handelt, die noch nicht endgültig bestätigt ist (T. 6). Auch für Alex scheint dies zunächst der Fall zu sein, er liefert allerdings im Anschluss ein Argument, warum er davon überzeugt ist, dass die Vermutung zutreffen muss. Er bringt das Beispiel der Treppenzahl 25 an, die im Vorfeld von der Interviewerin zur Erläuterung der Eigenschaft einer Zahl, eine Treppenzahl zu sein, genutzt wurde (T. 7). Alex argumentiert an dieser Stelle induktiv, indem er ein Bestätigungsbeispiel nutzt, um die Vermutung zu belegen. Sein Interviewpartner Milo geht einen Schritt weiter. An seiner Äußerung *vierundzwanzig ist gerade* (T. 8) wird deutlich, dass Milo die Vermutung verfolgt, dass **nur** ungerade Zahlen Treppenzahlen sind. Er liefert mit der Zahl 24 ein Abgrenzungsbeispiel, welches zeigt, dass gerade Zahlen zumindest keine zweistufigen Treppenzahlen sein können. Die Einschränkung auf diese Art der Treppenzahlen geschieht an dieser Stelle sowohl von Milo als auch Alex vermutlich unbewusst. Dennoch ist in der Äußerung ein Argument zu erkennen, denn in diesem Fall grenzt Milo die geraden von den ungeraden Zahlen ab. Alex nimmt dieses Argument auf, regt allerdings anschließend an, zunächst weitere Erkundungen einzuholen. Aus dem weiteren Verlauf des Interviews wird deutlich, dass Alex mit der Äußerung *lass mal erstmal gucken* (T. 9) sich nicht auf Tätigkeiten bezieht, die Prozessen des *Prüfen und Beweisens* zuzuordnen sind, er also nicht die Vermutung „(Nur) ungerade Zahlen sind Treppenzahlen" überprüfen oder begründen möchte, sondern davon unabhängig Prozesse des *Erfinden und Entdeckens* anstrebt. Erkennbar ist dies im weiteren Verlauf daran, dass Alex die aus diesen Untersuchungen folgenden Erkenntnisse nicht auf die Vermutung zurückbezieht. Milo hingegen fokussiert weiterhin das Argument, welches er mit der Zahl 24 eingebracht hat und führt dies auf struktureller Ebene weiter aus (T. 10). Er erkennt, dass sich die Zahl 24 in zwei gleich große Stufen mit jeweils zwölf Plättchen zerlegen lässt, sodass keine Treppe entsteht (*das sind dann hier gleich*, T. 10). Im Gegensatz zu der vorangegangenen Nennung von Bestätigungs- bzw. Abgrenzungsbeispielen auf induktiver Ebene findet damit eine strukturelle Argumentation statt, die für alle geraden Zahlen verallgemeinerbar ist. Milo führt diese Überlegung jedoch nicht weiter aus, sondern schließt sich Alex' systematischer Untersuchung (wie im weiteren Verlauf des Interviews sichtbar wird) von Zahlen an, die er mit der Zahl Eins beginnt. Alex stellt fest, dass sich diese nicht als Treppenzahl darstellen lässt (T. 11). Wie bereits vorher genannt, zeigt sich an dieser Stelle, dass Alex keinen Rückbezug zu der eingangs formulierten Vermutung „(Nur) ungerade Zahlen sind Treppenzahlen" vornimmt. Milo hingegen greift das Beispiel auf und interpretiert es als Gegenbeispiel zu der Vermutung „Alle ungeraden Zahlen sind Treppenzahlen". Milo sieht damit die Vermutung widerlegt, denn das Gegenbeispiel hat für ihn den Stellenwert, diese Vermutung insofern einzuschränken, als dass keine pauschale Aussage über ungerade Zahlen möglich ist (T. 12).[37] Nachdem dieser Argumentationsprozess durch einen Einwand auf Metaebene unterbrochen wird, schließt Szene 2 an.

Bereits in dieser ersten Situation des Interviews werden charakteristische Eigenschaften des Argumentationsprozesses der Schüler Alex und Milo deutlich. Obwohl beide Schüler zunächst von der Vermutung noch nicht vollständig überzeugt zu sein scheinen, gehen sie unterschiedlich damit um. Alex sieht die Vermutung bestätigt, indem er auf induktive Weise durch die Anführung eines Bestätigungsbeispiels argumentiert. Milo hingegen nutzt ein Abgrenzungsbeispiel, um die Vermutung weiter einzugrenzen. Beide Beispiele haben damit unterschiedliches Gewicht. Während Alex' Bestätigungsbeispiel ein induktives Argument bleibt, hat Milos Beispiel das Gewicht eines Gegenbeispiels, welches dazu dient, die Alternativvermutung „Auch gerade Zahlen können Treppenzahlen sein" zu widerlegen. Anders als Alex bleibt er dabei allerdings nicht auf der induktiven Argumentationsebene stehen,

[37] Im Zusammenhang mit den vorangegangenen und folgenden Äußerungen von Milo zeigt sich, dass er mit der Formulierung *nicht immer ungerade* nicht meint, dass auch gerade Zahlen Treppenzahlen sein können, sondern dass **nicht alle** ungeraden Zahlen Treppenzahlen sind.

sondern begründet auf struktureller Ebene, **warum** die Zahl 24 keine zweistufige Treppenzahl sein kann und liefert damit die Grundlage für ein verallgemeinerbares Argument bezüglich zweistufiger Treppenzahlen. Die Tatsache, dass Milo ein Gegenbeispiel als ausreichend für die Widerlegung einer Vermutung ansieht, wird auch im Anschluss deutlich, als Alex die Zahl Eins untersucht.

In der Interaktion beider Schüler sind dabei gleichzeitig Hinweise auf ihre Haltungstendenzen erkennbar. Milos `kritische` Haltung zeigt sich in dem Zweifel, den er zu Beginn der Szene äußert. Auch wenn Alex eine ähnliche Formulierung benutzt, so führt Milos Zweifel dazu, dass er die Vermutung intensiver in den Blick nimmt und Überprüfungs- und Begründungsprozesse initiiert. Dass er dabei nicht allein Bestätigungsbeispiele anführt, sondern zusätzlich auf struktureller Ebene argumentiert, macht sein Bedürfnis nach einer Erklärung, **warum** eine Vermutung (nicht) zutrifft, deutlich. Für Alex hingegen ist ein Bestätigungsbeispiel zunächst ausreichend, um seine Vermutung zu belegen. Die Argumente von Milo akzeptiert er, fokussiert sich jedoch im Folgenden nicht auf tiefergehende Überprüfungs- oder Begründungsprozesse, was seine `unkritische` Haltung widerspiegelt. Auch als sich im Rahmen der systematischen Untersuchung von Zahlen die Zahl Eins als keine Treppenzahl herausstellt, führt dies nicht zu einem Rückbezug oder Zweifel an der Vermutung. Für Alex ist an dieser Stelle kein Konflikt entstanden, während Milo die Zahl als ein Gegenbeispiel auffasst. Der hohe Stellenwert von Gegenbeispielen für seine `obstruktive` Haltung ist nun daran erkennbar, dass er das Beispiel direkt auf die Vermutung bezieht und diese damit als widerlegt ansieht. Zu diesem frühen Zeitpunkt im Interview interagieren beide Haltungen noch größtenteils isoliert voneinander. Beide Schüler handeln im Sinne ihrer jeweiligen Haltungen, ohne dass dies entscheidende Auswirkungen auf den Erkenntnisprozess des jeweils anderen hat. Dennoch lassen sich die beiden Schüler auf die Ansätze des jeweils anderen ein, indem Alex das Abgrenzungsbeispiel von Milo akzeptiert und Milo sich Alex' Untersuchung anschließt. Dass dieses „Sich-aufeinander-Einlassen" von großer Bedeutung für den gemeinsamen Erkenntnisprozess von Alex und Milo ist, wird sich in den weiteren Szenen zeigen.

Szene 2

Nachdem im Anschluss an die soeben dargestellte Szene eine Rückfrage der Schüler die Regeln der Treppenzahlen betreffend gestellt wurde, findet wenige Augenblicke später folgende Situation statt:

16 Alex achso ok. ja guck drei. (legt 1|2)
17 Milo das geht.

18 Alex ja. wegen die ungerade ist. nehmen wir vier gehts nicht. (ergänzt zu 2|2) fünf. ungerade. (ergänzt zu 2|3) geht. sechs ist gerade. (ergänzt zu 3|3) geht auch nicht. sieben geht. (ergänzt zu 3|4) und immer so weiter. wenn man es so macht. aber kann auch sein dass es anders ist wenn man halt- aber eigentlich glaube ich eher nicht. warte. also drei geht. (legt 1|2) ist ungerade. (ergänzt zu 1|2|3) sechs geht nicht. ist gerade. ja also ich glaube eigentlich ungerade oder'
19 Milo aber eins ist ja auch ungerade und es geht ja nicht.
20 Alex aber man muss mehr als zwei haben. (zeigt auf die Stufen) meine ich. also halt erst bei drei sozusagen beginnt das. würde ich sagen.
21 Milo zum beispiel wie bei einhunderteins geht das ja auch. aber wir haben halt nicht hundert stücke deswegen-

Alex führt in dieser Szene seine systematische Untersuchung von Zahlen auf die Eigenschaft hin, eine Treppenzahl zu sein, fort. In diesem Zuge kann er die Zahl Drei mit den Plättchen als Treppe legen (T. 16). Im Gegensatz zu der Zahl Eins aus vorangegangener Szene bezieht er diese auf die im Raum stehende Vermutung „Alle/Nur ungerade Zahlen sind Treppenzahlen". Darauf lässt die Formulierung *ja guck* (T. 16) schließen, die einer Aussage der Art „Ich habe doch gesagt, dass ungerade Zahlen Treppenzahlen sind" gleichkommt. Alex' Untersuchung dient damit, wie bereits in vorangegangener Szene dargestellt, nicht dem Zweck, die Vermutung tatsächlich zu prüfen und sie gegebenenfalls zu widerlegen, sondern dazu, Zahlen zu untersuchen und bestätigende Beispiele zur Untermauerung der Vermutung zu nutzen. Auch Milo stellt fest, dass die Zahl Drei eine Treppenzahl ist (T. 17). Anhand seiner Äußerung ist allerdings nicht erkennbar, ob und inwiefern er diese Tatsache zu der Vermutung in Beziehung setzt. Dass die Zahl Drei tatsächlich eine Treppenzahl ist, begründet Alex in seiner folgenden Äußerung. Interessant ist hier, dass er dabei eine Art Zirkelschluss zu nutzen scheint. Ausgehend von der Vermutung, dass ungerade Zahlen Treppenzahlen sind und die Zahl Drei sich als eine Treppenzahl erweist, ist seine Begründung, dass dies daran liegt, dass die Zahl ungerade ist. Seine Formulierung lässt in diesem Fall jedoch darauf schließen, dass er dies nicht mit der strukturellen Eigenschaft einer Zahl, ungerade zu sein und damit mit der Konsequenz, dass eine zweistufige Treppe gebildet werden kann, in Verbindung setzt, sondern dass er seine Vermutung als Begründung nutzt und ein Argument der Art „Meine Vermutung ist, dass ungerade Zahlen Treppenzahlen sind. Wenn sich also eine ungerade Zahl als Treppenzahl erweist, liegt dies daran, dass sie ungerade ist". Somit dient die Vermutung als Begründung und hat damit bereits den Stellenwert einer erwiesenen Tatsache. Denn erst im Anschluss daran setzt sich Alex weiter mit dieser Struktur auseinander, indem er die zweistufige Treppendarstellung der Zahl Drei um jeweils ein Plättchen ergänzt, sodass er abwechselnd Zahlen, die keine zweistufigen Treppenzahlen und Zahlen, die zweistufige Treppenzahlen sind, darstellt. Damit generiert er für seine Vermutung zahlreiche Beispiele. An dieser Stelle nutzt Alex implizit das Argument einer vollständigen Induktion, was er mit dem Ausdruck *und immer so weiter* (T. 18) deutlich macht. Er hat hierbei das Muster erkannt, wie sich zweistufige Treppenzahlen konstruieren lassen und nutzt dies als Bestätigung seiner Vermutung. Für den Fall der zweistufigen Treppenzahlen hat Alex damit eine geeignete, wenn auch implizite, Erklärung gefunden. Dass er sich mit dieser Vermutung und Begründung auf den Bereich der zweistufigen Treppenzahlen beschränkt, scheint ihm an dieser Stelle nicht bewusst zu sein. Auch wenn er einen Moment davon ablässt (*wenn man es so macht. aber kann auch sein dass es anders ist wenn man halt-*, T. 18), verwirft er den Gedanken an eine alternative oder ergänzende Vermutung direkt. Er hält damit so stark an seiner Vermutung fest, dass darüber hinaus nichts für ihn in Betracht kommt. Dies zeigt sich auch daran, dass er die Bestätigung seiner Vermutung noch einmal anhand zweier Beispiele zusammenfasst: die Zahl Drei als Treppenzahl und die Zahl Sechs, die er hier als dreistufige Treppenzahl legt. Letztere nutzt er dabei als Beispiel, um zu zeigen, dass gerade Zahlen keine Treppenzahlen sind. Es kann an dieser Stelle ausgeschlossen werden, dass Alex die Eigenschaft einer Zahl, als Summe aufeinanderfolgender Zahlen darstellbar zu sein, insofern nicht vollständig erfasst hat, als dass er dies lediglich mit zweistufigen Treppenzahlen verknüpft. Da im Vorfeld des Interviews die Eigenschaft anhand mehrerer Beispiele erläutert und das Verständnis der Schüler sichergestellt wurde, nimmt Alex an dieser Stelle die unbewusste Einschränkung auf zweistufige Treppenzahlen vor, die anscheinend jedoch so stark ist, dass andere Treppenzahlen nicht als solche erkannt werden, wie es bei der Zahl Sechs der Fall ist. Mit dieser gedanklichen Einschränkung kann er dann gewährleisten, dass seine Vermutung bestätigt wird. Es ist außerdem möglich, dass Alex auch an dieser Stelle wiederum seine Vermutung als Argument nutzt, da er bereits überzeugt ist, dass gerade Zahlen, und somit auch die Zahl Sechs, keine Treppenzahlen sein können. Alex hält damit die Vermutung aufrecht, dass nur ungerade Zahlen Treppenzahlen sind, denn mit dem Beispiel der Zahl Sechs grenzt er die ungeraden Zahlen von den geraden Zahlen ab. Milo hingegen ist davon nicht überzeugt. Trotz Alex' quasi vollständig induktivem Argument hält er mit dem Gegenbeispiel der Zahl Eins aus vorangegangener Szene an der Ablehnung der Vermutung fest. Das Gegenbeispiel hat für Milo damit einen höheren argumentativen Stellenwert als Alex' induktive Begründung und die damit einhergehenden Bestätigungsbeispiele, wie auch das Beispiel der Zahl Drei, welches Milo in Turn 17 explizit als solches anerkannt hat. Milo beharrt auf dem Gegenbeispiel (*und es geht ja nicht*, T. 19), was Alex dazu veranlasst, seine Vermutung zu modifizieren, indem er sie auf Zahlen, die größer als zwei sind, einschränkt. Damit findet er einen Weg, seine Vermutung aufrechtzuerhalten und Milos Einwand zu integrieren, worauf Milo sich einlässt. Dies ist daran erkennbar, dass er nun Alex' Argument aufgreift und ein weiteres Beispiel ergänzt. In Milos Fall handelt es sich dabei allerdings nicht um ein mit den zur Verfügung stehenden Plättchen überprüfbares Beispiel, wie er selbst anmerkt, sondern um ein theoretisches Bestätigungsbeispiel. Er signalisiert damit, dass er das strukturelle Argument in Alex' induktiver Begründung verstanden hat und strebt gleichzeitig an, die Verallgemeinerbarkeit dieser Vermutung anhand einer ausreichend großen Zahl zu begründen. Da er dies allerdings nicht mit den Plättchen darstellen und damit praktisch überprüfen kann, führt er den Gedanken nicht zu Ende.

Diese Szene stellt einen charakteristischen Argumentationsprozess der Schüler Alex und Milo dar. Während der Schüler Alex die Intention verfolgt, die Vermutung zu bestätigen, sieht Milo diese durch ein Gegenbeispiel als widerlegt an. Alex' systematische Untersuchung legt dabei ein Muster frei, mit welchem er die Vermutung aufrechterhalten kann. Indem Alex sich jedoch unbewusst auf den Bereich der zweistufigen Treppenzahlen beschränkt, entgeht ihm ein Gegenbeispiel, welches gegen die allgemeinere Vermutung „Nur ungerade Zahlen sind Treppenzahlen" spricht. In diesem Fall nutzt er es sogar als Beispiel, um die geraden von den ungeraden Zahlen abzugrenzen. Für Milo scheint dies zunächst nicht relevant, denn das Gegenbeispiel in Form der vorher aufgetretenen Zahl Eins hindert ihn daran, die von Alex genutzte Struktur in den Blick zu nehmen. Erst als Alex einlenkt und Milos Einwand Beachtung schenkt, indem er seine Vermutung entsprechend modifiziert, lässt auch Milo sich auf das von Alex erkannte Muster in der induktiven Begründung ein.

Auch in dieser Szene zeigen sich Verhaltensweisen, die sich auf die Haltungen der beiden Schüler zurückführen lassen. Alex zeigt seine `unkritische` Haltung, indem er die Vermutung „(Nur) ungerade Zahlen sind Treppenzahlen" quasi als erwiesene Tatsache behandelt. Selbst wenn er im Folgenden eine induktive Begründung, die auf einer relevanten Struktur beruht, anführt, so dient dies dem Zweck, die Vermutung zu bestätigen und nicht dazu, sie tatsächlich auf ihre Richtigkeit zu überprüfen. Dies zeigt sich einerseits anhand seiner Äußerung und dem Zirkelschluss zu Beginn der Szene und andererseits daran, dass er das Gegenbeispiel, welches er im Zuge der Bestätigung der Vermutung konstruiert, nicht wahrnimmt. Milo hingegen ist gedanklich noch immer bei dem Gegenbeispiel aus der vorangegangenen Szene und beteiligt sich nicht an Alex' Argumentation. Im Hinblick auf seine `kritische` Haltung ist dies nicht verwunderlich, denn um sich mit tieferliegenden Strukturen auseinanderzusetzen, ist für ihn zunächst die Frage zu klären, ob die Vermutung überhaupt zutrifft. Im Zuge seiner `obstruktiven` Haltung ist somit das Gegenbeispiel noch immer präsent und hält ihn davon ab, die Vermutung genauer zu untersuchen. Damit geht er sogar so weit, Alex' Entdeckungen zunächst nicht zu akzeptieren, da das Gegenbeispiel der zugrundeliegenden Vermutung widerspricht. Die `obstruktive` Haltung ist in diesem Fall so stark ausgeprägt, dass Milo auch das von Alex konstruierte Gegenbeispiel (die Zahl Sechs als dreistufige Treppenzahl), welches dieser ebenfalls nicht als solches erkennt, nicht wahrnimmt, sondern bei dem Gegenbeispiel Eins stehenbleibt. Alex hingegen sorgt mit seiner `konstruktiven` Haltung dafür, dass die Vermutung, anders als Milo es tut, nicht abgelehnt, sondern lediglich modifiziert wird, indem er einen Weg findet, diese mit Milos Gegenbeispiel zu vereinbaren. Für den Prozess wesentlich ist hier, dass sich die beiden Schüler aufeinander einlassen und damit jeweils zum gemeinsamen Erkenntnisprozess beitragen. Während Alex zunächst die Bestätigung der Vermutung verfolgt, beharrt Milo auf dem zuvor aufgetretenen Gegenbeispiel. Damit sorgt Milos `kritisch-obstruktive` Haltung dafür, dass das Gegenbeispiel Beachtung findet. Alex' `unkritisch-konstruktive` Haltung reagiert darauf, indem eine geeignete Lösung gefunden wird, sodass das Gegenbeispiel in die Vermutung integriert und diese aufrechterhalten werden kann. Insgesamt kann damit als gemeinsame Leistung die zuvor aufgestellte Vermutung weiter präzisiert werden.

Szene 3

Die Szene findet zu einem späteren Zeitpunkt als die beiden vorangegangenen Szenen statt. Der Schüler Alex hat dabei die Vermutung geäußert, dass jede Zahl eine Treppenzahl ist (*ist nicht rein theoretisch alles eine treppenzahl'*, T. 145). Hierbei bezieht er sich auf zwei Arten von Treppenzahlen: einerseits zweistufige Treppenzahlen und andererseits Treppenzahlen mit mehr als zwei Stufen, wobei sich Alex und Milo zumeist auf solche Treppen beschränken, die mit der Stufe der Höhe eines Plättchens beginnen. Unter Verwendung dieser beiden Arten geht Alex dann davon aus, dass jede Zahl als Treppenzahl gelegt werden kann: *es gibt* ***zwei*** *arten von treppenzahlen. und jede zahl kann doch von- mit diesen beiden arten benutzt kann* ***jede*** *zahl eine treppenzahl werden.* (T. 147). Im Anschluss findet die folgende Szene statt:

154 Alex	schreib mal irgendeine zahl auf. und wenn ich sage ob es eine treppenzahl ist dann müssen sie sagen ob das richtig ist oder falsch.

[...]

177 Milo	dreiundzwanzig.
178 Alex	dreiundzwanzig ist von mir aus gesehen eine treppenzahl. wegen halt- ich weiß nicht- für mich ist glaube- ich glaube alles ist eine treppenzahl.

warte lass mal dreiundzwanzig schauen. (legt 1|2|2 und stoppt) achso warte kommt drauf an welche art. [..] aber wir können ja beide arten probieren. (legt 1|2|3|4) [...] (legt 1|2|3|4|5|5|) zwanzig. ja das funktioniert anscheinend nicht. (legt 1|2|3|4|5|5|3) ja das sind schon dreiundzwanzig.

184 Milo ja bei **dieser** art nicht.

185 Alex ja und bei der anderen art' (legt 11|12)

186 Milo dreiundzwanzig! ja das geht!

187 Alex elf mal zwei zweiundzwanzig. ja. also ich würde sagen jede zahl geht. mach mal noch eine.

188 Milo dreihundert- nein. (lacht) zehn.

189 Alex geht. also ich weiß nicht aber ich glaube- muss ja gehen. wegen meiner vermutung nach geht ja jede zahl. lass erstmal die probieren. (zeigt auf 11|12) obwohl nein das wird ja nicht gehen. fünf fünf geht nicht. aber lass mal jetzt die art probieren. [...] zehn jetzt. (legt 2|3|4 und zählt) neun. geht auch nicht.

192 Milo hä warte. ich versuch mal.

193 Alex doch doch! es geht es geht. warte. es geht. (legt 1|2|3|4) zehn. auf diese art. also eigentlich ist ja **alles** oder'

194 Milo und in der anderen art geht es ja nicht. wegen das ist ja gerade. [...]

197 Alex stimmt! man kann es einfach erkennen welche art es ist danach wenn es eine gerade oder eine ungerade ist. bei einer geraden geht diese mehrstellige und bei einer ungeraden muss man die zweistellige. verstehst du'

198 Milo ja aber wie soll man das bei der vier machen. bei der vier gehen beide arten nicht. wegen guck- das ist dann gerade. (legt 2|2) das ist die vier. bei der anderen art warte- geht das auch nicht. (legt 1|2|1)

199 Alex ja dann kann man eben aus ner vier keine treppenzahl bilden.

Die Szene beginnt mit Alex' Intention, die Vermutung „Alle Zahlen sind Treppenzahlen" empirisch zu bestätigen, indem er Milo dazu auffordert, eine beliebige Zahl auszuwählen (T. 154). Nachdem Milo die Zahl 23 gewählt hat, wendet Alex die Vermutung auf die Zahl an und kommt zu dem Schluss, dass diese demnach eine Treppenzahl sein muss. Interessant an dieser Stelle ist die Formulierung, die er dafür wählt, denn diese lässt darauf schließen, dass er die Vermutung womöglich gar nicht wirklich hinterfragt. Er nutzt den Ausdruck *wegen* (T. 178) und begründet mithilfe der Vermutung, dass die Zahl 23 eine Treppenzahl sein muss. Diese Formulierung erinnert an eine Art Zirkelschluss, wie es auch in Szene 2 der Fall war. In dem Fall, dass er die Vermutung „Alle Zahlen sind Treppenzahlen" tatsächlich in Frage stellt, sind eher Formulierungen im Konjunktiv zu erwarten (bspw. „Wenn die Vermutung richtig wäre, dann müsste 23 eine Treppenzahl sein“), sodass erkenntlich ist, dass die Vermutung zunächst hypothetisch angenommen wird, um anschließend die Konsequenzen auf Widersprüche hin zu untersuchen.

Nach seiner Einschätzung nimmt Alex dann eine Überprüfung der Zahl vor, indem er versucht, sie mit den Plättchen als Treppe zu legen (T. 178). Dabei legt er zunächst eine mehrstufige Treppe beginnend mit einer Stufe der Höhe eines Plättchens und erkennt, dass es damit nicht möglich ist, die Zahl 23 zu legen. Milo reagiert darauf, indem er Alex' Aussage *ja das funktioniert anscheinend nicht* (T. 178) einschränkt und anmerkt, dass dies zunächst nur für diese Art einer Treppe der Fall ist (T. 184). Er macht damit deutlich, dass die Überprüfung noch nicht vollständig abgeschlossen ist, was Alex dazu veranlasst, die Zahl als zweistufige Treppe zu legen (T. 185). Milo erkennt, dass Alex dies gelungen ist und auch Alex bestätigt das, nachdem er die Plättchen noch einmal strukturiert gezählt hat. In diesem Fall nutzt er die Struktur, dass es sich um zwei Stufen handelt, die sich bis auf ein Plättchen nicht im Hinblick auf die Anzahl der Plättchen unterscheiden. Wie sich auch im Anschluss zeigen wird, hat Alex damit die grundlegende Struktur zweistufiger Treppenzahlen erfasst. Er nutzt diese allerdings nicht, um damit eine mathematische Begründung zu liefern, sondern als Strategie zur Zählung der Plättchen. Mit diesem Beispiel sieht Alex seine Vermutung als bestätigt an (*also ich würde sagen jede zahl geht*, T. 187). Dennoch fordert er Milo auf, eine weitere Zahl auszuwählen. Es scheint hier, als ob Alex die Vermutung mit weiterer empirischer Evidenz untermauern möchte. Gerade im Hinblick auf die Tatsache, dass er seinen Interviewpartner die Zahlen zur Überprüfung auswählen lässt, scheint seine Vermutung einen wesentlich höheren Grad an Bestätigung zu erhalten als an selbstgewählten Beispielen. Indem sich die Vermutung damit anhand einer zufällig gewählten Zahl als korrekt erweist, sieht Alex sie als erwiesen an, wie sich auch an der folgenden Zahl zeigt, die Milo auswählt. Auch bei der Zahl Zehn stellt Alex fest: *muss ja gehen* (T. 189). Dies begründet er erneut mittels der Vermutung. Im Anschluss kann Alex ausschließen, dass es sich bei der Zahl Zehn um eine zweistufige Treppenzahl handelt. Er nutzt an dieser Stelle ein strukturelles Argument, denn bevor er versucht, die Zahl mit den Plättchen zu legen, führt er eine gedankliche Zerlegung anhand der Struktur durch und erkennt, dass es sich im Fall der Zahl Zehn um zwei Stufen mit jeweils fünf Plättchen handeln würde. Damit geht er direkt zu der anderen Treppenart über. Er stellt zunächst fest, dass eine Zerlegung beginnend mit der Zahl Zwei nicht funktioniert. Sein Interviewpartner Milo gibt sich damit noch nicht zufrieden, sondern möchte der Überprüfung mehr Zeit einräumen (*hä warte*, T. 192) und die Überprüfung selbst übernehmen. In diesem Fall setzt Alex allerdings die Überprüfung fort und es gelingt ihm, die Zahl Zehn als Treppenzahl zu legen, was ihn wiederum dazu veranlasst, sich in der Vermutung „Alle Zahlen sind Treppenzahlen“ bestätigt zu fühlen. Milo hat an dieser Stelle das Bedürfnis, erneut Alex' strukturelles Argument aufzugreifen, welches zeigt, dass die Zehn keine zweistufige Treppenzahl sein kann (T. 194). Dass Milo dieses Argument noch einmal aufgreift und in den Prozess einbringt, führt dazu, dass Alex die Vermutung im Folgenden weiter spezifiziert, indem er die geraden Zahlen als Treppenzahlen mit mehr als zwei Stufen und die ungeraden Zahlen als zweistufige Treppenzahlen einordnet (T. 197). Damit nutzt Alex die Struktur der Treppenzahlen, um seine Vermutung zu präzisieren, auch wenn die strikte Trennung der Treppenarten anhand der Parität nicht ganz korrekt, aber aufgrund der Erkenntnisse der Schüler naheliegend ist. Alex' Untersuchungen sind zu diesem Zeitpunkt abgeschlossen, denn er hinterfragt diese nicht weiter (T. 197). Es ist nun Milo, der diese Vermutung in Frage stellt, indem er das Beispiel der Zahl Vier erneut aufgreift, die sich im Vorfeld der Szene als Zahl herausgestellt hat, die keine Treppenzahl ist (T. 198). Für Milo stellt dies im Hinblick auf die Vermutung ein Problem dar, denn er erläutert, dass sich diese Zahl auf keine der beiden Arten als Treppe legen lässt. Alex hingegen umgeht diesen Konflikt, indem er die Zahl Vier einfach aus der Vermutung ausschließt. Das Gegenbeispiel stellt für ihn damit keinen Grund dar, die Vermutung abzulehnen, da er dieses nicht als Widerspruch zu der Vermutung, sondern als einen Spezialfall interpretiert. Für Alex ist der Konflikt damit überwunden, während sich Milo im Anschluss an diesen Ausschnitt weiter damit auseinandersetzt.

In dem vorgestellten Interaktionsprozess von Alex und Milo können einige wesentliche Punkte herausgestellt werden. Der Schüler Alex zeigt erneut die Tendenz, seine Vermutung – hier im Rahmen der Überprüfung anhand von Milo ausgewählter „Testzahlen" – bestätigen zu wollen. Es scheint, als ob er die Vermutung damit nicht wirklich in Frage stellt, denn das von Milo eingebrachte Gegenbeispiel der Zahl Vier führt nicht dazu, dass er an der Vermutung zweifelt. Alex nutzt zur Bestätigung der Vermutung eine empirische Überprüfung anhand von Beispielen. Dass er diese dabei nicht selbst wählt, sondern dies an seinen Interviewpartner Milo delegiert, gibt aus seiner Sicht dieser Art der Überprüfung einen höheren Stellenwert. Da sich seine Vermutung auch an diesen zufällig gewählten Beispielen bestätigt, sieht Alex sich im Hinblick auf die Vermutung bekräftigt. Dabei stützt sich Alex allein auf die empirische Evidenz, auch wenn er in diesem Zuge auf die Struktur der Treppenzahl 23 zu sprechen kommt. Er nutzt an dieser Stelle eine strukturelles Argument, um die Plättchen zu zählen. Dass dieses Argument allerdings nicht weiter vertieft und beispielsweise von dem speziellen Beispiel der Zahl 23 auf alle ungeraden Zahlen abstrahiert wird, zeigt, dass Alex sich, wie auch in den vorangegangenen Szenen, auf empirische Begründungen von Vermutungen konzentriert und diese als ausreichend zur Belegung dieser ansieht. Milo kommt dabei im gemeinsamen Argumentationsprozess die Rolle des kritischen Beobachters zu. Er greift in

Alex' Ausführungen ein, sobald er sein Bedürfnis nach Überprüfung und Begründung nicht ausreichend erfüllt sieht. Somit macht er Alex darauf aufmerksam, dass auch andere Arten der Darstellung einer Zahl möglich sind oder möchte überprüfen, ob sich die Zahl Zehn tatsächlich nicht als Treppenzahl legen lässt. Sein Bedürfnis nach Erklärungen für Vermutungen führt dann dazu, dass er das strukturelle Argument, welches Alex zur Zählung der Plättchen nutzt, aufgreift und verallgemeinert. Er abstrahiert das Argument insofern, als dass er feststellt, dass keine gerade Zahl als zweistufige Treppenzahl gelegt werden kann. Mit diesem Argument liefert er Alex dann die Möglichkeit, seine Vermutung weiterzuentwickeln. Dennoch zweifelt Milo insofern an der Vermutung, als dass er ein Gegenbeispiel aus vorangegangenen Untersuchungen im Kopf hat. Auch hier findet Alex einen Ausweg, indem er das Gegenbeispiel als Einzelfall aus der Vermutung ausschließt.

Gerade letztgenanntes Phänomen lässt sich im Sinne der Haltungen beider Schüler interpretieren. Für Milos `kritisch-obstruktive` Haltung ist die Zahl Vier ein Konflikt, welcher mit der Vermutung nicht vereinbar ist, denn die Zahl lässt sich weder als zweistufige noch als Treppenzahl mit mehr als zwei Stufen darstellen. Für Alex stellt dies kein unüberwindbares Hindernis dar, denn im Sinne seiner `konstruktiven` Haltung schließt er die Zahl kurzerhand aus der Vermutung aus. Dabei wird gleichzeitig seine `unkritische` Haltung hinsichtlich der Vermutung deutlich. Das Gegenbeispiel hat damit nicht den Stellenwert, die Vermutung anzufechten, denn aufgrund zweier Bestätigungsbeispiele sieht Alex diese als erwiesen an. Auch seine Formulierungen im Hinblick auf die Anwendung der Vermutung lassen darauf schließen, dass er diese eher als Tatsache denn als Vermutung, die noch zu veri- oder falsifizieren ist, wahrnimmt (*wegen meiner vermutung nach geht ja jede zahl.*, T. 189). Milo hingegen begegnet sowohl der Vermutung als auch der Überprüfung von Alex mit einer `kritischen` Haltung, indem er das Vorgehen überwacht und hinterfragt. Damit erinnert er Alex einerseits daran, dass neben der zweistufigen Treppe auch andere Arten möglich sind und hakt nach, als sich die Zahl Zehn nicht als Treppe legen lässt. Einen wesentlichen Beitrag zum Erkenntnisprozess leistet er mit seiner `kritischen` Haltung, die insbesondere ein Bedürfnis nach Erklärungen für Vermutungen aufweist. Hierbei greift er die von Alex genutzte Struktur zur effizienten Zählung der Plättchen in der zweistufigen Darstellung auf und abstrahiert sie allgemein auf den Kontext ungerader bzw. gerader Zahlen in dieser Darstellung. Für Alex bietet diese Erkenntnis dann den Anlass, die Vermutung weiterzuentwickeln. Auf diese Weise ergänzen sich beide Haltungen: Alex' `unkritisch-konstruktive` Haltung sorgt dafür, dass Vermutungen aufrechterhalten oder präzisiert und bei auftretenden Konflikten gegebenenfalls modifiziert werden und Milos nimmt im Zuge seiner `kritisch-obstruktiven` Haltung eine den Erkenntnisprozess überwachende Rolle ein, die eventuelle Gegenbeispiele im Blick hat und an geeigneter Stelle anbringt. Sein Bedarf nach strukturellen Begründungen liefert zusätzlich die Grundlage für Alex' Modifikationen der Vermutung.

5.6.3.3 Zusammenfassung und Vergleich

Die beiden vorgestellten Fallbeispiele der Schülerinnen Leonie und Emily sowie der Schüler Alex und Milo sind insofern vergleichbar, als dass die Haltungsausprägungen der Schüler in beiden Interviews so miteinander in Kombination auftreten, dass alle vier der Ausprägungen `kritisch` und `unkritisch` sowie `konstruktiv` und `obstruktiv` am Erkenntnisprozess beteiligt sind (siehe Abbildung 5.6). Im ersten Fallbeispiel nimmt die Schülerin Leonie eine `kritisch-konstruktive` Haltung ein, während ihre Interviewpartnerin Emily im Sinne einer `unkritisch-obstruktiven` Haltung handelt. Im Fall der Schüler Alex und Milo treten ebenfalls sämtliche der vier Ausprägungen auf, allerdings in anderer Kombination. Während Alex eine `unkritisch-konstruktive` Haltung inne hat, zeigt Milo die deutliche Tendenz zu einer `kritisch-obstruktiven` Haltung. Die beiden Fallbeispiele geben dadurch einen Eindruck, wie die jeweiligen Haltungen miteinander agieren und wie sich dies auf den gemeinsamen Erkenntnisprozess auswirken kann. Dabei können anhand der dargestellten Fallbeispiele keine verallgemeinerbaren Aussagen über die jeweiligen Haltungskombinationen der Schüler getroffen werden, da der gemeinsame Interaktionsprozess durch weitere Aspekte wie das jeweilige Beweisverständnis, aber auch durch Merkmale wie die Durchsetzungs- oder Anpassungsfähigkeit der Schüler beeinflusst wird. Dennoch können anhand der Fallbeispiele Hinweise ausgemacht werden, welches Potential für den Erkenntnisprozess eine solche Kombination von Haltungen bieten kann.

Im Fall der Schülerinnen Leonie und Emily gibt Leonie durch ihre `kritische` Haltung den Anstoß dazu, die von den Schülerinnen formulierten Vermutungen zu hinterfragen. Während Emily dieses Bedürfnis gar nicht zeigt, ist es bei Leonie soweit ausgeprägt, als dass sie nicht nur eine Überprüfung der Vermutung, sondern ebenso eine Erklärung ebendieser anstrebt. Auch wenn dies im Sinne ihrer `unkritischen` Haltung kein Bedürfnis von Emily ist, akzeptiert sie Leonies Bedarf nach einer Begründung, indem sie versucht, entsprechend zu argumentieren. Emilys Begründungen beschränken sich dabei auf eine empirische Ebene, indem sie induktiv Nachweise liefert, **dass** eine Vermutung zutreffend ist. Indem Leonie allerdings eine Erklärung anstrebt, **warum** eine Vermutung gilt, empfindet sie Emilys Begründungen als nicht zufriedenstellend und konzentriert sich stattdessen auf die strukturelle Auseinandersetzung mit der Vermutung. Dabei ist Emilys `obstruktive` Haltung der Auslöser dafür, dass Gegenbeispiele in diesen Erkenntnisprozess Eingang finden, was Leonie im Zuge ihrer `konstruktiven` Haltung

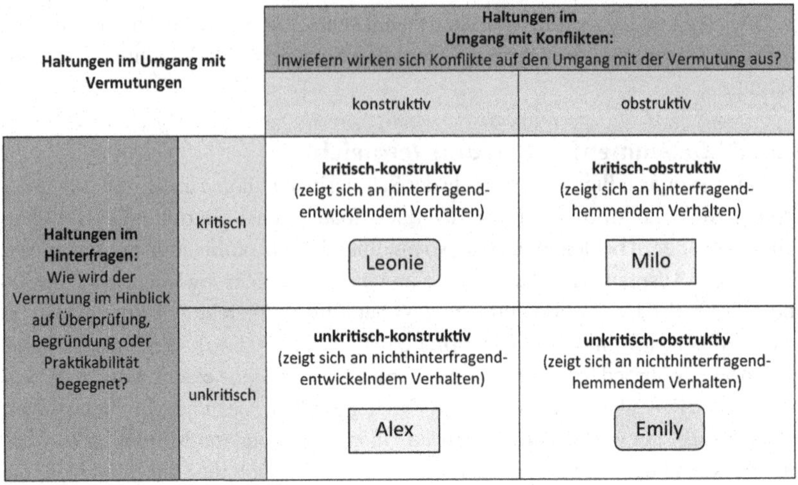

Haltungen im Umgang mit Vermutungen		**Haltungen im Umgang mit Konflikten:** Inwiefern wirken sich Konflikte auf den Umgang mit der Vermutung aus?	
		konstruktiv	obstruktiv
Haltungen im Hinterfragen: Wie wird der Vermutung im Hinblick auf Überprüfung, Begründung oder Praktikabilität begegnet?	kritisch	**kritisch-konstruktiv** (zeigt sich an hinterfragend-entwickelndem Verhalten) Leonie	**kritisch-obstruktiv** (zeigt sich an hinterfragend-hemmendem Verhalten) Milo
	unkritisch	**unkritisch-konstruktiv** (zeigt sich an nichthinterfragend-entwickelndem Verhalten) Alex	**unkritisch-obstruktiv** (zeigt sich an nichthinterfragend-hemmendem Verhalten) Emily

Abbildung 5.6 Übersicht über die idealtypischen Haltungen der Schüler aus den Fallbeispielen (beide Schüler eines Fallbeispiels sind identisch markiert)

zu vertieften Auseinandersetzungen mit dem der Vermutung zugrundeliegenden Sachverhalt anregt.

Im Verlauf des Interviews profitieren auf diese Weise beide Schülerinnen von der Haltung der jeweils anderen. Indem Leonie auf ihrem Bedürfnis nach einer strukturellen Begründung für die beobachteten Phänomene beharrt, regt sie bei Emily beispielsweise einen Reflexionsprozess an. Dieser führt letztendlich dazu, dass sich Emily eine zunächst intuitiv vorgenommene Einschätzung bewusst macht und dadurch eine Struktur erkennt, die wesentlich für den weiteren Erkenntnisprozess ist. Es ist zu vermuten, dass es ohne Leonies Bestreben nicht zu dieser Einsicht gekommen wäre. Anders herum ist Emily diejenige, die Leonie auf potentielle Konflikte aufmerksam macht, da diese für sie selbst einen hohen Stellenwert haben. Dadurch wird Leonie dazu angeregt, sich vertieft mit der Struktur auseinanderzusetzen. Als Leonie in einem Fall keine solche zufriedenstellende strukturelle Erklärung entdeckt, ist es Emily, die durch ihren Fokus auf empirische Argumente in Leonie die subjektive Überzeugung die Vermutung betreffend stärkt. Damit erhält Leonie eine Rechtfertigung, die sie darin bestärkt, sich weiterhin mit dem Sachverhalt auseinanderzusetzen. Beide Schülerinnen profitieren damit von den Verhaltensweisen, die für die Haltung der jeweils anderen charakteristisch sind.

Auf ähnliche Weise ist dies bei den beiden Schülern Alex und Milo zu beobachten. Milo ist im gemeinsamen Erkenntnisprozess derjenige, der durch seine `kritische` Haltung an den entwickelten Vermutung stark zweifelt, während Alex die Vermutungen zumeist als erwiesene Tatsachen behandelt. Diese `unkritische` Haltung äußert sich auch darin, dass Alex seine Vermutungen nicht wirklich überprüft, sondern diese durch bestätigende Beispiele untermauert. Damit wird eine empirische Bestätigung der Vermutung als ausreichend angesehen, während Milo sich auf die Suche nach einer strukturellen Begründung für die den Vermutungen zugrundeliegenden Sachverhalte konzentriert. Das Bedürfnis nach einer Erklärung, **warum** eine Vermutung zutrifft, zeigt sich in Milos Fall deutlich. Sobald allerdings der Vermutung widersprechende Evidenz auftritt, äußert sich Milos `obstruktive` Haltung. Der hohe Wert, den er Gegenbeispielen zumisst, ist daran erkennbar, dass er Vermutungen dadurch als widerlegt ansieht und diese verwirft. Dies ist selbst dann der Fall, wenn der grundsätzliche Ansatz der Vermutung sinnvoll ist. Für Alex hingegen stellen Gegenbeispiele keine unüberwindbaren Konflikte dar. Aufgrund der Sichtweise auf Vermutungen als erwiesene Tatsachen und seiner `konstruktiven` Haltung kommen keine Zweifel an der Vermutung auf. Als Folge dessen wird die Vermutung aufrechterhalten, die Gegenbeispiele finden allerdings aufgrund Milos Hartnäckigkeit Eingang, indem die Vermutungen entsprechend modifiziert bzw. präzisiert werden.

Auch die Schüler Alex und Milo profitieren im Verlauf des Interviews von der Haltung des jeweils anderen. Indem Milo auf den auftretenden Gegenbeispielen beharrt, finden diese von Alex Beachtung und führen zu einer Weiterentwicklung der Vermutung. Auch Milos Fokus auf strukturelle Begründungen ermöglicht es Alex in einer der dargestellten Szenen, die Vermutung weiter zu differenzieren, indem die von Milo aufgegriffene Struktur genutzt wird. Anders herum trägt Alex dazu bei, dass Vermutungen von Milo nicht endgültig verworfen werden, indem er durch entsprechende Modifikationen Auswege findet, die einerseits die Vermutungen aufrechterhalten können und andererseits Milos Einwände aufnehmen. Auf diese Weise begünstigen sich die Haltungen der beiden Schüler, indem der gemeinsame Erkenntnisprozess von den jeweiligen Verhaltensweisen profitiert.

In beiden Fallbeispielen zeigt sich, dass sich die Kombination aller vier Haltungsausprägungen positiv auf den gemeinsamen Erkenntnisprozess auswirken kann, da die entsprechenden charakteristischen Verhaltensweisen wesentliche Beiträge zur Erkenntnisentwicklung leisten. Dafür ausschlaggebend ist allerdings die Bereitschaft der Schüler, sich auf die Haltung des jeweils anderen einzulassen. Sowohl bei Leonie und Emily als auch bei Alex und Milo ist ein „Sich-aufeinander-Einlassen“ zu beobachten, indem die angezeigten Bedürfnisse und Einwände des Gegenübers wahrgenommen werden und Beachtung finden. Auf diese Weise agieren die Schüler im Sinne ihrer Haltungen nicht isoliert voneinander, sondern können von der Haltung des jeweils anderen profitieren. Folglich kann das Potential der jeweiligen Haltungsausprägungen für den Erkenntnisprozess ausgeschöpft werden, indem die Schüler sich zu einem Team ergänzen, welches als Ganzes alle vier Haltungsausprägungen vereint. Die Schüler machen damit die für den eigenen Lernprozess wertvolle Erfahrung, dass die Haltung ihres Interviewpartners, die in den beiden dargestellten Fällen konträr zu ihrer eigenen ist, erfolgreich für den Erkenntnisprozess sein kann, da sie einen wesentlichen Beitrag dazu leistet. Auf diese Weise erleben die Schüler die jeweils andere Haltung ergänzend zu ihrer eigenen als sinnvoll, was Grundlage für die Weiterentwicklung der Haltung hin zu einer Haltung bildet, die Grundzüge aller vier Ausprägungen vereint.

5.6.3.4 Ausschnitte potentiell problematischer Kombinationen von Haltungen

Im Gegensatz zu den soeben dargestellten Kombinationen soll an dieser Stelle ein Überblick über zwei Fallbeispiele gegeben werden, in welchen durch die Kombination der Schüler lediglich zwei der Haltungsausprägungen eingenommen werden. Beide Schüler eines Interviews nehmen damit die gleiche Haltung im Umgang mit Vermutungen ein. An dieser Stelle sollen dazu das Interview mit Paula und Julia, die beide einer `unkritisch-konstruktiven` Haltung zuzuordnen sind, sowie das Interview mit Frida und Lea, die beide eine `kritisch-obstruktive` Haltung einnehmen, in den Blick genommen werden. Sowohl aus theoretischer Perspektive als auch anhand der Einzelfallanalysen von Sina (siehe Abschnitt 5.6.2.1) und Alex (siehe Abschnitt 5.6.2.6) erkennbar, sind diese Haltungen nicht per se als problematisch für den Erkenntnisprozess einzuordnen, denn die einhergehenden Verhaltensweisen können den Prozess ebenso begünstigen.

Die `kritisch-obstruktive` Haltung stellt Vermutungen im Hinblick auf ihren Wahrheitswert, ihre Begründung oder die Praktikabilität in Frage und regt damit an, sich vertieft mit dem zugrundeliegenden Sachverhalt auseinanderzusetzen. Gerade in dem Fallbeispiel der Schülerin Sina konnte beobachtet werden, dass das Bedürfnis nach einer Erklärung der Antrieb für tiefergehende Entdeckungen sein kann. Der hohe Stellenwert auftretender Konflikte kann zudem dazu führen, dass diese über weite Strecken des Interviews präsent bleiben und kontinuierlich miteinbezogen werden, wie es auch bei der Schülerin Sina der Fall ist. Als problematisch erweist sich die `kritisch-obstruktive` Haltung hingegen, sobald den Konflikten ein solcher Stellenwert beigemessen wird, dass eine Überwindung nicht mehr möglich erscheint und die Vermutung im Ganzen abgelehnt wird, selbst wenn der zugrundeliegende Ansatz geeignet wäre. In dem Interview der Schülerinnen Frida und Lea ist ebendieses Verhalten wiederkehrend beobachtbar, sodass sich in ihrem Fall die hinderlichen Verhaltensweisen der `kritisch-obstruktiven` Haltung verstärken, was sich ungünstig auf den gemeinsamen Erkenntnisprozess auswirkt.

Die beiden Schülerinnen Frida und Lea arbeiten gemeinsam an der Aufgabe *Treppenzahlen*.[38] Der Erkenntnisprozess ist größtenteils geprägt von der `kritischen` Haltung beider Schülerinnen, die sowohl die während des Interviews entstehenden Vermutungen in Frage stellt als auch nach Begründungen sucht. Mit dieser Haltung stellen beide Schülerinnen rasch fest, dass es sich bei ungeraden Zahlen immer um Treppenzahlen handelt, da diese als zweistufige Treppen dargestellt werden können, und grenzen diese damit von geraden Zahlen ab. Sie stellen außerdem fest, dass nur Zahlen, die größer oder gleich drei sind, überhaupt Treppenzahlen sein können. Bis zu dem Zeitpunkt, als die beiden Schülerinnen von der Interviewerin drei Impulszahlen (14, 16 und 22) erhalten, verfolgen sie somit die Vermutung, dass nur ungerade Zahlen Treppenzahlen sein können. Sie unterscheiden dabei nicht zwischen verschiedenen Darstellungen von Treppen, sondern übertragen die Feststellung, dass nur ungerade Zahlen **zweistufige** Treppenzahlen sein können, vermutlich unbewusst auf alle Treppendarstellungen. Im Folgenden wird nun anhand dreier Szenen die Problematik der `kritisch-obstruktiven` Haltung für den Erkenntnisprozess von Frida und Lea dargestellt, wobei jeweils eine kurze Einführung in die Szene gegeben wird.

Als die Schülerinnen die von der Interviewerin in den Prozess eingebrachten Zahlen 14 und 16 untersuchen, stellen sie fälschlicherweise fest, dass beide Zahlen nicht als Treppe darstellbar sind, was sie in ihrer Vermutung bestätigt, dass nur ungerade Zahlen Treppenzahlen sind (T. 49). Während ihren Untersuchungen erweist sich allerdings die Zahl Zehn als eine Treppenzahl:

61 Lea	(legt 1|2|3|4) das geht nur mit- (zählt die Plättchen) [...] das geht mit zehn und zehn ist ne gerade zahl!
64 Frida	aber-
65 Lea	das ist zehn. (zeigt auf 1|2|3|4) [...] ja aber guck mal. (zählt die Plättchen erneut) das sind zehn. und das geht. scheiße. (lacht) nee! aber hier fehlen noch welche. (zeigt die vier Plättchen in ihrer Hand) oh bin ich hohl. (lacht) (8 Sek.) aber es würde mit zehn gehen.
68 Frida	es würde mit zehn gehen. ja. (legt 8|8)
69 Lea	es würde gehen. dann ist unsere vermutung falsch. aber mit vierzehn gehts nicht. (notiert jeweils *geht nicht* unter 16 und 14)

[38] Das vollständige Transkript findet sich in Anhang XIV im elektronischen Zusatzmaterial.

70 Frida (legt 2|3|4|5) hä. ich kapier das nicht. ich mach mal kurz bei der zweiundzwanzig.
71 Lea ja. ich mach mit.

Lea stellt fest, dass sich die Zahl Zehn als Treppe darstellen lässt und hat damit ein Beispiel für eine gerade Treppenzahl entdeckt, die der Vermutung der beiden Schülerinnen widerspricht. Die Art und Weise, wie die Schülerinnen damit umgehen, lässt ihre `obstruktive` Haltung erkennen. In Leas Fall äußert sich dies deutlich, indem sie beginnt, zu fluchen, da sie den Konflikt als solchen erkannt hat (T. 65). Beiden Schülerinnen ist in ihrer `kritischen` Art gemein, dass sie zunächst das Gegenbeispiel angezweifelt haben. Lea zählt erneut die Plättchen (T. 65) und Frida widerspricht dem Gegenbeispiel zunächst (T. 64). Erst als Lea das Gegenbeispiel als solches bestätigt hat, akzeptiert auch Frida es (T. 68). Lea versucht dem Konflikt zunächst zu entgehen, indem sie darauf zurückgreift, dass sie ursprünglich die Zahl 14 untersuchen wollte, stellt jedoch fest, dass sie mit der Zahl Zehn dennoch eine gerade Treppenzahl entdeckt hat. Für Lea führt dies zu dem Schluss, dass *dann [...] unsere vermutung falsch [ist]* (T. 69). Sie lehnt die Vermutung demnach vollständig ab, wenngleich der Ansatz nicht grundsätzlich falsch ist, sondern lediglich einer Einschränkung auf zweistufige Treppenzahlen bedarf. Währenddessen untersucht Frida erneut die Zahl 14 und kann diese nun auch als Treppe legen, was in ihr Unverständnis auslöst: *hä. ich kapier das nicht.* (T. 70). Im weiteren Umgang mit diesen Konflikten zeigen beide Schülerinnen ihre `obstruktive` Haltung, denn neben der Ablehnung der Vermutung durch Lea beenden sie die Auseinandersetzung mit dem Konflikt, indem sie ihren Fokus jeweils verlagern und damit den Prozess in dieser Hinsicht abbrechen. Bei Frida ist dies zunächst zu beobachten als sie das Gegenbeispiel Zehn in Turn 68 als solches akzeptiert. Sie entgeht der weiteren Auseinandersetzung mit dem Gegenbeispiel und dem Rückbezug zur Vermutung, indem sie ein anderes Beispiel in den Blick nimmt. In gleicher Weise handelt sie im Fall der Zahl 14 in Turn 70. Auch hier stellt sie die Unvereinbarkeit von Konflikt und Vermutung fest, geht allerdings ebenfalls dazu über, eine andere Zahl in den Blick zu nehmen. Ebenso verhält es sich in Leas Fall, die gleichermaßen in Turn 69 dem Konflikt ausweicht, indem sie auf die beiden im Vorfeld der Szene untersuchten Zahlen zurückkommt und sich Fridas Vorschlag, zunächst eine andere Zahl zu untersuchen, in Turn 71 anschließt. Beide Schülerinnen reagieren damit auf die entstandenen Konflikte insofern, als dass sie der Auseinandersetzung entgehen, indem sie ihren Fokus auf andere Zahlen verlagern. Sie beenden damit den Teilprozess, der durch die zu der Vermutung in Widerspruch stehenden Konflikte geprägt ist und eine Beschäftigung mit dem Konflikt und der Vermutung erfordert, sodass der zugrundeliegende Sachverhalt näher untersucht wird. Damit geht gleichzeitig das Potential verloren, in Auseinandersetzung mit den Konflikten relevante Erkenntnisse zu erlangen oder aber die Vermutung unter Einbezug der Gegenbeispiele weiterzuentwickeln.

Im Anschluss an diese Szene und weitere Untersuchungen entwickeln die Schülerinnen dann die Vermutung, dass lediglich Zahlen über (bzw. einschließlich) 20 Treppenzahlen sein können, da sich die Zahlen 22 und 28 als solche erweisen, 14 und 16 hingegen nicht. Nachdem die Schülerinnen diese Vermutung anhand der Zahlen 20, 21 und 22 überprüft und bestätigt haben, untersucht Lea die Zahl 18:

161 Lea	ok. dann achtzehn. [...] (legt 9I9) [...] achtzehn. aber- warte mal wenn ich jetzt drei reihen zum beispiel mache- [...] (legt 6I6I6, dann um zu 5I6I7) achtzehn geht!
176 Frida	sind das achtzehn' zähl mal nach.
177 Lea	klar. (zählt Plättchen)
178 Frida	ich checks nicht mehr.
179 Lea	über zehn muss vielleicht das dann sein. [...]
182 Frida	ja aber sechzehn und vierzehn gingen ja nicht!
183 Lea	aber ne gerade zahl über elf.
184 Frida	aber ungerade zahlen gingen ja auch-
185 Lea	scheiße. irgendwie habe ich gerade meine ganze logik verloren die ich dachte.

Die Zahl 18 stellt sich als ein Gegenbeispiel zu der Vermutung heraus, dass nur Zahlen über 20 Treppenzahlen sein können. Frida äußert sich zunächst wieder im Sinne ihrer `kritischen` Haltung, indem sie das Gegenbeispiel anzweifelt und Lea dazu auffordert, die Plättchen erneut zu zählen (T. 176). Als Lea dem nachkommt und sich das Gegenbeispiel bestätigt, wird Fridas `obstruktive` Haltung erneut daran ersichtlich, dass sie Unverständnis oder gar Überforderung äußert: *ich checks nicht mehr* (T. 178). Lea hingegen versucht zunächst, die Vermutung zu modifizieren, indem sie die Schranke von Zahlen „über zwanzig“ auf Zahlen „über zehn“ senkt. Fridas `obstruktive` Haltung äußert sich jedoch so stark, dass sie sich auf Leas Versuch, die Vermutung aufrechtzuerhalten, nicht einlässt, sondern diesem direkt mit zwei Gegenbeispielen aus vorangegangenen Untersuchungen widerspricht. Auch Leas erneuten Versuch, die Vermutung zu verteidigen, weist sie zurück, sodass Lea letztendlich ebenfalls aufgibt (T. 184/185). An dieser Stelle sind für Lea die von Frida angeführten Konflikte zu groß, als dass sie diese in Einklang mit der Vermutung bringen kann, sodass letztendlich beide Schülerinnen den Prozess die Vermutung betreffend abbrechen. Es findet somit keine vertiefte Auseinandersetzung mit dem Konflikt oder der Vermutung statt, wie es im Fall einer kritisch-obstruktiven Haltung ebenso möglich ist, sondern den Konflikten wird ein solcher Stellenwert beigemessen, dass sie nicht mehr zu überwinden sind. In Fridas Fall wird dies besonders an den stellenweise verzweifelt wirkenden Einwänden deutlich, während Lea aufgrund der Menge an Konflikten aufgibt. Ein ähnliches Verhalten zeigt sich auch in der folgenden Szene, nachdem die Interviewerin sich bei Frida erkundigt hat: *was probierst du gerade aus'* (T. 205):

202	Frida	alle ungeraden zahlen gehen.
203	Lea	ja. vier geht nicht. (lacht)
204	Frida	(legt 3|3)
205	Interviewerin	ok was probierst du gerade aus'
206	Frida	die sechs zu machen. aber warte das ging doch gerade. ach sechs geht. (legt 1|2|3) guck mal wenn man das hier macht dann gehts nicht mehr. (legt 3|3)
207	Interviewerin	ok also was habt ihr jetzt schon alles herausgefunden'
208	Frida	ich hab- ich schaff nichts mehr.
209	Lea	im moment hab ich gar keine regel mehr dafür irgendwie.
210	Frida	ich auch nicht. weil alles irgendwie unlogisch und logisch ist.

Die Schülerinnen kommen in dieser Szene auf die zu Beginn des Interviews formulierte Vermutung „Alle ungeraden Zahlen sind Treppenzahlen" zurück (T. 202). An der Äußerung von Lea ist erkennbar, dass zumindest sie die Vermutung als „Nur ungerade Zahlen sind Treppenzahlen" versteht, denn sie nutzt die Zahl Vier als Abgrenzungsbeispiel zu den geraden Zahlen (T. 203). Frida nimmt diese Vermutung weiter in den Blick, indem sie entsprechend ihrer kritischen Haltung die Zahl Sechs als weitere gerade Zahl untersucht (T. 204). Hierbei stellt sie fest, dass sie die Zahl zwar als dreistufige Treppenzahl, jedoch nicht als zweistufige Treppenzahl legen kann. Diese Beobachtung scheint für Frida allerdings krisenhaft zu sein, denn sie ist der Auslöser dafür, dass sie im Folgenden mit der Situation überfordert scheint: *ich schaff nichts mehr.* (T. 208). Die Zahl Sechs scheint somit nicht vereinbar mit der Vermutung „Nur ungerade Zahlen sind Treppenzahlen" und Frida scheint gleichzeitig zu erkennen, dass die Aufgabe komplexer ist als bisher angenommen, denn sie hat mit der Zahl Sechs ein Beispiel für eine gerade Zahl gefunden, die sich als Treppe legen lässt, allerdings nur auf eine bestimmte Weise. Frida sieht hier nicht die Möglichkeit, die Vermutung weiterzuentwickeln, indem sie die Beobachtung nutzt, um beispielsweise eine Klassifizierung der Treppenzahlen einzuführen, sondern handelt im Sinne einer obstruktiven Haltung. Sie bricht sowohl die Untersuchung als auch den Erkenntnisprozess diese Vermutung betreffend ab (T. 210). Ähnlich verhält sich auch ihre Interviewpartnerin Lea, die ebenfalls den Gegensatz aus Vermutung und vermeintlichem Gegenbeispiel nicht vereinbaren kann: *im moment hab ich gar keine regel mehr dafür irgendwie.* (T. 209). Die Szene zeigt damit insgesamt, inwiefern sich eine `kritische-obstruktive` Haltung ungünstig auf den Erkenntnisprozess auswirken kann. Das Potential, welches die Beobachtung von Frida birgt, kann nicht ausgeschöpft werden, da der Konflikt als zu groß erscheint, um mit der Vermutung in Einklang gebracht zu werden.

In allen drei vorgestellten Szenen wird damit grundsätzlich die gleiche Problematik der Kombination zweier `kritisch-obstruktiver` Haltungen deutlich. Es treten jeweils Gegenbeispiele auf, die der Vermutung widersprechen. In den dargestellten Szenen führt dies weder zu einer tieferen Auseinandersetzung mit den Gegenbeispielen noch zu einer Weiterentwicklung der Vermutung, selbst wenn der aufgetretene Konflikt ein solches Potential beinhaltet. Im Fall von Frida und Lea verstärkt sich die den Erkenntnisprozess hemmende Wirkung, sodass es nicht gelingt, die aufgetretenen Konflikte produktiv zu überwinden. In den vorgestellten Szenen wird die Auseinandersetzung mit Konflikten in Bezug zu den Vermutungen vermieden, indem die Aufmerksamkeit auf andere Beispiele gelenkt oder die Unvereinbarkeit von Konflikt und Vermutung als so groß erachtet wird, dass der Prozess diesbezüglich abgebrochen wird. Da beide Schülerinnen diese Tendenz aufweisen, findet keine alternative Möglichkeit der Handhabung der entsprechenden Situationen Eingang in den gemeinsamen Erkenntnisprozess, sodass die beiden Schülerinnen nicht von der Haltung der jeweils anderen profitieren und lernen können.

Ein ähnlicher Effekt ist auch in dem Fall von Paula und Julia zu beobachten, die beide einer `unkritisch- konstruktiven` Haltung zuzuordnen sind und damit der `kritisch-obstruktiven` Haltung von Frida und Lea diametral gegenüberstehen. Die Haltung wird damit in den gegenteiligen Verhaltensweisen sichtbar. Wie im Fall von Alex (siehe Abschnitt 5.6.2.6) erkennbar war, werden Vermutung kaum bis gar nicht in Frage gestellt, sondern als erwiesene Tatsachen angenommen. Damit wird an der Vermutung auch dann weiterhin festgehalten, wenn Konflikte dieser widersprechen, indem vielfältige Strategien zur Modifikation der Vermutung genutzt werden. Im Gegensatz zur `obstruktiven` Haltung werden Vermutungen hierbei zwar nicht vorschnell verworfen, jedoch besteht die Möglichkeit, dass für die Aufgabe weniger relevante oder nicht zielführende Ansätze weiterverfolgt werden. Diese Problematik wird sich auch im Interview von Paula und Julia zeigen, die beide eine Tendenz zur beschriebenen `unkritisch-konstruktiven` Haltung aufweisen. Ebenso wie im soeben dargestellten Fall verstärken sich auch hier die Verhaltensweisen, die sich ungünstig auf den gemeinsamem Erkenntnisprozess auswirken.

Das Interview mit Paula und Julia ist geprägt von einer Vielzahl an Vermutungen, die die beiden Schülerinnen im Verlauf ihres Erkenntnisprozesses entwickeln. Typisch für die eingenommene `unkritisch-konstruktive` Haltung ist dabei, dass Vermutungen selten in Frage gestellt und bei auftretenden Konflikten weiterentwickelt werden. Die Schülerinnen bearbeiten ebenso wie Frida und Lea die Aufgabe *Treppenzahlen.*[39] Dabei treten im Verlauf des Interviews Vermutungen wie „Alle Zahlen, deren letzte Ziffer 5, 0, 1 oder 9 ist, sind Treppenzahlen" (T. 38), „Alle geraden Zahlen lassen sich als mehrstufige Treppen, beginnend mit einer Stufe der Höhe eines Plättchens, darstellen" (T. 56) oder „Alle geraden Zahlen lassen sich als mehrstufige Treppen, beginnend mit einer Stufe aus drei Plättchen, darstellen" (T. 81). Alle Vermutungen werden nie explizit hinterfragt, sondern entweder weiterentwickelt oder im Fall widersprechender Evidenz durch andere Vermutungen ersetzt, wie es typisch für eine `konstruktive` Haltung ist. Die Schülerin Julia zeichnet sich während des Interviews durch einen Ansatz aus, der aus einer von ihr geführten Liste von Zahlen, die sich als Treppenzahlen erwiesen haben, entsteht. Dem Ansatz liegt die Vermutung zugrunde, dass sich in den Vielfachreihen dieser Zahlen ein Hinweis auf die Eigenschaft der Treppenzahl erkennen lässt:

118 Julia	(notiert folgende Zahlen untereinander: *6, 12, 18, 24*) [...] (ergänzt *6, 12, 18, 24* mit *30, 36, 42, 48, 54, 60, 66, 72, 78*) [...] (notiert folgende Zahlen untereinander: *3, 6, 9, 12, 15, 18, 21, 24*) [...]
129 Interviewerin	was schreibst du dir gerade auf' (an Julia gewandt)
130 Julia	ich schreib ein mal eins reihen auf und guck ob die irgendwas gemeinsam haben. [...]
134 Paula	(schaut auf die Reihen) zwölf.
135 Julia	(schreibt folgende Zahlen untereinander: *15, 30, 45, 60, 75, 90, 105*)
136 Paula	(schaut auf die Reihen) dreißig! (5 Sek.) die dreißig.
137 Julia	(schreibt folgende Zahlen untereinander: *14, 28, 42, 56, 70, 84*) [...] (8 Sek.) (notiert folgende Zahlen untereinander: *25, 50, 75, 100, 125*)
140 Paula	[...] (23 Sek.) (schaut auf Julias Notizen) du musst die beiden weiterführen. (zeigt auf die Dreier- und Sechserreihe)
141 Julia	die beiden' (zeigt auf die Dreier- und Sechserreihe und ergänzt *3, 6, 9, 12, 15, 18, 21, 24* mit *27, 30, 33, 36, 39, 42, 45, 48, 51, 54, 57, 60, 63*) (Paula und Julia schauen auf die Notizen)

[39] Das Transkript findet sich in Anhang XVIII im elektronischen Zusatzmaterial.

142 Paula	(38 Sek.) in den ist die sechzig. (zeigt auf die Fünfzehner-, Dreier- und Sechserreihe)

Es ist erkennbar, dass sich die dargestellte Szene über eine längere Sequenz des Interviews hinwegzieht, die zwischenzeitlich von anderen Überlegungen unterbrochen wird.[40] Von der Schülerin Julia angestoßen, wird die Vermutung untersucht, dass die Vielfachen von den Schülerinnen bereits bekannter Treppenzahlen Aufschluss über die Eigenschaft der Treppenzahlen geben können. Julia notiert dafür zunächst einige Vielfache der Treppenzahlen Sechs und Drei und untersucht diese auf Gemeinsamkeiten, wie sie es auf Nachfrage der Interviewerin erläutert (T. 130). Paula greift daraufhin Julias Ansatz mit auf und identifiziert als die gesuchte Gemeinsamkeit die Zahl Zwölf (T. 134). Julia ergänzt weitere Vielfachreihen der Treppenzahlen 15, 14 und 25, wobei Paula nach Ersterer die Zahl 30 als Gemeinsamkeit der bisherigen Vielfachreihen benennt (T. 136) und Julia anschließend darum bittet, die Vielfachreihen der Zahlen Drei und Sechs weiter fortzuführen (T. 142). Dadurch kann sie zum Ende der Szene die Zahl 60 als eine weitere Zahl identifizieren, die sowohl Vielfaches von Drei, Sechs und 15 ist (T. 142). Im Anschluss an die Szene wird der Ansatz nicht weiterverfolgt, allerdings lediglich aufgrund der Tatsache, dass Paula eine andere Entdeckung macht und **nicht**, weil sich der Ansatz als ungeeignet erwiesen hat. Damit ist diese Szene charakteristisch für die `unkritisch-konstruktive` Haltung von Paula und Julia, denn der von Julia angeregte Ansatz bzw. die Vermutung wird zu keinem Zeitpunkt in Frage gestellt. Beide Schülerinnen verfolgen den Ansatz weiter, denn auch Paula lässt sich auf diesen ein und trägt ihre Beobachtungen dazu bei. Dass es sich in diesem Fall um eine Vermutung handelt, die nicht zielführend ist, da sie nicht auf die Struktur der Zahlen selbst, sondern auf eine mögliche Beziehung der Treppenzahlen untereinander im Hinblick auf gemeinsame Vielfache abzielt, wird den Schülerinnen dadurch nicht bewusst. Auch die impliziten Konflikte, die während der Untersuchung auftreten, führen nicht zu ihrem Abbruch. So benennt Paula die Zahl Zwölf als gemeinsames Vielfaches von Drei und Sechs, was jedoch mit den im Folgenden von Julia notierten Vielfachen der Zahl 15 nicht vereinbar ist. Die `konstruktive` Haltung wird nun dahingehend deutlich, als dass Paula nun die Zahl 30 als gemeinsames Vielfaches benennt. Dieses Vorgehen wird nicht weiter in Frage gestellt, denn spätestens bei den Vielfachen der Zahl 14 wird deutlich, dass der potentielle Konflikt insofern umgangen wird, als dass der Fokus erneut auf die Vielfachen der Zahlen Drei und Sechs gelegt und die Vermutung dort weitergeführt wird. Als Kombination aus die-

[40] Der Übersichtlichkeit halber sind nur die für diesen Ansatz relevanten Beiträge der Schülerinnen dargestellt.

ser konstruktiven und unkritischen Haltung wird damit letztendlich ein nicht zielführender Ansatz über weite Strecken des Interview nicht in Frage gestellt und weiter aufrechterhalten.

Eine weitere Problematik wird im folgenden Ausschnitt deutlich, dem die Frage der Interviewerin *was habt ihr denn bisher alles rausgefunden'* (T. 143) vorausgegangen ist:

146 Paula — (19 Sek.) so gehen ja eigentlich alle geraden zahlen außer vielleicht ausnahmen. (zeigt auf die Skizze einer mehrstufigen Darstellung) (7 Sek.) (legt 2|3|4 und zählt die Plättchen) neun. das sind neun. (7 Sek.) (legt 3|4|5 und zählt die Plättchen) zwölf. (5 Sek.) zwölf geht auch nur so. (zeigt auf die Skizze einer mehrstufigen Darstellung) (legt 6|6 und zählt die Plättchen)

147 Interviewerin — wie viel hast du jetzt'

148 Paula — zwölf. geht nicht. (7 Sek.) so (zeigt auf die Skizze der mehrstufigen Darstellung) gehen immer alle geraden zahlen außer- (5 Sek.) mit neun hinten.

149 Interviewerin — wie meinst du das genau' erklär das nochmal.

150 Paula — alle- also wenn man gerade zahlen hat ist- geht das so. (zeigt auf die mehrstufige Darstellung) aber wenn man zum beispiel- neunzehn. die kann zum beispiel beides sein.

151 Julia — ausnahme.

152 Paula — genau.

153 Julia — (15 Sek.) dann wär fünfzehn ne ausnahme. und fünfundzwanzig. und drei. neunzehn. (flüstert und notiert *15, 25, 3, 19* untereinander)

154 Paula — neun. neun kann beides sein.

Paula wiederholt hier die bereits zuvor formulierte Vermutung, dass alle geraden Zahlen als Treppen mit mehr als zwei Stufen dargestellt werden können, wobei sie zunächst eine unspezifische Einschränkung dieser vornimmt: *außer vielleicht ausnahmen* (T. 146). Zur weiteren Ausführung dieser Einschränkung legt sie anschließend die Zahl Neun als dreistufige Treppe und stellt fest, dass die Zahl Zwölf nicht als zweistufige Treppenzahl gelegt werden kann. Auf Nachfrage der Interviewerin wiederholt Paula dann ihre Vermutung, dass alle geraden Zahlen als Treppen mit mehr als zwei Stufen gelegt werden können, präzisiert die Einschränkung aber nun genauer, indem sie Zahlen *mit neun hinten* (T. 148) ausschließt. Die Formulierungen, die Paula hier nutzt, drücken allerdings nicht das aus, was sie tatsächlich meint. Auf erneute Nachfrage der Interviewerin wird dies deutlich, denn Paula möchte vermutlich darauf hinaus, dass es Zahlen gibt, die auf verschiedene Weisen darstellbar sind – sie bezieht sich in diesem Fall auf Zahlen, die als letzte Ziffer eine Neun beinhalten. Vermutlich ist ihr zu diesem Zeitpunkt nicht bewusst, dass es sich dabei nicht um gerade, sondern stets um ungerade Zahlen handelt, was ihre Formulierung *so gehen immer alle geraden zahlen außer- (5 Sek.) mit neun hinten* (T. 148) erklärt. Auch vorstellbar ist, dass Paula mit der logischen Formulierung ihrer Überlegungen Schwierigkeiten hat und ursprünglich ausdrücken möchte, dass nicht **nur** gerade Zahlen als Treppen mit mehr als zwei Stufen darstellbar sind, sondern dies ebenfalls auf ungerade Zahlen zutreffen kann. Unabhängig davon greift Julia diese Beobachtung auf und bringt erneut den Begriff *ausnahme* (T. 151) ein, unter dem sie im Folgenden weitere Zahlen sammelt. Es ist an dieser Stelle allerdings nicht erkennbar, welches Kriterium diese Beispiele erfüllen, denn anders als Paula es angestoßen hat, handelt es sich bei den von Julia notierten Zahlen nicht allein um Zahlen, die auf verschiedene Arten als Treppen darstellbar sind. Dennoch wird die Auswirkung der `unkritisch-konstruktiven` Haltungen beider Schülerinnen deutlich. Weder bei Julia noch bei Paula findet ein Hinterfragen der Vermutungen statt: in Paulas Fall wird die Vermutung *alle geraden zahlen außer- (5 Sek.) mit neun hinten* formuliert und damit auch direkt begründet, denn das vermeintliche Bestätigungsbeispiel der Zahl 19, welches sie anführt, erfüllt diese Eigenschaft tatsächlich nicht. Die Zahl 19 ist lediglich als zweistufige Treppe darstellbar, wird aber aufgrund der Tatsache, dass die letzte Ziffer die Zahl Neun ist, von Paula als zirkuläres Argument zur Bestätigung der Vermutung herangezogen. Auch Julia stellt weder die von Paula formulierte Vermutung noch die von ihr notierten Ausnahmen in Frage. Dazu kommt, dass bei keiner der Schülerinnen das Bedürfnis besteht, die zugrundeliegende Struktur dieser Beobachtungen in den Blick zu nehmen, also eine Erklärung dafür zu suchen, **warum** einige Zahlen „Ausnahmen" sind. Denn die Beobachtung, die Paula anhand der Zahl Neun gemacht hat, kann durchaus gewinnbringend für den Erkenntnisprozess sein, indem die Anzahl möglicher Darstellungen mit der Struktur der Zahl in Verbindung gebracht wird. Dieses Potential kann durch die Haltungen beider Schülerinnen nicht genutzt werden, denn durch die `konstruktive` Haltungsausprägung bleibt die Weiterentwicklung der Vermutung auf einer oberflächlichen Ebene, indem Ausnahmen ohne die Intention, die dazu führende Struktur der Zahlen in den Blick zu nehmen, lediglich benannt oder gesammelt werden. Der Begriff der Ausnahme ist für den weiteren Verlauf des Interviews zentral, denn dieser zieht sich durch die weiteren Vermutungen hindurch, um diese mit auftretenden Konflikten zu vereinbaren. Dadurch findet kein tiefergehender Erkenntnisgewinn statt, denn die Benennung von Ausnahmen modifiziert die Vermutung lediglich insofern, als dass diese nicht länger mit dem Konflikt im Gegensatz stehen. Dadurch werden allerdings weder die Vermutung noch der Konflikt näher untersucht.

Anhand der beiden Szenen werden dadurch zwei grundsätzliche Problematiken von Paulas und Julias `unkritisch-konstruktiver` Haltung sowie ihrer Verstärkung durch das doppelte Auftreten in der Kombination der Interviewpartner deutlich. Einerseits besteht die Möglichkeit, dass Vermutungen oder Ansätze von Vermutungen, die für die Aufgabe nicht zielführend sind, weiterentwickelt und dadurch aufrechterhalten werden, da diese weder hinsichtlich der Verallgemeinerbarkeit noch in Bezug auf mögliche Begründungen oder die Praktikabilität in Frage gestellt und damit reflektiert werden. Andererseits werden durch die `unkritisch-konstruktiven` Verhaltensweisen Möglichkeiten für tatsächlichen Erkenntnisgewinn nicht genutzt. Indem auftretende Beobachtungen oder Konflikte nicht weiter untersucht werden, sondern die Vermutung lediglich insofern modifiziert wird, als dass diese integriert werden, werden relevante Strukturen nicht erkannt und finden keinen Eingang in den Erkenntnisprozess. Ebenso wie in dem Fall von Frida und Lea wirken auch bei Paula und Julia die Haltungen an mehreren Stellen so zusammen, dass sie für den Prozess eher hinderlich als fördernd einzuschätzen sind.

Die beiden dargestellten Fallbeispiele zeigen exemplarisch auf, inwiefern sich die Kombination von Schülern der gleichen Haltung möglicherweise ungünstig auf den Erkenntnisprozess auswirken kann, indem sich diese anders als in den Fallbeispielen von Leonie und Emily sowie Alex und Milo nicht begünstigend ergänzen, sondern für den Prozess hinderliche Verhaltensweisen verstärken. Dabei bilden alle vorgestellten Fälle weder das ganze Spektrum möglicher Kombinationen von Schülern zweier Haltungen noch die Bandbreite möglicher Auswirkungen dieser Kombinationen ab, sondern stellen zwei gegensätzliche Pole dar, wie Schüler im Sinne ihrer jeweiligen Haltungen miteinander hinsichtlich des Erkenntnisprozesses agieren. Die Fälle von Alex und Milo sowie Leonie und Emily zeigen hierbei auf, welches Potential aus der Kombination gegensätzlicher Haltung entstehen kann, während die Fälle von Paula und Julia sowie Frida und Lea bewusst machen, welche Schwierigkeiten sich für den Erkenntnisprozess ergeben können. Dies macht die Spannbreite möglicher Auswirkungen von Haltungen und der Kombination von Schülern ähnlicher und verschiedener Haltungen deutlich. Neben den dargestellten Extremen sind durch weitere Kombinationen Abstufungen der Auswirkungen denkbar, die sich entsprechend der jeweiligen Ausprägungen zwischen den dargestellten Fallbeispielen einordnen lassen. Damit sind Konstellationen denkbar, die drei der vier rekonstruierten Haltungsausprägungen vereinen und dementsprechend eine größere Flexibilität entweder im Umgang mit Konflikten oder hinsichtlich des kritischen Hinterfragens von Vermutungen aufweisen als es bei Frida und Lea oder Paula und Julia der Fall ist.

5.6.4 Schlussfolgerungen aus der empirischen Untersuchung

Im Rahmen der Auswertung der durchgeführten Interviewstudie konnten vier idealtypische Haltungen rekonstruiert werden, die sich in charakteristischen Verhaltensweisen im Umgang mit Vermutungen während des mathematischen Erkenntnisprozesses zeigen. Die Haltungen werden dabei anhand einer Kombination zweier für den Prozess relevanter Tätigkeiten und ihren im Datenmaterial identifizierten gegensätzlichen Ausprägungen beschrieben: dem Hinterfragen von Vermutungen sowie dem Umgang mit Konflikten hinsichtlich der Konsequenz für die Vermutung oder den gesamten Entdeckungsprozess. Ersteres kann sich hierbei in einer `unkritischen` oder einer `kritischen` Haltung äußern. Während Schüler einer `unkritischen` Haltung Vermutungen grundsätzlich nicht oder kaum anzweifeln, stellen Schüler der `kritischen` Haltung diese in Frage. Dies kann hinsichtlich der Überprüfung, der Begründung oder der Praktikabilität erfolgen, wobei entweder einer oder mehrere dieser Aspekte im Fokus des Hinterfragens stehen. Der Schwerpunkt des hinterfragenden Verhaltens ist damit ausschlaggebend für den Charakter der `kritischen` Haltung. Im Hinblick auf den Umgang mit Konflikten und der damit einhergehenden Konsequenz für die Vermutung konnten eine `konstruktive` und eine `obstruktive` Haltung rekonstruiert werden. Während es Ersterer gelingt, Konflikte für die (Weiter-)Entwicklung von Vermutungen produktiv zu nutzen, ist dies bei Letzterer nicht der Fall, denn für Schüler der `obstruktiven` Haltung sind auftretende Konflikte von großer Bedeutung, sodass entweder eine vertiefte Auseinandersetzung in dieser Hinsicht oder ein Abbruch des Prozesses folgen.

Aus der Kombination dieser Haltungsausprägungen entstehen vier idealtypische Haltungen, anhand welcher das Datenmaterial im Hinblick auf das Verhalten der Schüler im Umgang mit Vermutungen charakterisiert werden konnte: die `kritisch-obstruktive`, die `kritisch-konstruktive`, die `unkritisch-obstruktive` sowie die `unkritisch-konstruktive` Haltung. Durch die Beschreibung dieser Haltungen stehen nun Konzepte zur Verfügung, welche die wiederkehrenden Verhaltensweisen der Schüler im Umgang mit Vermutungen während der Interviews erklären können. Da die Haltungen somit deskriptiver Natur sind, beinhalten sie zunächst keine Wertung hinsichtlich der Tragfähigkeit für den mathematischen Erkenntnisprozess. Anhand der vorgestellten Fallbeispiele wurde allerdings deutlich, dass jede Haltungsausprägung für sich genommen ein gewisses Potential für den mathematischen Erkenntnisprozess aufweist, selbst wenn abseits davon ebenfalls für den Prozess hinderliche Verhaltensweisen auftreten können. So soll im Folgenden kurz dargestellt werden, inwiefern die jeweiligen Haltungsausprägungen einen wertvollen Beitrag zum mathematischen Erkenntnisgewinn liefern können.

Dass sich eine `kritische` Haltung positiv auf einen mathematischen Erkenntnisprozess auswirken kann, ist sicherlich als unumstrittene Tatsache anzusehen. Aus diesem Grund ist es auch das Anliegen des im Rahmen dieser Arbeit entwickelten Unterrichtskonzepts, hinterfragendes Verhalten durch Einführung des *grünen Stifts* zu fördern. Schüler einer `kritischen` Haltung nehmen dabei die Sichtweise auf Vermutungen als Aussagen, die noch zu veri- oder falsifizieren sind, ein und stellen damit eine Vermutung zunächst zur Diskussion. Die in den Einzelfallanalysen dargestellten Unterschiede zwischen den fokussierten Aspekten der `kritischen` Haltung sorgen dennoch für verschiedenartige Auswirkungen auf den Erkenntnisprozess. Eine `kritische` Haltung, die sich allein auf die Überprüfung von Vermutungen konzentriert, ist dabei zunächst ein sinnvoller Ausgangspunkt für anschließende Untersuchungen, denn bereits durch eine sorgfältige empirische Prüfung der Vermutung können durch das Auftreten von Gegenbeispielen Ungereimtheiten aufgedeckt werden. Abhängig davon, wie stark das Bedürfnis nach einer Überprüfung der Vermutung ausgeprägt ist, kann durch den Bedarf nach der Verallgemeinerbarkeit der Vermutung („Ist das **immer** so?") eine tiefergehende Auseinandersetzung mit dem zugrundeliegenden Sachverhalt angestrebt werden. Sofern sich die Überprüfung der Vermutung allerdings auf die Bestätigung anhand einzelner Beispiele beschränkt, ist das Potential dieser Art der `kritischen` Haltung rasch ausgeschöpft. Im Gegensatz dazu kann eine breiter aufgestellte `kritische` Haltung, die sich zusätzlich auf die Begründung oder die Praktikabilität der Vermutung bezieht, den Erkenntnisprozess weiter bereichern. Indem nicht nur das Bedürfnis besteht, zu zeigen, **dass** eine Vermutung wahr ist, sondern zusätzlich, **warum** dies der Fall ist, werden die Strukturen des Sachverhalts in den Blick genommen. Erkenntnisse, die aus einer solchen Auseinandersetzung entstehen, können dann zu einer Weiterentwicklung der Vermutung beitragen. Ein weiterer, den Erkenntnisprozess begünstigender Aspekt einer `kritischen` Haltung ist die Tatsache, dass sich die Skepsis zumeist nicht allein auf Vermutungen, sondern ebenfalls auf auftretende Konflikte bezieht. Dadurch werden diese häufig zunächst einer kritischen Prüfung unterzogen, bevor sie als solche akzeptiert werden und eine weitere Auseinandersetzung anschließt. Dadurch können eventuell entstandene Flüchtigkeitsfehler korrigiert werden und der Prozess kann auf gesicherten Tatsachen weiter stattfinden.

Im Gegensatz zu dieser `kritischen` Haltung steht die `unkritische` Haltung. Auch wenn es zunächst so scheint, ist diese damit nicht per se als hinderlich für den Prozess einzuschätzen, sondern kann ebenfalls positiv dazu beitragen. Indem eine Vermutung als Tatsache behandelt und dementsprechend auch angewendet wird, herrscht eine große Überzeugung, dass die Vermutung bereits gesichertes Wissen beinhaltet. Auf diese Weise stellt die `unkritische` Haltung einen Gegenpol zur `kritischen` Haltung dar, die sich im Extremfall durch starke Unsicherheit und Zweifel an den entwickelten Vermutungen auszeichnet. Die `unkritische` Haltung birgt damit besonders in Kombination mit einem Gegenpart einer `kritischen` Haltung Potential für den Erkenntnisprozess. Einerseits werden die formulierten Vermutungen damit von einer gewissen Überzeugung getragen und gegen vermeintliche Gegenbeispiele verteidigt. Auf diese Weise wird an der Vermutung festgehalten, was neben dem kritischen Hinterfragen für einen Erkenntnisprozess ebenso bedeutend ist, sodass Vermutungen nicht vorschnell abgelehnt werden. Andererseits bildet die `unkritische` Haltung durch ihre Sichtweise auf Vermutungen als erwiesene Tatsachen eine Position, die es aus einer `kritischen` Haltung heraus anzufechten gilt. Eine stark ausgeprägte `unkritische` Haltung kann damit als Anlass für Schüler einer `kritischen` Haltung wirken, gegen oder aber auch für eine Vermutung nicht nur mit empirischer Evidenz, sondern auch mit strukturellen Begründungen zu argumentieren. Die `unkritische` Haltung kann damit im Gegenüber das Bedürfnis verstärken, den Prozess auf eine strukturelle Ebene zu verlagern, um stichhaltige Argumente zu entwickeln. Damit kann die `unkritische` Haltung besonders als Gegenpol zu einer `kritischen` Haltung für den Erkenntnisprozess wertvoll sein.

Die zweite Komponente der hier charakterisierten Haltungen bildet der Umgang mit Konflikten. Eine `obstruktive` Haltung agiert hierbei auf eine Weise, die als Reaktion auf entstandene Konflikte den Erkenntnisprozess im Hinblick auf die (Weiter-)Entwicklung von Vermutungen hemmt. Dennoch kann sich auch dieses Verhalten positiv auf den Erkenntnisprozess auswirken. Indem Vermutungen nach Auftreten eines Konflikts abgelehnt werden, wird sichergestellt, dass fehlerhafte Vermutungen nicht länger verfolgt werden. Sofern der zugrundeliegende Ansatz der Vermutung tatsächlich für die Aufgabe ungeeignet war, kann sich der Prozess dadurch von einer untauglichen Idee lösen und von Neuem beginnen. Durch den hohen Stellenwert, der eine `obstruktive` Haltung Konflikten beimisst, bleiben diese darüber hinaus im weiteren Verlauf des Prozesses gedanklich präsent und können an geeigneten Stellen erneut aufgegriffen und in den Prozess eingebracht werden. Damit erfahren vorangegangene Konflikte auch in neuen Zusammenhängen Beachtung, sodass sichergestellt werden kann, dass diese in die weiteren Überlegungen miteinbezogen und nicht einfach übergangen werden. Die große Bedeutung von Konflikten für Schüler einer `obstruktiven` Haltung kann abseits davon dazu führen, dass eine vertiefte Auseinandersetzung beispielsweise mit Gegenbeispielen auftritt. Indem das Bedürfnis besteht, eine Erklärung für das Auftreten dieser zu finden, können wiederum für den Erkenntnisprozess förderliche Entdeckungen gemacht werden. Somit kann eine obstruktive Haltung, auch wenn sie die (Weiter-)Entwicklung von Vermutungen beeinträchtigt, dennoch zum Erkenntnisgewinn beitragen.

Im Gegensatz zur obstruktiven Haltung bietet eine konstruktive Haltung das Potential, Konflikte produktiv für die (Weiter-)Entwicklung von Vermutungen zu nutzen. Anders als es bei der obstruktiven Haltung der Fall sein kann, werden Vermutungen nicht vorschnell verworfen, sondern die zugrundeliegende Idee wird weiterverfolgt. Sofern es sich dabei um für die jeweilige Aufgabenstellung geeignete Ansätze handelt, kann dadurch die Grundidee zwar hinsichtlich des Konflikts modifiziert, aber dennoch aufrechterhalten werden. Die Vermutung kann dadurch an die neue Situation angepasst werden, sodass Konflikt und Vermutung miteinander vereinbart werden können. Je nach Ausprägung der konstruktiven Haltung steht dazu ein flexibles Handlungsrepertoire zur Verfügung, sodass der Konflikt durch eine geeignete Modifikation in die Vermutung integriert werden kann. Die konstruktive Haltung bildet damit einen wertvollen Gegenpol zur obstruktiven Haltung, indem der Konflikt als Anlass gesehen wird, die zugrundeliegende Vermutung weiterzuentwickeln.

Aus den Darstellungen der einzelnen Haltungskomponenten und ihren Ausprägungen wird deutlich, dass keine der vier idealtypischen Haltungen als am geeignetsten für mathematische Erkenntnisprozesse eingestuft werden kann. Alle der vier Haltungsausprägungen können einen wesentlichen Beitrag zum Fortschritt des Erkenntnisprozesses leisten, sodass die Entwicklung **einer** dieser Haltungen allein nicht erstrebenswert ist. Anhand der Fallbeispiele mit Fokus auf die Interaktion beider Interviewpartner wurde deutlich, dass diejenigen Schülerpaare am erfolgreichsten sind, die durch die Kombination ihrer Haltungen alle vier Haltungsausprägungen vereinen. Dadurch entstehen die zielführendsten Argumentationsprozesse im vorhandenen Datenmaterial. Zusätzlich zum Vorhandensein aller vier Haltungsausprägungen in der Interaktion der Schüler bedarf es der Bereitschaft, sich auf die Haltung und die damit einhergehenden Bedürfnisse oder Sichtweisen des jeweils anderen Schülers einzulassen. Erst dann können die verschiedenen Haltungen voneinander profitieren, indem die Schüler sich zu einem Team ergänzen, welches alle Haltungsausprägungen vereint.

Aus normativer Perspektive ist daher die Entwicklung einer Haltung, die alle identifizierten Ausprägungen beinhaltet, erstrebenswert. Die gegensätzlichen Ausprägungen einer Haltungskomponente wirken dann als Gegenpole und ermöglichen Handlungsalternativen im Umgang mit Vermutungen. So ist sowohl eine kritische als auch eine unkritische Haltung nötig, um Vermutungen zwar zu hinterfragen und Begründungen zu entwickeln, aber auch um an Vermutungen aufgrund einer subjektiven Überzeugung festzuhalten, sofern ein intuitives Gefühl für ihre Korrektheit vorhanden ist. Auf diese Weise ergänzen sich ebenfalls die `obstruktive` und die `konstruktive` Haltung. So kann es einerseits zielführend sein, eine Vermutung aufgrund eines Konflikts weiterzuentwickeln, sodass beides miteinander vereinbart werden kann. Andererseits kann es sinnvoll sein, die Vermutung zu verwerfen, sofern diese sich aufgrund widersprechender Evidenz als ungeeignet erweist. Es bedarf somit eines differenzierten Umgangs mit Vermutungen sowohl im Hinblick auf das Hinterfragen als auch auf den Umgang mit Konflikten, sodass eine Balance zwischen `kritischer` und `unkritischer` sowie `obstruktiver` und `konstruktiver` Haltung herrscht. Je nach vorliegender Situation im Erkenntnisprozess ist dann für den Umgang mit der Vermutung der fachliche Gehalt für den Erkenntnisprozess entscheidend und nicht eine einseitige Haltung, die grundsätzlich nach ihrer spezifischen Verhaltensweise agiert.

Die (Weiter-)Entwicklung einer solch differenzierten Grundhaltung, die die jeweiligen Haltungsausprägungen in Abhängigkeit der vorliegenden Situation einnimmt, sollte damit ein langfristiges Ziel für das Lehren und Lernen von Mathematik sein. Damit kann es Lernenden ermöglicht werden, sowohl in mathematischen Erkenntnisprozessen als auch in alltäglichen Situationen ein flexibles Handlungsrepertoire im Umgang mit Vermutungen zu entwickeln und anzuwenden. Dabei sollte es für die Lernenden zunächst im Fokus stehen, alle Haltungsausprägungen als solche zu erfahren und als sinnvoll zu erleben. Welche Konsequenzen sich daraus für den Mathematikunterricht ergeben, wird im folgenden Kapitel dargestellt.

5.6.5 Konsequenzen für den Mathematikunterricht

Haltungen sind Konstrukte, die dem Verhalten von Personen zugrunde liegen. Wie die vorangegangenen Ergebnisse der Interviewstudie gezeigt haben, ist die eingenommene Haltung der Schüler dabei ausschlaggebend für den Umgang mit Vermutungen in mathematischen Erkenntnisprozessen und damit letztendlich für den individuellen Erkenntnisgewinn. Die Kenntnis von oder gar das Wissen über verschiedene solcher Haltungen ermöglicht eine entsprechende Berücksichtigung bei der Konzeption und Durchführung von Mathematikunterricht, sodass die Lernenden bestmöglich in ihrem individuellen Lernprozess unterstützt werden können. Hierbei ist es für die Lehrperson nicht entscheidend, wie die jeweiligen Haltungen der Schüler entstanden sind, sondern über deren Existenz und Auswirkungen auf das Handeln der Schüler informiert zu sein. Analog zu Schülervorstellungen zu inhaltlichen Themenbereichen können diese Haltungen dann aufgegriffen und zu einer tragfähigen Grundhaltung weiterentwickelt werden.

Wie eine solche tragfähige Grundhaltung aussehen kann, wurde im vorangegangenen Abschnitt dargestellt. Dabei handelt es sich um eine Kombination verschiedener Haltungsausprägungen, die in differenzierter Weise während eines Erkenntnisprozesses eingenommen werden können. Für das Lehren und Lernen ist hierbei die in Abschnitt 2.4 dargestellte Tatsache relevant, dass Haltungen im Allgemeinen veränderbare Konstrukte sind. Durch neue oder andersartige Erfahrungen, die der Mathematikunterricht den Schülern bietet, können Haltungen modifiziert oder weiterentwickelt werden. Für den Mathematikunterricht ist damit die Frage entscheidend, wie die (Weiter-)Entwicklung einer tragfähigen Grundhaltung gefördert werden kann und welche (äußeren) Bedingungen dabei für einen erfolgreichen Lernprozess sorgen. Im Rahmen der durchgeführten Untersuchungen konnten verschiedene Faktoren ausgemacht werden, die sich begünstigend auf diesen Vorgang auswirken. Hierbei kann zwischen zwei Arten von Aspekten unterschieden werden: einerseits explizite Herangehensweisen, die Haltungen bewusst als Unterrichtsinhalt thematisieren, und andererseits implizite Faktoren, deren Integration in den Unterricht Haltungen unbewusst fördern kann.

Als eine Möglichkeit des expliziten Einbezugs steht das in Kapitel 4 entwickelte Unterrichtskonzept zur Verfügung. Indem die Formulierung von Vermutungen und die Auseinandersetzung mit diesem zum Thema gemacht wird, kann ein Lernprozess auf Metaebene stattfinden. Dadurch, dass der Fokus mit dieser Einheit weniger auf der Vermittlung von stofflichen Inhalten, sondern auf der (Weiter-)Entwicklung einer mathematischen-forschenden Haltung liegt, werden die damit einhergehenden Prozesse des Hinterfragens, Überprüfens und Begründens als Lernthema bewusst gemacht und in den Vordergrund gestellt. Die Schüler werden damit für den Prozess des „Mathematiktreibens“ sensibilisiert und können lernen, welches Potential eine solche Haltung sowohl innerhalb als auch außerhalb des Mathematiklernens birgt. Indem der Fokus des Unterrichtskonzepts zunächst auf die Tätigkeit des Hinterfragens als eine der für Erkenntnisprozesse wesentlichen Verhaltensweisen gelegt wird, bildet das Unterrichtskonzept einen Ausgangspunkt für eine direkt anknüpfende oder wiederkehrende Auseinandersetzung mit Haltungen in Erkenntnisprozessen. Die mit dem Hinterfragen von Vermutungen angeregten Überprüfungs- und Begründungsprozesse stellen dabei einen wesentlichen Anknüpfungspunkt dar, um das Infragestellen von Vermutungen als gewinnbringendes Verhalten zu erleben.

Im Rahmen dieses Unterrichtskonzepts spielt der *grüne Stift* als Unterstützungsmittel eine bedeutsame Rolle, die sich auch in der Interviewstudie wiederkehrend gezeigt hat. Obwohl der Stift nicht von jedem Schüler genutzt und in den Prozess miteinbezogen wurde, so konnten Hinweise beobachtet werden, die den *grünen*

Stift als ein hilfreiches Werkzeug kennzeichnen, welches das Hinterfragen von Vermutungen fördern kann. Dass sich diese Ergebnisse bereits nach zwei im Vorfeld durchgeführten Unterrichtsstunden zeigten, macht deutlich, welches Potential der Stift bei wiederkehrender Thematisierung und Nutzung im Unterricht bieten kann. Die Spannbreite der den Prozess begünstigenden Nutzungen durch die Schüler war dabei groß. Während der Stift einerseits bewusst als Verstärker des hinterfragenden Verhaltens eingesetzt und damit als Möglichkeit zur Verbalisierung dieses Bedürfnisses genutzt wurde, konnte andererseits ein Einbezug der mit dem Stift einhergehenden Fragen (Ist das wirklich immer so? Warum ist das so?) beobachtet werden, ohne dass der Stift explizit genutzt wurde. Beide Wege zeigen, dass die Schüler das Unterstützungsmittel auf ihre individuelle Weise in den Erkenntnisprozess einbringen, was einerseits bereits eine Verinnerlichung dieses Verhaltens darstellt und dieses andererseits für den weiteren Lernprozess begünstigt. Dabei bildet besonders die erste Frage (Ist das wirklich immer so?) eine geringe Hürde, Vermutungen zu hinterfragen und einen zugänglichen Anlass zur weiteren Auseinandersetzung, wie sich in der Auswertung der Interviews gezeigt hat. Die weiterführende Frage nach dem Warum erfordert allerdings ein ausgeprägteres Bedürfnis, die Vermutung in Frage zu stellen und damit auch eine intensivere Thematisierung im Unterricht. Dies kann beispielsweise an das im Rahmen dieser Arbeit entwickelte Unterrichtskonzept anschließen. Damit wird auch der Tatsache Rechnung getragen, dass es einigen Schülern weiterhin Schwierigkeiten bereitete, das Wesen bzw. die Funktion des *grünen Stifts* zu erfassen. Um dieser Problematik zu begegnen, ist es nötig, den Nutzen des durch den Stift intendierten Verhaltens zu erleben, um es als gewinnbringend zu empfinden. Eine weiterer für den Unterricht nützlicher Aspekt ist die schriftliche Fixierung von Vermutungen, die sowohl eine Verknüpfung mit dem *grünen Stift* als auch das Hinterfragen im Allgemeinen erleichtert.

Abseits dieser expliziten Möglichkeiten, die (Weiter-)Entwicklung einer tragfähigen Grundhaltung zu fördern, können verschiedene implizit genutzte Maßnahmen ebenso den Lernprozess in dieser Hinsicht begünstigen. Einen Faktor stellen hierbei die eingesetzten Lernumgebungen dar. Sowohl die in dieser Arbeit für das Unterrichtskonzept als auch die für die Interviewstudie verwendeten Aufgaben bieten einen Rahmen, um mathematische Erkenntnisprozesse anzuregen, indem sie vielfältige Entdeckungen und Begründungsprozesse ermöglichen. Dies stellt die Grundlage für Situationen dar, in welchen die Schüler tatsächlich entdeckend tätig werden, Vermutungen formulieren, diese hinterfragen sowie überprüfen und begründen können. Dies wurde insbesondere anhand der geführten Interviews deutlich, in welchen es selten eines Impulses der Interviewerin bedurfte. Die Aufgabenstellungen waren damit so gewählt, dass die Schüler sich eigenständig mit den entsprechenden Inhalten auseinandersetzen und Erkenntnisse gewinnen konnten. Auf diese Weise erleben Schüler zunächst selbstbestimmte forschend-entdeckende Tätigkeiten, sodass davon ausgehend die (Weiter-)Entwicklung einer tragfähigen Grundhaltung fokussiert werden kann, wie es auch im entwickelten Unterrichtskonzept der Fall ist. Ausgehend von den Erfahrungen in mathematischen Erkenntnisprozessen, die die Schüler in Auseinandersetzung mit verschiedenen Aufgaben sammeln konnten, wird dort das hinterfragende Verhalten mithilfe des *grünen Stifts* thematisiert. In diesem Zusammenhang ist ebenso die Rolle der Lehrperson sowie die Unterrichtskultur im Allgemeinen von Bedeutung. Sofern im Unterricht einerseits verschiedenen Haltungen Raum gegeben wird und damit eine grundsätzliche Wertschätzung dieser stattfindet, können die Haltungen oder Haltungsausprägungen aufgegriffen, thematisiert und reflektiert werden. Andererseits kann die Lehrperson in ihrer Modellfunktion als Vorbild dienen und eine tragfähige Grundhaltung vermitteln.

Zuletzt hat sich in den Interviewdaten gezeigt, dass die Kombination von Schülern verschiedener Haltungsausprägungen einen Beitrag zur (Weiter-)Entwicklung von Haltungen leisten kann. Gerade in Unterrichtsphasen der Partner- oder Gruppenarbeit kann von dieser Möglichkeit Gebrauch gemacht werden, indem die Zusammensetzung so gewählt wird, dass sich die Schüler im Hinblick auf ihre Haltungen ergänzen. Wie in den Fallbeispielen von Leonie und Emily sowie Alex und Milo erkennbar, können die Schüler damit von den Haltungen der anderen Schüler lernen, indem sie diese (auch in Ergänzung zu ihrer eigenen Haltung) als gewinnbringend erleben. Damit wirkt nicht allein die Lehrperson als nachahmenswertes Modell, sondern die Verhaltensweisen von Mitgliedern der Peer Group werden zusätzlich als lohnenswert empfunden. Auch ohne eine explizite Thematisierung von Haltungen können die Schüler auf diese Weise unbewusst lernen, indem sie erfolgreiche Verhaltensweisen übernehmen und in ihre eigene Haltung integrieren. In diesem Zusammenhang kommt ein weiterer begünstigender Faktor zum Tragen. Wie auch in Abschnitt 4.3.1 ausgeführt und zur Konzeption der Unterrichtseinheit genutzt, hat sich ebenso anhand der Auswertung der Interviewdaten gezeigt, dass die Auseinandersetzung mit Vermutungen, die nicht aus eigenen Überlegungen entstanden sind, hinsichtlich des Infragestellens zugänglicher ist. Indem ein gemeinsamer Erkenntnisprozess initiiert wird, der den Schülern verschiedene Möglichkeiten zur Entwicklung von Vermutungen bietet, können damit solche Situationen hervorgerufen werden, die einen größeren Anreiz bilden, Vermutungen zu hinterfragen.

Durch die Berücksichtigung sowohl ebensolcher impliziter als auch expliziter Faktoren im Mathematikunterricht bieten sich also verschiedene Möglichkeiten, die (Weiter-)Entwicklung von Haltungen in mathematischen Erkenntnisprozessen zu fördern und damit den Ausbau einer tragfähigen Grundhaltung zu begünstigen. Da eine Haltung allerdings nur durch wiederholt gemachte Erfahrungen entwickelt oder verändert werden kann, bedarf es unabhängig von den genannten Aspekten einer regelmäßigen und wiederkehrenden Anregung und Auseinandersetzung mit dem Konzept der Haltungen, sowohl auf unbewusste als auch auf bewusste Weise. Indem dies über verschiedene inhaltliche Themenbereiche hinweg geschieht, können die Lernenden darin unterstützt werden, im Verlauf eines Erkenntnisprozesses differenziert geeignete Haltungen einzunehmen und den Prozess entsprechend erfolgreich zu gestalten.

Fazit und Ausblick

6

Ziel der vorliegenden Arbeit war es, einen Beitrag sowohl zur (Weiter-)Entwicklung von Mathematikunterricht als auch zur mathematikdidaktischen Theoriebildung zu leisten. Dazu wurde ein Forschungsansatz im Sinne des *Design Research* genutzt, um einerseits aus konstruktiver und andererseits aus rekonstruktiver Perspektive das Konzept von *Haltungen* in mathematischen Erkenntnisprozessen mit besonderem Fokus auf den Umgang mit Vermutungen zu untersuchen und Vorschläge zur Förderung einer geeigneten Haltung zu entwickeln. Nachdem jeweils im Anschluss an die Ergebnisse beider Forschungsperspektiven bereits ausführliche Fazite gezogen wurden (siehe Abschnitte 4.4 und 5.6.4), werden in den nun folgenden Abschnitten die zentralen Ergebnisse dieser Arbeit im Hinblick auf das Forschungsanliegen zusammengefasst und diskutiert.

6.1 Beantwortung der Forschungsfragen

Auf Grundlage der in Abschnitt 4.3 und 5.6 dargestellten Ergebnisse dieser Arbeit wird im Folgenden ein Rückblick auf das in Abschnitt 2.5 dargelegte Forschungsanliegen und die damit einhergehenden Forschungsfragen vorgenommen.

Rückschau auf das Forschungsanliegen aus konstruktiver Perspektive

> Entwicklung und Erprobung eines Unterrichtskonzepts zur Anregung und (Weiter-)Entwicklung einer mathematisch-forschenden Haltung im Umgang mit Vermutungen

C. Danzer, *Haltungen von Sechstklässlern im Umgang mit Vermutungen in mathematisch-forschenden Kontexten*,
https://doi.org/10.1007/978-3-658-39794-4_6

Den ersten Teil der Ergebnisse macht das entwickelte und erprobte Unterrichtskonzept zur Anregung und (Weiter-)Entwicklung einer tragfähigen Haltung im Umgang mit Vermutungen im Rahmen mathematischer Erkenntnisprozesse aus. Auf Grundlage des aktiven Entdeckens und Entwickelns von Mathematik wurden hierzu zunächst Aufgaben (siehe Abschnitt 4.2) und im Anschluss daran zwei Doppelstunden konzipiert (siehe Abschnitt 4.3), die das eigenständige Erleben mathematischer Erkenntnisprozesse in den Vordergrund rücken. Durch die Wahl des Inhaltsbereichs der Graphentheorie ermöglicht der Unterricht Schülern verschiedener Leistungsniveaus und Vorwissensstände eine unvoreingenommene Auseinandersetzung mit mathematischen Inhalten. Die Gestaltung des Unterrichts ermöglicht es hierbei den Schülern einerseits, eigenständige Erfahrungen im „Mathematiktreiben" zu sammeln, und andererseits wurde mit dem *grünen Stift* ein Unterstützungsmittel eingeführt, welches die Schüler im Hinterfragen von Vermutungen unterstützt, sodass der Übergang von Prozessen des *Entdeckungskontexts* zu Prozessen des *Rechtfertigungskontexts* in den Fokus gerückt und angeregt wird.

Wie bereits in Abschnitt 4.4 resümiert, wird das Unterrichtskonzept durch die Auswahl und Gestaltung der Lernumgebungen damit dem Forschungsanliegen, Lernanlässe zu schaffen, die folgende Tätigkeiten ermöglichen, gerecht:

- die selbstständige Konstruktion von Beispielen sowie die eigenständige Entwicklung von Vermutungen durch offen gestaltete Lernumgebungen, die vielfältige Untersuchungen und Entdeckungen ermöglichen,
- die Erzeugung eines Bewusstseins, Vermutungen zu hinterfragen und diese zu begründen oder zu widerlegen und damit letztendlich die Entwicklung eines Begründungsbedürfnisses durch Einbindung des *grünen Stifts* in den Erkenntnisprozess,
- das Erleben von Mathematik als sozialen Prozess, in dessen Verlauf Vermutungen formuliert, hinterfragt und diskutiert werden durch die Gestaltung der Unterrichtsstunden in verschiedenen sozialen Konstellationen der Lernenden.

Die Auswahl und Konzeption der Aufgaben, die den beiden Doppelstunden zugrunde liegen, sowie die Gestaltung des Unterrichts hinsichtlich der gewählten Sozialform und Aktivitäten geben den Lernenden den Raum, eigenständig eine Vielzahl an Beispielen zu konstruieren, Strukturierungen vorzunehmen und davon ausgehend Vermutungen zu entwickeln, die im Anschluss in verschiedenen Konstellationen im sozialen Austausch diskutiert werden, sodass Begründungsansätze entwickelt oder Gegenbeispiele entdeckt werden können. Um das Bewusstsein der Schüler auf das Hinterfragen ihrer entwickelten Vermutungen zu lenken, wurde hierbei der *grüne Stift* eingeführt. Durch die Verknüpfung von visueller, haptischer und kognitiver

Ebene erhalten die Fragen *Ist das wirklich immer so?* und *Warum ist das so?* und damit die Tätigkeit des Infragestellens von Vermutungen einen besonderen Stellenwert im Verlauf mathematischer Erkenntnisprozesse. Letztendlich steht damit eine Methode zur Verfügung, deren Integration in Mathematikunterricht die Prozesse des Hinterfragens von Vermutungen durch das Explizitmachen in den Fokus rückt und damit die Erzeugung eines Begründungsbedürfnisses begünstigt. Durch die erfolgreiche Initiierung von Überprüfungs- und Begründungsprozessen durch die Auseinandersetzung mit den Fragen, die mit dem *grünen Stift* einhergehen, können damit tiefergehende Einsichten und mathematische Erkenntnisse gewonnen und eine entsprechende Haltung als nützlich erlebt werden. Das entwickelte Unterrichtskonzept wurde im Sinne des *Design Research*-Ansatzes zweifach durchgeführt und weiterentwickelt (siehe Abschnitt 4.3.2), sodass als Ergebnis dieser Arbeit ein erprobtes Konzept vorliegt, welches für die Durchführung von Mathematikunterricht unmittelbar genutzt oder adaptiert werden kann.

Rückschau auf das Forschungsanliegen aus rekonstruktiver Perspektive

Wie gehen Sechstklässler mit Vermutungen um, d. h. inwiefern gestaltet sich der Übergang von der Entwicklung und Formulierung einer Vermutung (*Entdeckungskontext*) hin zur Überprüfung und Begründung dieser (*Rechtfertigungskontext*)?

Zur Beantwortung der Forschungsfragen der rekonstruktiven Forschungsperspektive wurde eine qualitative Interviewstudie durchgeführt (siehe Abschnitt 5.2). Im Rahmen der Auswertung wurden hierbei charakteristische Verhaltensweisen der Schüler im Umgang mit Vermutungen herausgearbeitet (siehe Abschnitt 5.6.1.1) und zu idealtypischen Haltungen abstrahiert (siehe Abschnitt 5.6.1.2), die anhand von Fallbeispielen erläutert wurden (siehe Abschnitt 5.6.2). Im Folgenden sollen nun die aus dem Forschungsanliegen abgeleiteten Forschungsfragen beantwortet werden:

1. Welche Haltungen stehen hinter dem Umgang mit Vermutungen?
Der Umgang mit Vermutungen wurde im Rahmen der Auswertung anhand zweier zentraler Aspekte in mathematischen Erkenntnisprozessen konzeptualisiert: die Tätigkeit des Hinterfragens von Vermutungen sowie der Umgang mit Konflikten hinsichtlich der Auswirkung auf die Weiterentwicklung zuvor formulierter Vermutungen. Bezüglich beider Aspekte wurde jeweils ein Kategoriensystem entwickelt,

welches die im Datenmaterial vorkommenden Verhaltensweisen der Schüler abbildet. Die Kategoriensysteme dienten dann als Werkzeug, um die mathematischen Erkenntnisprozesse der Schüler zu charakterisieren und vergleichend zu beschreiben. Ausgehend davon konnten vier idealtypische Haltungen im Umgang mit Vermutungen abstrahiert werden, wobei bezüglich beider Aspekte zwei Dimensionen identifiziert wurden.

Hierbei ließen sich hinsichtlich des Hinterfragens von Vermutungen eine `kritische` und eine `unkritische` Haltung rekonstruieren. Wie die Bezeichnungen bereits deutlich machen, kennzeichnet sich eine `kritische` Haltung durch die Vermutung hinterfragende Verhaltensweisen und die grundsätzliche Tendenz, Vermutungen anzuzweifeln. Dies kann in verschiedener Hinsicht stattfinden. So kann einerseits der Fokus auf die Überprüfung der Vermutung gelegt werden (*Ist das wirklich so?*) und andererseits eine Begründung der Vermutung angestrebt werden (*Warum ist das so?*). Darüber hinaus kann die Praktikabilität der Vermutung in den Blick genommen werden (*Was nützt das?*). Eine `kritische` Haltung kann sich hierbei auf einen dieser Aspekte beschränken oder mehrere vereinen. Im Gegensatz dazu steht die `unkritische` Haltung, die Vermutungen nicht oder nur kaum hinterfragt und meist von vornherein als erwiesene Tatsachen auffasst. Somit werden keine Überprüfungs- oder Begründungsprozesse angestrebt.

Auch im Hinblick auf den Umgang mit Konflikten konnten zwei Haltungen rekonstruiert werden, die sich in ihrem Verhalten bezüglich der Auswirkungen auf die zugrundeliegende Vermutung unterscheiden. Hierbei handelt es sich einerseits um eine `konstruktive` und andererseits um eine `obstruktive` Haltung. Die `konstruktive` Haltung zeichnet sich durch die Verhaltenstendenz aus, den Konflikt durch Anpassung der Vermutung überwinden zu wollen. Durch Vornehmen einer Modifikation der Vermutung oder die Entwicklung einer neuen Vermutung kann der Konflikt damit produktiv im Hinblick auf vorangegangene Vermutungen genutzt werden. Die `obstruktive` Haltung hingegen misst einem aufgetretenen Konflikt einen vergleichsweise hohen Stellenwert bei. Dies äußert sich in Verhaltensweisen, die die Vermutung sowie den zugrundeliegenden Ansatz vollständig ablehnen oder den Konflikt als zu groß auffassen, als dass der Erkenntnisprozess fortgeführt werden kann, worauf ein Abbruch dessen erfolgt. Für Schüler einer `obstruktiven` Haltung steht damit der Konflikt selbst und nicht seine Überwindung im Hinblick auf die Weiterentwicklung der Vermutung im Vordergrund.

Durch die Kombination der dargestellten Haltungsausprägungen konnten vier idealtypische Haltungen rekonstruiert werden, die sich jeweils durch die in Abschnitt 5.6.1.2 ausführlich beschriebenen und soeben zusammengefassten Merkmale in ihrer Kombination kennzeichnen: die `kritisch- konstruktive`, die `kritisch-obstruktive` sowie die `unkritisch-konstruktive` und die `unkritisch-obstruktive` Haltung. Durch die jeweiligen Ausprägungskombinationen entstehen besondere Verhaltensweisen, die in der Darstellung der Fallbeispiele in Abschnitt 5.6.2 aufgezeigt werden.

2. Welche Auswirkungen haben die rekonstruierten Haltungen auf den mathematischen Erkenntnisprozess der Lernenden?
Ausgehend von der Charakterisierung vier idealtypischer Haltungen lassen sich ebenso Schlussfolgerungen im Hinblick auf ihre Auswirkungen auf die individuellen Erkenntnisprozesse ziehen, denn je nach Ausprägung der jeweiligen Haltungen lassen sich sowohl den Erkenntnisprozess begünstigende als auch hierfür problematische Aspekte ausmachen, wie es bereits in Abschnitt 5.6.4 dargestellt wurde.

In Bezug auf eine `kritische` Haltung ist es für den mathematischen Erkenntnisgewinn zentral, hinsichtlich welcher Aspekte das Infragestellen einer Vermutung stattfindet. Hierbei spielt besonders das Bedürfnis, eine Begründung oder Erklärung für die formulierten Vermutungen zu finden, eine bedeutende Rolle. Während die Intention, eine Vermutung zunächst empirisch zu überprüfen, ein geeigneter Ansatzpunkt für den Umgang mit einer Vermutung ist, so birgt der Bedarf nach einer Begründung das Potential, eine vertiefte Auseinandersetzung mit dem der Vermutung zugrundeliegenden Sachverhalt zu initiieren und Erkenntnisse über die empirische Evidenz hinaus zu gewinnen. Erst auf diese Weise können strukturelle Eigenschaften in den Blick genommen und von Einzelfällen auf grundlegende Strukturen abstrahiert werden. Damit bietet eine `kritische` Haltung mit Fokus auf die Überprüfung von Vermutungen eine geeignete Grundlage für den Umgang mit Vermutungen. Für den Fortgang eines Erkenntnisprozesses entscheidend ist allerdings der Bedarf nach einer Begründung dieser. Sofern zusätzlich Aspekte der Praktikabilität der Vermutung miteinbezogen werden, können diese darüber hinaus dazu führen, die Vermutung hinsichtlich ihrer Anwendbarkeit zu optimieren, was ebenfalls einen Anlass darstellt, sich vertieft mit zugrundeliegenden Strukturen auseinanderzusetzen. Die grundsätzliche Tendenz, eine Vermutung in Frage zu stellen, ist bei einer `unkritischen` Haltung hingegen nicht vorhanden. Oftmals werden Vermutungen nicht als zu veri- oder falsifizierende Aussagen, sondern als Tatsachen aufgefasst und bedürfen somit keiner weiteren Untersuchung. Problematisch wirkt sich diese Haltung dann aus, wenn die Überzeugung so groß ist, dass auch fehlerhafte Vermutungen aufrechterhalten werden oder Konflikte nicht als solche wahrgenommen werden, da die Vermutung nicht angezweifelt wird. Auf der anderen Seite kann die Haltung den Erkenntnisprozess positiv beeinflussen, indem diese Überzeugung dazu führt, dass eine Vermutung nicht vorschnell verworfen, sondern an ihr durch vielfältige Strategien der Modifikation festgehalten wird.

Dieses Verhalten ist gleichzeitig ausschlaggebendes Merkmal einer `konstruktiven` Haltung, welche Konflikte als Anlass nimmt, die Vermutung weiterzuentwickeln. Dies ist als grundsätzlich positiv für den mathematischen Erkenntnisprozess einzuschätzen, kann allerdings ebenso dazu führen, dass eine fehlerhafte Vermutung durch wiederholte Modifikation aufrechterhalten wird, wie es besonders in Kombination mit einer `unkritischen` Haltung der Fall sein kann. Auch die `obstruktive` Haltung kann sich auf verschiedene Weisen auf den Erkenntnisprozess auswirken. Da der Konflikt in diesem Fall einen besonders hohen Stellenwert einnimmt, kann dies einerseits dazu führen, dass Vermutungen vollständig verworfen oder sogar der gesamte Prozess abgebrochen wird, da keine andere Möglichkeit gesehen wird, dem Konflikt zu begegnen. Andererseits kann eine vertiefte Auseinandersetzung mit dem Konflikt angeregt werden, was einen strukturellen Erkenntnisgewinn ermöglicht.

Wie auch in Abschnitt 5.6.4 bereits dargestellt, kann sich jede der vier Haltungsausprägungen sowohl positiv als auch negativ auf die individuellen Erkenntnisprozesse auswirken. Gerade durch die Kombination zweier Haltungsdimensionen (wie beispielsweise im Fall einer `unkritisch- konstruktiven` Haltung) entstehen weitere Verhaltenstendenzen, die den Erkenntnisprozess potentiell fördern, aber auch behindern können (siehe dazu Abschnitt 5.6). Für den schulischen Kontext ist neben diesen individuellen Haltungen und ihren jeweiligen Auswirkungen außerdem bedeutsam, inwiefern gewisse Haltungen miteinander agieren. Anhand der Auswertung von Fallbeispielen hat sich hier gezeigt, dass sich besonders die Kombination von Schülern, die gemeinsam alle vier rekonstruierten Haltungsausprägungen vereinen, positiv auf den gemeinsamen Erkenntnisprozess auswirken kann. Auf diese Weise kann das Potential aller Ausprägungen genutzt werden, da die entsprechenden charakteristischen Verhaltensweisen bedeutende Beiträge zur Erkenntnisentwicklung leisten können. Entscheidend dafür ist die Bereitschaft der Schüler, sich auf die Haltung des jeweils anderen einzulassen, um von dieser profitieren zu können. So können sich die konträren Haltungsausprägungen entsprechend ergänzen.

Diese Schlussfolgerung macht außerdem deutlich, dass keine der vier rekonstruierten idealtypischen Haltungen als grundsätzlich am geeignetsten für mathematische Erkenntnisprozesse bewertet werden kann. Wie in Teil 5.6 dargestellt, hat jede der vier Ausprägungen das Potential, einen wesentlichen Beitrag zur Erkenntnisentwicklung zu leisten, sodass die Ausbildung lediglich einer der idealtypischen Haltungen nicht wünschenswert ist. Durch die Kombination von Schülern verschiedener idealtypischer Haltungen wird deutlich, dass eine (Weiter-)Entwicklung aller Ausprägungen erstrebenswert ist, sodass Lernende letztendlich alle vier Ausprägungen in sich vereinen, um sachangemessen mit Vermutungen umgehen zu können.

3. Welche Schlussfolgerungen können für die Konzeption von Mathematikunterricht gezogen werden?
Aus normativer Perspektive ist aus den soeben zusammengefassten Gründen die Entwicklung einer Haltung, die alle vier rekonstruierten Haltungsausprägungen vereint, erstrebenswert. Auf diese Weise erlernen Schüler einen differenzierten und auf die Sache bezogenen Umgang mit Vermutungen, sodass je nach vorliegender Situation auf eine Vermutung reagiert werden kann und keine grundsätzlich eingenommene einseitige Haltung leitend ist. Eine `kritische` und eine `unkritische` Haltung ergänzen sich hierbei, sodass Vermutungen zwar angezweifelt werden, aber dennoch aufgrund einer subjektiven Überzeugung weiterverfolgt werden und der zugrundeliegende Sachverhalt genauer in den Blick genommen wird. Ebenso verhält es sich hinsichtlich einer `konstruktiven` und einer `obstruktiven` Haltung. Je nach Sachverhalt kann es einerseits zweckmäßig sein, eine Vermutung ausgehend von einem Konflikt weiterzuentwickeln. Andererseits kann es sinnvoll sein, eine Vermutung abzulehnen, sofern ein Gegenbeispiel dieser vollständig widerspricht. Der differenzierte Umgang mit Vermutungen und die damit einhergehende flexible Einnahme einer entsprechenden Haltung sollte damit das Ziel für die Gestaltung von Mathematikunterricht sein. Für den Mathematikunterricht ist hierbei zunächst aus Sicht der Lehrperson die Kenntnis über die Existenz verschiedener Haltungen bedeutsam, um diese entsprechend sowohl bei der Entwicklung als auch der Durchführung von Unterricht zu berücksichtigen. Aus der empirischen Untersuchung haben sich darüber hinaus weitere Faktoren ergeben, die sich begünstigend auf die Ausbildung einer geeigneten Haltung auswirken. Diese werden an dieser Stelle kurz zusammengefasst und sind in Abschnitt 5.6.5 ausführlicher nachzulesen.

Eine Möglichkeit stellt das in Kapitel 4 entwickelte Unterrichtskonzept dar, welches den Fokus auf den Umgang mit Vermutungen legt und diesen explizit zum Unterrichtsthema macht. Dadurch können die Schüler Prozesse des „Mathematiktreibens" und sich dabei zeigende Haltungen als nützlich erleben. Auch durch den in diesem Zuge eingeführten *grünen Stift* kann die Auseinandersetzung mit Vermutungen initiiert sowie Überprüfungs- und Begründungsprozesse angeregt werden, wie es sich in der empirischen Untersuchung gezeigt hat. Der Stift wurde dabei einerseits als Verstärker von hinterfragendem Verhalten genutzt und andererseits durch die damit einhergehenden Fragen in die jeweiligen Erkenntnisprozesse der Schüler miteinbezogen. Für die Ausbildung einer tragfähigen Grundhaltung ist darüber hinaus die Konzeption der Lernumgebungen entscheidend. Hierbei bedarf es Aufgaben, welche den Lernenden den Raum geben, sich überhaupt eigenständig mit den Inhalten auseinanderzusetzen und es ermöglichen, eine eigene Haltung zu entwickeln, zu zeigen und die Haltung anderer wahrzunehmen. Auf diese Weise kann eine Wertschätzung der Haltungen stattfinden und die verschiedenen Ausprägungen können aufgegriffen und im Unterricht reflektiert werden. Hierbei spielt zudem die Lehrperson im Rahmen ihrer Modellfunktion eine tragende Rolle für die Vermittlung einer tragfähigen Haltung. Für die Planung von Unterricht besonders bedeutsam sind die Ergebnisse der empirischen Untersuchung hinsichtlich der Kombination von Schülern verschiedener Haltungen. Durch eine geeignet gestaltete Zusammensetzung von Partner- oder Gruppenarbeiten kann eine Kombination von Haltungen erreicht werden, die alle Ausprägungen umfasst. Damit können sich die Schüler einerseits ergänzen sowie der gemeinsame Erkenntnisprozess davon profitieren und andererseits haben die Schüler die Möglichkeit, voneinander zu lernen, indem sie Haltungen abseits der eigenen als nützlich erleben.

Damit ergeben sich insgesamt verschiedene Ansatzpunkte, um die (Weiter-) Entwicklung von Haltungen im Mathematikunterricht anzuregen. Für die Ausbildung einer überdauernden tragfähigen Grundhaltung ist es allerdings entscheidend, sich unabhängig von den aufgeführten Aspekten wiederholt sowohl auf explizite als auch auf implizite Weise mit dem Konzept im Unterricht auseinanderzusetzen. Durch die regelmäßige Auseinandersetzung über verschiedene stoffliche Inhalte hinweg kann damit die Entwicklung einer geeigneten Haltung unterstützt werden.

6.2 Diskussion der Ergebnisse

Die Ergebnisse der vorliegenden Arbeit gilt es nun im Hinblick auf vorangegangene Forschungen und Theorien, wie sie in Kapitel 2 dargestellten wurden, zu reflektieren. Dies findet im Folgenden besonders im Fokus auf den rekonstruktiven Teil der Arbeit statt, da dieser einen Beitrag zur Weiterentwicklung mathematikdidaktischer Theorie leisten soll.

Die Studien unter anderem von Koedinger (1998), Chazan (1993), Kuhn et al. (1992) sowie Ufer und Lorenz (2009) stellen allesamt fest, dass Lernende Schwierigkeiten im angemessenen Umgang mit Vermutungen haben. Dies äußert sich insbesondere darin, dass selten hinterfragendes Verhalten oder das Bedürfnis nach einer allgemeingültigen Begründung zu beobachten ist, Vermutungen als Tatsachen aufgefasst werden oder empirische Argumente als ausreichend für die Begründung einer Vermutung angesehen werden. Damit einher geht außerdem die Schwierigkeit, Vermutung und Begründung voneinander zu unterscheiden. Während einige der dargestellten Studien eine quantitative Aussage über ein solches Verhalten im Umgang mit Vermutungen machen, ist es das Ziel der vorliegenden Arbeit gewesen, die Spannbreite an Verhalten im Umgang mit Vermutungen aufzuzeigen. Durch die Rekonstruktion der vier oben dargestellten idealtypischen Haltungen wird deutlich, dass das Verhalten von Schülern den Umgang mit Vermutungen betreffend nicht allein auf die aufgeführten Studienergebnisse beschränkt werden kann. Vielmehr zeigt sich eine Vielzahl an Verhaltensweisen, die sich durch die rekonstruierten Haltungen erklären lassen. Die eben beschriebenen Schwierigkeiten sind dabei größtenteils Merkmale, die sich der in dieser Arbeit beschriebenen `unkritischen` Haltung zuordnen lassen, da sich diese besonders durch Verhalten kennzeichnet, welches Vermutungen nicht in Frage stellt und oftmals unmittelbar durch die Formulierung als Tatsachen auffasst und entsprechend im weiteren Verlauf des Erkenntnisprozesses verwendet. Ein bedeutsames Ergebnis dieser Arbeit ist, dass ein solches Verhalten unter bestimmten Umständen förderlich für den Prozess mathematischer Erkenntnisentwicklung sein kann und damit ebenfalls Teil einer tragfähigen mathematischen Grundhaltung ist. Wie es in den oben genannten Studien nur selten der Fall war, konnten auch im Rahmen der vorliegenden Arbeit Schüler beobachtet werden, die Vermutungen stark anzweifeln, hinterfragen und nach Begründungen suchen. Die diesem Verhalten zugrundeliegende `kritische` Haltung ist damit wesentlich für den Erkenntnisgewinn, in besonderem Maße allerdings, sofern damit der Fokus auf das Finden einer Begründung der Vermutung gelegt wird. Ähnlich wie es auch Harel (2013) in seinem Konzept des *intellectual needs* beschreibt, kann das Bedürfnis, eine Vermutung zu hinterfragen, verschieden ausgeprägt sein. Die Ergebnisse der vorliegenden Arbeit lassen sich hierbei den von Harel formulierten Kategorien des *need for certainty*, *need for causality* und des *need for computation* zuordnen, indem entweder eine Überprüfung der Vermutung, eine Begründung oder aber die Frage nach der Praktikabilität und Optimierung dieser hinsichtlich der Anwendbarkeit im Fokus steht. Die Auswertung der Fallbeispiele ergab, dass besonders das Bedürfnis nach einer Begründung entscheidend für den Fortgang des Erkenntnisprozesses ist. Das Anliegen, eine Vermutung hinsichtlich ihrer Korrektheit zu überprüfen, stellt dafür einen geeigneten Ausgangspunkt dar. Sofern dieses Bedürfnis allerdings nicht in den Bedarf übergeht, eine Vermutung tatsächlich allgemeingültig zu begründen, bleiben die Erkenntnisse zumeist oberflächlich. Dieses Ergebnis steht damit im Einklang mit den Ergebnissen der oben genannten Studien, die besonders die Problematik aufzeigen, empirische Argumente als ausreichend für die Begründung einer Vermutung anzusehen. Hierbei lassen sich auch die von Harel und Sowder (1998) beschriebenen Beweisschemata in der Ausdifferenzierung der `kritischen` Haltung wiederfinden. Die eben beschriebene Problematik tritt im Fall der *empirical conviction* auf, also in dem Fall, dass die Überprüfung an einzelnen Beispielen als ausreichender Beleg zur Bestätigung einer Vermutung angesehen wird. Erst die Intention, von einer Vermutung im Zuge der *analytical conviction* überzeugt zu sein, bietet den Anlass für eine vertiefte Auseinandersetzung auf struktureller Ebene. Durch die Einführung des *grünen Stifts* im Zuge des entwickelten Unterrichtskonzepts werden beide Überzeugungsgrade miteinander auf visueller, haptischer und kognitiver Ebene miteinander verknüpft, indem die Fragen „Ist das wirklich immer so?“ und „Warum ist das so?“ bewusst thematisiert und in den Erkenntnisprozess integriert werden. Sowohl durch die Einbindung dieses Unterstützungsmittels als auch durch die Konzeption der in der Unterrichtseinheit verwendeten Lernumgebungen konnte im Gegensatz zu den vorgestellten Studien eine Vielzahl an hinterfragenden Tätigkeiten vonseiten der Lernenden beobachtet werden. Eine mögliche Erklärung kann hierbei in der Gestaltung der Aufgaben liegen, die besonders daran ausgerichtet war, den Schülern eine eigenständige, authentische und insbesondere offene Auseinandersetzung mit mathematischen Inhalten zu ermöglichen. Die Erkenntnisse von Senk (1985), dass Lernende eher dazu geneigt sind, Vermutungen zu begründen, die sie eigenständig entdeckt und formuliert haben, können damit bestätigt werden. Ebenso können die Feststellungen von Boero (1999) und Kempen (2019) zur Wichtigkeit und Notwendigkeit ausgiebiger Explorationsphasen zur Entwicklung von eigenen Vermutungen und dem damit entstehenden Bedürfnis, diese zu hinterfragen und zu begründen, im Hinblick auf die Gestaltung von Mathematikunterricht bekräftigt werden. Mit der Konzeption eines auf diese Weise ausgerichteten Unterrichts als ein Ergebnis dieser Arbeit kann die Entwicklung einer tragfähigen Haltung im Umgang mit Vermutungen unterstützt werden. Die als Ergebnis dieser Arbeit rekonstruierte `kritische` und `unkritische` Haltung mit ihren jeweils charakteristischen Verhaltensweisen beschreiben und erklären außerdem die von Buchbinder und Zaslavsky (2011) beobachteten Verhaltensweisen von Schülern, auf Vermutungen entweder mit starken Zweifeln oder großer Überzeugung zu reagieren. Wie oben beschrieben, wird die sich in hinterfragendem Verhalten äußernde `kritische` Haltung in dieser Arbeit weiter ausdifferenziert und die Auswirkungen beider Haltungen in den Blick genommen, sodass sich letztendlich **beide** Ausprägungen als bedeutsam für mathematische Erkenntnisprozesse herausgestellt haben.

Ebenso verhält es sich im Umgang mit auftretenden Konflikten im Verlauf eines mathematischen Erkenntnisprozesses. Wie zu Beginn der Arbeit dargestellt wurde, kommt diesem mit Blick auf den mathematischen Erkenntnisgewinn eine bedeutsame Rolle zu. Während Lakatos (1979) verschiedene Reaktionen auf Konflikte theoretisch beschreibt, stellen Kuhn et al. (1992) in ihren Untersuchungen fest, dass Konflikte häufig zur Uminterpretierung der widersprechenden Evidenz führen, sodass diese sich mit der Vermutung vereinbaren lässt, und nicht zur Modifikation der Theorie. Außerdem wird ein Gegenbeispiel oftmals nicht als ausreichend zur Widerlegung einer Vermutung angesehen. Ähnlich wie es die von Lakatos beschriebenen Reaktionen auf Konflikte aufzeigen, konnte auch in dieser Arbeit eine Spannbreite an Verhaltensweisen im Umgang mit Konflikten beobachtet werden. Anders als es die Ergebnisse von Kuhn et al. (1992) beschreiben, zeichnet sich die rekonstruierte `konstruktive` Haltung nicht durch die Modifikation der Evidenz, sondern durch die Modifikation der Vermutung aus. Durch verschiedene Strategien der Weiterentwicklung der Vermutung kann damit der aufgetretene Konflikt überwunden werden. Dies geht einher mit den von Lakatos (1979) beschriebenen Reaktionen, die er als *Monstersperre*, *Ausnahmesperre*, *Monsteranpassung* und *Hilfssatz zur Einverleibung* bezeichnet. Alle genannten Möglichkeiten sind Strategien, die den Konflikt durch etwaige Anpassungen von Definitionen, Voraussetzungen oder der Vermutung überwinden, sodass dieser der Vermutung nicht länger widerspricht. Die letzte der fünf beschriebenen Reaktionen, die *Kapitulation*, spiegelt hingegen die konträre `obstruktive` Haltung wider, indem die Vermutung vollständig verworfen wird. Die `obstruktive` Haltung kennzeichnet sich darüber hinaus dadurch, dass der zugrundeliegende Ansatz auch im Folgenden nicht weiterverfolgt wird. Dennoch kann ein Erkenntnisgewinn erfolgen, indem zwar keine Überwindung des Konflikts, aber eine vertiefte Auseinandersetzung mit ebendiesem angestrebt wird, um strukturelle Merkmale zu identifizieren. Aus diesem Grund erweisen sich auch in diesem Fall **beide** Haltungsausprägungen als wertvoll für den mathematischen Erkenntnisgewinn.

Mit den Ergebnissen der konstruktiven und rekonstruktiven Forschungsperspektive der vorliegenden Arbeit kann damit letztendlich der Forderung von Krauthausen (2001, S. 104) nach einer „Grundhaltung" als Ziel von Mathematikunterricht sowohl aus theoretischer als auch aus praktischer Perspektive Rechnung getragen werden, indem einerseits das Konzept einer solchen tragfähigen Grundhaltung auf Grundlage eines Kategoriensystems und der Beschreibung vier idealtypischer Haltungen im Umgang mit Vermutungen weiter ausdifferenziert und andererseits ein Unterrichtskonzept entwickelt und erprobt wurde, welches die Ausbildung einer entsprechenden mathematisch-forschenden Haltung in den Mittelpunkt stellt.

6.3 Zusammenfassung und Perspektiven

Ziel der Arbeit war es, sich dem Konzept der Haltungen aus mathematikdidaktischer Sicht sowohl aus konzeptioneller als auch aus rekonstruktiver Forschungsperspektive zu nähern. Im ersten Teil der Arbeit wurde aufgezeigt, dass in mathematischen Erkenntnisprozessen der Übergang von Prozessen des *Entdeckungskontexts* zu Prozessen des *Rechtfertigungskontexts* einerseits zentral für den Erkenntnisgewinn ist, aber andererseits den Lernenden große Schwierigkeiten bereitet. Die vorliegende Arbeit wählt für die nähere Auseinandersetzung mit diesen Übergangsprozessen den Ansatz über das Konstrukt der *Haltung*, welches einen wesentlichen Einfluss auf das Verhalten halt. Im Sinne des Forschungsinteresses standen dabei der Umgang mit Vermutungen im Rahmen mathematischer Erkenntnisprozesse und damit einhergehende Haltungen im Fokus. Der in der Literatur vielfach verwendete Begriff der *Haltung* wurde hierbei zunächst theoretisch beleuchtet und davon ausgehend ein Forschungsdesign entwickelt, welches sich dem Ansatz des *Design Research* zuordnen lässt. Dies ermöglichte es, sich dem Forschungsgegenstand von zwei sich ergänzenden Seiten zu nähern, indem einerseits die Entwicklung einer Unterrichtseinheit zur Förderung einer mathematisch-forschenden Haltung im Fokus stand und andererseits die Erforschung von tatsächlich auftretenden Haltungen von Sechstklässlern im Umgang mit Vermutungen in den Blick genommen wurde. Damit umfasst die vorliegende Arbeit zwei zentrale Ergebnisse.

Zunächst steht ein Unterrichtskonzept, welches den Lernenden den Raum gibt, eigenständig mathematisch tätig zu werden, zur Verfügung. Hierbei können sie selbstständig Beispiele konstruieren, Vermutungen entwickeln und Begründungen finden. Dabei werden sie durch die Einführung des *grünen Stifts* im Übergang von der Formulierung zur Überprüfung und Begründung einer Vermutung unterstützt. Die genutzten Lernumgebungen sind durch die Wahl der Inhalte aus dem Bereich der Graphentheorie und deren Aufbereitung so konzipiert, dass für eine sinnstiftende Auseinandersetzung kein Vorwissen nötig, aber dennoch eine Bearbeitung auf verschiedenen Abstraktionsniveaus und Jahrgangsstufen möglich ist. Dadurch wird es den Schüler ermöglicht, Erfahrungen in mathematischen Erkenntnisprozessen zu sammeln. Gleichzeitig werden sie dazu angeregt, eine mathematisch-forschende Haltung einzunehmen und können diese als nützlich für den Erkenntnisgewinn erleben.

Neben dem konzeptionellen Ergebnis dieser Arbeit konnten durch die Durchführung einer qualitativen Interviewstudie und die daran anschließende Auswertung die tatsächlich auftretenden Haltungen von Schülern im Umgang mit Vermutungen in solchen Erkenntnisprozessen rekonstruiert, beschrieben und ihre Auswirkungen untersucht werden. Daraus resultiert die theoretische Beschreibung vier idealtypischer Haltungen anhand eines Kategoriensystems und eine Einschätzung der einzelnen Haltungsausprägungen im Hinblick auf ihre Tragfähigkeit für mathematische Erkenntnisprozesse im Rahmen von Einzelfallanalysen. Ausgehend davon konnten Schlussfolgerungen für eine geeignete Grundhaltung im Umgang mit Vermutungen als differenziertes Zusammenspiel aller rekonstruierter Ausprägungen gezogen werden.

Da der Bereich der Haltungen in der mathematikdidaktischen Forschung bisher wenig erforscht ist, bieten sich ausgehend von diesen Ergebnissen vielfältige Möglichkeiten zur Anknüpfung durch Anschlussforschungen. Da das entwickelte Unterrichtskonzept lediglich einen Ausgangspunkt für die unterrichtliche Auseinandersetzung mit einer mathematisch-forschenden Haltung bietet, kann es als Anlass genutzt werden, um weiteren Unterricht zu entwickeln, der eine entsprechende Haltung fördert. Hierbei kann insbesondere den Überprüfungs- und Begründungsprozessen des *Rechtfertigungskontexts* mehr Raum gegeben werden, um die Auswirkungen von der Auseinandersetzung mit den Fragen, die durch den *grünen Stift* ausgelöst werden (Ist das wirklich immer so? Warum ist das so?) als nützlich zu erleben. Auch bietet sich die Möglichkeit, den Umgang mit Vermutungen oder das Einnehmen von gewissen Haltungen explizit zu thematisieren, um Lernende dafür zu sensibilisieren. Darüber hinaus weist der *grüne Stift* als Unterstützungsmittel Potential hinsichtlich der Förderung einer mathematisch-forschenden Haltung im Umgang mit Vermutungen auf, wie es in Abschnitt 5.6.4 aufgezeigt wurde. Die Einbindung des Stifts über verschiedene Unterrichtsinhalte hinweg kann einerseits konstruktives Ziel anknüpfender Forschung sein und andererseits im Rahmen einer Interventionsstudie näher erforscht werden. Hierbei können sowohl die Auswirkungen der Nutzung des Stifts untersucht werden als auch die Auswirkungen des entsprechenden Unterrichts auf die (Weiter-)Entwicklung einer tragfähigen Grundhaltung. Abschnitt 5.6.2.8 gibt bereits einen Hinweis auf stattfindende Veränderungen von Haltungen, die im Zuge künftiger Forschung genauer in den Blick genommen werden können. Ebenso kann das Konzept einer tragfähigen Grundhaltung weiter ausdifferenziert werden. Während sich die vorliegende Arbeit auf Tätigkeiten, die mit dem Umgang mit Vermutungen einhergehen, bezieht, kann das Konzept auf weitere für die mathematische Erkenntnisentwicklung relevante Prozesse wie die Konstruktion von Beispielen oder die Entwicklung von Vermutungen ausgeweitet werden. Das Auftreten der rekonstruierten Haltungen kann außerdem im Rahmen einer Studie auf Grundlage einer größeren Stichprobe quantitativ beschrieben oder über verschiedene Jahrgangsstufen hinweg auf mögliche Veränderungen hin untersucht werden.

Insgesamt zeigt sich damit das Potential des Haltungskonzepts für die mathematikdidaktische Forschung und Unterrichtsentwicklung. Die vorliegende Arbeit leistet hierbei sowohl durch die Einnahme einer konstruktiven als auch einer rekonstruktiven Forschungsperspektive einen Beitrag, um das Konzept der *Haltung* für die Forschung zugänglich zu machen und liefert Erkenntnisse einerseits zur Charakterisierung und andererseits zur (Weiter-)Entwicklung einer tragfähigen Grundhaltung für das mathematisch-forschende Lernen, an die künftige Forschung anschließen kann.

Literatur

Aigner, M. (2015). *Graphentheorie: Eine Einführung aus dem 4-Farben Problem*. Springer Spektrum.

Aiken, L. R. (1970). Attitudes Toward Mathematics. *Review of Educational Research, 40*(4), 551–596.

Allport, G.W. (1935). Attitudes. In C. Murchison (Hrsg.), *Handbook of Social Psychology* (S. 798–844). Clark University Press.

American Association for the Advancement of Science. (1993). *Benchmarks for science literacy*. Oxford University Press.

Anderson, L. W. & Bourke, S. F. (2013). *Assessing Affective Characteristics in the Schools*. Routledge.

Barab, S. & Squire, K. (2004). Design-Based Research: Putting a Stake in the Ground. *Journal of the Learning Sciences, 13*(1), 1–14.

Barkai, R., Tsamir, P., Tirosh, D. & Dreyfus, T. (2003). Proving or refuting arithmetic claims: The case of elementary school teachers. In A. D. Cockburn, Nardi & E (Hrsg.), *Proceedings of the 26th Conference of the International Group for the Psychology of Mathematics Education, Vol. 2* (S. 57–64).

Barzel, B., Büchter, A. & Leuders, T. (2018). *Mathematik Methodik: Handbuch für die Sekundarstufe I und II*. Cornelsen.

Bauer, T., Müller-Hill, E. & Weber, R. (2020). Wie entsteht neue Mathematik? In N. Meister, U. Hericks, R. Kreyer & R. Laging (Hrsg.), *Zur Sache. Die Rolle des Faches in der universitären Lehrerbildung* (S. 55–77). Springer Fachmedien.

Beck, C. & Maier, H. (1993). Das Interview in der mathematikdidaktischen Forschung. *Journal für Mathematik-Didaktik, 14*(2), 147–179.

Becker, J. P. & Shimada, S. (Hrsg.). (2005). *The open-ended approach: A new proposal for teaching mathematics*. National Council of Teachers of Mathematics.

Beutelspacher, A., Danckwerts, R., Nickel, G., Spies, S. & Wickel, G. (2011). *Mathematik neu denken: Impulse für die Gymnasiallehrerbildung an Universitäten*. Vieweg + Teubner.

Bewersdorff, J. (2018). *Glück, Logik und Bluff: Mathematik im Spiel – Methoden, Ergebnisse und Grenzen*. Springer Spektrum.

Bezold, A. (2010). *Mathematisches Argumentieren in der Grundschule fördern*. IPN Leibniz-Institut für die Pädagogik der Naturwissenschaften an der Universität Kiel.

C. Danzer, *Haltungen von Sechstklässlern im Umgang mit Vermutungen in mathematisch-forschenden Kontexten*,
https://doi.org/10.1007/978-3-658-39794-4

Bezold, A. (2012). Förderung von Argumentationskompetenzen auf der Grundlage von Forscheraufgaben. Eine empirische Studie im Mathematikunterricht der Grundschule. *mathematica didactica, 35*, 73–103.

Bibliographisches Institut GmbH. (2021). *Haltung*. Verfügbar 21. Januar 2022 unter https://www.duden.de/node/62662/revision/62698

Bigalke, H.-G. (1974). Graphentheorie im Mathematikunterricht? *Der Mathematikunterricht, 20*(4), 5–10.

Bikner-Ahsbahs, A. (2005). *Mathematikinteresse zwischen Subjekt und Situation: Theorie interessendichter Situationen – Baustein für eine mathematikdidaktische Interessentheorie*. Franzbecker.

Bloom, B. S. (Hrsg.). (1972). *Taxonomie von Lernzielen im kognitiven Bereich*. Beltz.

Blum, W. (1985). Anwendungsorientierter Mathematikunterricht in der didaktischen Diskussion. *Mathematische Semesterberichte, 32*(2), 195–232.

Blumer, H. (1986). *Symbolic interactionism: Perspective and method*. Univ. of California Press.

Boero, P. (1999). Argumentation and mathematical proof: A complex, productive, unavoidable relationship in mathematics and mathematics education. *International Newsletter on the Teaching and Learning of Mathematical Proof Juli/August*, 1–6.

Bortz, J. & Döring, N. (2006). *Forschungsmethoden und Evaluation: Für Human- und Sozialwissenschaftler*. Springer-Medizin-Verlag.

Bourdieu, P. (1974). *Zur Soziologie der symbolischen Formen*. Suhrkamp.

Bourdieu, P. (1989). *Die feinen Unterschiede: Kritik der gesellschaftlichen Urteilskraft*. Suhrkamp.

Breiner, T. C. (2019). *Farb- und Formpsychologie*. Springer Berlin Heidelberg.

Bruner, J. (1981). Der Akt der Entdeckung. In H. Neber (Hrsg.), *Entdeckendes Lernen* (S. 15–29). Beltz.

Brunner, E. (2014). *Mathematisches Argumentieren, Begründen und Beweisen*. Springer Berlin Heidelberg.

Buchbinder, O. & Zaslavsky, O. (2008). *Uncertainty: A driving force in creating a need for proving*. Verfügbar 21. Januar 2022 unter http://www.orlybuchbinder.com/publications/ICMI_19_Buchbinder_Zaslavsky_Uncertainty%20as%20a%20driving%20force-final.pdf

Buchbinder, O. & Zaslavsky, O. (2011). Is this a coincidence? The role of examples in fostering a need for proof. *ZDM – The International Journal of Mathematics Education, 43*(2), 269–281.

Büchter, A. & Leuders, T. (2016). *Mathematikaufgaben selbst entwickeln: Lernen fördern – Leistung überprüfen*. Cornelsen.

Büsing, C. M. K. & Hoever, G. (2012). Kreuz und quer durchs Land der Graphen: Projekte aus der Graphentheorie für Schülerinnen und Schüler. *Der Mathematikunterricht, 58*(2), 52–63.

Chazan, D. (1993). High school geometry students' justifications for their views of empirical evidence and mathematical proofs. *Educational Studies in Mathematics*, 24(4), 359–387.

Cobb, P., Confrey, J., diSessa, A., Lehrer, R. & Schauble, L. (2003). Design Experiments in Educational Research. *Educational Researcher, 32*(1), 9–13.

Daskalogianni, K. & Simpson, A. (2000). Towards a definition of attitude: The relationship between the affective and the cognitive in pre-university students. In T. Nakahara & M. Koyama (Hrsg.), *Proceedings of the 24th conference of the IGPME* (S. 217–224). PME.

de Villiers, M. (1990). The role and function of proof in mathematics. *Pythagoras, 24*, 17–24.
de Villiers, M. (1999). *Rethinking Proof with Sketchpad*. Key Curriculum Press.
Di Martino, P. & Zan, R. (2015). The Construct of Attitude in Mathematics Education. In B. Pepin & B. Roesken-Winter (Hrsg.), *From beliefs to dynamic affect systems in mathematics education* (S. 51–72). Springer International Publishing.
Dorsch, F., Häcker, H. & Becker-Carus, C. (Hrsg.). (2004). *Dorsch Psychologisches Wörterbuch: 15000 Stichwörter, 800 Testnachweise*. Huber.
Dresing, T. & Pehl, T. (2011). *Praxisbuch Transkription: Regelsysteme, Software und praktische Anleitungen für qualitative ForscherInnen*. Eigenverlag.
Dunbar, K. & Klahr, D. (2013). Developmental Differences in Scientific Discovery Strategies. In D. Klahr & K. Kotovsky (Hrsg.), *Complex Information Processing: The Impact of Herbert A. Simon*. Taylor and Francis.
Duval, R. (1991). Structure du raisonnement déductive et apprentissage de la démonstration. *Educational Studies in Mathematics, 22*(3), 233–261.
Ehlich, K. (2009). Erklären verstehen – Erklären und verstehen. In R. Vogt (Hrsg.), *Erklären: Gesprächsanalytische und fachdidaktische Perspektiven* (S. 11–24). Stauffenburg-Verlag.
Ehret, C. (2016). *Mathematisches Schreiben*. Springer Spektrum.
Elliot, A. J. & Fryer, J.W. (2008). The goal construct in psychology. In J. Y. Shah & W. L. Gardner (Hrsg.), *Handbook of motivation science* (S. 235–250). The Guilford Press.
Ericsson, K. A. & Simon, H. A. (1993). *Protocol analysis: Verbal reports as data*. MIT Press.
Euler, L. (1761). Specimen de usu observationum in mathesi pura: (Example of the use of observation in pure mathematics). *Novi Commentarii academiae scientiarum Petropolitanae*, 185–230.
Fennema, E. & Sherman, J. A. (1976). Fennema-Sherman Mathematics Attitudes Scales: Instruments Designed to Measure Attitudes toward the Learning of Mathematics by Females and Males. *Journal for Research in Mathematics Education, 7*(5), 324.
Fetzer, M. (2011). Wie argumentieren Grundschulkinder im Mathemathematikunterricht? Eine argumentationstheoretische Perspektive. *Journal für Mathematik-Didaktik, 32*(1), 27–51.
Fischer, A. (2013). Anregung mathematischer Erkenntnisprozesse in Übungen. In C. Ableitinger, J. Kramer & S. Prediger (Hrsg.), *Zur doppelten Diskontinuität in der Gymnasiallehrerbildung* (S. 95–116). Springer Fachmedien Wiesbaden.
Fischer, R. & Malle, G. (2004). *Mensch und Mathematik: Eine Einführung in didaktisches Denken und Handeln*. Profil-Verlag.
Flewelling, G. & Higginson, W. (2003). *Teaching with rich learning tasks: A handbook*. Australian Association of Mathematics Teachers.
Flick, U., von Kardorff, E. & Steinke, I. (Hrsg.). (2017). *Qualitative Forschung: Ein Handbuch*. Rowohlt Taschenbuch Verlag.
Freudenthal, H. (1963). Was ist Axiomatik und welchen Bildungswert kann sie haben? *Der Mathematikunterricht, 9*(4), 5–29.
Freudenthal, H. (1972). *Mathematics as an Educational Task*. Springer Netherlands.
Freudenthal, H. (1973). *Mathematik als pädagogische Aufgabe*. Klett.
Freudenthal, H. (1991). *Revisiting mathematics education. China lectures*. Kluwer.
Fritz, A., Hussy, W. & Tobinski, D. (Hrsg.). (2018). *Pädagogische Psychologie*. Ernst Reinhardt Verlag.
Fuchs-Heinritz, W. (Hrsg.). (2011). *Lexikon zur Soziologie*. VS-Verlag.

Gardner, P. L. (1975). Attitudes to Science: A Review. *Studies in Science Education, 2*(1), 1–41.

Gerstenmaier, J. & Mandl, H. (1995). Wissenserwerb unter konstruktivistischer Perspektive. *Zeitschrift für Pädagogik, 41*(6), 867–888.

Glaser, B. G. & Strauss, A. L. (1967). *The discovery of grounded theory: Strategies for qualitative research.* Aldine.

Gokul, R. R. & Malliga, T. (2015). A study on scientific attitude among pre-service teachers. *Research Journal of Recent Sciences, 4*, 196–198.

Goldin, G. A. (2002). Affect, meta-affect, and mathematical belief structures. In G. C. Leder, E. Pehkonen & G. Törner (Hrsg.), *Beliefs: A hidden variable in mathematics education?* (S. 59–72). Kluwer.

Gonthier, G. (2008). Formal Proof-The Four-Color Theorem. *Notices of the American Mathematical Society, 55*(11), 1382–1393.

Gravemeijer, K. & Cobb, P. (2013). Design research from the learning design perspective. In J. van den Akker, B. Bannan, A. E. Kelly, N. Nieveen & T. Plomp (Hrsg.), *Educational Design Research: Part A: An introduction* (S. 72–113). Netherlands Institute for Curriculum Development (SLO).

Gravemeijer, K. & Doorman, M. (1999). Context Problems in Realistic Mathematics Education: A Calculus Course as an Example. *Educational Studies in Mathematics, 39*, 111–129.

Grieser, D. (2015). Mathematisches Problemlösen und Beweisen: Entdeckendes Lernen in der Studieneingangsphase. In J. Roth, T. Bauer, H. Koch & S. Prediger (Hrsg.), *Übergänge konstruktiv gestalten* (S. 87–102). Springer Fachmedien Wiesbaden.

Grötschel, M. & Lutz-Westphal, B. (2009). Diskrete Mathematik und ihre Anwendungen: Auf dem Weg zu authentischem Mathematikunterricht. *Jahresbericht der Deutschen Mathematiker-Vereinigung, 111*, 3–22.

Haladyna, T., Shaughnessy, J. & Shaughnessy, J. M. (1983). A Causal Analysis of Attitude toward Mathematics. *Journal for Research in Mathematics Education*, 14(1), 19.

Hanna, G. (1983). *Rigorous proof in mathematics education.* OISE Press.

Hanna, G. (2020). Mathematical Proof, Argumentation, and Reasoning. In S. Lerman (Hrsg.), *Encyclopedia of Mathematics Education* (S. 561–566). Springer International Publishing.

Hannula, M. S. (2012). Exploring new dimensions of mathematics related affect: embodied and social theories. *Journal for Research in Mathematics Education, 14*, 137–161.

Hannula, M. S. (2020). Affect in Mathematics Education. In S. Lerman (Hrsg.), *Encyclopedia of Mathematics Education* (S. 32–36). Springer International Publishing.

Harel, G. (2013). Intellectual need. In K. Leatham (Hrsg.), *Vital Directions for Mathematics Education Research* (S. 119–151). Springer.

Harel, G. & Sowder, L. (1998). Students' Proof Schemes: Results from Exploratory Studies. *CBMS Issues in Mathematics Education, 7*, 234–283.

Harlen, W. (1996). *Teaching and Learning Primary Science*. Paul Chapman Educational Publishing.

Hasselhorn, M. (1992). Metakognition und Lernen. In G. Nold (Hrsg.), *Lernbedingungen und Lernstrategien: Welche Rolle spielen kognitive Verstehensstrukturen?* (S. 35–63). Narr.

Hasselhorn, M. & Gold, A. (2006). *Pädagogische Psychologie: Erfolgreiches Lernen und Lehren.* Verlag W. Kohlhammer.

Heckmann, K., Padberg, F. & Geldermann, C. (2012). *Unterrichtsentwürfe Mathematik Sekundarstufe I.* Springer Spektrum.

Hefendehl-Hebeker, L. & Hußmann, S. (2018). Beweisen – Argumentieren. In T. Leuders (Hrsg.), *Mathematik-Didaktik: Praxishandbuch für die Sekundarstufe I+II* (S. 93–106). Cornelsen.

Heimann, P., Otto, G. & Schulz, W. (1977). *Unterricht: Analyse und Planung*. Schroedel.

Heintz, B. (2000). *Die Innenwelt der Mathematik: Zur Kultur und Praxis einer beweisenden Disziplin*. Springer.

Heiß, A. & Sander, E. (2010). Lernerfolg und das Erleben kognitiver Konflikte und Emotionen bei einem interaktiven Lernprogramm zur Trigonometrie. In B. Schwarz, P. Nenniger & R. S. Jäger (Hrsg.), *Erziehungswissenschaftliche Forschung – nachhaltige Bildung: Beiträge zur 5. DGfE-Sektionstagung Empirische Bildungsforschung/AEPF-KBBB im Frühjahr 2009* (S. 337–344). Verlag Empirische Pädagogik e.V.

Helfferich, C. (2011). *Die Qualität qualitativer Daten: Manual für die Durchführung qualitativer Interviews*. VS Verlag für Sozialwissenschaften.

Henninger, M. & Mandl, H. (2000). Vom Wissen zum Handeln – ein Ansatz zur Förderung kommunikativen Handelns. In H. Mandl & J. Gerstenmaier (Hrsg.), *Die Kluft zwischen Wissen und Handeln: Empirische und theoretische Lösungsansätze* (S. 197–219). Hogrefe Verlag für Psychologie.

Heß, M. & Heß, H. (1978). Hamiltonsche Linien. *Der Mathematikunterricht*, (3), 5–40.

Hirt, U. & Wälti, B. (2016). *Lernumgebungen im Mathematikunterricht: Natürliche Differenzierung für Rechenschwache bis Hochbegabte*. Klett/Kallmeyer.

Hoffmann, N. & Hofmann, B. (2012). *Selbstfürsorge für Therapeuten und Berater*. Beltz.

Hron, A. (1982). Interview. In G. L. Huber & H. Mandl (Hrsg.), *Verbale Daten: Eine Einführung in die Grundlagen und Methoden der Erhebung und Auswertung* (S. 119–140). Beltz.

Huber, G. L. & Mandl, H. (Hrsg.). (1982). *Verbale Daten: Eine Einführung in die Grundlagen und Methoden der Erhebung und Auswertung*. Beltz.

Hunger, M. (2019). Wieso? Weshalb? Warum? Beweisbedürfnis von Schülerinnen und Schülern. In A. Frank, S. Krauss & K. Binder (Hrsg.), *Beiträge zum Mathematikunterricht* (S. 1357). WTM-Verlag.

Hußmann, S. (2006). *Konstruktivistisches Lernen an intentionalen Problemen: Mathematik unterrichten in einer offenen Lernumgebung*. Franzbecker.

Hußmann, S. & Lutz-Westphal, B. (Hrsg.). (2007). *Kombinatorische Optimierung erleben: In Studium und Unterricht*. Vieweg.

Hussmann, S. & Leuders, T. (2006). *Mathematik treiben, authentisch und diskret*. Verfügbar 21. Januar 2022 unter https://eldorado.tu-dortmund.de/bitstream/2003/30790/1/010.pdf

Jahnke, H. N. & Ufer, S. (2015). Argumentieren und Beweisen. In R. Bruder, L. Hefendehl-Hebeker, B. Schmidt-Thieme & H.-G. Weigand (Hrsg.), *Handbuch der Mathematikdidaktik* (S. 331–355). Springer Berlin Heidelberg.

Jank, W. & Meyer, H. (2018). *Didaktische Modelle*. Cornelsen.

Kempen, L. (2019). *Begründen und Beweisen Im Übergang Von der Schule Zur Hochschule: Theoretische Begründung, Weiterentwicklung und Evaluation Einer Universitären Erstsemesterveranstaltung Unter der Perspektive der Doppelten Diskontinuität*. Spektrum Akademischer Verlag.

Kircher, E., Girwidz, R. & Häussler, P. (2001). *Physikdidaktik: Eine Einführung*. Springer.

Klafki, W. (2007). *Neue Studien zur Bildungstheorie und Didaktik: Zeitgemäße Allgemeinbildung und kritisch-konstruktive Didaktik*. Beltz Verlag.

Klahr, D. & Kotovsky, K. (Hrsg.). (1998). *Complex information processing: The impact of Herbert A. Simon*. Erlbaum.

Klippert, H. & Clemens, E. (2007). *Eigenverantwortliches Arbeiten und Lernen: Bausteine für den Fachunterricht*. Beltz.

Koedinger, K. R. (1998). Conjecturing and argumentation in high-school geometry students. In D. Lehrer & D. Chazan (Hrsg.), *Designing learning environements for developing understanding of geometry and space* (S. 319–347).

Koleza, E., Metaxas, N. & Poli, K. (2017). Primary and secondary students' argumentation competence: a case study. In T. Dooley & G. Gueudet (Hrsg.), *Proceedings of the Tenth Congress of the European Society for Research in Mathematics Education* (S. 179–186). DCU Institute of Education and ERME.

Krauthausen, G. (2001). Wann fängt das Beweisen an? Jedenfalls, ehe es einen Namen hat. Zum Image einer fundamentalen Tätigkeit. In W. Weiser & B. Wollring (Hrsg.), *Beiträge zur Didaktik der Mathematik für die Primarstufe. Festschrift für Siegbert Schmidt* (S. 99–113). Verlag Dr. Kovac.

Krauthausen, G. (2018). *Einführung in die Mathematikdidaktik – Grundschule*. Springer Berlin Heidelberg.

Krummheuer, G. (1992). *Lernen mit Format: Elemente einer interaktionistischen Lerntheorie*. Deutscher Studien Verlag.

Krummheuer, G. & Naujok, N. (1999). *Grundlagen und Beispiele Interpretativer Unterrichtsforschung*. VS Verlag für Sozialwissenschaften.

Kuhl, J., Schwer, C. & Solzbacher, C. (2014). Professionelle pädagogische Haltung: Versuch einer Definition des Begriffes und ausgewählte Konsequenzen für Haltung. In C. Schwer & C. Solzbacher (Hrsg.), *Professionelle pädagogische Haltung: Historische, theoretische und empirische Zugänge zu einem viel strapazierten Begriff* (S. 107–122). Verlag Julius Klinkhardt.

Kuhn, D., Amsel, E. & O'Loughlin, M. (1992). *The development of scientific thinking skills*. Academic Press.

Kultusministerkonferenz. (2004). *Bildungsstandards im Fach Mathematik für den Mittleren Schulabschluss*. Wolters Kluwer Deutschland GmbH.

Kultusministerkonferenz. (2015). *Bildungsstandards im Fach Mathematik für die Allgemeine Hochschulreife*. Unidruck.

Kurbacher, F. A. & Wüschner, P. (Hrsg.). (2016). *Was ist Haltung? Begriffsbestimmung, Positionen, Anschlüsse*. Königshausen & Neumann.

Lamnek, S. & Krell, C. (2016). *Qualitative Sozialforschung: Mit Online-Material*. Beltz.

Langlet, J. & Schaefer, G. (2008). *Einstellungen zu den Naturwissenschaften und naturwissenschaftlich relevante Haltungen bei deutschen und japanischen Jugendlichen: Eine neue Perspektive zur PISA-Debatte*. Lang.

Lehner, M. (2009). *Allgemeine Didaktik*. UTB.

Lerch, S., Getto, M. & Schaub, J. (2018). Haltung. Begriff, Bedeutung und (erwachsenen-) pädagogische *Implikationen. Pädagogische Rundschau, 72*(5), 599–608.

Lerman, S. (Hrsg.). (2020). *Encyclopedia of Mathematics Education*. Springer International Publishing.

Leuders, T. (2015). Aufgaben in Forschung und Praxis. In R. Bruder, L. Hefendehl-Hebeker, B. Schmidt-Thieme & H.-G. Weigand (Hrsg.), *Handbuch der Mathematikdidaktik* (S. 435–460). Springer Berlin Heidelberg.

Leuders, T. (Hrsg.). (2018). *Mathematik-Didaktik: Praxishandbuch für die Sekundarstufe I+II*. Cornelsen.

Leuders, T., Hefendehl-Hebeker, L. & Weigand, H.-G. (Hrsg.). (2009). *Mathemagische Momente*. Cornelsen.

Leuders, T., Naccarella, D. & Philipp, K. (2011). Experimentelles Denken – Vorgehensweisen beim innermathematischen Experimentieren. *Journal für Mathematik-Didaktik, 32*(2), 205–231.

Leuders, T. & Philipp, K. (2013). Preparing students for discovery learning – skills for exploring mathematical patterns. In A. Heinze (Hrsg.), *Proceedings of the 37th Conference of the PME, Vol. 3* (S. 241–248).

Liljedahl, P. (2013). Illumination: an affective experience? *ZDM, 45*(2), 253–265.

Linn, M. C. & Burbules, N. C. (1993). Construction of knowledge and group learning. In K. Tobin (Hrsg.), *The Practice of Constructivism in Science Education* (S. 91–119). AAAS Press.

Mason, J., Burton, L. & Stacey, K. (2010). *Thinking mathematically*. Prentice Hall Pearson.

Mayer, C. (2019). *Zum Algebraischen Gleichheitsverständnis Von Grundschulkindern: Konstruktive und Rekonstruktive Erforschung Von Lernchancen*. Spektrum Akademischer Verlag.

Mayring, P. (2015). *Qualitative Inhaltsanalyse: Grundlagen und Techniken*. Beltz Verlag.

McKenney, S. & Reeves, T. C. (2014). Educational Design Research. In J. M. Spector, M. D. Merrill, J. Elen & M. J. Bishop (Hrsg.), *Handbook of Research on Educational Communications and Technology* (S. 131–140). Springer New York.

McLeod, D. B. (1992). Research on Affect in Mathematics Education: A Reconceptualization. In D. A. Grows (Hrsg.), *Handbook of Research on Mathematics Teaching and Learning* (S. 575–596). Macmillan Publishing Company.

McLeod, D. B. & Adams, V. M. (1989). *Affect and Mathematical Problem Solving: A New Perspective*. Springer.

Meyer, M. (2007). Entdecken und Begründen im Mathematikunterricht. Zur Rolle der Abduktion und des Arguments. *Journal für Mathematik-Didaktik, 28*(3/4), 286–310.

Meyer, M. (2009). Abduktion, Induktion – Konfusion. *Zeitschrift für Erziehungswissenschaft, 12*(2), 302–320.

Meyer, M. (2018). Options of Discovering and Verifying Mathematical Theorems – Task-design from a Philosophic-logical Point of View. *EURASIA Journal of Mathematics, Science and Technology Education, 14*(9), em1588. https://doi.org/10.29333/ejmste/92561

Meyer, M. & Prediger, S. (2009). Warum? Argumentieren, Begründen, Beweisen: Einführungsartikel des Thementeils. *Praxis der Mathematik in der Schule, 50*(30), 1–7.

Miller, M. (1986). *Kollektive Lernprozesse: Studien zur Grundlegung einer soziologischen Lerntheorie*. Suhrkamp.

Myers, D. G. & Hoppe-Graff, S. (2014). *Psychologie*. Springer.

NCTM. (2000). *Principles and standards for school mathematics*. NCTM.

Neale, D. C. (1969). The Role of Attitudes in Learning Mathematics. *The Arithmetic Teacher, 16*(8), 631–640.

Niebert, K. & Gropengießer, H. (2014). Leitfadengestützte Interviews. In D. Krüger, I. Parchmann & H. Schecker (Hrsg.), *Methoden in der naturwissenschaftsdidaktischen Forschung* (S. 121–132). Springer Berlin Heidelberg.

Niedersächsisches Kultusministerium. (2015). *Kerncurriculum für das Gymnasium Schuljahrgänge 5–10. Mathematik.* Unidruck.

Noltemeier, H. (1976). *Graphentheorie: Mit Algorithmen und Anwendungen.* de Gruyter.

Nührenbörger, M. & Schwarzkopf, R. (2013). Gleichungen zwischen Ausrechnen und Umrechnen. *Beiträge zum Mathematikunterricht*, 716–719.

Peirce, C. S. (1878). Deduction, Induction, and Hypothesis. *Popular Science Monthly, 12,* 470–482.

Peirce, C. S., Hartshorne, C. & Weiss, P. (1960). *Pragmatism and pragmaticism and Scientific metaphysics. Collected papers of Charles Sanders Peirce.* Belknap Press of Harvard University Press.

Peirce, C. S. & Walther, E. (1967). *Die Festigung der Überzeugung und andere Schriften.* Agis-Verlag.

Petri, J. (2014). Fallstudien zur Analyse von Lernpfaden. In D. Krüger, I. Parchmann & H. Schecker (Hrsg.), *Methoden in der naturwissenschaftsdidaktischen Forschung* (S. 95–105). Springer Berlin Heidelberg.

Philipp, K. (2013). *Experimentelles Denken: Theoretische und empirische Konkretisierung einer mathematischen Kompetenz.* Springer.

Philipp, R. (2007). Mathematics teachers' beliefs and affect. In F. K. Lester JR. (Hrsg.), *Second handbook of research on mathematics teaching and learning* (S. 257–315). Information Age.

Piaget, J. (1972). *Theorien und Methoden der modernen Erziehung.* Fritz Molden.

Piaget, J. (1976). *Die Äquilibration der kognitiven Strukturen.* Klett.

Piaget, J. (2000). *Psychologie der Intelligenz.* Klett-Cotta.

Piaget, J., Inhelder, B. & Häfliger, L. (2009). *Die Psychologie des Kindes.* Dt. Taschenbuch-Verlag.

Plomp, T. (2013). Educational Design Research: An Introduction. In J. van den Akker, B. Bannan, A. E. Kelly, N. Nieveen & T. Plomp (Hrsg.), *Educational Design Research: Part A: An introduction* (S. 10–51). Netherlands Institute for Curriculum Development (SLO).

Pólya, G. (1949). *Schule des Denkens: Vom Lösen mathematischer Probleme.* Francke.

Pólya, G. (1962). *Induktion und Analogie in der Mathematik.Wissenschaft und Kultur.* Birkhäuser.

Prechtl, P. & Burkard, F.-P. (Hrsg.). (2008). *Metzler Lexikon Philosophie: Begriffe und Definitionen.* Verlag J.B. Metzler.

Prediger, S., Link, M., Hinz, R., Hußmann, S., Thiele, J. & Ralle, B. (2012). Lernprozesse initiieren und erforschen – Fachdidaktische Entwicklungsforschung im Dortmunder Modell. *MNU, 65*(8), 452–457.

Reber, A. S. (1985). *The Penguin dictionary of psychology.* Viking.

Reichenbach, H. (1938). *Experience and Prediction. An Analysis of the Foundations and the Structure of Knowledge.* University of Chicago Press.

Reid, D. & Knipping, C. (2010). *Proof in Mathematics Education. Research, Learning and Teaching.* Sense Publisher.

Reinmann, G. & Mandl, H. (2006). Unterrichten und Lernumgebungen gestalten. In A. Krapp & B. Weidenmann (Hrsg.), *Pädagogische Psychologie: Ein Lehrbuch* (S. 613–658). Beltz.

Reiss, K., Heinze, A., Kuntze, S., Kessler, S., Rudolph-Albert, F. & Renkl, A. (2006). Mathematiklernen mit heuristischen Lösungsbeispielen. In M. Prenzel, L. Allolio-Näcke & Prenzel-Allolio-Näcke (Hrsg.), *Untersuchungen zur Bildungsqualität von Schule: Abschlussbericht des DFG-Schwerpunktprogramms* (S. 194–208). Waxmann.

Rinkens, H. D. & Schrage, G. (1974). Topologie in der Sekundarstufe I. *Der Mathematikunterricht, 20*(1), 36–51.

Sandmann, A. (2014). Lautes Denken – die Analyse von Denk-, Lern- und Problemlöseprozessen. In D. Krüger, I. Parchmann & H. Schecker (Hrsg.), *Methoden in der naturwissenschaftsdidaktischen Forschung* (S. 179–188). Springer Berlin Heidelberg.

Schlag, B. (2013). *Lern- und Leistungsmotivation.* Springer Fachmedien Wiesbaden.

Schoenfeld, A. H. (1985). *Mathematical Problem Solving.* Academic Press.

Schoenfeld, A. H. (1992). Learning to think mathematically: Problem solving, metacognition, and sense-making in mathematics. In G. Grouws (Hrsg.), *Handbook for Research on Mathematics Teaching and Learning* (S. 334–379). MacMillan.

Schoenfeld, A. H. (2013). What's all the fuss about metacognition. In A. H. Schoenfeld (Hrsg.), *Cognitive Science and Mathematics Education* (S. 189–216). Taylor and Francis.

Schwarzkopf, R. (2000). *Argumentationsprozesse im Mathematikunterricht. Theoretische Grundlagen ud Fallstudien.* Franzbecker.

Schwarzkopf, R. (2019). Produktive Kommunikationsanlässe im Mathematikunterricht der Grundschule: Zur lerntheoretischen Funktion des Argumentierens. In A. S. Steinweg (Hrsg.), *Darstellen und Kommunizieren – Tagungsband des AK Grundschule in der GDM* (S. 55–68).

Schwer, C., Solzbacher, C. & Behrensen, B. (2014). Annäherung an das Konzept „Professionelle pädagogische Haltung“: Ausgewählte theoretische und empirische Zugänge. In C. Schwer & C. Solzbacher (Hrsg.), *Professionelle pädagogische Haltung: Historische, theoretische und empirische Zugänge zu einem viel strapazierten Begriff* (S. 47–78). Verlag Julius Klinkhardt.

Seiffge-Krenke, I. (1974). *Probleme und Ergebnisse der Kreativitätsforschung.* Huber.

Seiler, T. B. (1980). Die Rolle des kognitiven Konflikts in der kognitiven Entwicklung und im Informationsverarbeitungsprozess – eine Theorie und ihre Grenzen. *Newsletter Soziale Kognition*, 3, 111–148.

Selter, C. & Spiegel, H. (1997). *Wie Kinder rechnen.* Klett-Grundschulverlag.

Senk, S. L. (1985). How well do students write geometry proofs? *Mathematics Teacher, 78*(6), 448–456.

Simonis, E. (1998). Habitus. In A. Nünning (Hrsg.), *Metzler-Lexikon Literatur- und Kulturtheorie: Ansätze – Personen – Grundbegriffe* (S. 200). Metzler.

Sjuts, J. (2018). Metakognitive Strategien in Mathematik. *mathematik lehren*, (211), 20–24.

Steinbring, H. (2000). Mathematische Bedeutung als eine soziale Konstruktion – Grundzüge der epistemologisch orientierten mathematischen Interaktionsforschung. *Journal für Mathematik-Didaktik, 21*(1), 28–49.

Steinweg, A. S. (2001). *Zur Entwicklung des Zahlenmusterverständnisses bei Kindern: Epistemologischpädagogische Grundlegung.* Lit-Verlag.

Terhart, E. (1978). *Interpretative Unterrichtsforschung: Kritische Rekonstruktion und Analyse konkurrierender Forschungsprogramme der Unterrichtswissenschaft.* Klett-Cotta.

Tewes, U. (Hrsg.). (1999). *Psychologie-Lexikon.* De Gruyter Oldenbourg.

The Design-Based Research Collective. (2003). Design-Based Research: An Emerging Paradigm for Educational Inquiry. *Educational Researcher, 32*(1), 5–8.

Theobald, W. & Hüther, G. (2018). Eine Frage der Haltung! Ethik zwischen Neurowissenschaften und Philosophie. In N. Jung, H. Molitor & A. Schilling (Hrsg.), *Was Menschen bildet: Bildungskritische Orientierungen für gutes Leben* (S. 85–92). Budrich UniPress Ltd.

Tietze, U.-P., Klika, M. & Wolpers, H. (2000). *Mathematikunterricht in der Sekundarstufe II*. Vieweg+Teubner Verlag.

Tobinski, D. & Fritz, A. (2018). Lerntheorien und pädagogisches Handeln. In A. Fritz, W. Hussy & D. Tobinski (Hrsg.), *Pädagogische Psychologie* (S. 222–246). Ernst Reinhardt Verlag.

Törner, G. & Grigutsch, S. (1994). „Mathematische Weltbilder" bei Studienanfängern — eine Erhebung. *Journal für Mathematik-Didaktik, 15*(3–4), 211–251.

Treffers, A. (1978). *Wiskobas doelgericht [Wiskobas goaldirected]*. IOWO.

Treffers, A. (1987). *Three dimensions. A model of goal and theory description in mathematics instruction – the Wiskobas project*. D. Reidel Publishing.

Tulodziecki, G., Herzig, B. & Blömeke, S. (2017). *Gestaltung von Unterricht: Eine Einführung in die Didaktik*. Verlag Julius Klinkhardt.

Ufer, S. & Lorenz, E. (2009). *Wahr oder falsch?* Verfügbar 21. Januar 2022 unter https://eldorado.tu-dortmund.de/bitstream/2003/31522/1/221.pdf

van den Akker, J. (1999). Principles and Methods of Development Research. In J. van den Akker, R. M. Branch, K. Gustafson, N. Nieveen & T. Plomp (Hrsg.), *Design Approaches and Tools in Education and Training* (S. 1–14). Springer Netherlands.

van den Akker, J. (Hrsg.). (2006). *Educational design research*. Routledge.

van den Akker, J., Gravemeijer, K., McKenney, S. & Nieveen, N. (2006). Introducing educational design research. In J. van den Akker (Hrsg.), *Educational design research* (S. 3–7). Routledge.

van Eemeren, F. H., Grootendorst, R., Johnson, R. H., Plantin, C., Willard, C. A. & Henkemans, F. S. (1996). *Fundamentals of argumentation theory: A handbook of historical backgrounds and contemporary developments*. Erlbaum.

Vester, F. (1998). *Denken, Lernen, Vergessen: Was geht in unserem Kopf vor, wie lernt das Gehirn, und wann lässt es uns im Stich?* dtv.

Voigt, J. (1984). *Interaktionsmuster und Routinen im Mathematikunterricht: Theoretische Grundlagen und mikroethnographische Falluntersuchungen*. Beltz.

Volkmann, L. (1996). *Fundamente der Graphentheorie*. Springer Vienna.

Vollrath, H.-J. & Laugwitz, D. (1969). *Schulmathematik vom höhren Standpunkt*. Bibliographisches Institut.

Vollrath, H.-J. & Roth, J. (2012). *Grundlagen des Mathematikunterrichts in der Sekundarstufe*. Spektrum Akademischer Verlag.

Wagenschein, M. (1970). Der Aufbau des Bildes der Natur. In M.Wagenschein (Hrsg.), *Ursprüngliches Verstehen und exaktes Denken*. Ernst Klett Verlag.

Walsh, C. F. (1991). *The relationship between attitudes towards specific mathematics topics and achievement in those domains*. Verfügbar 21. Januar 2022 unter https://dx.doi.org/10.14288/1.0086400

Watzlawick, P., Beavin, J. H. & Jackson, D. D. (1969). *Menschliche Kommunikation*. Huber.

Wermke, M., Kunkel-Razum, K. & Scholze-Stubenrecht, W. (2010). *Das Bedeutungswörterbuch: Wortschatz und Wortbildung*. Bibliographisches Institut GmbH.

Wiener, N. (1923). *Collected works: With commentaries.* The MIT Press.
Winter, H. (1971). Geometrisches Vorspiel im Mathematikunterricht der Grundschule. *Der Mathematikunterricht, 17*(5), 40–66.
Winter, H. (1983). Zur Problematik des Beweisbedürfnisses. *Journal für Mathematik-Didaktik, 4*(1), 59–95.
Winter, H. (1995). Mathematikunterricht und Allgemeinbildung. *Mitteilungen der Gesellschaft für Didaktik der Mathematik, 61*, 37–46.
Wittenberg, A. I. (1963). *Bildung und Mathematik.* Birkhäuser.
Wittmann, E. (1981). *Grundfragen des Mathematikunterrichts.* Vieweg.
Wittmann, E. (1995). Mathematics education as a ‚design science'. *Educational Studies in Mathematics, 29*(4), 355–374.
Wittmann, E. (1998). Design und Erforschung von Lernumgebungen als Kern der Mathematikdidaktik. *Beiträge zur Lehrerbilding, 16*(3), 329–342.
Wittmann, E. & Müller, G. (1988). Wann ist ein Beweis ein Beweis? In P. Bender (Hrsg.), *Mathematikdidaktik – Theorie und Praxis. Festschrift für Heinrich Winter* (S. 237–258). Cornelsen.
Wittmann, E. & Müller, G. (2015). *Handbuch produktiver Rechenübungen* (Bd. 1, 2). Klett-Schulbuchverlag.
Worrall, J. & Lakatos, I. (Hrsg.). (1979). *Beweise und Widerlegungen: Die Logik mathematischer Entdeckungen.* Vieweg.
Wynands, A. (1973). Spiele auf Graphen. *Der Mathematikunterricht, 9*(2), 36–56.